新型微结构光纤传感及光调控

耿　涛　杨兴华　滕平平　苑婷婷　马一巍　张　硕　著

科 学 出 版 社

北　京

内 容 简 介

本书系统地介绍结构型光纤传感器及光调制器件的设计思路、光传输原理、制备方法及传感特性研究。第 1 章介绍结构调制型光纤光栅的制备方法，包括光纤结构调制技术和光纤写入方法，详细讨论结构调制型长周期光纤光栅的模式耦合、设计思路及传感特性研究。第 2 章介绍基于组合式光纤光栅的制备方法，详细阐述光纤精密切割技术，并对组合式光纤光栅的模式耦合理论、设计思路及传感特性进行了深入剖析。第 3 章介绍新型微结构光纤传感器的制备与应用，讨论微纳光纤在生化传感中的应用，包括倏逝波传感技术和在线离子检测技术，随后介绍基于光流控微结构光纤的光干涉传感器件及其在气体检测中的应用，并增加了基于导电材料修饰的微光电极传感器件的内容。第 4 章重点介绍光纤调制器的制备方法，涵盖基于毛细管光纤、悬挂芯光纤及其他结构的光纤调制结构的基本原理、结构、制备与研究进展。

本书可以作为光纤传感领域的研究人员、工程师的参考书，也可供相关专业学生阅读参考。

图书在版编目（CIP）数据

新型微结构光纤传感及光调控 / 耿涛等著. -- 北京:科学出版社, 2025.2

ISBN 978-7-03-077746-1

Ⅰ. ①新… Ⅱ. ①耿… Ⅲ. ①光纤器件－光电传感器－研究 Ⅳ. ①TP212.14

中国国家版本馆 CIP 数据核字(2023)第 255644 号

责任编辑：闫　悦　霍明亮 / 责任校对：胡小洁
责任印制：师艳茹 / 封面设计：蓝正设计

科学出版社 出版
北京东黄城根北街 16 号
邮政编码：100717
http://www.sciencep.com

北京中科印刷有限公司印刷

科学出版社发行　各地新华书店经销

*

2025 年 2 月第　一　版　开本：720×1 000　1/16
2025 年 2 月第一次印刷　印张：15 1/4　插页：6
字数：304 000

定价：149.00 元

（如有印装质量问题，我社负责调换）

前　言

光纤传感作为一种重要的传感技术，在多个领域中具有广泛的应用前景。光纤传感的优势在于其高灵敏度、快速响应、远距离传输和抗干扰能力强等特点，使其成为研究者关注和深入探索的领域之一。本书旨在系统地介绍基于结构调制型光纤光栅和组合式光纤光栅的制备方法、设计思路和传感特性研究，以促进光纤传感技术的发展和应用。

第 1 章介绍基于结构调制型光纤光栅的制备方法。首先，介绍光纤结构调制技术，包括光纤写入方法、结构调制型 LPFG 的制备过程。随后，详细地讨论结构调制型 LPFG 的模式耦合，包括耦合系数、耦合常数和模式耦合方程、相位匹配条件、透射谱仿真等理论基础。此外，还探讨结构调制型 LPFG 的设计思路，包括单面调制型 LPFG、双面调制型 LPFG、多面调制型 LPFG 和复合调制型 LPFG 等不同类型的设计方案并介绍结构调制型 LPFG 的传感特性研究，包括应变传感特性、弯曲传感特性、扭转传感特性和温度传感特性等方面的分析。

第 2 章介绍基于组合式光纤光栅的制备方法。首先介绍光纤精密切割技术。随后，深入地探讨组合式光纤光栅的模式耦合，包括理论分析、模式耦合分析和传输谱模拟计算等方面的内容。此外，还详细地介绍组合式光纤光栅的设计思路并对组合式 LPFG 的传感特性进行研究。

第 3 章介绍新型微结构光纤传感器的制备与应用。首先，该章介绍微纳光纤在生化传感中的应用。然后，介绍基于光流控微结构光纤的干涉传感器件的应用及基于光流控微结构光纤的强度型传感结构。接着对基于光纤传感结构的组分分离在线探测应用进行介绍。最后，介绍基于导电材料修饰的微光电极传感。

第 4 章介绍光纤调制器的制备方法。从基于毛细管光纤、基于悬挂芯光纤，以及基于其他结构的光纤调制结构的基本原理、结构、制备与研究等方面介绍该领域的研究进展。

本书旨在为光纤传感领域的研究人员、工程师和学生提供全面的理论基础和实践指导。通过本书的学习，读者将深入地了解光纤传感技术的原理、制备方法和传感特性，从而能够更好地应用于实际应用中。

本书结构清晰、内容翔实。每一章节都以特定的主题展开，从基础概念到具体实现，层层递进，使读者能够系统地学习和理解光纤传感的核心要点。每个主题都有详细的介绍和分析，并配以实例和图表，以帮助读者更好地理解和应用所学知识。

在写作过程中，作者广泛地参考了相关的研究文献和专业资料，以确保本书的准确性和权威性。同时，本书也借鉴了实际应用案例和实验结果，以使理论与实践相结合，为读者提供实用的指导和启示。

最后，感谢所有对本书提供支持和帮助的人们，特别是相关领域的专家学者、工程技术人员和实验室团队。他们的宝贵经验和深入研究为本书的编写提供了重要的参考和支持。

希望本书能够为光纤传感技术的研究和应用提供有益的参考，激发更多创新思维和实践探索。同时，我们也欢迎读者提出宝贵的意见和建议，以促进该领域的进一步发展。

由于作者水平有限，不足之处在所难免，敬请读者批评指正。

作　者

2023 年 5 月

目　录

第 1 章　结构调制型光纤光栅的制备方法

近年来，光纤光栅技术在光纤通信、光纤传感和光学器件领域取得了显著的进展。其中，基于结构调制的调制方法被广泛地应用于制备长周期光纤光栅(long period fiber grating，LPFG)，该方法利用在光纤表面产生周期性的几何形变来实现光纤光栅的调制。这种调制方法称为结构调制，由此制备的光纤光栅被称为结构调制长周期光纤光栅(structure-modulated long period fiber grating)，简称结构调制 LPFG。本章的研究目的在于提出一种基于结构调制的新型 LPFG，并对其制备方法及传感特性进行深入的研究。通过该方法制备的光纤光栅具有高传感性能，可以实现对不同物理参量的传感测量。此外，本章还探索基于 LPFG 的复合结构的制备和双参数同时测量的方法，以解决实际应用中的温度串扰问题。

1.1　光纤结构调制技术

1.1.1　光纤写入方法

近些年来，LPFG 通过不断地研究和发展，其光栅写入方法也逐渐丰富起来。其中，最早使用的就是紫外光通过振幅掩模板曝光氢载光纤的方法，由 Vengsarkar 等[1,2]于 1996 年首次验证并报道，这也标志着 LPFG 的正式诞生。随后，在逐点曝光法发展的同时，Davis 等[3,4]首次使用 CO_2 激光器研制 LPFG，但是由于他们的写入方法是通过步进电机的移动来控制光纤移动的，导致其不能对调制位置再次加工，因此重复性较差，制作效率不高。不久之后，研究人员又研发出各种不同的制作方法来加工制作 LPFG，其中，包括腐蚀刻槽法、机械微弯法、电弧放电法、熔融拉锥法等多种光栅写入方法，这些方法不尽相同，都有各自的优缺[5-11]。然而，这些方法最终殊途同归，都是通过周期性地调节光纤纤芯或光纤包层的折射率来改变光纤作用的，最终影响光路传输而后形成损耗峰。

在发展完善上述传统的 LPFG 的写入方法之余，研究人员也在致力于发展光栅较高的优越传感特性，因此在研究结构调制的 LPFG 方向上投入大量的精力。光纤结构的变化通常会引起各方面传感性能的剧烈提升，从而导致光纤结构的刻蚀工作也备受青睐。新型的制作方法就包括飞秒激光器雕刻、HF 酸腐蚀、机械砂轮抛光等各种方法。通过不同的刻蚀手段将光纤刻蚀成特殊结构，使得光纤在横截面上折射率分布不均匀，导致其对外界环境因素的变化更加敏感。

较早发展起来的掩模板曝光成栅法是使用高能的激光或离子透过具有一定周期性开口的掩模板对光纤进行曝光从而形成光纤光栅的方法。采用这种方法，利用紫外光照射到振幅掩模板上，使载氢光纤的纤芯直径折射率周期性地发生改变，从而形成了 LPFG 特征结构。这种制造方法分为紫外曝光法和离子注入法两种，是目前使用频率较多的方法之一。掩模板是预先刻制完周期的，每种模板只对应其相应的周期，目前主要成熟的有三种振幅掩模板，分别是金属板、石英铬板和电解质板。振幅掩模板的优点是对紫外光的相干性没有严格的要求，适用于工业化的生产；其缺点是幅值掩模板遮挡了一些紫外光的入射，使之不能充分地利用光能量，除此之外，由于每种模板只对应其相应的周期，增加了材料成本，而且此方法制作的传感器高温稳定性较差。

化学腐蚀法制光栅是一种十分有效的方法，制备过程主要用到了 HF 酸和石英光纤。制作过程中调节 HF 酸的浓度与腐蚀过程的时间，可在光纤表面形成环形凹槽，从而制备 LPFG。该制备方法的优点是可以同时改变纤芯和包层的有效折射率，而且腐蚀过程导致的光纤 x 轴方向各点的直径不均匀，当光纤两端同时施加力时，造成了光栅各处应变不同，该方法可以制作出谐振峰值和光谱波长可调的 LPFG。若对 LPFG 施加一定的扭曲应力，可通过调谐波长的方式实现 40nm 的带阻滤波器。

CO_2 激光器写入法是使用 CO_2 激光在光纤上周期性地进行照射从而形成周期的折射率调制的制作 LPFG 的方法[12-15]。高频 CO_2 激光对光纤局部进行照射将产生局部的高温，这将导致光纤发生纤芯中掺杂的离子向外扩散、光纤内部的残留应力被释放等变化。这些变化会导致光纤局部折射率的改变。1998 年，Davis 等首次使用 CO_2 激光器配合电动位移平台在单模光纤(single mode fiber，SMF)上制成了 LPFG。2003 年，饶云江等对该方法进行了改进，首次使用计算机控制高频 CO_2 激光器的扫描路径从而制作出了性能稳定、可重复性高的 CO_2 激光器写入的 LPFG。飞秒激光器雕刻法是通过调制包层的几何结构制成具有周期性变化的 LPFG，具有精准调制的优点。通过对光纤结构进行调制增强，产生了更强烈的模式耦合。

机械刻槽法是利用机械刻槽法制备的 LPFG，关键工艺设备是切割机，切割机在光纤的侧面进行开槽处理，它工作精度高，切槽过程能够按照事先规划的周期和规律进行。由于切槽改变了光纤包层的结构，直接影响了光纤折射率的分布，从而激发了光纤纤芯基模和包层模之间的耦合，此方法制备的 LPFG 长期稳定性能较好。

熔融拉锥成栅法是在一段光纤上周期性地制作光纤熔锥从而形成光纤光栅的方法[16]。光栅周期由锥区距离所决定。光纤熔锥是利用氢氧焰、电阻等加热方式对光纤局部进行加热，待光纤软化后，在光纤两端施加一定的拉力从而形成的。2001 年，Kakarantzas 等首次在光纤上周期性地拉制了束腰半径为 15μm 的微型锥，制成了熔锥型的周期光纤光栅。

电弧放电成栅法是在光纤上逐点放电从而形成周期性的折射率调制来制作

LPFG 的方法[5,17]。该方法与 CO_2 激光器写入法类似，但该方法对制备系统的要求低，不需要复杂昂贵的激光系统。1998 年，Kosinski 等首次仅使用电弧放电在 SMF 上制作出了电弧放电型的 LPFG。2002 年，韩国研究者金明元等利用电弧放电法制备出锥形的 LPFG。同年，法国研究者 Humbert 和 Malki 基于电弧法制备出 LPFG，并首次详细地分析了高温传感特性(最高温度为 1200℃)及波长漂移和模式间的关系。

1.1.2　结构调制型 LPFG 的制备

结构调制型 LPFG 结构是指不仅局限于对光纤包层材料的刻蚀，还包括通过特殊手段对光纤的结构进行改变的 LPFG 结构，对光纤纤芯和包层及整体结构进行周期性调制的光纤结构均可以称为结构调制型 LPFG 结构。LPFG 是一种衍射光栅，它是通过一些特殊的方法使光纤纤芯和包层的有效折射率有一些特定的改变，周期性的折射率调制之后加强了其纤芯与包层之间的能量交换，使光源能量在某一特定波长范围内出现损耗，形成损耗峰，是一种无源滤波器件。伴随着 LPFG 与生俱来的谐振峰，它既可以作为滤波器，也可以利用其谐振波长的漂移反映外界环境因素的变化，因此在目前的光纤通信和光纤传感领域里，LPFG 依旧得到了广泛的应用。在光纤光学中，光能量的传播被限制在光纤纤芯中，由此可以知道，当光栅的写入方法对光纤纤芯造成重大影响时，将更容易得到优良特性的光栅结构。结构调制的写入方法不仅可以作为一种单独的成栅手段，同样地，也可以作为一种辅助手段，协助其他加工手法，共同完成对光纤结构各种形式的改变和塑造。本节对利用 CO_2 激光调制法和熔融加热法制备的 LPFG 进行了详细的介绍。

近年来，经过不断地探索和研究，通过 CO_2 激光器加工制备各种光纤结构的手段已经非常成熟，具有很好的灵活性、非接触性、可扩展性。国内外许多课题组对 CO_2 激光刻写光纤结构的方法也开展了大量的实验和详细的研究。在此基础上，本书提出一种利用 CO_2 激光修饰光纤表面形貌的技术，通过合理地设置激光器的扫描路径、扫描功率等工艺参数，可以在光纤侧面修饰出预设的结构形状。图 1.1 为 CO_2 激光器光纤加工系统，该系统由宽谱光源(broadband light source，BLS)(YSL, SC-3000)、光谱分析仪(optical spectrum analyzer，OSA)(Yokogawa, AQ6370D)、光纤旋转夹具、电荷耦合器件(charge coupled device，CCD)相机、高频 CO_2 激光器及计算机等组成。BLS 用于提供输入光信号，OSA 用于分析输出光信号的变化，光纤旋转夹具可以固定光纤并且实现高精度的同轴旋转，CCD 相机可以实时观测光纤结构的调制情况，用于控制结构的蚀刻深度。高频 CO_2 激光器可以释放激光脉冲，达到调制光纤结构的目的。

在使用激光器之前，首先要对高频 CO_2 激光器进行调焦，通过调节光纤旋转夹具高度，使高频 CO_2 激光器的焦平面与待加工的光纤表面重合，这样可以充分地利用高频 CO_2 激光器的功率并且保证实验的重复性。

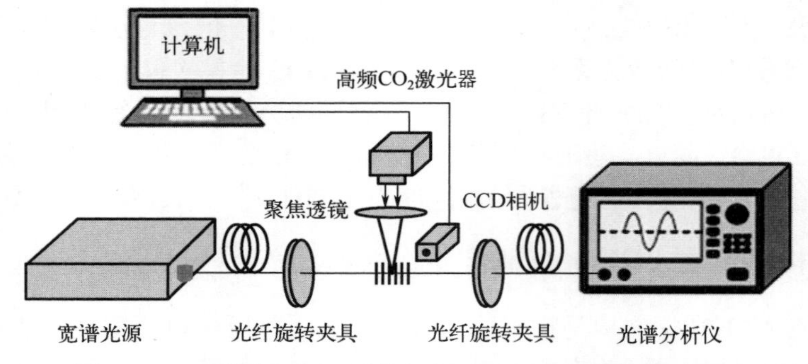

图 1.1　CO_2 激光器写入结构调制型 LPFG 制备装置示意图

首先，高频 CO_2 激光器要对单模光纤进行刻蚀工作，就要保证单模光纤所处的水平面位于高频 CO_2 激光器发出激光的焦平面处，这样会使高频 CO_2 激光器的能量相对集中，激光焦斑较小，能够更精准地对单模光纤进行雕刻。要完成这项工作，就必须在计算机的程序中设置高频 CO_2 激光器的扫描路径并不断地进行扫描，并且该过程中激光斑点必须始终落于用于调试焦平面的三维位移平台上表面；调整三维调节台 X-Y 方向，使得激光光斑路径落于三维位移平台上表面中央；缓慢调整 Z 方向，使得位移平台上表面上下缓慢移动，直到扫描路径的正方形范围最小，也就是该高频 CO_2 激光器的焦平面位置；最后，将两个光纤旋转夹具通过螺丝和转接板固定到两个五维调节台上，调整两个位移平台的相对位置，使得两个光纤旋转夹具固定的单模光纤穿过扫描路径正方形的横向对称轴，即单模光纤位于焦平面的中央位置。至此，刻蚀装置的预前准备工作完成，这对于整个光栅制备实验至关重要。在结构调制型 LPFG 写入过程中，可以预设扫描路径，扫描间距可以使得相邻两个扫描路径中间，也就是 CO_2 激光器焦斑的重合区域内的单模光纤可以相对均匀地受热，这样既可以防止扫描间距过大引起刻蚀区域受热不均匀导致的不平整现象，也可以防止扫描间距过小引起局部受热过大而使光纤熔融变形的现象。高频 CO_2 激光器刻蚀分析如图 1.2 所示。

与此同时，将 CCD 相机置于单模光纤的同一水平面位置，调整镜筒焦距，使得显示屏幕上呈现出清晰的单模光纤的图像。这样可以达到实时监控单模光纤被高频 CO_2 激光器刻蚀的程度，以便研究探索出 LPFG 合适的具体调制参数，达到既要有良好的传感性能，又要保证光栅结构的形变量大小引发的结构强度问题在合适的范围之内的目的。最后，将预先扫描完整的光源光谱作为光谱仪的参考值，以便得出比较精准的结构调制型 LPFG 的通道谱，这同样是影响实验结果的一个重要因素。在高频 CO_2 激光器对 LPFG 的写入过程中，可以通过设计不同的激光扫描路径及通过预扭转或扭转的方法写入不同结构的 LPFG 结构。

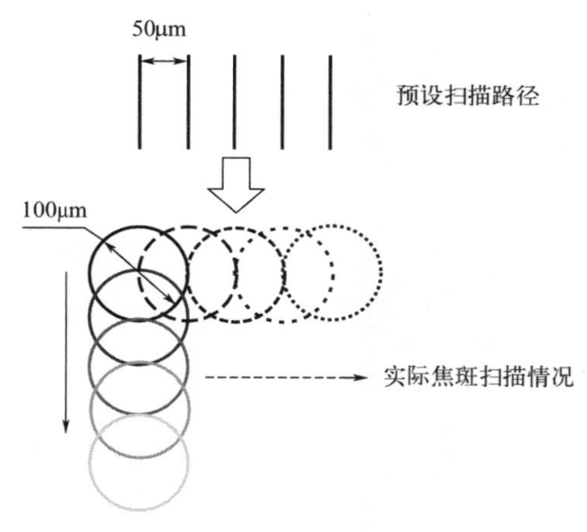

图 1.2　高频 CO_2 激光器刻蚀分析

通过改变软件扫描程序，设置不同的激光脉冲扫描路径，可以制备不同形状的光纤结构。在本节中，激光光束的扫描路径与光纤径向 *Z* 和轴向 *Y* 垂直，扫描方式按照扫描间距偏移，即激光扫描一次，然后在轴向上按照设置的间距偏移重新扫描一次。光纤的焦斑大小通常设置为 100μm，当扫描间距设为 50μm 时，这种扫描方式可以使激光光束能量较强的部分在一段区间内实现均匀扫描，被调制的光纤区域受到的激光辐照能量大小近似相等。按照这种激光束扫描方式得到的光纤结构如图 1.3(a)所示，其底部刻蚀区域相对平滑，整体为光纤 D 形结构，D 形结构的深度与激光重复扫描次数有关。当扫描间距小于 50μm 时，激光光束能量较强的部分发生非均匀重叠，此时光纤中间位置受到更多次的激光辐照，因此光纤被蚀刻成 V 形结构，如图 1.3 (b)所示。当扫描间距大于 50μm 时，由于功率的不稳定性，激光光束蚀刻形成的抛磨均匀性较差，因此在本节中不予以讨论。此外，扫描间距可以按照小于 50μm 的等差数列排布，该种制备方式可以得到光纤斜面结构，如图 1.3(c)所示。这种利用重叠激光光斑连续扫描光纤的方式可以达到类砂轮抛磨的效果，因此将其命名为激光调制法。

电热式熔锥系统主要分为加热系统、侧面观察系统及控制系统。其中，加热系统由加热装置和氩气保护装置构成，侧面观察系统由 CCD 相机和图像采集软件构成，控制系统由步进电机控制的一维位移平台及编程软件构成。加热装置使用电阻加热式的方法。为了保证加热时温度场分布是均匀的，加热子选用类环形结构的石墨电阻。当系统工作时，加热子核心温度可达 1200℃，能够将光纤加热至软化。然而电阻是由石墨制成的，而石墨在高温状态下极易氧化，所以在加热工作时，需要在加热区通氩气以隔绝空气，防止石墨加热子的氧化。并且必须严格控制氩气的流速，这是因为过大的氩气流速将降低加热区的温度，使得光纤软化不充分；而过小的氩气流速又会无法排尽加热子周围的空气，使得石墨加热子出现氧化的现象。在熔锥过程前，当部分结构需要定点熔锥时，可以使用该侧面观察系统进行位置标定。当熔锥结束后，需要使用侧面观察系统对锥区形貌进行图像采集，并对图像进行分析，得出锥区的长度、束腰半径等重要参数。电热式熔融拉锥装置示意图如图 1.4 所示。

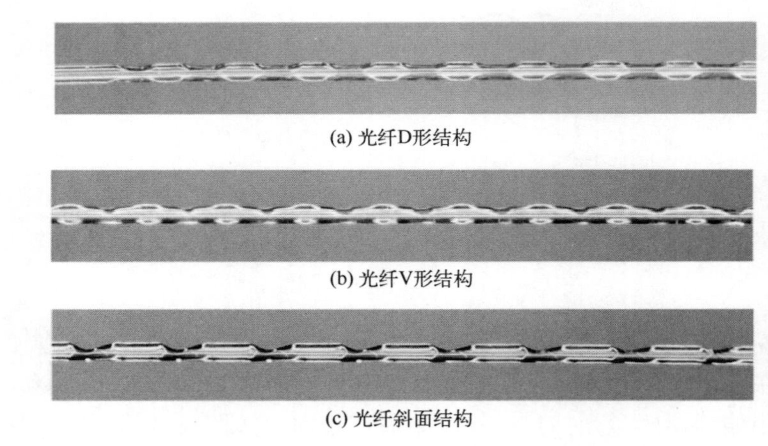

(a) 光纤D形结构

(b) 光纤V形结构

(c) 光纤斜面结构

图 1.3　激光调制法制备的结构

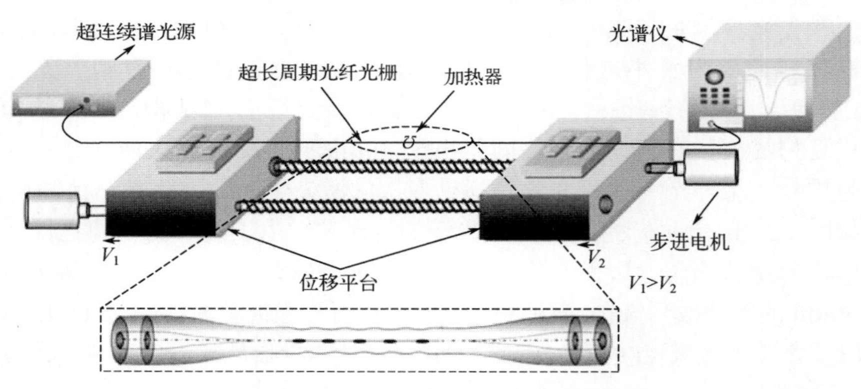

图 1.4　电热式熔融拉锥装置示意图

熔锥型 LPFG 的制备过程是将单模光纤局部位置加热至 1200℃以上，使这部分的光纤软化直至熔融状态，并在光纤的两端施加一定的张力，使光纤拉伸并且形成锥区，将光纤整体平移一段距离后，重复上述过程，就在光纤上周期性地制作了相同的锥区，从而形成周期性的折射率调制，进而形成 LPFG。这种光栅的写入方法比较简单、灵活，可以直接在标准的单模光纤上进行写入，也可以通过在预先写好的锥形光纤上进行写入。在光纤表面通过周期性地引入几何结构调制，使得光纤中基模传输的能量和同向各阶包层模传输的能量发生耦合，最终形成光栅。这种光栅与单纯周期性折射率调制及激光刻蚀光纤表面的 LPFG 相比具有许多独特的性质。

首先，熔融拉锥的方法可以在光纤表面的加热区域实现缓变的绝热锥，其锥形光纤锥区的纤芯几何尺寸和包层几何尺寸是按照相同的比例系数逐渐缩小的，不同于纤芯和包层几何尺寸不变的折射率调制方法，也不同于只改变包层几何尺寸的激光刻蚀法。其次，基于锥形光纤的 LPFG 由于倏逝场的作用模式耦合变得更加强烈，具有更强的耦合效率，因此对外界环境的变化更加灵敏，故对于传感系统具有更好的特性。并且锥形光纤与单模光纤相连接具有很低的损耗。最后，该方法无须使用特殊的光敏性光纤、无须通过载氢处理或利用振幅掩模板等复杂而昂贵的制备过程，而是通过加热元件直接在普通单模光纤上进行局部加热，从而改变光纤局部的几何结构，因此降低了对于光纤的要求，适用范围更广，写入的光纤光栅热稳定性和长期稳定性较好，克服了常规光纤光栅在高温或长期放置时容易退化的缺点，操作控制过程简单，无须多次曝光。

1.1.3　结构调制型 LPFG 的机理

利用高频 CO_2 激光写入光栅时，单侧入射的激光会在光纤中产生反射和透射。而由于石英光纤对 10.6μm 波长的光吸收较强，CO_2 激光在光纤表面大部分被反射掉，透射进入光纤的光是沿着激光射入的方向逐渐衰减的。面向激光器一侧光纤吸收的 CO_2 激光强度高，产生热量多，释放残余应力较大；背离激光器一侧的强度低，产生热量少，释放残余应力较少。使得光纤横截面上折射率分布不均匀，高频 CO_2 激光写入的 LPFG 是非对称的[18]。LPFG 横截面折射率分布示意图如图 1.5 所示。

激光曝光写入 LPFG 的过程中也会引起双折射现象，其主要原因来自于光纤被单侧曝光导致 LPFG 横截面折射率分布不均匀。而单侧曝光导致的双折射现象对于 LPFG 损耗峰的增长具有很剧烈的影响。单侧曝光时间的增加导致双折射的增大，进而使得传输谱出现明显的偏振相关性，而双折射使得耦合逐渐分离为两部分，以致损耗峰的带宽逐渐增大而幅值增长缓慢，从而使得谐振波长处的基模能量不可能完全地耦合到包层模。而激光器曝光光纤直接会影响光纤被刻蚀的程度，因此需要严格把控光栅结构的刻蚀深度。

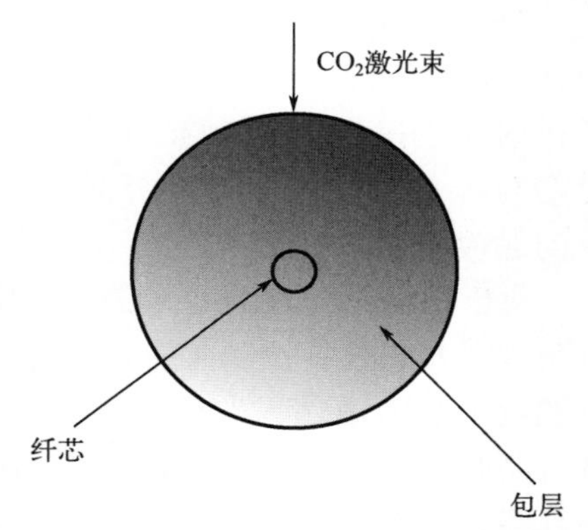

图 1.5　LPFG 横截面折射率分布示意图

在光纤的制作过程中，为了优化光纤的传输特性，光纤预制棒中不同区域的结构属性不尽相同，甚至掺有浓度不一的杂质，以致拉制而成的光纤中存在一定的残余应力。光纤中的残余应力是热应力和机械应力的叠加。热应力起源于纤芯和包层中的热膨胀系数不同，在纤芯中掺入锗和硼等杂质导致纤芯的热膨胀系数增加，从而在光纤中导致热应力(正应力、拉应力)。另外，机械应力来源于纤芯和包层中的黏弹性质(viscoelastic properties)不同，在纤芯中掺杂的锗元素导致纤芯的黏度降低，从而在光纤中引起机械应力(负应力、压应力)。光纤中残余应力的大小随拉制光纤的拉力线性增加。光纤中的残余应力会影响光纤的多种光学属性，并通过弹光效应使其折射率发生改变。CO_2 激光周期性曝光光纤写入 LPFG 的一个可能的机理是残余应力释放，在写入过程中导致残余应力释放的一个重要因素是热效应。

不同拉力拉制的光纤中两种残余应力所起的贡献不同，即在小拉力拉制的光纤中热应力起主要作用；而在相对较大的拉力拉制的光纤中机械应力起主要作用，包层中的残余应力为拉应力，并且拉制时的拉力越大，残余应力的绝对数值越大[19]。然而在 CO_2 激光脉冲曝光后，各种光纤的残余应力分布几乎一致，纤芯中的残余应力都表现为拉应力。虽然曝光前光纤的残余应力(主要是机械应力)随拉制光纤的拉力线性增大，但是曝光后不同拉力拉制的光纤纤芯中的净应力几乎相同。这表明 CO_2 激光曝光把光纤中的机械应力几乎全部释放，纤芯中剩余的残余应力几乎是单纯的由热膨胀系数不同而导致的热应力，而包层中的残余应力几乎为零。测试表明 CO_2 激光曝光的光纤在空气中淬火到室温后，光纤表面没有明显的残余应力，这是因为光纤直径较小。在冷却过程中光纤径向方向没有明显的温度差。轴向残余应力测试表明 CO_2 激光曝光后光纤中剩余的残余应力与加热处 CO_2 激光能量的分布相对应，即激光能量越大，残余应力释放就越多。在基于残余应力释放的用 CO_2 激光写入 LPFG 的过程中，被加热的光纤拉制时的拉应力的大小对写入 LPFG 的特性有着重要的影响。这是因为光纤折射率的变化与拉制光纤的拉应力密切相关。拉制力越大纤芯和内包层的折射率与外包层折射率的差异越大，这表明光纤中的残余应力主要是由纤芯和包层的黏度不同而引起的。

所以 CO_2 激光曝光导致的折射率变化(残余应力释放)不仅与激光能量有关，而且与被曝光的光纤拉制时的拉力有关，即激光的能量越大，折射率的变化越大。同等能量的 CO_2 激光曝光不同拉力拉制的光纤导致的折射率变化也不同，被曝光的光纤拉制时的拉力越大，折射率变化越大。因此，当用 CO_2 激光写入 LPFG 时，为了提高写入效率最好选用较大拉力拉制的光纤，即选用残余应力较大的光纤。

对于利用高频 CO_2 激光器写入的不同结构的结构调制型 LPFG，根据其不同的结构设计，可以分为侧面结构调制和扭转结构调制。侧面结构调制根据不同结构在侧面写入的几何形状的特点，可以表现为不同程度的折射率调制情况及不同响应情况的传感特性。扭转结构调制可以在不同方向平面上对光纤包层进行不同程度的抛磨，使得扭转结构调制在空间上形成新型的光纤结构。利用熔融拉锥法制备的 LPFG 在光纤表面通过周期性地引入几何结构调制，使得光纤中基模传输的能量和同向各阶包层模传输的能量发生耦合，最终形成光栅[20]。当采用一种特制的加热元件时，其几何结构是圆对称结构。将光纤放置在加热元件的中心处刻写光栅，因此刻写出的结构调制型超长周期光纤光栅的横截面可以看成圆对称结构。这里将光纤包层半径沿纵向的结构变化近似为函数的形式：

$$R(z)=\frac{1}{2}(R+R')-\frac{1}{2}(R-R')\frac{\tanh\left[v\left(z-\frac{l}{4}\right)\right]}{\tanh\left(\frac{v}{4}\right)},\quad 0<z<\frac{l}{2} \tag{1.1}$$

式中，R 为初始光纤包层半径(单模光纤)或锥形光纤包层半径(拉锥后)；R' 为局部周期性变化区域锥腰处的包层半径；l 为局部周期性变化区域的形变长度；$v=0.001k, k=1,2,\cdots,8$ 。

S 形 LPFG 模型示意图如图 1.6 所示。根据函数可以求出局部周期性变化区域不同位置的包层半径，熔融拉锥区域遵循包层半径的改变量和纤芯半径的改变量成等比例变化的原则，已知 r 为初始光纤纤芯半径(单模光纤)或锥形光纤纤芯半径(拉锥后)，可以求出局部周期性变化区域不同位置的纤芯半径 r'，由于光纤拉锥产生的几何结构呈圆对称双曲正切函数变化，为了方便计算，本节只考虑左半部分拉锥之后的模式变化情况，同时为了观察初始截面 L_1 至几何结构变化最大处的截面 L_M 模场的变化情况，将局部周期性变化区域划分为一定间隔的截面进行计算。为下面建立起熔融拉锥结构调制型周期光纤光栅模型做准备。

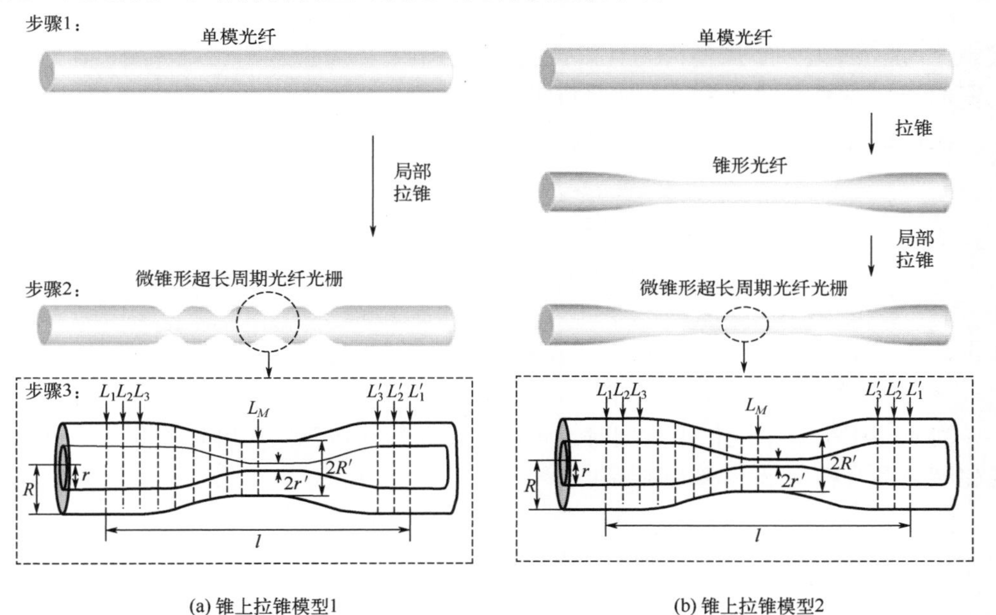

图 1.6　S 形 LPFG 模型示意图

局部微结构 LPFG 是将原始光栅中的一部分均匀分布的包层部分制作成一些微结构，形成局部的扰动，这种扰动对原始光栅的光谱造成影响，产生了一种反射或者透射通道，这种结构的形成与相移光纤光栅极其相似，而且这种扰动会对原始光栅的某些传感特性产生影响，所以在通信及传感领域这种复合结构的传感优势较为显著。

耦合模理论常被用来分析光纤光栅，但由于并非所有的光纤光栅均为均匀性，对非均匀型的光栅，则可以看作 LPFG 和相移光栅串联，通过传输矩阵法来分析。当 LPFG 局部引入一个微结构时，可以将这种结构视为对 LPFG 的包层进行局部扰动，致使两个连接点处的折射率发生突变，这样会对该局部区域的纤芯和包层的耦合模式同时产生影响，其中，与该局部区域毗邻的两个连接点为包层模中折射率调制不连续的两点，根据相移原理可知，折射率调制的突变就会有相移产生，在这种情况下，在 LPFG 的透射带阻中，出现一个透射通带，类似于相移光栅，相移大小可以由式(1.2)计算出：

$$\Phi=\frac{2\pi}{\lambda}\Delta n_{\mathrm{eff,cl}}L_E \tag{1.2}$$

式中，λ 为中心波长；$\Delta n_{\mathrm{eff,cl}}$ 为微结构引起的包层模有效折射率的变化。由此可见，透射波谱是可以控制的，其位置、大小与微结构的长度、深度和位置有关。

LPFG 中有效折射率变化可以用式(1.3)来描述：

$$\delta n_{\mathrm{eff}}(z)=\overline{\delta n_{\mathrm{eff}}(z)}\left\{1+\nu\cos\left[\frac{2\pi}{\Lambda}z+\phi(z)\right]\right\} \tag{1.3}$$

式中，$\overline{\delta n_{\mathrm{eff}}(z)}$ 为一个周期内的有效折射率的变化；ν 为折射率调制深度；$\phi(z)$ 为与光栅的相移或者啁啾有关的附加单位[21]。

根据耦合模理论，在 LPFG 中，纤芯基模与第 m 阶包层模的相位匹配条件为

$$\frac{\mathrm{d}A_{\mathrm{co}}(z)}{\mathrm{d}z}=k_{\mathrm{co-cl}}A_{\mathrm{cl}}\mathrm{e}^{\mathrm{j}2\delta z}\mathrm{e}^{-\mathrm{j}\phi} \tag{1.4}$$

$$\frac{\mathrm{d}A_{\mathrm{cl}}(z)}{\mathrm{d}z}=-k_{\mathrm{co-cl}}A_{\mathrm{co}}\mathrm{e}^{-\mathrm{j}2\delta z}\mathrm{e}^{\mathrm{j}\phi} \tag{1.5}$$

式中，$A_{\mathrm{co}}(z)$ 和 $A_{\mathrm{cl}}(z)$ 分别为纤芯基模和同向包层模的振幅；δ 为模式间的失谐量；$K_{\mathrm{co-cl}}$ 为耦合常数；ϕ 为光栅的相位。

当光栅中折射率变化不均匀时，可以利用传输矩阵法将 LPFG 看作 n 段折射率变化调制的光栅区域，那么振幅可以表示为

$$\begin{bmatrix}A_{\mathrm{co}}(z)\\A_{\mathrm{cl}}(z)\end{bmatrix}=F_N\cdot F_{N-1}\cdots F_2\cdot F_1\times\begin{bmatrix}A_{\mathrm{co}}(0)\\A_{\mathrm{cl}}(0)\end{bmatrix} \tag{1.6}$$

式中，

$$F_i=\begin{bmatrix}\exp(\mathrm{i}(\overline{\beta}+\pi/\Lambda)) & 0\\ 0 & \exp(-\mathrm{i}(\overline{\beta}-\pi/\Lambda))\end{bmatrix}\times\begin{bmatrix}\cos(\gamma\Delta z)-\dfrac{\mathrm{i}\delta}{\gamma}\sin(\gamma\Delta z) & \dfrac{\mathrm{i}k_{\text{co-cl}}}{\gamma}\sin(\gamma\Delta z)\\ \dfrac{\mathrm{i}k_{\text{co-cl}}}{\gamma}\sin(\gamma\Delta z) & \cos(\gamma\Delta z)+\dfrac{\mathrm{i}\delta}{\gamma}\sin(\gamma\Delta z)\end{bmatrix} \tag{1.7}$$

$$\gamma=\sqrt{k_{\text{co-cl}}^2+\delta^2} \tag{1.8}$$

$$\overline{\beta}=\frac{1}{2}\left(\beta_{\text{co}}-\beta_{\text{cl}}^i-\frac{2\pi}{\Lambda}\right) \tag{1.9}$$

$$\delta=\frac{1}{2}(\beta_{\text{co}}-\beta_{\text{cl}}^i)-\left(\frac{\pi}{\Lambda}\right) \tag{1.10}$$

式中，β_{co} 和 β_{cl}^i 为第 i 段光栅小区域的纤芯和包层模的传输常数，对于局部微结构 LPFG，$i=1,3$ 为普通 LPFG 段，$i=2$ 为微结构段。

对于复合方法制作的结构调制的光纤光栅的研究以实验居多，其成栅机理和传输特性的理论分析还比较少，其理论分析更复杂一些，需要对周期性结构改变进行一些近似处理。

1.2　结构调制型 LPFG 的模式耦合

1.2.1　包层模式的有效折射率和传输常数

对光的模场理论分析可知，光在光纤中传输时可以被分成不同种类的模式[22-25]。在理想的情况下，透过的光中的不同模式是相互正交的。在传输的过程中，不同种模式之间是不会进行能量交换的，换句话来说就是不同模式的能量是不会变的，是永远守恒的。然而光纤光栅一些部分中存有不同的电介质，它们之间会发生能量交互，这样就导致光纤的折射率发生调制。这种变化改变了之前的状态，致使本来一些相互正交的模式不再跟以前一样正交，从而造成了不同模式之间交换了彼此的能量，这就是我们通常所说的模式耦合。

光纤光栅的模式有效折射率变化 $\delta n_{\text{eff}}(z)$ 如下：

$$\delta n_{\text{eff}}(z)=\overline{\delta n_{\text{eff}}(z)}\left\{1+\nu\cos\left[\frac{2\pi}{\Lambda}z+\psi(z)\right]\right\} \tag{1.11}$$

式中，$\overline{\delta n_{\text{eff}}(z)}$ 为直流部分的有效折射率变化；ν 为 LPFG 折射率被调制之后的条纹可见度；Λ 为光栅周期；$\psi(z)$ 为光栅啁啾。

1.2.2 耦合系数和耦合常数

模式ν和模式μ之间的耦合系数K是表征介质扰动引起的光纤模式间耦合程度的一个物理量。由于包层模场的轴向分量比横向分量小1～2个数量级，以致其模式间的轴向耦合系数$K_{\nu u}^{z}$比横向耦合系数$K_{\nu u}^{t}$小2～4个数量级，所以在计算光纤光栅的模式耦合时通常忽略模式间的轴向耦合系数$K_{\nu u}^{z}$，而只考虑模式间的横向耦合系数$K_{\nu u}^{t}$。为了更好地表示耦合系数可由式(1.12)定义一个与耦合系数密切相关的物理量，即模式间的耦合常数$K_{\nu u}$。

$$K_{\nu u}^{t}(z)=K_{\nu u}(z)\left[1+m\cos\left(\frac{2\pi}{\Lambda}z\right)\right] \tag{1.12}$$

式中，m为光栅折射率调制的条纹可见度。由式(1.12)可知，耦合常数表示光栅一个周期内的平均耦合系数。纤芯基模之间的耦合常数可以表示为

$$k_{01-01}^{\text{co-co}}(z)=\sigma(z)\frac{2\pi n_1^2 b}{\lambda n_2\sqrt{1+2b\Delta}}\left[1+\frac{J_0^2(V\sqrt{1-b})}{J_1^2(V\sqrt{1-b})}\right] \tag{1.13}$$

纤芯基模与一阶ν次包层模之间的耦合常数可以表示为

$$\begin{aligned}k_{1\nu-01}^{\text{cl-co}}(z)=&\sigma(z)\frac{2\pi}{\lambda}\left(\frac{\pi b}{z_0 n_2\sqrt{1+2b\Delta}}\right)^{\frac{1}{2}}\frac{n_1^2 u_1}{u_1^2-\dfrac{V^2(1-b)}{a_1^2}}\left(1+\frac{\sigma_2\zeta_0}{n_1^2}\right)E_{1\nu}^{cl}\\&\times\left[\frac{u_1 J(u_1 a_1)J_0(V\sqrt{1-b})}{J_1(V\sqrt{1-b})}-\frac{V\sqrt{1-b}J_0(u_1 a_1)}{a_1}\right]\end{aligned} \tag{1.14}$$

式中，$\sigma(z)$为光栅折射率沿z方向缓慢变化的包络。当计算出模式间的耦合常数$K_{\nu u}$后，可以求出模式间的横向耦合系数$K_{\nu u}^{t}$。当耦合的包层模阶次较低(<40)时，纤芯基模HE_{11}与一阶低偶次包层模之间的耦合常数远小于纤芯基模HE_{11}与一阶低奇次包层模之间的耦合常数；当耦合的包层模阶次≥40时，纤芯基模HE_{11}与一阶偶次包层模之间的耦合常数约等于纤芯基模HE_{11}与一阶奇次包层模之间的耦合常数。因为高次模的能量相对较小，所以长周期光纤光栅的模式耦合可以只考虑纤芯基模与一阶低奇次包层模之间的耦合，而忽略纤芯基模与其他包层模(一阶低偶次包层模和一阶高次包层模)之间的耦合。

1.2.3 模式耦合方程

由于光栅模式间的轴向耦合系数$K_{\nu u}^{z}$远小于横向耦合系数$K_{\nu u}^{t}$，所以描述模式间耦合的方程中的耦合系数$K_{1\nu-1u}^{\text{cl-cl}}$可以忽略。对于折射率调制集中在纤芯的光纤光栅，

包层模之间的耦合系数 $K_{1\nu-1u}^{\mathrm{cl-cl}}$ 远小于纤芯基模与包层模之间的耦合系数 $K_{1\nu-01}^{\mathrm{cl-co}}$，所以包层模之间的耦合系数 $K_{1\nu-1u}^{\mathrm{cl-cl}}$ 可以忽略。运用同步近似和以上简化，描述 LPFG 纤芯基模与同向传输的一阶各次包层模耦合的耦合方程可以简单表示为

$$\frac{\mathrm{d}A^{\mathrm{co}}}{\mathrm{d}z}=\mathrm{i}k_{01-01}^{\mathrm{co-co}}A^{\mathrm{co}}+\mathrm{i}\sum_{\nu}\frac{m}{2}k_{01-01}^{\mathrm{cl-co}}A_{\nu}^{\mathrm{cl}}\exp(-\mathrm{i}2\delta_{1\nu-01}^{\mathrm{cl-co}}z) \tag{1.15}$$

$$\sum_{\nu}\left[\frac{\mathrm{d}A_{\nu}^{\mathrm{cl}}}{\mathrm{d}z}=+\mathrm{i}\frac{m}{2}k_{1\nu-01}^{\mathrm{cl-co}}A^{\mathrm{co}}\exp(+\mathrm{i}2\delta_{1\nu-01}^{\mathrm{cl-co}}z)\right] \tag{1.16}$$

式中，A^{co} 为正向传输的纤芯基模的幅值；A_{ν}^{cl} 为正向传输的一阶 ν 次包层模的幅值；$\delta_{1\nu-01}^{\mathrm{cl-co}}$ 为纤芯基模与同向传输的一阶 ν 次包层模之间的失调量，其表达式为

$$\delta_{1\nu-01}^{\mathrm{cl-co}}\equiv\frac{1}{2}\left(\beta_{01}^{\mathrm{co}}-\beta_{1\nu}^{\mathrm{cl}}-\frac{2\pi}{\Lambda}\right) \tag{1.17}$$

设 LPFG 的边界条件为

$$A^{\infty}(z=-L/2)=1 \tag{1.18}$$

$$A_{\nu}^{\mathrm{cl}}(z=-L/2)=0 \tag{1.19}$$

纤芯基模与每一个同向传输的一阶包层模的近似谐振波长为

$$(\delta_{1\nu-01}^{\mathrm{cl-co}}+k_{01-01}^{\mathrm{co-co}})/2=0 \tag{1.20}$$

纤芯基模与同向传输的一阶包层模耦合的损耗峰的归一化带宽可以近似地表示为

$$\frac{\Delta\lambda}{\lambda}\approx\frac{\lambda}{\Delta nL}\left(1+\frac{4k_{1\nu-01}^{\mathrm{cl-co}}}{\pi}\right)^{\frac{1}{2}} \tag{1.21}$$

式中，λ 为由式(1.20)求出的近似谐振波长；$\Delta n=n_{\mathrm{eff}}^{\mathrm{co}}-n_{\mathrm{eff}}^{\mathrm{cl}}$ 为纤芯和包层模的有效折射率差。对于每一个确定的波长，长周期光纤光栅的透射率 T_{λ} 可以表示为

$$T_{\lambda}=\frac{A^{\mathrm{co}}(L/2)}{A^{\mathrm{co}}(-L/2)} \tag{1.22}$$

理论上设定长周期光纤光栅的基本参数并结合边界条件，求解式(1.15)和式(1.16)可以得到 LPFG 的透射谱。由于 LPFG 中存在数百个同向传输的一阶各次包层模与纤芯基模的耦合，以致式(1.15)和式(1.16)包括数百个一阶微分方程，因此，LPFG 的透射谱难以直接进行模拟计算。LPFG 的透射率 T_{λ} 是针对每一个确定的波长而言的，因此对每一个确定的波长可以通过只选取谐振波长与该波长最接近的一个或几个包层模式来计算透射率，从而简化对透射谱的计算。

1.2.4　相位匹配条件

传统的耦合模理论适合于分析未扰动的光纤模式之间的弱耦合情况，由于折射

率调制型长周期光纤光栅可以将折射率的变化看成一种微扰，而且认为在调制区域光纤模式的场分布不发生变化，因此一般都是沿用传统的耦合模理论进行分析的。而对于结构调制的光纤光栅中，在调制区域的模场分布和折射率分布发生明显的变化，此时已经不能再将其看成一种微扰，利用传统的耦合模理论分析光纤模式之间的强耦合引起的光谱特性不是特别精确。所以本节定量地分析剧烈扰动波导的光谱传输特性，其理论基础如下所示。

光纤中电磁场横向分量表示为各个正交模式电场和磁场横向分量的叠加，如下：

$$\begin{cases} \boldsymbol{E}_t(x,y,z)=\sum_j\{b_j(z)+b_{-j}(z)\}\boldsymbol{e}_{tj}(x,y,z) \\ \boldsymbol{H}_t(x,y,z)=\sum_j\{b_j(z)-b_{-j}(z)\}\boldsymbol{h}_{tj}(x,y,z) \end{cases} \tag{1.23}$$

式中，$b_{\pm j}$ 为模式的幅值与相位。

$\boldsymbol{e}_{tj}$ 为模式 j 的归一化电场：

$$\boldsymbol{e}_{tj}=\frac{\boldsymbol{E}_{tj}}{\sqrt{\frac{1}{2}\int_{A\infty}\boldsymbol{E}_{tj}\times\boldsymbol{H}_{tj}^{*}\mathrm{d}A}} \tag{1.24}$$

$\boldsymbol{h}_{tj}$ 为模式 j 的归一化磁场：

$$\boldsymbol{h}_j=\frac{\boldsymbol{H}_{tj}}{\sqrt{\frac{1}{2}\int_{A\infty}\boldsymbol{E}_{tj}\times\boldsymbol{H}_{t}^{*}\mathrm{d}A}} \tag{1.25}$$

式(1.26)为 $b_{\pm j}$ 的表达式，正负号代表了传播方向是前向或后向。

$$b_{\pm j}(z)=a_{\pm j}(z)\exp\left[\pm\mathrm{i}\int_0^z\beta_j(z)\mathrm{d}z\right] \tag{1.26}$$

式中，$a_{\pm j}(z)$ 为模式 j 的场强幅度；$\beta_j(z)$ 为模式 j 的传播常数。

第 j 个正向与反向传播的局部模的振幅和相位的依赖关系满足下列耦合方程组：

$$\begin{cases} \dfrac{\mathrm{d}b_j}{\mathrm{d}z}-\mathrm{i}\beta_j(z)b_j=\sum_l\{C_{jl}(z)b_l+C_{j-l}b_{-l}\} \\ \dfrac{\mathrm{d}b_{-j}}{\mathrm{d}z}+\mathrm{i}\beta_j(z)b_{-j}=-\sum_l\{C_{-jl}(z)b_l+C_{-j-l}b_{-l}\} \end{cases} \tag{1.27}$$

式中，C_{jl} 为耦合系数。

$$C_{jl}(z)=\frac{1}{4}\int_{A\infty}\left(\boldsymbol{h}_{tj}\times\frac{\partial\boldsymbol{e}_{tl}}{\partial z}-\boldsymbol{e}_{tj}\times\frac{\partial\boldsymbol{e}_{tl}}{\partial z}\right)\cdot z\mathrm{d}A,\quad j\neq l \tag{1.28}$$

对于 LPFG 来说，如果只考虑基模和同向包层模的耦合，将式(1.28)代入式(1.27)可以得到基模和包层模的耦合方程组，如下：

$$\begin{cases} \dfrac{\mathrm{d}a_{\mathrm{co}}}{\mathrm{d}z}=C(z)\cdot a_{\mathrm{cl}}\exp\left\{\mathrm{i}\int_0^z[\beta_{\mathrm{cl}}(z)-\beta_{\mathrm{co}}(z)]\mathrm{d}z\right\} \\ \dfrac{\mathrm{d}a_{\mathrm{cl}}}{\mathrm{d}z}=-C(z)\cdot a_{\mathrm{co}}\exp\left\{\mathrm{i}\int_0^z[\beta_{\mathrm{co}}(z)-\beta_{\mathrm{cl}}(z)]\mathrm{d}z\right\} \end{cases} \tag{1.29}$$

式中，a_{co} 为纤芯模的场强幅度；a_{cl} 为包层模的场强幅度；$C(z)$ 为耦合系数；$\beta_{\mathrm{co}}(z)$ 为纤芯模传播常数；$\beta_{\mathrm{cl}}(z)$ 为包层模传播常数。

$$C(z)=\sum_{N=0}^{\infty}f_N\cdot\exp\left(\mathrm{i}\frac{2N\pi}{\Lambda}Z\right) \tag{1.30}$$

式中，f_N 表示傅里叶展开后各次谐波系数；N 表示各次谐波分量。

$$\Delta\varphi=\int_0^z\left[\beta_{\mathrm{cl}}(z)-\beta_{\mathrm{co}}(z)+\frac{2N\pi}{\Lambda}\right]\mathrm{d}z \tag{1.31}$$

当满足相位匹配条件时，才会产生谐振耦合。考虑到传播常数是周期变化的，因此在任意随机起点 z_0 处的一个周期内也应该满足相位匹配，也就是说，$\Delta\varphi=\varphi(z_0+\Lambda)-\varphi(z_0)=0$。$\beta=2\pi n_{\mathrm{eff}}/\lambda$，$n_{\mathrm{eff}}$ 为模式有效折射率。LPFG 的相位匹配条件可以表示为

$$N\lambda=\int_{z_0}^{z_0+\Lambda}[n_{\mathrm{eff,co}}(z)-n_{\mathrm{eff,cl}}(z)]\mathrm{d}z \tag{1.32}$$

式中，$n_{\mathrm{eff,co}}(z)$ 为纤芯模的有效折射率；$n_{\mathrm{eff,cl}}(z)$ 为包层模的有效折射率；N 代表光栅的衍射级数。

通过上述有关公式可以看出，该理论是对耦合模理论应用于分析剧烈缓变波导的一种改进。它将调制区域折射率和模式特性的变化考虑在内，能够从一定程度上反映出结构变化对于模式之间耦合情况的影响。

1.2.5　透射谱仿真

借助于求解出的场强和有效折射率来计算结构调制型超长周期光纤光栅中的模式耦合情况。根据局域耦合模理论中的耦合系数定义式可知，两个模式的耦合不仅与调制区域模场的大小有关，还与模场沿光纤轴向的变化情况有关。将光纤轴向各截面场强值代入耦合系数定义式中，就可以得到 LP_{01} 与 $^{9}\mathrm{LP}_{05}$ 的耦合系数。

由于在非调制区域光纤结构未发生变化，所以耦合系数定义中模场对 z 的偏导为零，也就是说在非调制区域模式耦合系数计算为零。将求解的耦合系数沿光纤纵向绘制成曲线，如图 1.7 所示，该图是入射波长为 1550nm 处局域周期性变化区域的耦合系数分布。

由图 1.7 可以看出，利用局域耦合模理论计算出的耦合系数在光栅中的分布是不均匀的，这与耦合模理论计算出的均匀耦合系数相比，能够更为准确地体现出结构调制型光纤光栅的模式耦合情况。

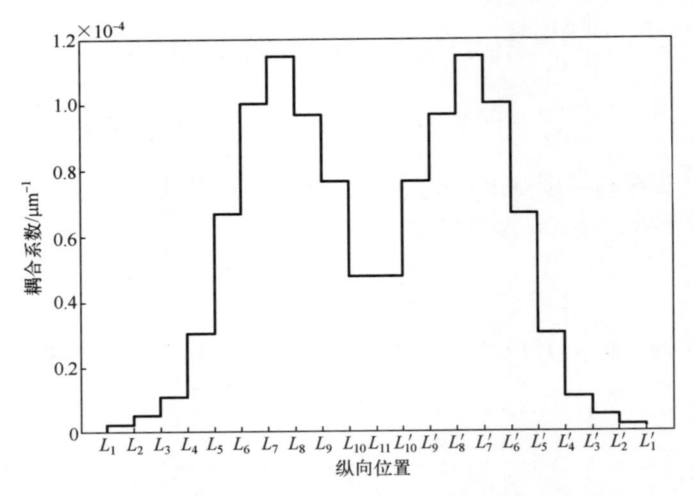

图 1.7　直接拉锥模型结构调制区域模式耦合系数分布

将 $C(z)$ 按光栅周期进行傅里叶展开并与有效折射率计算出的传播常数一同代入耦合方程组中，结合边界条件就能够求得相应的场强幅度。在相位关系中只有满足相位匹配条件时所对应的波长下才有可能出现谐振峰，且相位匹配条件式中含有光栅衍射级数 N，通过计算发现当 $N=9$ 时谐振波长在正常的波长范围内，所以计算时只取了 $C(z)$ 展开后的九次项并代入耦合方程组。

根据纤芯模场强幅度可以计算出不同波长下的透射率，最终就能够得到直接拉锥模型结构调制长周期光纤光栅的透射谱，如图 1.8 所示。其中，谐振峰是由 LP_{01} 与 $^{9}LP_{05}$ 模耦合形成的，谐振波长在 1550nm 处谐振深度为−20dB。

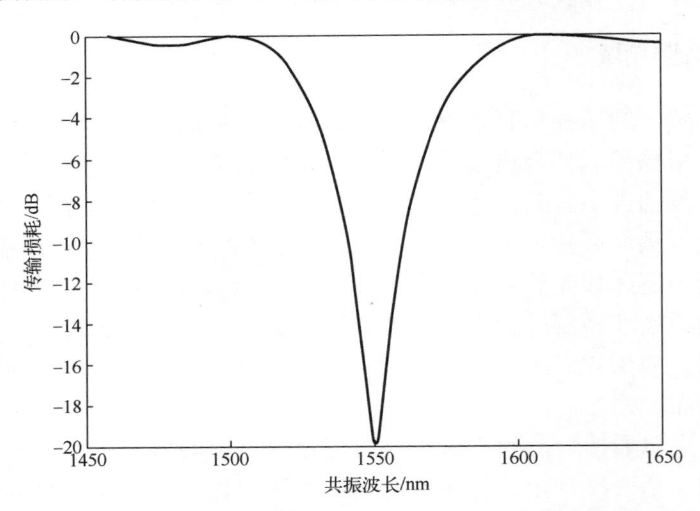

图 1.8　直接拉锥模型结构调制长周期光纤光栅的透射谱

基于以上对直接拉锥模型的分析，同样用局域耦合模理论分析锥上拉锥模型的耦合情况。类似于直接拉锥模型，通过观察纤芯和包层模式场分布 L_1 面到 L_{11} 面的对比，同样可以看出，沿着光纤轴向局部周期性区域各个截面处纤芯和包层的几何结构变化程度逐渐增加，纤芯基模模式 LP_{01} 和包层模式 $^2LP_{03}$ 的模场也有明显向外扩散的趋势，引起这一现象的原因同直接拉锥模型一致。此外，根据各个截面的模式有效折射率还计算出了入射波长在 1550nm 处局部周期性区域各模式有效折射率沿光纤轴向的变化曲线，如图 1.9 和图 1.10 所示。从图 1.9 可以看出，随着光纤纤芯和包层几何结构变化程度逐渐增加，纤芯基模和包层模的有效折射率差先减小，然后逐渐增加。

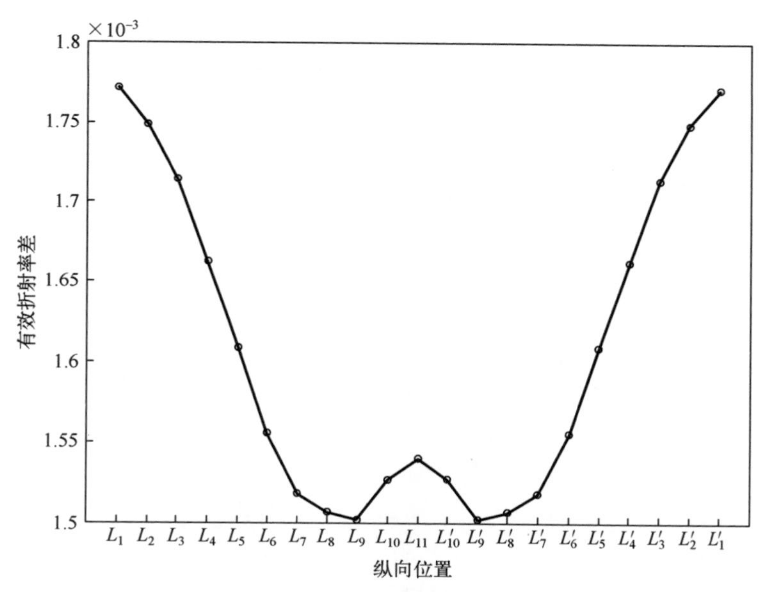

图 1.9　锥上拉锥模型结构调制区域模式间有效折射率差的变化情况

锥上拉锥模型调制区域模式耦合系数分布也是不均匀的，如图 1.10 所示。再次证明了利用局域耦合模理论计算结构调制型光纤光栅的耦合系数，能够更为准确地体现出这类光栅的模式耦合情况。同上述计算步骤，可以计算出锥上拉锥模型的最终透射谱。

在相位关系中只有满足相位匹配条件时所对应的波长下才有可能出现谐振峰，且相位匹配条件式中含有光栅衍射级数 N，通过计算发现当 $N=2$ 时谐振波长在正常的波长范围内，所以计算时只取了 $C(z)$ 展开后的二次项并代入耦合方程组。根据纤芯模场强幅度可以计算出不同波长下的透射率，最终就能够得到锥上拉锥模型结构调制长周期光纤光栅的透射谱，如图 1.11 所示。其中，谐振峰是由 LP_{01} 模与 $^{2}LP_{03}$ 模耦合形成的，谐振波长在 1550nm 处谐振深度为−17.5dB。

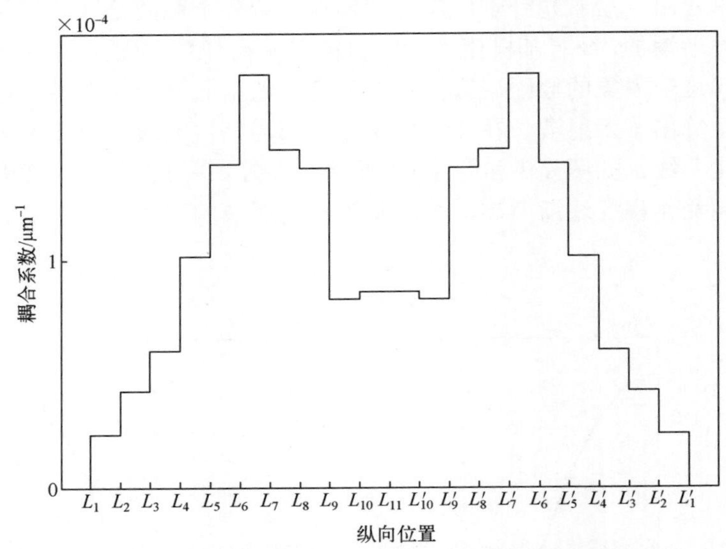

图 1.10　锥上拉锥模型结构调制区域模式耦合系数分布

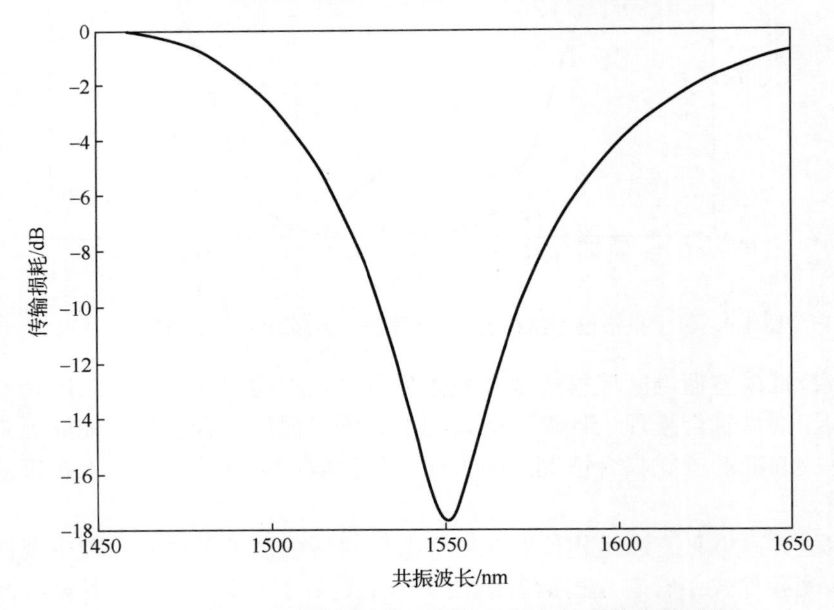

图 1.11　锥上拉锥模型结构调制长周期光纤光栅的透射谱

对被覆材料型长周期光纤光栅的结构和被覆材料的双峰熔融拉锥型长周期光栅结构模型进行构建。图 1.12 为基于 SolidWorks 软件的被覆材料型双峰长周期光栅造型渲染图。在造型软件操作方面，选用的尺寸和实物相同，为了更好地还原光纤传感器。将光纤的直径设定为 125μm，纤芯直径为 8μm，槽的边长为 10μm×30μm，薄膜的厚度为 5μm。之后进行渲染，完成了该结构的实物设计。

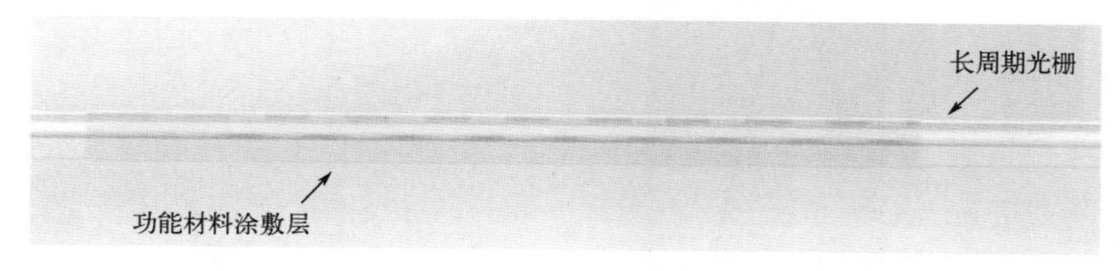

图 1.12　基于 SolidWorks 软件的被覆材料型双峰长周期光栅造型渲染图

图 1.13 为基于 SolidWorks 软件的被覆材料型双峰熔融拉锥型长周期光栅造型渲染图。在造型软件操作方面，利用镜面原理，将所有的锥区复制成栅区，并在其上方覆盖了一层黄色物质作为功能材料。选用的尺寸和实物相同，为了更好地还原光纤传感器，将光纤的直径设定为 125μm，纤芯直径为 8μm，锥区的腰径为 70μm，薄膜的厚度为 5μm，之后进行渲染，完成了该结构的实物设计。

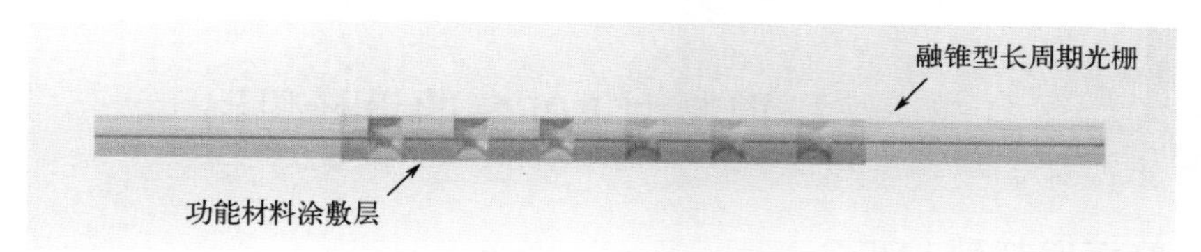

图 1.13　基于 SolidWorks 软件的被覆材料型双峰熔融拉锥型长周期光栅造型渲染图

图 1.14 为多模光纤(multi-mode fiber，MMF)长度为 2cm 时结构内光能量仿真图，从图中可以看出多模存在能量交汇点，且周期性地有光强最大值。

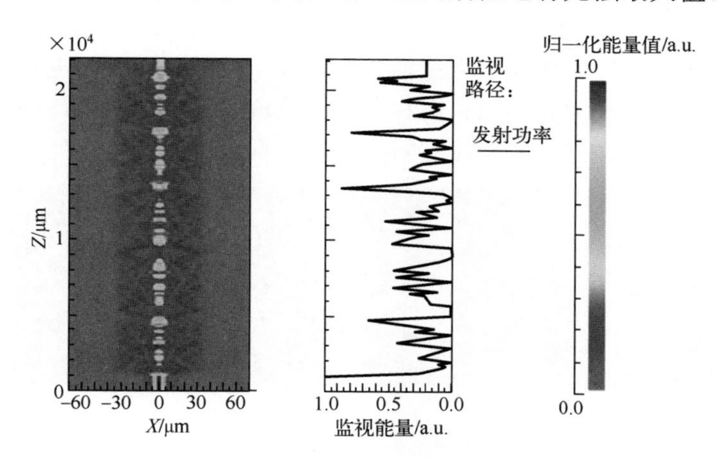

图 1.14　MMF 长度为 2cm 时结构内光能量仿真图(见彩图)

用BeamPROP软件对单模-多模-单模结构的输出特性进行仿真，图1.15为MMF长度为2cm时结构透射光谱仿真图。

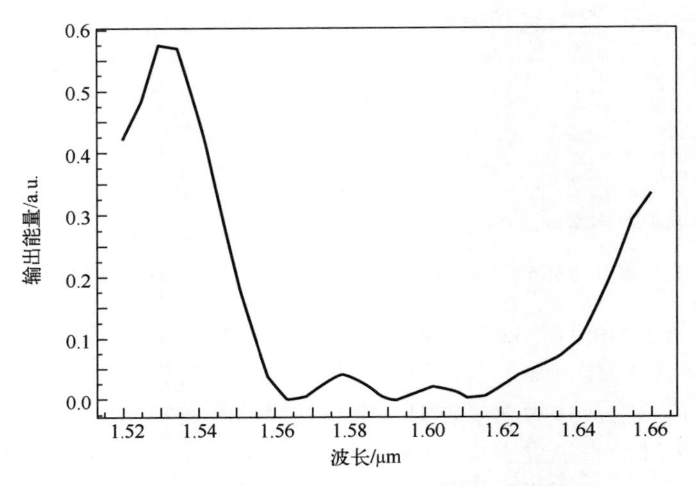

图 1.15　MMF 长度为 2cm 时结构透射光谱仿真图

1.3　结构调制型 LPFG 的设计思路

1.3.1　单面调制型 LPFG

1. D 形 LPFG

利用上述加工方法，采用 CO_2 激光器制备出一种 D 形长周期光纤光栅(D-typed long-period fiber grating, D-LPFG)，该结构的侧面图如图 1.16 所示。由图 1.16 可知，D-LPFG 的特点为周期性的 D 形光纤槽，该结构由激光在光纤上重复蚀刻得到，槽宽与槽深可以通过改变激光扫描长度和扫描次数进行调节。由于该种制备方式引起的折射率调制较强，在制备时要注意防止出现过耦合现象。

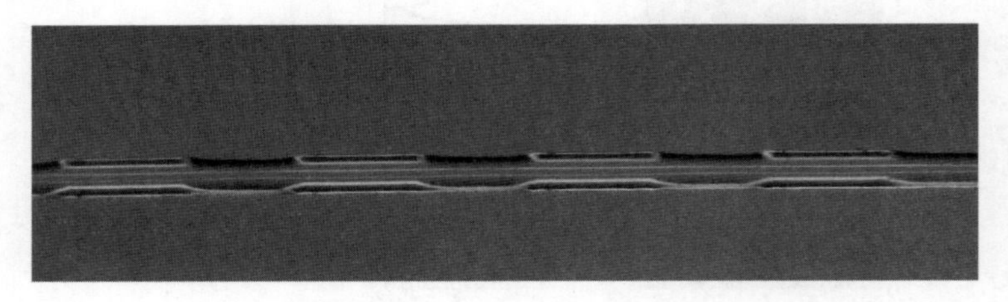

图 1.16　D 形 LPFG 的侧面图

该结构具有很好的可扩展性，以 D 形槽为基础可以加工出各类形状迥异的光纤传感结构，每种传感结构根据其形貌特性，可以在力学参数及折射率测量中发挥出不同的优势。同时，还可以在 D 形槽的空隙中填入功能性材料，以制备各类光学生物化学传感器。

2. V 形 LPFG

当改变扫描激光的密度时，由于激光能量不均匀，可以在光纤表面蚀刻出周期性的 V 形槽，从而形成 V 形长周期光纤光栅(V-typed long-period fiber grating, V-LPFG)。

图 1.17 为 V 形 LPFG 的侧面图。

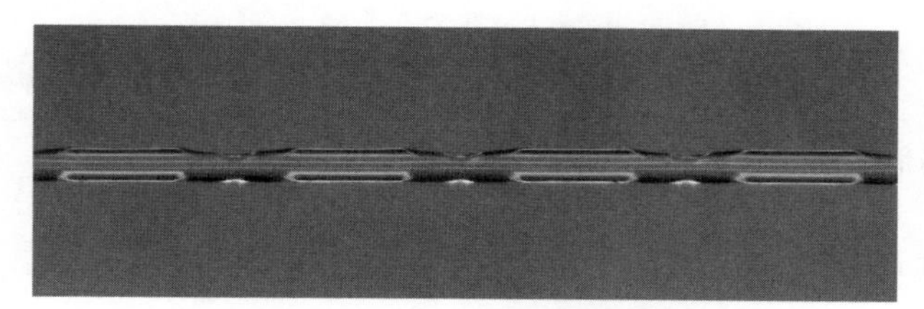

图 1.17　V 形 LPFG 的侧面图

该结构由于其包层破坏相对严重，在受到机械力的作用时，等效折射率调制会发生改变，进而影响 LPFG 的相位匹配条件，最终使得谐振波长发生漂移。可以凭借这种光纤结构的特点，设计不同种类的高灵敏传感器，用于应变、弯曲、压力等力学参量的测量。

3. 斜面型 LPFG

为了制备倾斜平面结构，在激光扫描程序中，将扫描间隔距离改为由小到大，这样在光纤上扫描过的激光呈由疏到密排列，即可制备出斜面型长周期光纤光栅(inclined-typed long-period fiber grating, IT-LPFG)。该结构的光栅间距为 500μm，周期数为 10，其侧面图如图 1.18 所示。

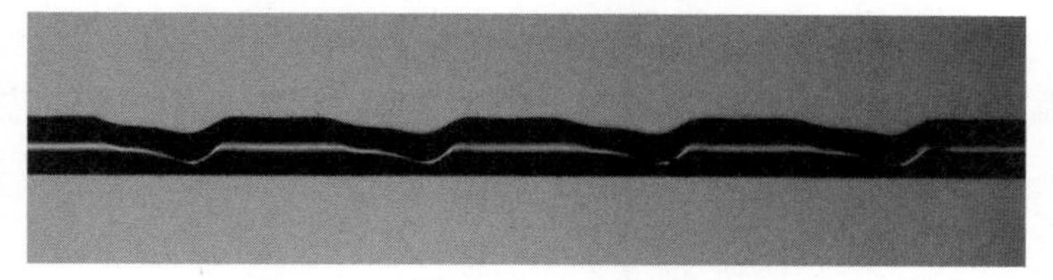

图 1.18　斜面型 LPFG 的侧面图

该结构具有倾斜的光纤抛磨平面，当受到应变作用时，其结构具有不对称性，使得应力在传感器上的分布不均匀。在轴向应变作用下，纤芯的微弯曲导致弹光效应，使得光栅的有效折射率发生了变化，最终导致谐振波长漂移。斜面型 LPFG 的透射谱如图 1.19 所示。

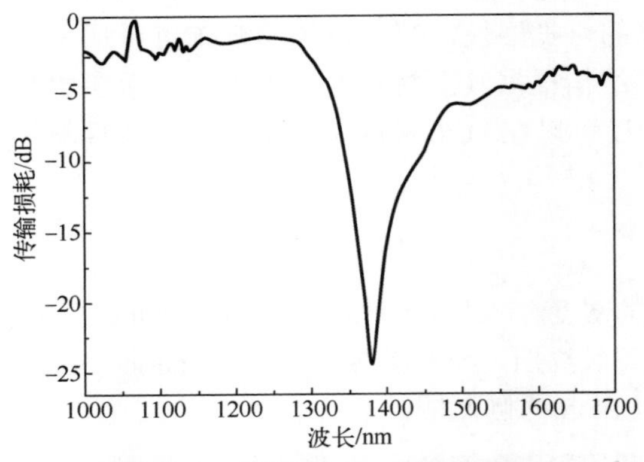

图 1.19 斜面型 LPFG 的透射谱

1.3.2 双面调制型 LPFG

1. 薄片型 LPFG

薄片型长周期光纤光栅(sheet-typed long-period fiber grating, ST-LPFG)是通过对 D 形长周期光纤光栅的变形得来的。在制备 D 形 LPFG 的基础上，将光纤结构翻转 180°，从而得到 ST-LPFG。在实验中光纤片的制备参数是整个光栅制作的重点，也是难点，光纤片的厚度、数量及相对旋转的角度，都将直接影响薄片型光栅的制作成功率以及后续的特性实验结果，每个光纤片的显微侧面观察图如图 1.20 所示。

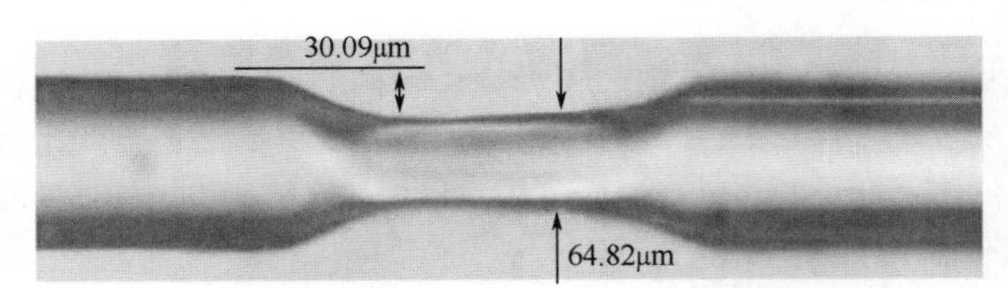

图 1.20 每个光纤片的显微侧面观察图

本节制备了周期为 500μm，周期数为 10 的 ST-LPFG 光纤结构，其透射谱如图 1.21 所示。

2. S 形 LPFG

S 形长周期光纤光栅(S-shaped long-period fiber grating, S-LPFG)是通过对 V 形长周期光纤光栅的分析、简化、变形得来的。该光纤结构是由激光器对单模光纤两侧进行错位蚀刻得到的，其特征是两侧不对称的 V 形槽，形成一个 S 形的周期，其结构示意图如图 1.22 所示，S-LPFG 的周期长度为 500μm，而周期数总计为 10 个，因此 S-LPFG 的光栅长度为 5mm。

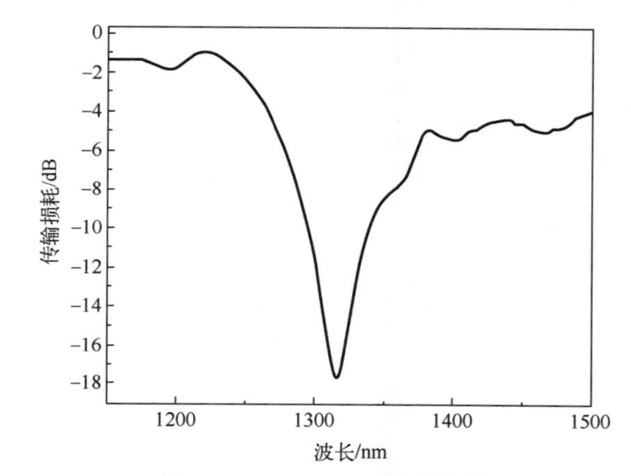

图 1.21　ST-LPFG 的透射谱

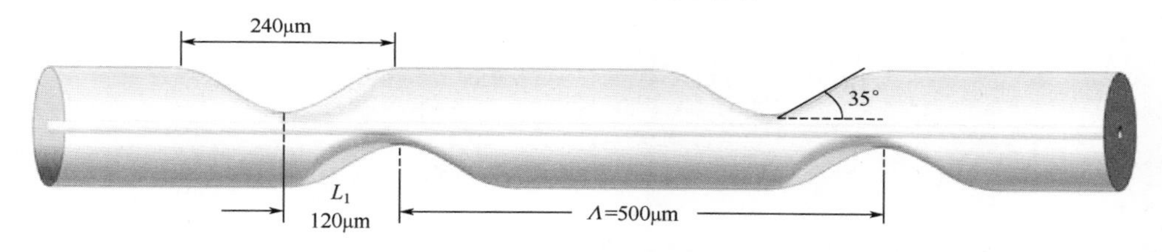

图 1.22　S-LPFG 的结构示意图

结合上面对 ST-LPFG 的制作过程的描述，S-LPFG 的制作过程与其相差不大，只需要将连接 CO_2 激光器的计算机上的激光扫描路径程序减少两个，即 S-LPFG 制备扫描程序对应关系如图 1.23 所示。

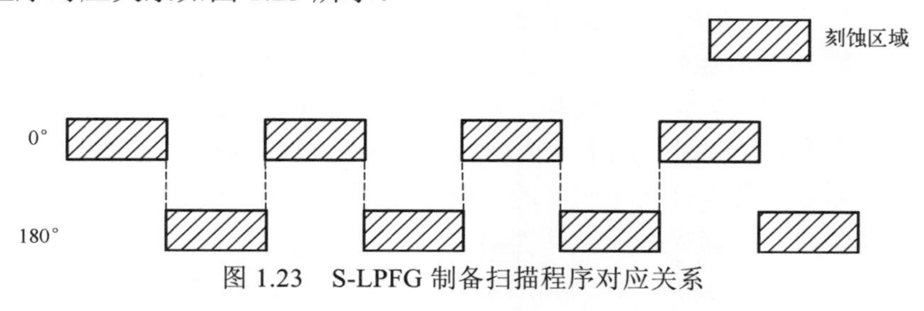

图 1.23　S-LPFG 制备扫描程序对应关系

S-LPFG 的制备类似于其他激光调制型 LPFG 的制作过程，将一段 2m 长的单模光纤去除中间数厘米的涂覆层后固定在两个旋转夹具上，而后单模光纤两端分别连接宽谱光源与光谱仪。通过缓慢地调整一边的五维调节台的光纤轴向方向，使得单模光纤在 CCD 的显示屏上刚好不发生颤动，即单模光纤刚好被撑直。打开 CO_2 激光器的控制程序，选择 0° 的扫描程序，手动操作控制程序使激光器运行，同时观察 CCD 屏幕并时刻关注单模光纤被刻蚀的深度。当刻蚀深度达到 30μm 时停止运行激光器，然后同方向同时旋转两个旋转夹具至 180°，退出 0° 扫描程序，打开 180° 扫描程序，同样重复上述的操作。当刻蚀深度达到 30μm 附近时，减小激光器的功率，对刻蚀区域进行小幅度的调制，并密切关注光谱仪上通道谱的实时状态，当形成良好的光谱时停止刻蚀，最终形成如图 1.24 所示的谱线。

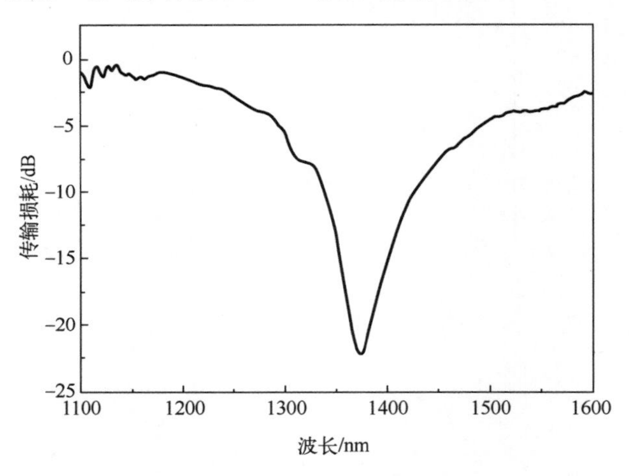

图 1.24　S-LPFG 的透射谱

3. S 形纤芯 LPFG

研究各类光纤光栅弯曲传感器表明，光栅结构的非对称性将会引起弯曲传感器的方向相关性。当 LPFG 被弯曲时，弯曲对 LPFG 的影响主要发生在两个方面，一方面是使光纤变成弯曲波导；另一方面是使 LPFG 中的每一个被调制的折射率的横截面发生倾斜(相对于第一个周期中被调制的折射率横截面而言)。例如，就传统 CO_2-LPFG 而言，单侧入射的 CO_2 激光导致其写入的 LPFG 的横截面折射率分布不均匀。在光纤面向激光入射的一侧，激光能量较强，光纤折射率变化较大；而在光纤背向激光入射方向的一侧，激光能量较弱，光纤折射率变化较小。LPFG 横截面折射率分布不均匀性的外在表现就是其弯曲特性具有明显的方向相关性。光栅横截面折射率分布不均匀导致光纤中的模场向 CO_2 激光入射的一侧偏移，相当于光纤的纤芯发生偏移(向激光器入射一侧偏移)。光纤模场的偏移使得不同方向的弯曲对光纤模场的影响不同。当向着 CO_2 激光入射或出射方向弯曲时，等效纤芯受压或受拉的程度较大，以至于光栅的谐振波长对这个方向的弯曲很敏感。而对垂直于激光入射的方向，弯曲灵敏度则比较小。总结之后可以得出，越不对称的折射率调制就会导致方向相关性越强。

当折射率面调制不均匀时，光纤纤芯的等效位置将会偏向强调制的一侧，这会导致光栅具有较强的弯曲方向相关性。因此，基于 CO_2 激光器写入光栅的手段，本章提出一种结构调制型长周期光纤光栅结构用于弯曲传感特性的测量。在基于 S-LPFG 结构的基础之上，本节对类 S-LPFG 结构(刻蚀深度较浅)进行光纤拉锥工作。由于光纤结构的不对称性，拉锥过程将会使包层延展至准直状态，但是纤芯将会受到挤压而在包层内部呈现波形分布。由此在波形面与垂直于刻蚀面的两个测量方向上，波形纤芯光栅将会有较强的弯曲方向相关性。

波形纤芯光栅是 S-LPFG 结构的一种应用延伸，其结构示意图如图 1.25 所示。

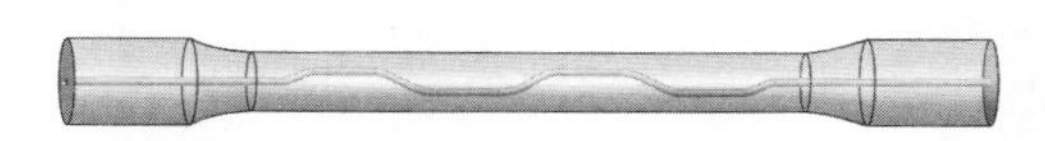

图 1.25　波形纤芯光栅的结构示意图

根据图 1.25 中显示的结构，如果想要使单模光纤的纤芯形成如图 1.25 所示的效果，那么必须要将单模光纤刻蚀成类 S-LPFG 结构的状态，之后将该结构放置于光纤拉锥机上，将类 S-LPFG 结构部分拉制成平坦锥。在整个拉锥过程中，拉锥机上的加热元件(石墨)对光纤加热熔化之后，光纤在被拉长变细的过程中，由于熔化部位的张力作用，类 S-LPFG 刻蚀部位会逐渐地恢复圆对称结构。

在此实验中，激光调制过程与之前的实验相同，但是不同点在于，刻蚀的深度不宜过深，且周期不宜过长。在该实验中，刻蚀深度约为 10μm，每个刻蚀区域长度为 160μm，同侧两个相邻的刻蚀区域间距为 320μm，单模光纤两侧分别刻蚀 6 个区域。在该刻蚀深度及刻蚀周期下，通过被调制过的单模光纤的光源光谱不会表现出变化(调制深度过浅，不会影响到单模光纤的纤芯或近纤芯的包层)。刻蚀区域长度设置较短是由于在后续的拉锥过程中，单位长度的单模光纤会被拉长约 2.44 倍(使用拉制 80μm 平坦锥的控制程序)，因此在完成波形纤芯光栅的制备之后，原刻蚀长度即增加至约 390μm，如果将一个刻蚀区域与一个过渡区视为一个周期，那么该光栅的周期约为 768μm，因此波形纤芯光栅的光栅总长为 4.608mm。波形纤芯光栅的透射谱如图 1.26 所示。

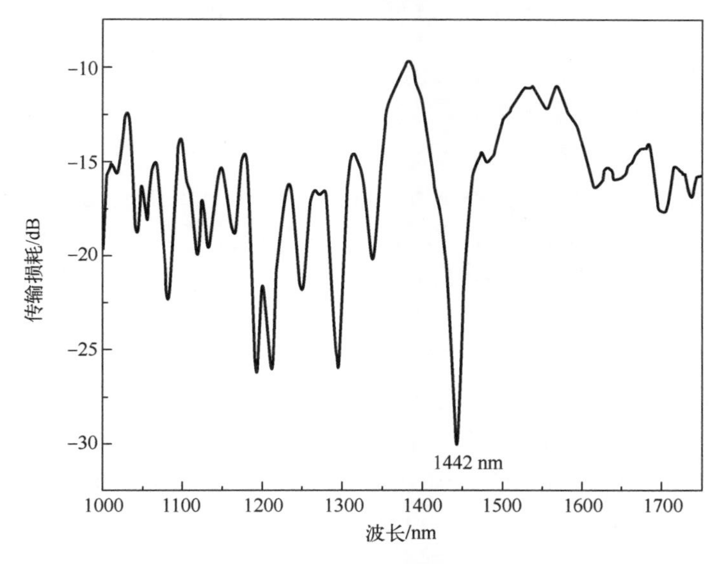

图 1.26　波形纤芯光栅的透射谱

1.3.3 多面调制型 LPFG

1. 弹簧式 LPFG

在本节提出一种弹簧式长周期光纤光栅(spring-shaped long-period fiber grating, S-S-LPFG)，结合弹簧结构对拉力的显著变化，从而引伸到 LPFG 中。该制作方法是通过使用 CO_2 激光器对单模光纤进行较为精准的雕刻，使其在空间结构上形成一种类似弹簧的光栅结构。S-S-LPFG 不仅具有新颖的结构，并且具备了良好的应变传感特性。作为一种新型的结构调制型 LPFG 的制作方法，CO_2 激光器的使用环境又得到进一步的扩展，也将使关于 LPFG 的研究方向变得更加丰富和多样化。

普通弹簧的几何形状造成它对拉力作用的反应特别明显，例如，当施加拉力时，弹簧的螺距将会被拉长。如果将这种现象延伸到光纤光栅的制作中，即当 LPFG 被拉伸时，对应的光栅周期长度将会随着应变的增大而增大，且周期长度直接影响 LPFG 谐振波长的位置，因此必将产生较为明显的偏移，也就意味着可以表现出相当灵敏的应变-波长对应关系。因此，S-S-LPFG 结构是出于得到一种高应变灵敏度光纤传感器的目的而设计的。考虑到当前初期的实验条件及相关的技术水平，本节对 S-S-LPFG 结构做出了如图 1.27 所示的结构设想示意图。

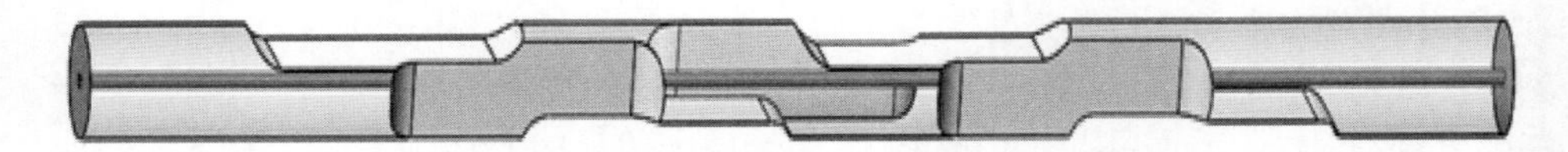

图 1.27　S-S-LPFG 的结构设想示意图

如图 1.27 所示，S-S-LPFG 的结构制作难点就是需要在单模光纤的四个方向都进行刻蚀工作，且相邻两个刻蚀区域都要有一部分的重叠。这种做法的优势在于可以使光纤四个方向的刻蚀区域衔接在一起，最终达到一个类似于弹簧的一种光栅结构。需要特别说明的是，S-S-LPFG 结构设想示意图中的光纤纤芯是连续不断的，CO_2 激光器刻蚀的部位只是发生在光纤包层，并不会损伤光纤纤芯。

根据上面对实验仪器及 S-S-LPFG 结构的分析之后，设置计算机程序，根据扫描路径的数目控制刻蚀区域的长度，并且根据扫描路径运行的次数来控制刻蚀区域的深度。为了实现这一目的，本章实验在 CO_2 激光器连接的计算机控制软件中设定了四个扫描路径程序，具体的对应关系如图 1.28 所示，单模光纤在每个程序正下方沿着从左到右的方向水平放置。根据图 1.28 中四个程序的对应关系可以得出，相邻两个程序之间都会有一半的刻蚀区域位置是重合的，并且在每个程序进行之后需要将单模光纤转动 90°，当四个程序运行结束时即可完成对 S-S-LPFG 的制作。

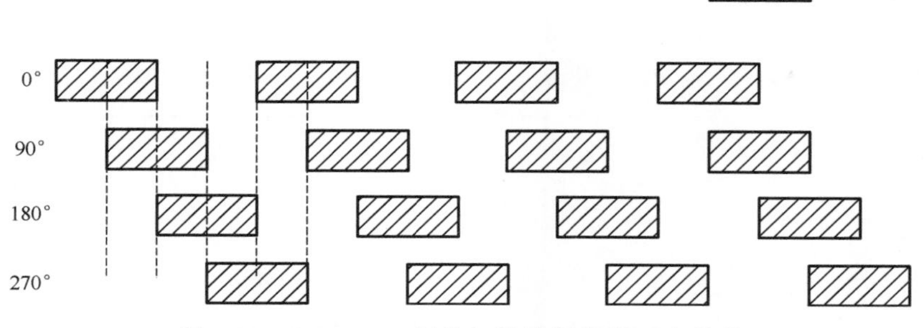

图 1.28　S-S-LPFG 制备扫描路径程序对应关系

根据图 1.28 所示的扫描路径关系可知，第二个程序只需要在第一个程序的基础上向右平移预设刻蚀区域长度的一半(250μm)即可。紧接着，继续同时逆时针旋转两个旋转夹具分别到 180°和 270°，重复上述制作过程，即可完成对 S-S-LPFG 的制备工作。将相邻四个刻蚀区域作为一个周期(考虑重叠范围之后，每个周期长为 1mm)，S-S-LPFG 总计八个周期，光栅长度共计 8mm。S-S-LPFG 结构示意图与侧面观察图如图 1.29 所示，其中，a、b、c、d 表示的是在不同部位的结构侧视示意图，由于原先的光纤结构被破坏之后，局部区域的几何中心将会发生偏移，即图内的四个高亮点，这将是之后分析应变传感性能的一个重要因素。同时，从四个局部侧视图及结构的侧面观察图[图 1.29(b)]中可以看出，单模光纤的纤芯没有被破坏。

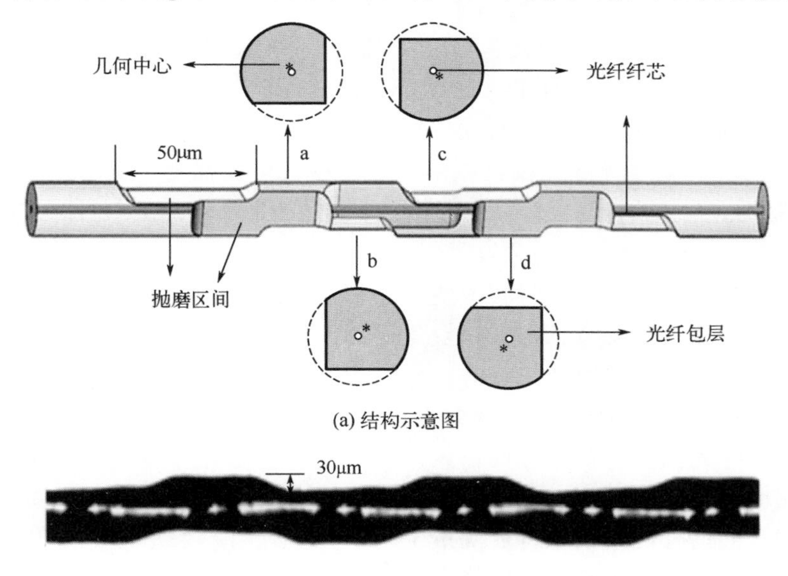

(a) 结构示意图

(b) 侧面观察图

图 1.29　S-S-LPFG 结构示意图及侧面观察图

对制备完成后的 S-S-LPFG 进行光谱检查，会发现在实验中使用参数的作用下，原本的单模光纤将会形成一个很好的 LPFG 结构。S-S-LPFG 的透射谱如图 1.30 所示，其插入损耗约为–2.5dB，谐振波长位于 1428nm，深度达 25dB。

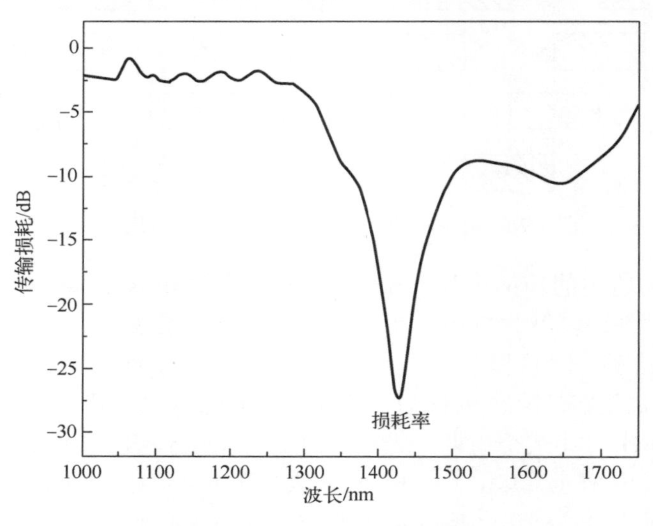

图 1.30　S-S-LPFG 的透射谱

2. 分段式 LPFG

LPFG 的扭曲特性会受到模式偏振态的影响。纤芯基模 LP_{01} 与包层模 LP_{0m} 之间的耦合组成了 LPFG 的模式耦合。当 LPFG 被扭曲时，纤芯基模 LP_{01} 的偏振态会受到扭曲引起的圆双折射的影响从而发生变化，由于偏振态的改变，不同耦合系数的纤芯基模与包层模耦合导致光栅谐振峰波长和损耗峰振幅发生变化。也就是说，当 LPFG 被扭曲时，光栅的传输特性发生变化的本质是扭曲引起的圆双折射使输入光的偏振态发生变化，从而导致耦合系数发生变化。

光纤扭曲带来的圆双折射将会改变纤芯和包层的有效折射率，于是模式耦合系数受到影响，导致谐振峰波长与振幅发生变化。同时，不同的扭转方向会导致双折射矢量的方向相反，当顺时针扭转时，导致光纤产生右旋圆双折射，谐振峰波长向长波移动；当逆时针扭转时，导致光纤产生左旋圆双折射，谐振峰波长向短波移动。因此长周期光纤光栅具有扭转方向相关性。不同于单侧写入的光栅，对于异侧分段式写入的光栅来说，在制作过程中，三部分光栅由于写入顺序不同，从而使得它们具有一个相对的位置，给圆双折射确定了一个矢量方向。当光栅受到顺时针或者逆时针扭转时，扭转带来的圆双折射将会相加或者减小，于是更大程度地影响着不同包层模的有效折射率变化。同时，导致同向或者反向扭转时灵敏度不同，因此这种异侧分段式写入的光栅的扭转灵敏度相较于同侧分段式和单侧完整写入的光栅的扭转灵敏度要高，同时，同向与反向的扭转灵敏度也会出现差异。在本书中，同向扭转设定为顺时针扭转，反向扭转设定为逆时针扭转[14,15]。

分段式的写入程序是由单侧写入程序变化而来的，具体的做法是将 50Λ 的写栅程序均分成 3 部分，如图 1.31 所示。从写栅程序可以知道，同侧分段式写入的方法与单侧写入法的区别在于三部分写栅程序两两之间的距离 a 和 b 是否与光栅周期 Λ 一致。

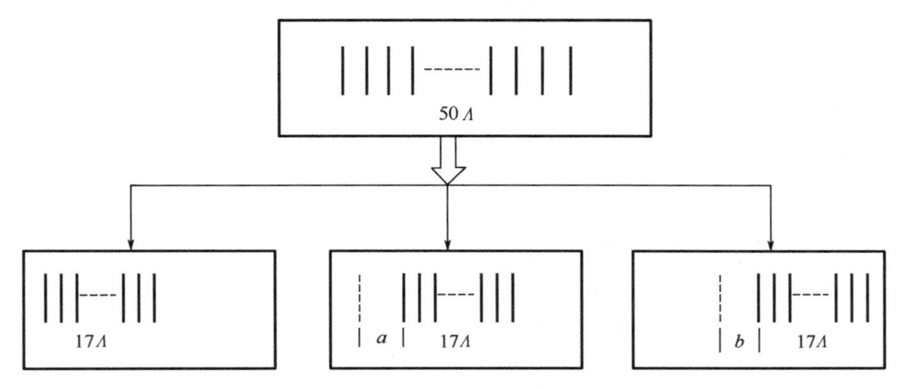

图 1.31　分段式 LPFG 写入程序简易图

同侧分段式 LPFG 制作简单，只需要将完整写栅的程序分成三部分，设定好 a 和 b 的数值。为了达到提高写入光栅扭转灵敏度的目的，将三部分写入光纤的不同位置，具体做法是使得这三部分在空间上两两垂直。其写入程序如图 1.31 所示，同时设定 a 和 b 是否与周期 Λ 相等。每完成一个写栅小程序，转盘 1 和 2 同向转动 90°以确保三个小程序彼此两两垂直。a 和 b 的实际长度并不是完全与设定长度相等的原因是两个转盘稍微不同轴，当我们在转动转盘时，光纤位置稍微有些变化，从而带来距离上的误差。

尽管这三部分是由一个完整写栅程序均分而来的，但每完成一部分写栅程序仍然有包层模正向耦合进入纤芯基模，形成透射谱。周期数量的减小使得折射率调制不够，因此，其形成的透射谱深度也略微不如单侧完整写入的光栅。随着第二部分和第三部分写栅程序的完成，其透射谱深度也随之叠加，最终形成的透射谱深度与单侧完整写入的光栅深度相差无几。异侧分段式 LPFG 写入过程透射谱的变化图如图 1.32 所示。图 1.33 是异侧分段式 LPFG 局部参数及相对位置图。

异侧分段式写入的 LPFG 谐振峰的位置与单侧完整写入光栅谐振峰的位置向短波方向移动了 10nm 左右，这是因为在长周期光纤光栅的写入过程中，随着折射率调制的变化，谐振波长将发生漂移，漂移的方向与包层模的阶次有关，因此，这个漂移带来的影响可以忽略，谐振峰深度几乎一致。

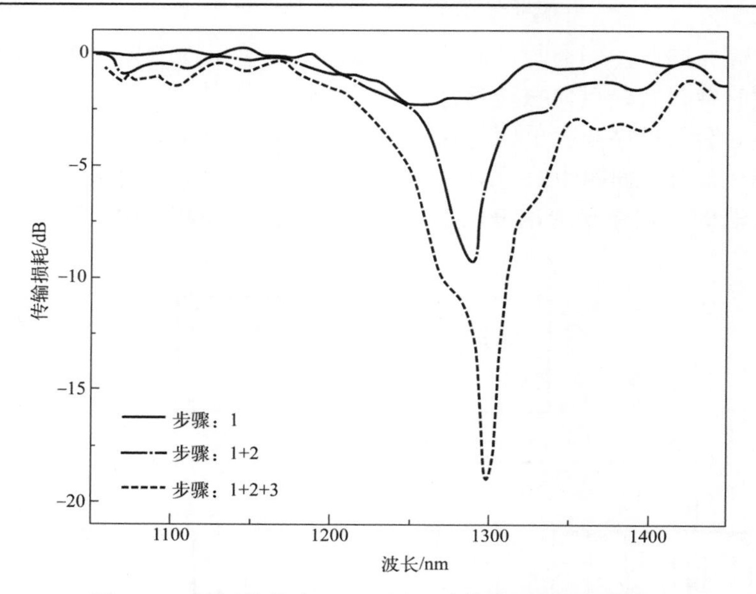

图 1.32　异侧分段式 LPFG 写入过程透射谱的变化图

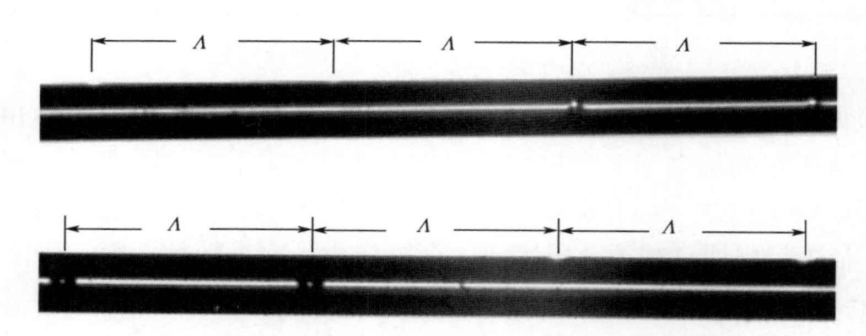

图 1.33　异侧分段式 LPFG 局部参数及相对位置图

3. 预扭转 D 形 LPFG

通过对 CO_2-LPFG 的深入研究，我们了解到普通的 CO_2-LPFG 的扭转灵敏度较低[26]，为 0.03～0.06nm/(rad/m)，因此，本章中提到将单模光纤在刻栅之前扭转一周，然后进行刻栅，当光栅释放之后自然而然地形成一个整体的螺旋走势结构，由此制成一种预扭转 CO_2-LPFG。预扭转 CO_2-LPFG 的结构示意图如图 1.34 所示。

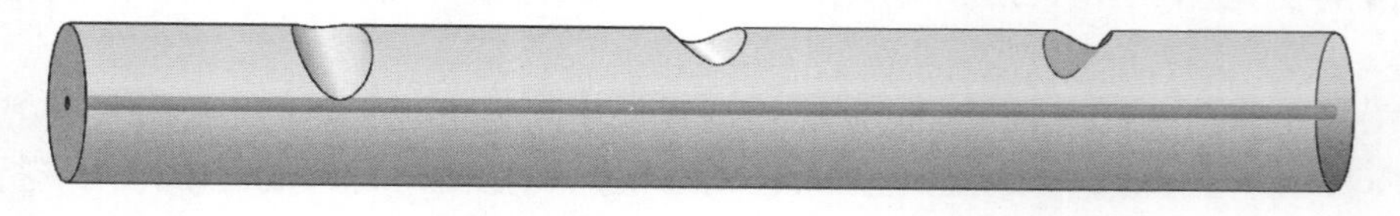

图 1.34　预扭转 CO_2-LPFG 的结构示意图

预扭转 CO_2-LPFG 的制备过程相对比较简单，与上面提到的各结构调制型的 LPFG 的制作准备工作相同，打开相关仪器，调试好程序及调节仪器精度，之后取一段长度约为 2m 单模光纤撑直后固定在两个旋转夹具(间距为 18cm)之间备用。将单模光纤两端分别连接超连续宽谱光源和光谱仪，用于监测实时通过光栅结构的光谱数据。任意选择一个旋转夹具，顺时针扭转一周，然后打开 CO_2 激光器的控制程序，选择周期为 500μm、周期数为 45 的 CO_2-LPFG 写入程序，手动操作控制激光器运行，直至光谱仪显示屏上出现良好的谐振峰。最后，打开其中一个旋转夹具，让被夹持的单模光纤自由释放，由此即可完成预扭转 CO_2-LPFG 的制备，其光栅总长为 22.5mm，其透射谱如图 1.35 所示。

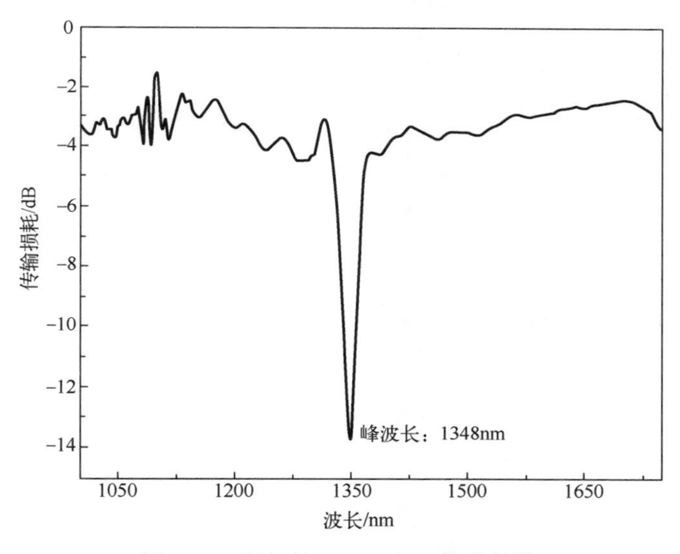

图 1.35　预扭转 CO_2-LPFG 的透射谱

预扭转 CO_2-LPFG 的制作简单，并且可以较大地提高普通 CO_2-LPFG 的扭转灵敏度，且具有很好的重复性。相比于其他结构调制型长周期光纤光栅，预扭转 CO_2-LPFG 更具有实际应用价值，且扭转传感特性良好。

1.3.4　复合调制型 LPFG

1. *局部熔融包的 LPFG*

光纤包可以使用光纤熔接机制作，制作光纤包的实验参数如下所示。熔接强度为 110mA，放电时间为 0.95s，推进量为 20μm。将熔接模式设置为标准单模光纤，按照设定好的参数，手动工作连续放电 6～7 次，即可得到光纤包结构，如图 1.36 所示。光纤包的直径为 166.7μm。

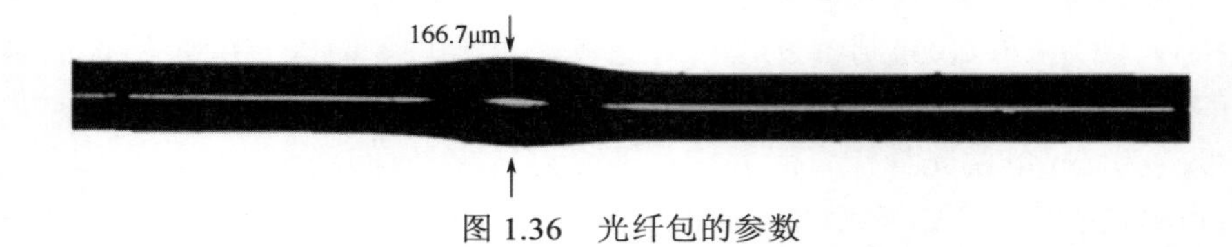

图 1.36　光纤包的参数

如图 1.37 所示，中心圆形区域为熔融包所在的位置，当用激光器刻写 LPFG 时，去掉中心 5 个周期，并将熔融包结构置于中心位置，即得到局部熔融包结构的 LPFG，其中，熔融包结构距离两端第一个光栅槽的距离均为 2.5mm，图 1.38 为局部熔融包结构的 LPFG 透射谱与原 LPFG 透射谱的对比图，其中，实线为未加入微结构的透射谱，虚线为局部复合微结构后的透射谱，可以发现其出现一个新激发出的谐振峰。

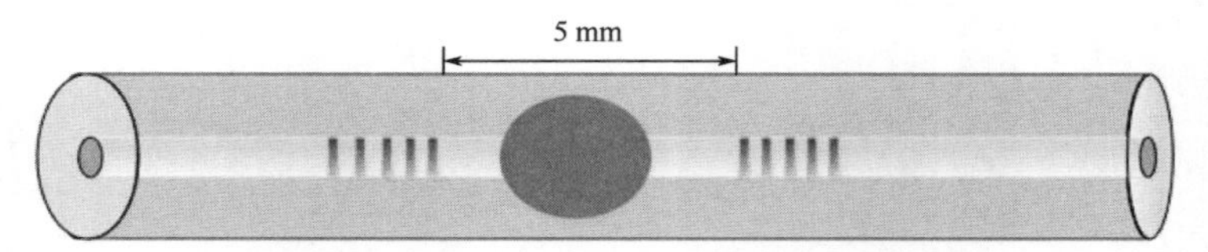

图 1.37　局部熔融包 LPFG 简要示意图

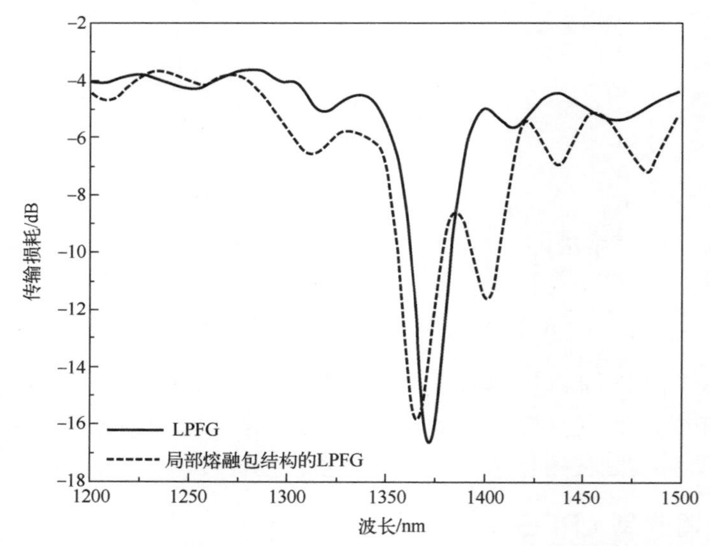

图 1.38　局部熔融包结构的 LPFG 透射谱与原 LPFG 透射谱的对比图

2. *局部熔融锥的* LPFG

图 1.39 为熔融锥结构参数，熔融锥腰直径为 31.3μm，长度为 1.55mm。利用热电阻熔融拉锥设备来制作熔融锥结构。实验过程描述如下：采用灯丝加热使光纤进行软化，这种纤维加热器的宽度为 1mm，当灯丝加热功率为 53W 左右时，氩气流速为

1.3L/min，中心温度达到1200℃，保证光纤熔融扭转变形。然后，通过对由计算机控制的两台电机进行处理，为了保证熔融锥结构的对称性，两个电机速度方向相反，大小相同，为 0.10mm/s，拉锥时间为 4.00s。与上面的处理相同，即将熔融锥结构置于中心部分，再进行 LPFG 的制备，最终得到复合型传感器，其中，熔融锥结构制备完成后，对 LPFG 的程序进行调整并刻写 LPFG，确保熔融锥结构位于传感器的中心位置。

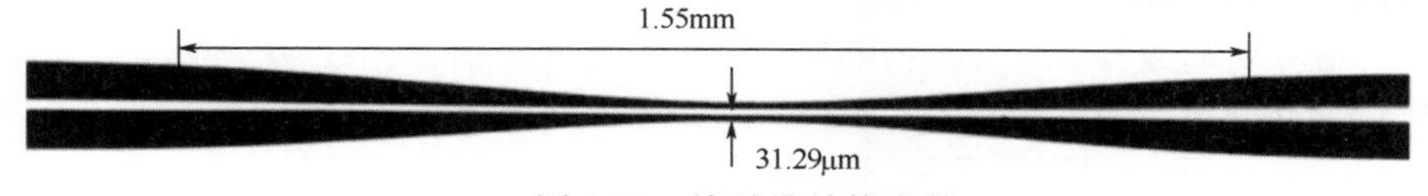

图 1.39　熔融锥结构参数

图 1.40 为复合结构示意图。

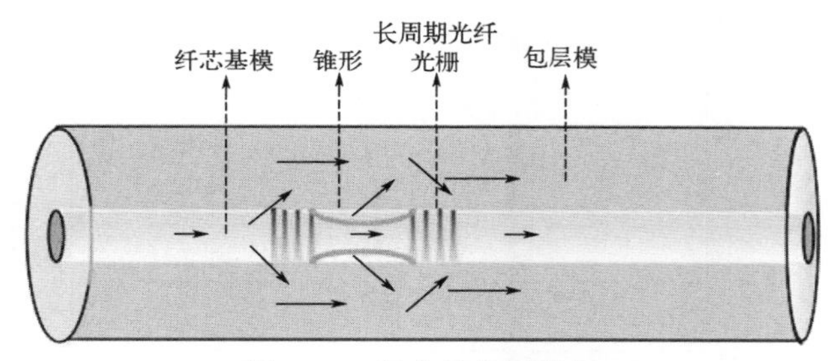

图 1.40　复合结构示意图

局部熔融结构的 LPFG 透射谱与原 LPFG 透射谱的对比图如图 1.41 所示，其中，实线为原 LPFG 透射谱，虚线为复合型传感器的透射谱，可发现透射谱中出现双峰。

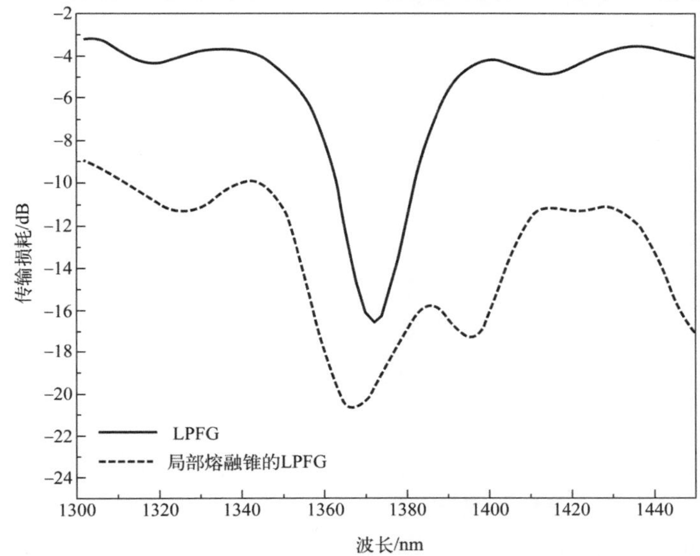

图 1.41　局部熔融锥结构的 LPFG 透射谱与原 LPFG 透射谱的对比图

3. 基于薄片光纤基材的熔锥型 LPFG

随着对加热源及运动装置的优化，光纤的熔融拉锥技术越来越成熟。同时，在光纤上通过熔融拉锥技术制作 LPFG 也越来越多地被研究。将光纤整体平移一段距离后，重复上述过程，就在光纤上周期性地制作了相同的锥区，从而形成周期性的折射率调制，形成光纤光栅。首先使用光纤薄片基材制作熔锥型 LPFG。设置光栅周期为 1mm，周期数为 10，薄片熔锥型 LPFG 的传输谱如图 1.42 所示。其谐振峰的位置为 1568.4nm，谐振峰深度约为 27dB。

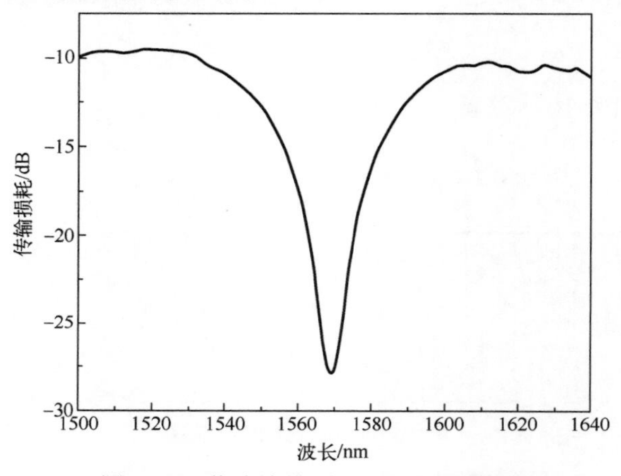

图 1.42　薄片熔锥型 LPFG 的传输谱

利用侧面观察系统对锥区进行视觉测量，对于 90μm 的薄片制得的熔锥型 LPFG，首先将薄片的刻蚀面朝向正上方，对其刻蚀面进行图像采集，所得图像如图 1.43 所示。

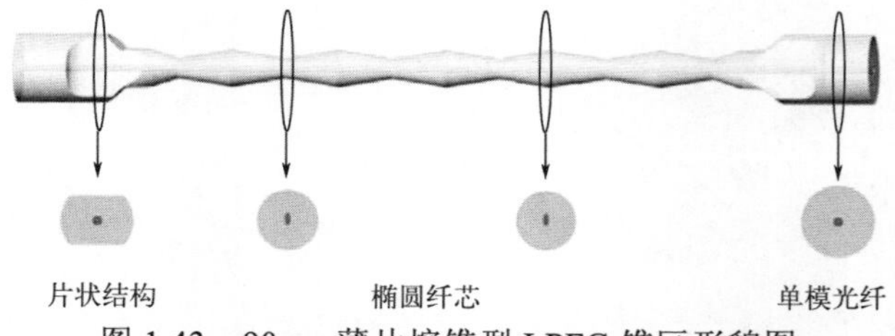

图 1.43　90μm 薄片熔锥型 LPFG 锥区形貌图

由图 1.43 可知，90μm 的薄片制得的熔锥型 LPFG 锥区在刻蚀区方向及其正交方向上的束腰半径相同，皆为 75μm。这表示熔锥型 LPFG 锥区的截面为正圆形，即锥区的纤芯变为椭圆形。近似认为椭圆纤芯的长轴与短轴之比等于薄片光纤截面的长与宽之比，为 125∶90。使用相同方式利用 80μm 的薄片制作熔锥型 LPFG，光栅周期为 1.2mm，周期数为 14。其传输谱如图 1.44 所示。其谐振峰的位置为 1567.3nm，谐振峰深度约为 18dB。

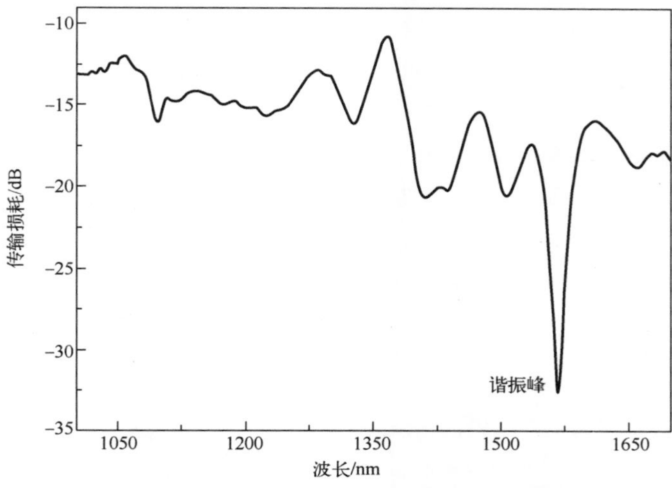

图 1.44　80μm 薄片熔锥型 LPFG 传输谱

4. 三芯光纤与 LPFG 的复合结构

大部分已报道的微结构与 LPFG 的复合结构，无论是使用热挤压形成的包还是热熔融拉锥形成的锥，与 LPFG 组成复合结构的理论基础都可以看成包或者锥与 LPFG 组成了马赫-曾德尔干涉仪。当纤芯基模通过一个热挤压形成的包时，将会激发出一部分包层模在包层中传输，经过一段距离后，纤芯基模与包层模会在 LPFG 处发生耦合，发生模态干涉，形成干涉纹，从而能够测量某种物理量。本节提出一种对三芯光纤进行热熔融拉锥制备的复合 LPFG，当光进入耦合区时，只在中心纤芯传输的能量会耦合到另外两个纤芯，从而将能量直接注入在普通单模上 LPFG 的包层中，直接干扰 LPFG 的耦合系数，改变 LPFG 的谐振峰以获得能够测量多种物理量的能力。

三芯光纤截面图及参数如图 1.45 所示。所使用的三芯光纤可以近似看成一个底

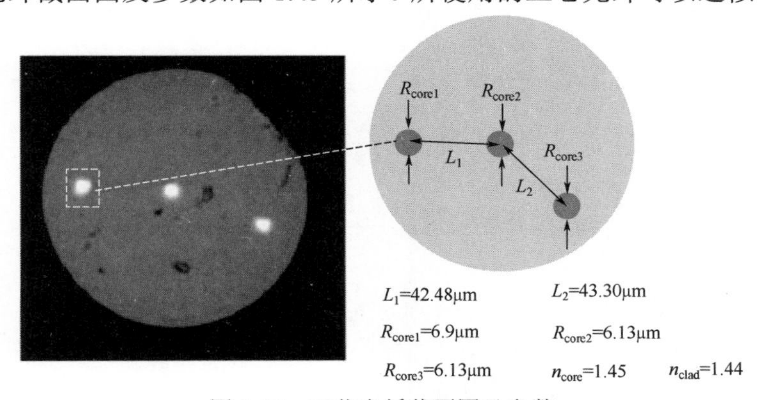

图 1.45　三芯光纤截面图及参数

角为 8° 的等腰三角形，其中，纤芯位于光纤截面几何中心，当与单模光纤焊接时不需要进行额外的错位对准焊接。因此，使用这种三芯光纤组成的复合结构，其操作简单、结构紧固。

热熔融拉锥系统如图 1.46 所示，加热子的加热强度由电流控制箱控制。两个步进电机由计算机程序控制，它们之间存在一个速度差，调整速度差的大小和加热子电流大小就能控制锥体直径的大小。通过光谱仪可以观察损耗，粗略地估算锥腰直径的大小，方便得到合适尺寸的锥形。

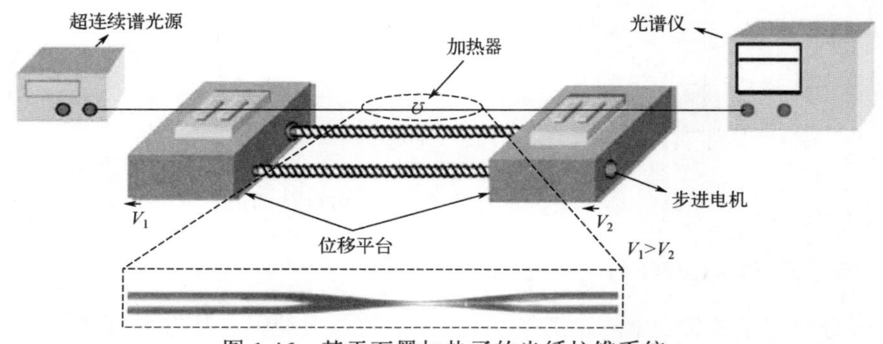

图 1.46　基于石墨加热子的光纤拉锥系统

本节选用的锥腰直径为 33μm，其尺寸如图 1.47 所示。三芯光纤与 LPFG 的复合结构示意图如图 1.48 所示。为了确保三芯光纤纤芯的能量能够注入 LPFG 的包层中，从而引起包层微扰，打乱其耦合系数，干扰 LPFG 本身的谐振峰，需要确保三芯光纤离 LPFG 第一个周期的距离必须足够短。本节将这个距离设定为 200μm。

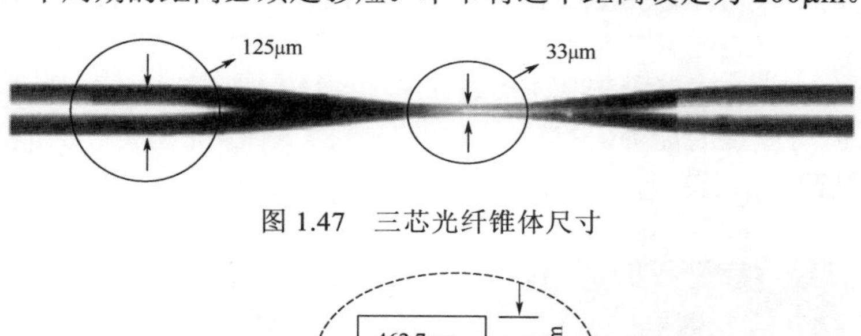

图 1.47　三芯光纤锥体尺寸

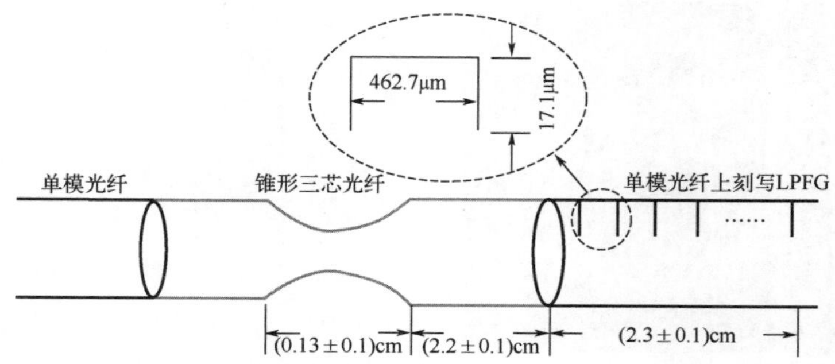

图 1.48　三芯光纤与 LPFG 的复合结构示意图

由复合结构构成可知，影响包层微扰的因素主要是三芯光纤拉锥后的锥腰直径大小。由前面分析可知，三芯光纤锥腰的直径大小是影响耦合系数的主要因素。因此，不同锥腰直径直接影响到复合结构的透射谱，如图 1.49 所示。为了方便观察，b、c 分别整体向下移动 10dB、20dB。a、b、c 分别代表三芯光纤的锥腰直径大小为 40μm、33μm、20μm。由图 1.49 可知，当锥腰直径过小时，干扰太小，LPFG 的谐振峰改变不明显，当锥腰直径过大时，干扰过大，LPFG 的谐振峰改变过大。对于本节选用的这种三芯光纤来说，最合适的锥腰直径约为 33μm。

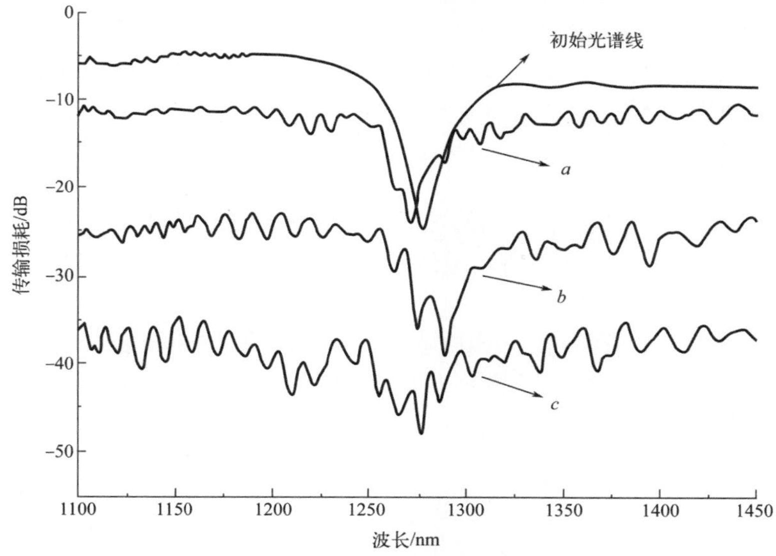

图 1.49　不同锥腰直径结构的透射谱

a=40μm；b=33μm；c=21μm

1.4　结构调制型 LPFG 的传感特性研究

1.4.1　应变传感特性

要想实现对 LPFG 的应变传感特性的研究，则必须要搭建一套专门用于测试的实验装置。实验测量装置结构示意图如图 1.50 所示。

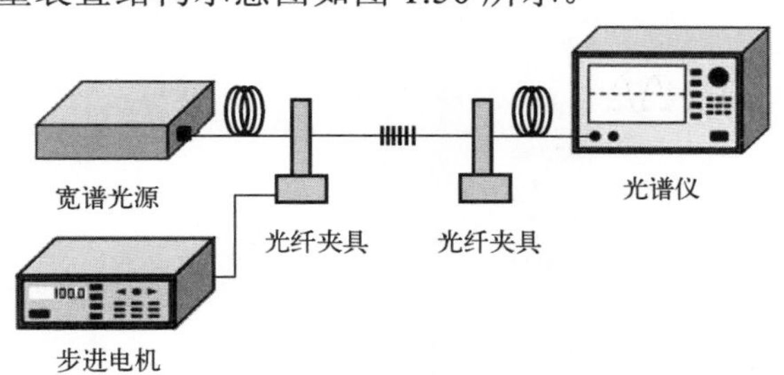

图 1.50　实验测量装置结构示意图

在两个三维位移平台上分别设置一个普通光纤夹具用于固定光纤，微调两个三维位移平台，让两个光纤夹具的卡槽位置处于同一轴线上(与步进电机前进方向一致)。调整两个三维位移平台的水平轴向方向，使得两个光纤夹具相距 24cm，其意义在于位移控制箱的单位位移量为 3μm，因此，当每次前进 80 步时，在 24cm 的测量距离下对应为 100με。应变测量实验中需要注意的是，光纤夹具的固定性要求比较良好。由于在实验过程中，随着应变的不断增大，被测区间内的单模光纤的轴向应力变得越来越大，如果光纤夹具的固定性差，那么会导致单模光纤发生滑动，最后引起应变测量结果的不准确。同时，位移控制箱连接的步进电机存在一定的机械空程，因此，在每次实验开始之前，首先应向实验中步进电机工作方向运行一个单位位移以消除机械空程，然后进行后续实验。

1. IT-LPFG 应变传感特性

该结构的斜面形状引入了不同的光纤厚度，使得应力在纤维上的分布不均匀，在拉力作用下，光纤纤芯微弯曲，导致光栅的有效折射率发生变化[27]。如图 1.51 所示，

在 0～1600με 的宽动态范围内，该传感器的灵敏度为 13.5pm/με。为了研究温度变化对应变测量的影响，测量了传感器的温度特性，在 30～150℃内温度特性为 54.5pm/℃，由此计算出传感器的温度-应变串扰为 4.03με/℃。

2. S-LPFG 应变传感特性

对于 S-LPFG 的应变特性分析可以结合应变造成的光纤光栅的空间结构变化从而解释超高的应变灵敏度传感特性[28]。根据分析可以得出，当 LPFG 结构被拉伸

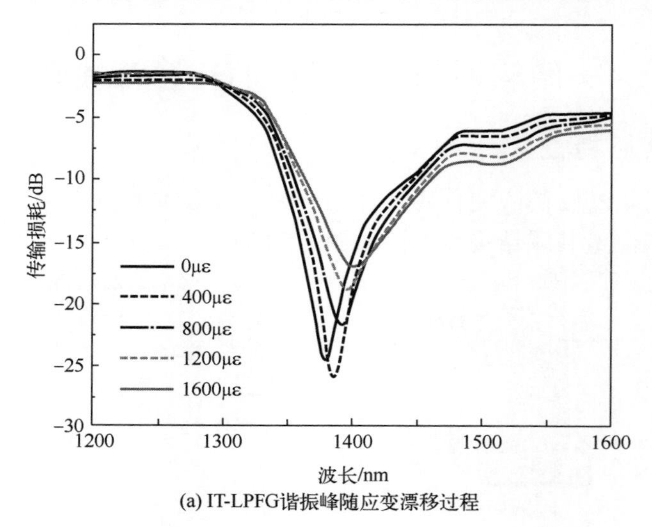

(a) IT-LPFG谐振峰随应变漂移过程

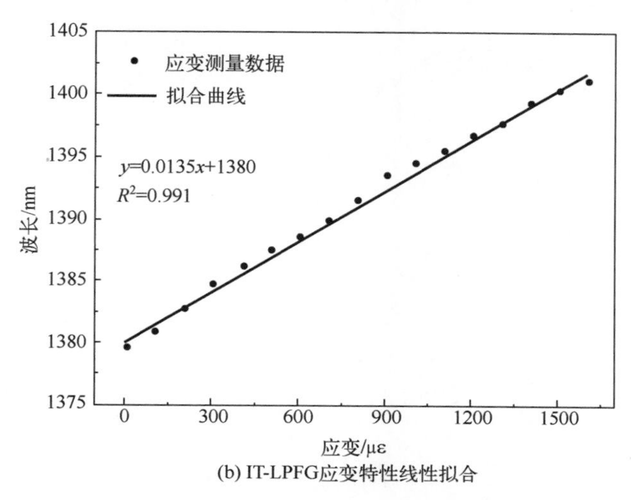

(b) IT-LPFG应变特性线性拟合

图 1.51　IT-LPFG 结构的应变测量情况

时，相邻两个不同侧的刻蚀区域的受力方向不在同一条轴线上，因此，结构会在两个刻蚀区域中间部分发生扭转，其形变示意图如图 1.52 所示。从图中可以直观地反映出，当 S-LPFG 受到拉力施加时，其光栅长度会被拉长，对应该光栅的周期也会被较大程度地增大；同时光栅纤芯也被迫变形，在空间上形成波形曲线形状，使得光纤结构的有效折射率调制增加，改变相位匹配条件，进而使得结构谐振峰波长在实验中出现明显的漂移，表现出高灵敏度。

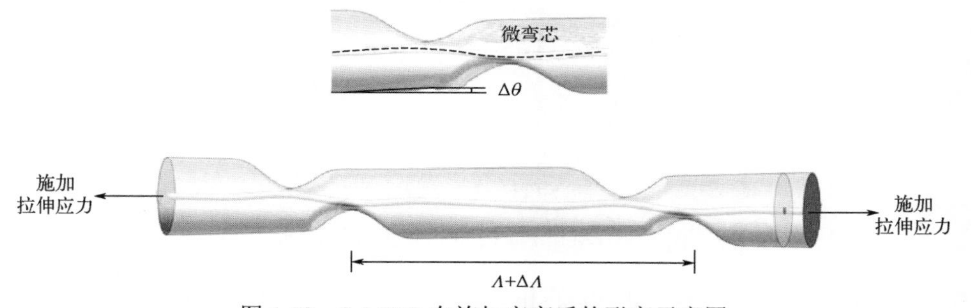

图 1.52　S-LPFG 在施加应变后的形变示意图

实验测量了 S-LPFG 的应变响应特性，其光谱变化情况和应变-波长拟合如图 1.53 所示。随着轴向应变的增加，谐振峰波长线性红移，根据拟合关系可知 S-LPFG 在 0～1000με 的测量范围内，灵敏度为 44.6pm/με。

3. 弹簧式 LPFG 应变传感特性

由于 S-S-LPFG 是通过对单模光纤的包层进行结构调制后得到的，在施加轴向应力时会造成较为剧烈的结构变化，因此 S-S-LPFG 的谐振峰会出现较大的变化。

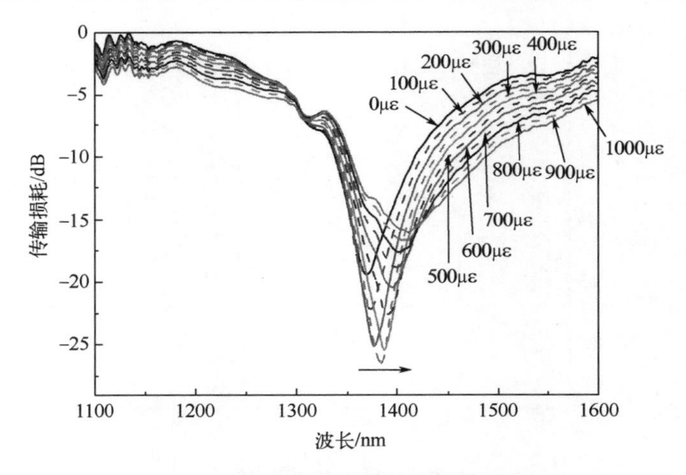

(a) S-LPFG谐振峰随应变漂移过程

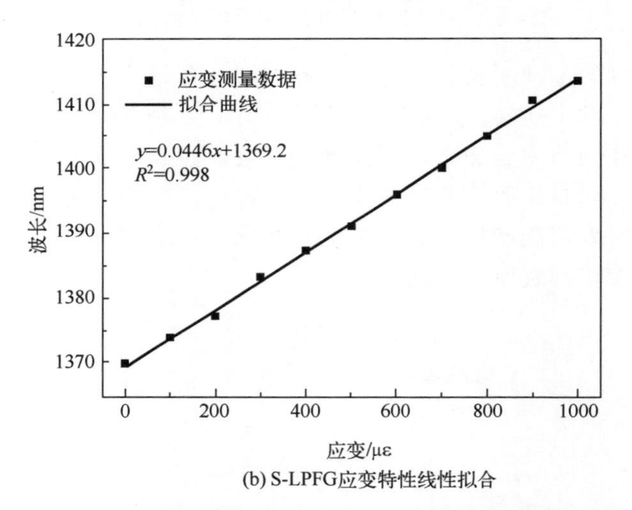

(b) S-LPFG应变特性线性拟合

图 1.53　S-LPFG 结构的应变测量情况

同时，结构的改变导致 S-S-LPFG 的相关耦合系数降低，会引起谐振峰慢慢消失，这也是大灵敏度的传感器的测量范围较小的一个重要原因。测试的 S-S-LPFG 的应变测量数据经过轻微平滑处理之后得到如图 1.54 所示的结果。

从图 1.54 中可以看出，随着轴向应力的不断增大，S-S-LPFG 光栅内部的应变不断增大，造成对应谐振峰的损耗越来越小，直到应变增大到 700με 时谐振峰的底部已经开始难以精准地确定，因此测量范围为 0～700με。将这一系列谐振波长的位置找出来加以整理，从而得到如表 1.1 所示的应变与谐振波长之间的关系。

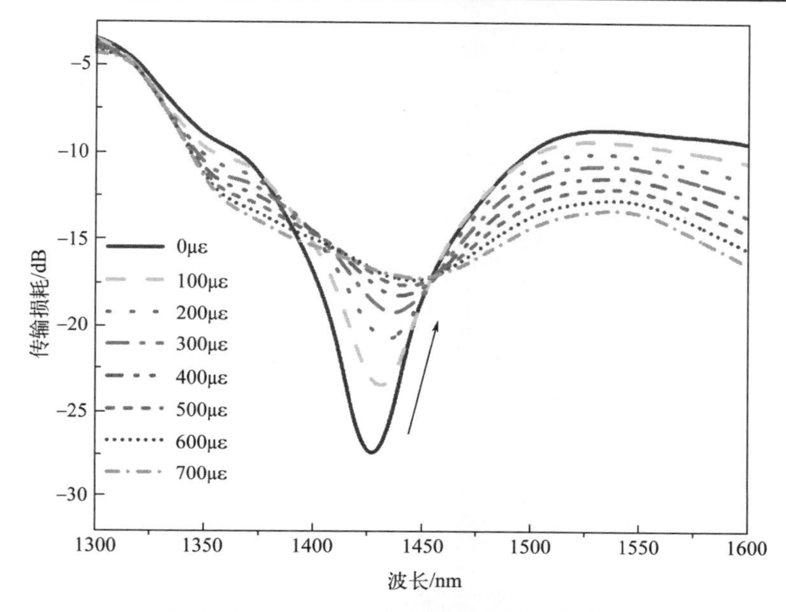

图 1.54　S-S-LPFG 应变测量光谱变化情况

表 1.1　应变与谐振波长数据关系表

应变/με	0	50	100	150	200	250	300	350
波长/nm	1427.6	1430.2	1431.8	1433.4	1435	1436.2	1437.2	1438.2
应变/με	400	450	500	550	600	650	700	—
波长/nm	1439.6	1441.6	1443.8	1446	1447.4	1448.2	1448.8	—

根据表 1.1 中应变和谐振波长的对应关系，可以得到如图 1.55 所示的应变-波长关系图。

从图 1.55 的数据中可以得出，S-S-LPFG 的应变灵敏度为 30pm/με，这个数值比传统的 CO_2 激光器写入的长周期光纤光栅(CO_2-LFPG)的应变灵敏度要高出十几至二十倍，极大地提高了 LPFG 的应变传感特性；线性拟合度为 0.99，证明实验中的 S-S-LPFG 光栅在 0～700με 的应变测量范围之内谐振波长与应变大小线性度良好。从实验数据得出的关于 S-S-LPFG 的应变灵敏度是普通 CO_2-LFPG 的十几倍，但是从测量的范围来说，本节实验的应变测量范围则会相对减小一些，即便 S-S-LPFG 的机械结构强度够大，但是应变增大之后造成的几何结构变形使得整个光栅的耦合系数降低，谐振峰会逐渐消失，这就会阻碍 S-S-LPFG 进行进一步的应变测量。对 S-S-LPFG 结构做了相关的受力分析，分析过程如图 1.56 所示。

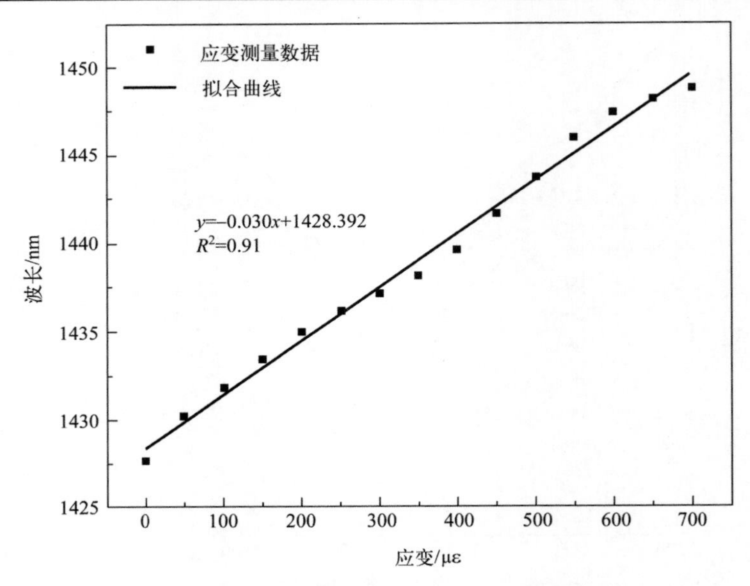

图 1.55　S-S-LPFG 的应变-波长关系图

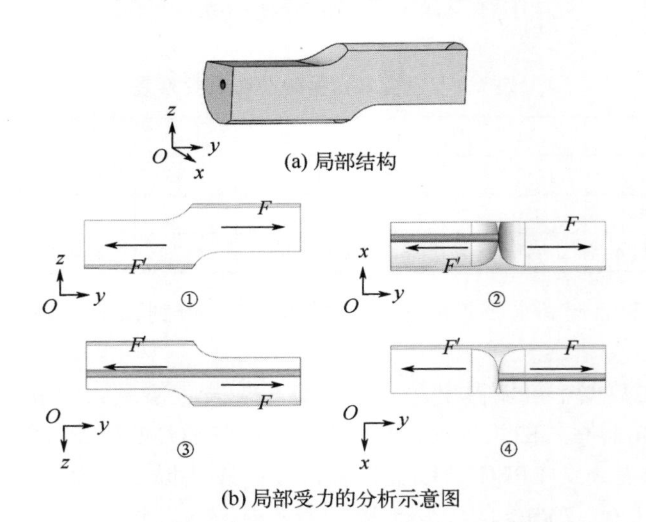

图 1.56　S-S-LPFG 局部分析

从物理中的几何力学方面进行分析，结构的受力分析应该在该受力单位的几何中心开始分析(摩擦力除外，其受力点在接触面)，结合四个部位的侧面图进行分析，可以了解到，由于单模光纤的一个局部位置被沿着呈 90°两个方向刻蚀之后，其物理学的几何中心会偏离光纤纤芯，朝着没有被刻蚀的方向偏移，也就是四个高亮点。因此，之后的受力分析也都是根据每个局部位置各自的几何中心开展的。

如图 1.56(b)所示，对图 1.56(a)中的 S-S-LPFG 局部结构从四个方向进行了受力分析。从图中①、②、③和④可以看到，无论从什么方向分析，其受力点均偏移纤芯，尤其是从①和③中可以发现，在刻蚀区域位置发生变化时，其局部的受力位置也会发生变化，这就会导致每个局部的受力方向均不在一条直线上。从整个测量过程来说，除 S-S-LPFG 结构位置的光纤外，其余单模光纤的受力均是沿着光纤纤芯的，因此在实验中的应力主方向依旧是沿着光纤纤芯的。由于 S-S-LPFG 结构特征明显，在施加轴向应力时，不在光纤纤芯主方向直线上的各个局部都会往中心靠拢，最后局部的几何中心将会逼近该位置纤芯的初始位置，而光栅纤芯的实际位置会被迫发生偏移。最终造成的结果就是光栅整体趋近于一条直线，而光纤纤芯会形成一个螺旋形状，如图 1.57 所示。

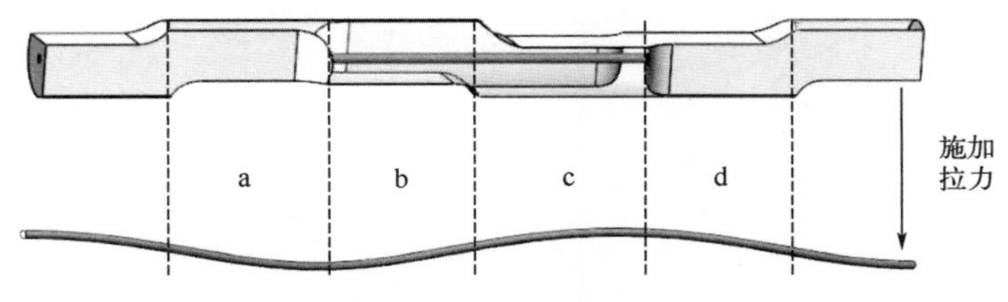

图 1.57　应变对结构的影响

从图 1.57 中可以直观地反映出，abcd 各部分的纤芯弯曲方向不一致，共同构成一个光栅周期区域，当施加拉力时，整个 S-S-LPFG 光栅结构被拉长，即对应该光栅的周期被较大程度地增大，同时光栅纤芯也被迫变形，不仅在空间上形成螺旋形状，而且在长度上也有所增加，在测试过程中这对于光栅的光程也是一个很大的改变，对应变传感特性至关重要。

1.4.2　弯曲传感特性

弯曲传感特性作为一个重要的测量参数，本节将详细介绍实验中所采用的弯曲测量装置，其装置示意图如图 1.58 所示。

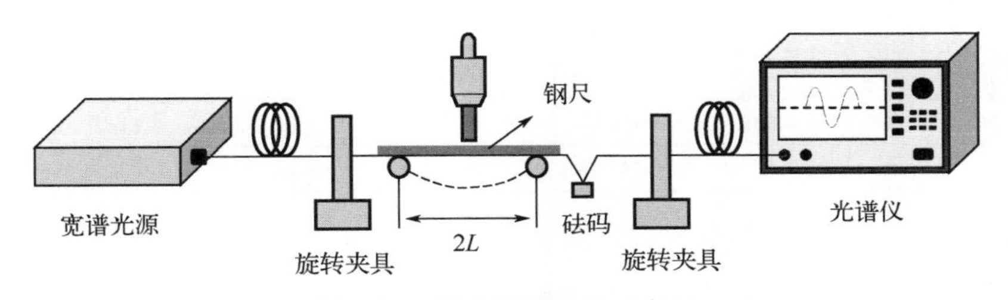

图 1.58　弯曲测量装置示意图

如图 1.58 所示，两个五维调节台上分别各自设置一个旋转夹具，微调两个五维调节台，使两个旋转夹具的卡槽位置处于同一轴线上。两旋转夹具之间设置两个同一水平位置且相距 14cm 的固定平台用于支撑钢尺，各自分别雕刻一道水平的限位槽用于限制光纤移动。将钢尺放置在两个固定平台之上，通过旋转上方的螺旋测微计对钢尺产生压迫，进而改变钢尺在两个固定平台之间的局部曲率。同时同向旋转两个旋转夹具，用 CCD 观察光栅结构的旋转状态，直到光栅的刻蚀面朝向正上方，即测量的弯曲方向为垂直于刻蚀面竖直向下。

本实验中测试的波形纤芯光栅弯曲测量数据经过轻微平滑处理之后得到如图 1.59 所示的结果，即从图中可以得到，在被测区间 0～1.112m^{-1} 内，随着螺旋测微计的推进量增大，谐振波长线性地向短波方向漂移。将一系列跟随曲率变化的谐振波长的位置整理之后，得到如表 1.2 所示的曲率与谐振波长数据关系表。

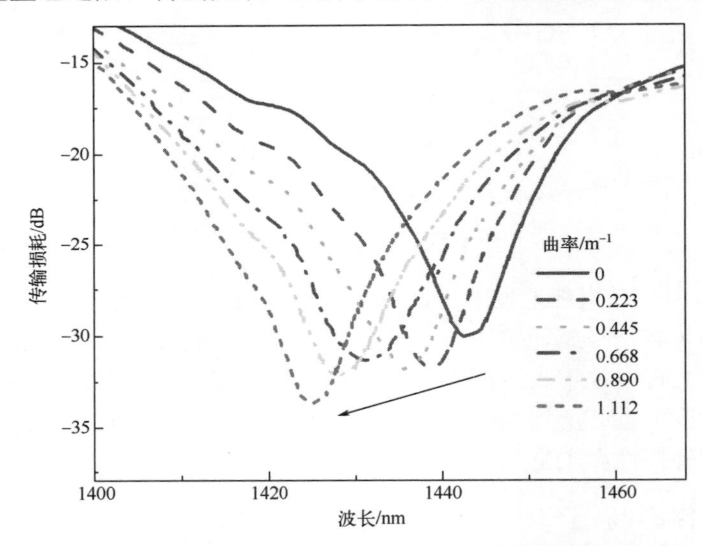

图 1.59　波形纤芯光栅垂直于刻蚀面弯曲测量光谱变化情况

表 1.2　波形纤芯光栅垂直于刻蚀面时曲率与谐振波长数据关系表

曲率/m^{-1}	0	0.112	0.223	0.334	0.445	0.557
波长/nm	1443.2	1441.4	1438.6	1436.6	1435.8	1433.8
曲率/m^{-1}	0.668	0.779	0.890	1.001	1.112	—
波长/nm	1431.2	1429.6	1428.2	1426.6	1425.2	—

根据表 1.2 中的曲率与谐振波长的对应关系，可以得出如图 1.60 所示的弯曲传感特性。

根据图 1.60 中的数据可以得出，波形纤芯光栅的弯曲灵敏度为−15.98nm/m^{-1}，且线性拟合度为 0.99，证明该光栅在朝着垂直于刻蚀面的方向上，其谐振波长与弯曲曲率大小线性度良好。

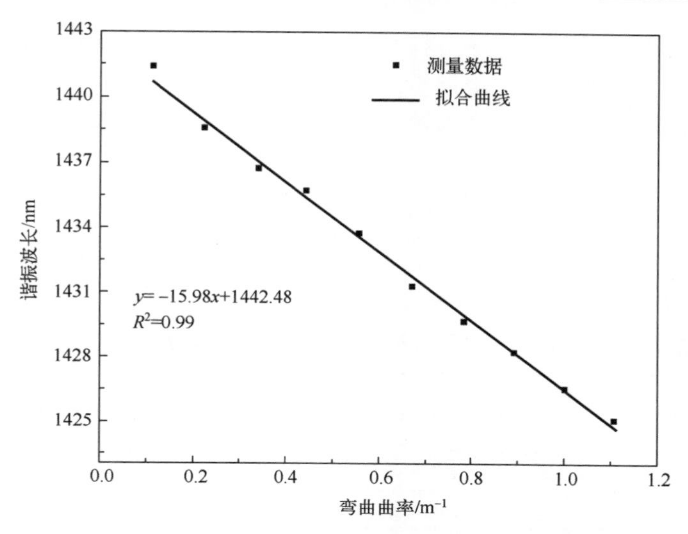

图 1.60　波形纤芯光栅垂直于刻蚀面的弯曲传感特性

在上面垂直于刻蚀面的弯曲特性实验的基础上，首先应当反方向旋转螺旋测微计，使钢尺状态恢复水平，之后将两个旋转夹具同时同向旋转 90°，此时波形纤芯光栅的刻蚀面正对 CCD 镜头，弯曲实验将会得出波形纤芯光栅在平行于刻蚀面方向上的波长响应。

在上述操作结束之后，重复进行上面弯曲测量过程，即可完成波形纤芯光栅在该方向上的弯曲特性测量。本章实验中弯曲测量数据经过轻微平滑处理之后得出如图 1.61

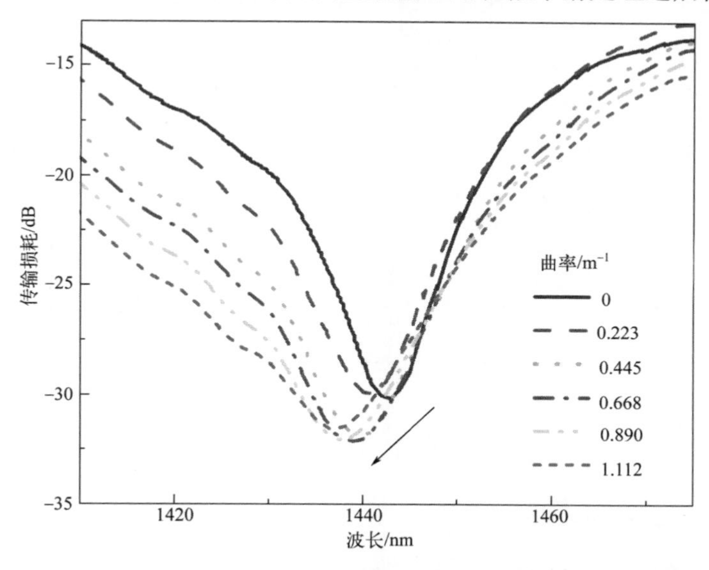

图 1.61　波形纤芯光栅平行于刻蚀面的弯曲测量光谱变化情况

所示的结果。从图 1.61 中可以得到，在被测区间 0～1.112m^{-1} 内，随着螺旋测微计的推进量增大，谐振波长线性地向短波方向漂移。

将一系列跟随曲率变化的谐振波长的位置整理之后，得到如表 1.3 所示的曲率和谐振波长之间的关系。

根据表 1.3 中的曲率与谐振波长的对应关系，可以发现在零点位置的测量数据与其他数据拟合之后偏差较大，故舍去该数据，单独分析后续数据，由此得出如图 1.62 所示的弯曲传感特性。

表 1.3　波形纤芯光栅平行于刻蚀面时曲率与谐振波长数据关系表

曲率/m^{-1}	0	0.112	0.223	0.334	0.445	0.557
波长/nm	1442.8	1441	1440.8	1440.4	1440	1439.6
曲率/m^{-1}	0.668	0.779	0.890	1.001	1.112	—
波长/nm	1438.2	1438.2	1437.8	1437.4	1437.2	—

根据图 1.62 中的数据可以得出，波形纤芯光栅的弯曲灵敏度为−4.19nm/m^{-1}，且线性拟合度为 0.98，证明该光栅在朝着垂直于刻蚀面的方向上，其谐振波长与弯曲曲率大小线性度良好。结合图 1.62 的数据，研究得出波形纤芯光栅在垂直和平行于刻蚀面的两个方向上表现出不同的弯曲灵敏度，因此具有很好的弯曲方向相关性。

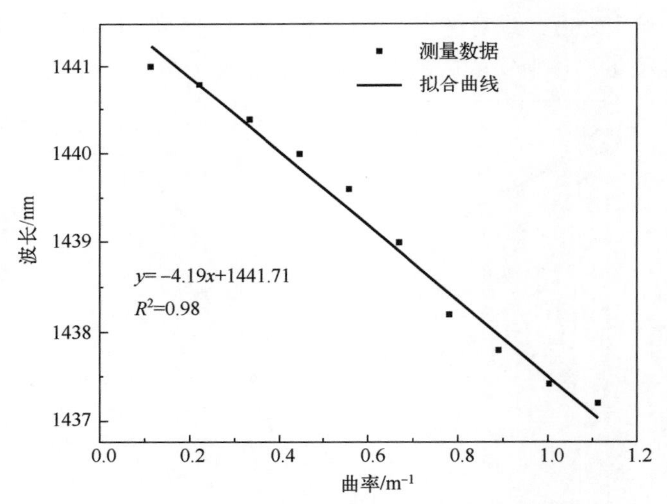

图 1.62　波形纤芯光栅平行于刻蚀面的弯曲传感特性

1.4.3　扭转传感特性

为了实现对 LPFG 的扭转传感特性的研究，需要搭建一套专门用来测试的实验装置。结合实验需求及现有的实验设备，本节设计一套实验装置[29]，其结构示意图如图 1.63 所示。

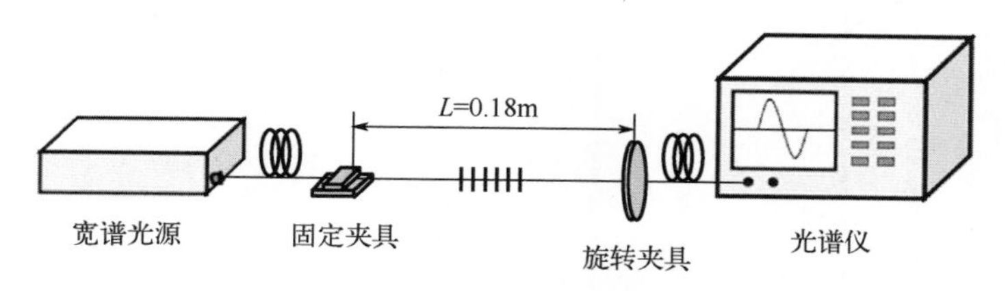

图 1.63　扭转测量装置结构示意图

在两个五维调节台上分别各自设置一个旋转夹具，其中，一个作为固定端，另一个作为旋转端。微调两个五维调节台，使两个旋转夹具的卡槽位置处于同一轴线上。之后调整两个五维调节台的水平轴向方向，使得两个旋转夹具相距 18cm。在扭转测量过程中，光纤片光栅受到的扭转率，即光纤单位长度上的扭转角可以表示为 $N=\theta/L$，其中，θ 为旋转夹具的转角，L 为被扭转的光纤长度(18cm)。扭转测量实验中需要注意的是，旋转夹具的固定性要求比较良好。在实验过程中，随着扭转角的不断增大，被测区间内单模光纤的扭转剪切力变得越来越大。如果光纤夹具的固定性差，那么会导致单模光纤在固定处发生转动，实际转动的角度少于要求转动的角度，最后引起扭转测量结果的不准确。

1. ST-LPFG 扭转特性

在光路的传播过程中，光纤片的相对旋转引起光栅的包层模式沿着旋转路径传播，并且螺旋结构在扭转过程中会引起光的椭圆双折射，其旋转矢量的叠加或抵消将会分别导致谐振波长的增大或减小。当 ST-LPFG 发生扭转时，旋转路径就会增强或者减弱，这就会导致光纤片光栅的谐振波长向长波方向或者短波方向发生明显的漂移。ST-LPFG 扭转测量光谱变化情况如图 1.64 所示。

由图 1.64 可知，随着外界施加的扭转量在−180°～180°变化时，ST-LPFG 的谐振波长整体向长波方向移动，这意味着当光栅结构被逆时针扭转时向短波方向漂移，被顺时针扭转时向长波方向漂移，因此，ST-LPFG 结构可以实现扭转方向的判别。图 1.65 为 ST-LPFG 扭转-波长拟合曲线。

2. 预扭转 CO_2-LPFG 扭转特性

预扭转 CO_2-LPFG 是在传统的 CO_2-LPFG 基础上针对其扭转特性做了一定的改进而来的，因此对其扭转特性进行了测试。与左、右旋光纤片光栅和波形纤芯光栅的扭转测量过程相同，将预扭转 CO_2-LPFG 放置到扭转测量装置上，单模光纤两端分别与宽谱光源和光谱仪相连。在开始测量之前，首先将旋转端的旋转夹具先逆时

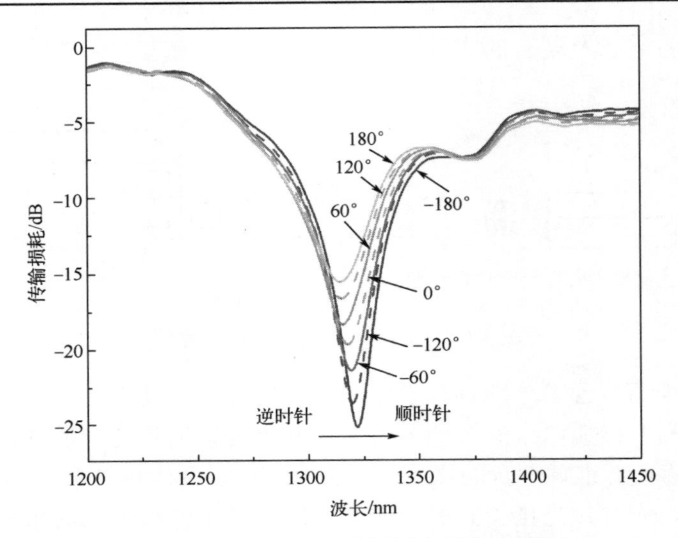

图 1.64　ST-LPFG 扭转测量光谱变化情况

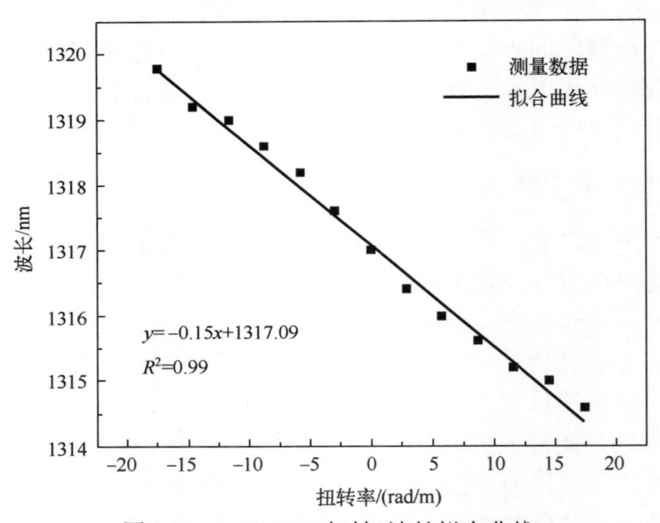

图 1.65　ST-LPFG 扭转-波长拟合曲线

针旋转一周(−360° 位置)，扫描并记录此时的光谱数据。随后，顺时针旋转该旋转夹具，每隔 60° 记录一次光谱仪数据，直到转动两周(360° 位置)，共计 13 组数据。数据处理之后，绘制出如图 1.66 所示的结果。

从图 1.66 中可以看出，当被测区间内的光纤从−360°～360° 扭转时，通过总结相应的光谱变化情况，即可完成对预扭转 CO_2-LPFG 光栅结构的顺时针和逆时针两个扭转方向的扭转传感特性的测量(−360°～0° 为逆时针测量范围，0°～360° 为顺时针测量范围)。可以发现，当预扭转 CO_2-LPFG 被顺时针扭转时，谐振波长向短波漂移；当被逆时针扭转时，谐振波长向长波漂移。同样地，根据预先设定的被测单模光纤的长度(0.18m)，以及每次扭转旋转夹具的角度，可以计算出每次增加的扭转率为 5.786rad/m。扭转数据经过整理之后，从而得到如表 1.4 所示的扭转率与谐振波长之间的关系。

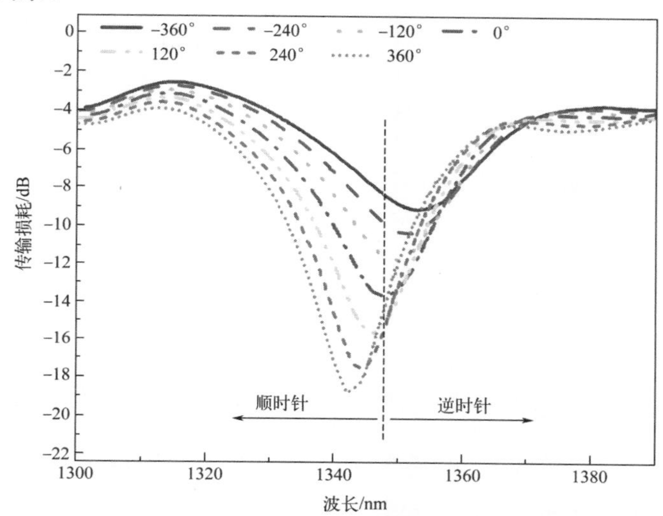

图 1.66　预扭转 CO_2-LPFG 扭转测量光谱变化情况

表 1.4　预扭转 CO_2-LPFG 的扭转率与谐振波长数据关系表

扭转率/(rad/m)	0	−5.786	−11.571	−17.357	−23.142	−28.928	−34.714
谐振波长/nm	1348	1348.8	1349.8	1350.6	1351.4	1352.4	1353.2
扭转率/(rad/m)	0	5.786	11.571	17.357	23.142	28.928	34.714
谐振波长/nm	1348	1347.2	1346.2	1345.2	1344.4	1343.6	1342.8

根据表 1.4 中扭转率与预扭转 CO_2-LPFG 的谐振波长的对应关系，可以得到如图 1.67 所示的预扭转 CO_2-LPFG 的扭转传感响应。

从图 1.67 中的数据可以得出，预扭转 CO_2-LPFG 的扭转灵敏度为−0.151nm/(rad/m)，且可以判断扭转的方向性。从图 1.67 中可以看出，当该光栅被顺时针扭转时，其谐振波长会向短波方向漂移；当该光栅被逆时针扭转时，其谐振波长会向长波漂移。扭转测量结果的线性拟合度为 0.999，证明实验中的预扭转 CO_2-LPFG 在−34.7～34.7rad/m 的扭转测量范围之内谐振波长与扭转率的大小线性度良好。

此外，当光栅被扭转时，谐振波长的漂移方向与预扭转的方向息息相关。正如实验结果所示，预扭转的方向为顺时针方向旋转一周，当光栅被自由释放时，CO_2 激光器写入的刻槽将会沿着单模光纤顺时针盘旋。因此，当逆时针扭转预扭转 CO_2-LPFG 会加剧单模光纤上刻槽的旋转程度，结构的相对旋转引起了包层模式双折射效应，所以加剧扭转程度即会造成光的旋转矢量叠加，从而引起谐振波长增大的现象。相反，当预扭转 CO_2-LPFG 被顺时针扭转时，刻槽的螺旋特性被一定程度削减，这就引起了光的旋转矢量的抵消，因此，谐振波长相应地减小。

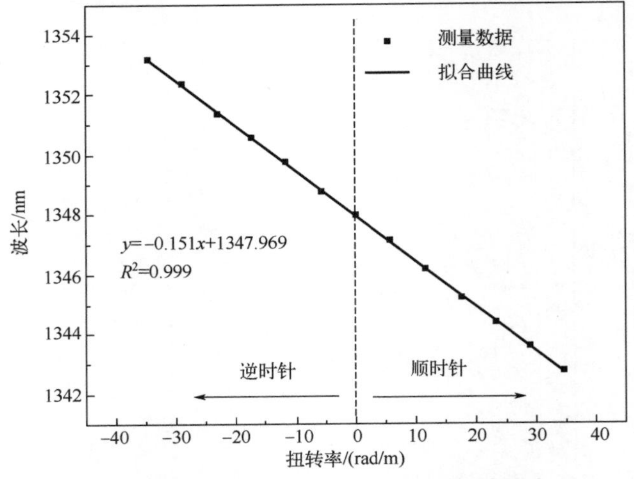

图 1.67　预扭转 CO_2-LPFG 的扭转传感响应

综合以上分析，预扭转 CO_2-LPFG 的扭转性能特征与左、右旋光纤片光栅的特征类似，光纤片不同的相对旋向可以造成光栅扭转灵敏度的截然相反，因此预扭转 CO_2-LPFG 预扭转一周的不同方向同样会造成其扭转灵敏度的截然不同。故而，预扭转 CO_2-LPFG 也可以被用作级联结构的基材，通过制作不同周期参数的预扭转 CO_2-LPFG 进行级联，同样可以实现一个级联光栅结构的扭转灵敏度倍增效果。

3. 薄片熔锥型 LPFG 扭转特性

当 LPFG 被扭转时，由于光栅结构在轴向上发生扭曲，纤芯中传输的光波会产生圆双折射效应。圆双折射效应会影响到纤芯基模的偏振态，使其产生变化。最终，由于偏振态的变化，不同耦合系数的纤芯基模与包层模耦合导致光栅谐振峰波长和振幅发生变化。也就是说，当 LPFG 被扭转时，光栅的传输特性发生变化的本质是扭转引起的圆双折射，使输入光的偏振态发生变化，从而导致耦合系数发生变化。不同的异型基材结构制备的 LPFG，在扭转时，其圆双折射的矢量方向也会不同。因此，对于薄片熔锥型 LPFG 传感器，其扭转特性与异型基材的结构及 LPFG 的加工方法有关。本节对比三组不同预加热结构的扭转传感性能，其中，LPFG1、LPFG2、LPFG3 的预加热片状光纤结构的直径分别为 125μm、95μm、75μm。由图 1.68(a)可知，当发生顺时针及逆时针扭转时，LPFG 的谐振峰向长波和短波方向线性漂移，且线性度良好。由图 1.68(b)可知，薄片熔锥型 LPFG1、LPFG2、LPFG3 的扭转灵敏度分别为 0.071nm/(rad/m)、0.193nm/(rad/m)、0.314nm/(rad/m)。

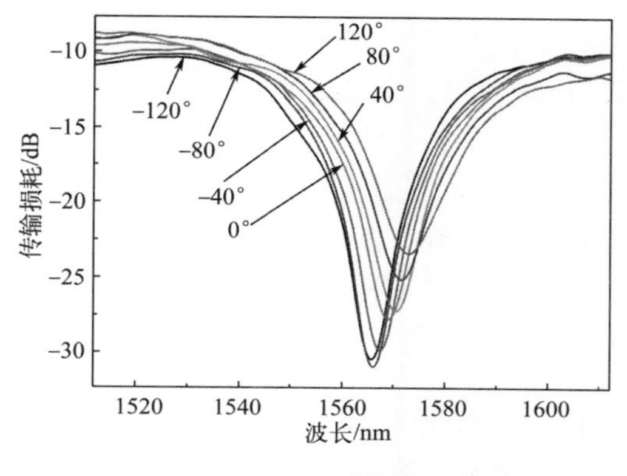

(a) 熔锥薄片型LPFG扭转特性线性拟合

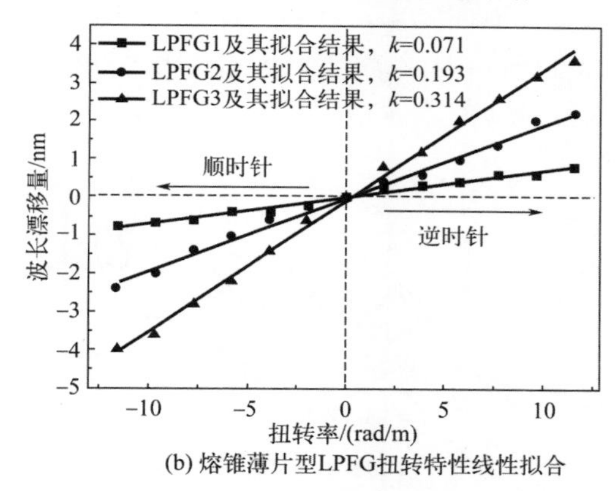

(b) 熔锥薄片型LPFG扭转特性线性拟合

图 1.68 薄片型 CO_2-LPFG 谐振峰随扭转的漂移过程及波长漂移的线性拟合

对于传统的 CO_2-LPFG 而言，当发生顺时针及逆时针扭转时，平均的扭转灵敏度约为 0.016nm/(rad/m)。

1.4.4 温度传感特性

在 LPFG 的研究中，当外界环境因素变化之后，光纤光栅的谐振波长和损耗峰幅值会发生比布拉格光栅更为剧烈的变化。其中，在所有影响 LPFG 传输特性的外界因素中，温度是最为重要的一个影响因素，其变化方向和灵敏度与光纤的类型和耦合的模式阶次密切相关，但是谐振峰的损耗幅值对温度一般不太灵敏。由于相比于布拉格光栅，LPFG 的温度灵敏度会更高，在温度测量领域具有显著优势；但是当测量别的参量(如应变、弯曲、扭转、折射率等)时，温度灵敏效应就变成一个影响因素，也就是温度串扰作用。因此，在研究各种 LPFG 的同时，必须将温度串扰的因素考虑在内，也就是必须探讨其温度灵敏度的大小。

为了满足研究 LPFG 的测量温度传感特性的需求，本节设计一套专门用于测量温度的实验装置，如图 1.69 所示。这套装置在 1.4.3 节中介绍的应变测量装置的基础上，在两个三维位移平台的中央放置了一台温度控制箱(temperature-controlled cabinet, TCC)，从而实现通过控制温度箱的加热来改变 S-S-LPFG 所处的环境温度大小，从而得到关于温度的谐振波长的响应。同时在此装置的基础上结合应变测量装置即可实现温度应变的同时测量实验。

1. S-S-LPFG 温度特性

温度测量过程需要将 S-S-LPFG 光栅结构放置于两个光纤固定夹具中央，也是将单模光纤的两端端面处理之后分别与超连续宽谱光源和光谱仪相连。需要同时调节两个三维位移平台的垂直地面方向，缓慢上下移动带动单模光纤进入到温度控制箱上加热板预先刻制的直槽内，且单模光纤不与直槽内壁接触(避免由接触带来的光纤弯曲等造成的实验误差)。

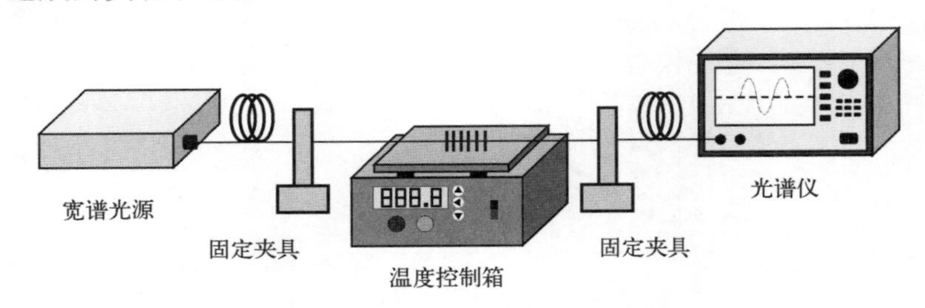

图 1.69　温度测量装置示意图

在所有的准备工作结束之后，打开宽谱光源、光谱仪及温度控制箱，从温度控制箱的操作面板上的显示屏中读取当下的室内温度，然后用光谱仪读取并记录此时的谱线，将其作为原始谱。之后通过调节温度控制箱控制面板上的调节按钮，将温度设定在 30℃，然后静等加热管开始工作，使得加热板上的温度达到 30℃附近，等到显示屏上的实际温度示数相对稳定之后，读取此时光谱仪上的谱线数据，作为温度测量实验的第一组数据，然后调节控制面板将预设温度设定在 50℃，重复上述操作。之后，每隔 20℃测量一组谱线数据，直到温度控制箱的温度达到 170℃。最后，依次导出光谱仪中储存的数据，轻微平滑之后绘制出如图 1.70 所示的谱线漂移情况。

从图 1.70 中可以得到，随着环境温度的不断升高，S-S-LPFG 光栅的谐振波长向长波方向漂移，且光谱变化较为均匀。将这一系列谐振波长的位置找出来加以整理，从而得到如表 1.5 所示的温度与谐振波长之间的关系。

根据表 1.5 中温度和谐振波长的对应关系，可以得到如图 1.71 所示的 S-S-LPFG 的温度传感响应。

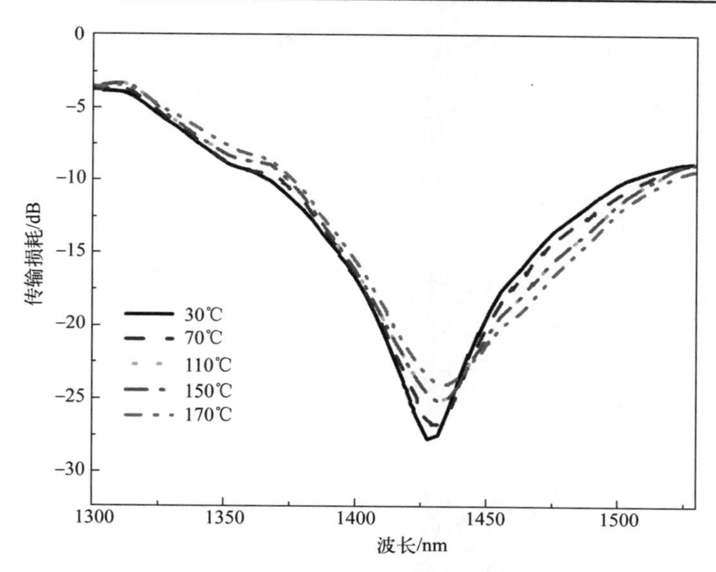

图 1.70　S-S-LPFG 温度测量光谱变化情况

表 1.5　温度与谐振波长数据关系表

温度/℃	30	50	70	90	110	130	150	170
波长/nm	1427.8	1429.8	1430.8	1431.6	1432.4	1433	1433.8	1434.4

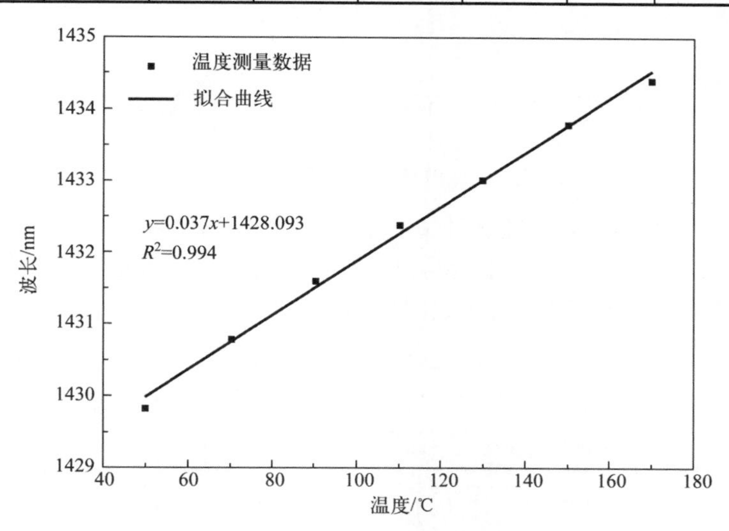

图 1.71　S-S-LPFG 的温度传感响应

从图 1.71 的数据中可以得出，S-S-LPFG 的温度灵敏度为 37pm/℃，这个数值与传统的 CO_2-LFPG 的温度灵敏度相差不大且略低，这也表明本章研究的 S-S-LPFG

本身所带来的温度串扰在可接受的范围之内；线性拟合度为 0.994，证明实验中的 S-S-LPFG 在较大的温度测量范围之内谐振波长与环境温度线性度良好。同时，如果想要消除温度串扰所带来的影响，可以借助串联一支应变不灵敏的传感器作为温度标定模块。

2. S-LPFG 温度特性

当 S-LPFG 的温度传感特性测试后，将会在数据处理后得到如图 1.72 所示的光谱变化情况。

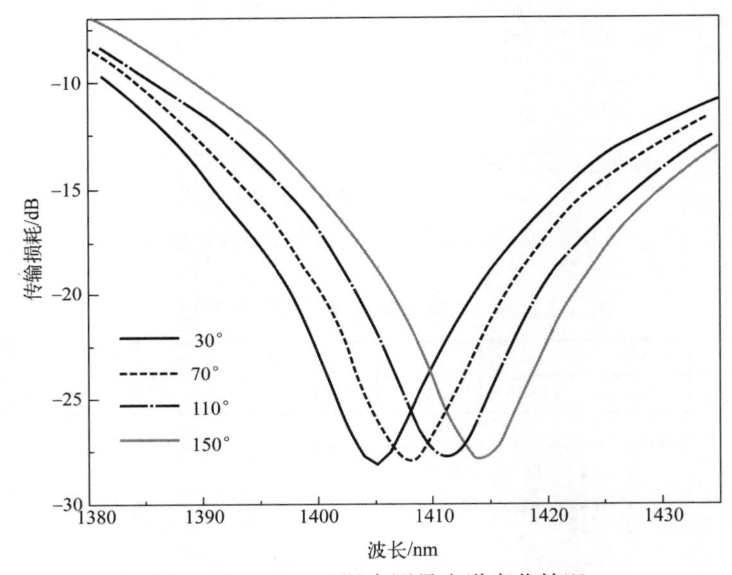

图 1.72　S-LPFG 温度测量光谱变化情况

从图 1.72 中可以得到，随着环境温度的不断升高，S-LPFG 光栅的谐振波长向长波方向漂移，且光谱漂移变化情况较为均匀。将这一系列谐振波长的位置找出来加以整理，从而得到如表 1.6 所示的温度与谐振波长之间的关系。

表 1.6　温度与谐振波长数据关系表

温度/℃	30	50	70	90	110	130	150	170
波长/nm	1403.6	1405	1406.2	1407.6	1409.2	1411	1412.6	1414.2

根据表 1.6 中温度和谐振波长的对应关系，可以得到如图 1.73 所示的 S-LPFG 的温度传感响应。

从图 1.73 的数据中可以得出，S-LPFG 的温度灵敏度为 76.3pm/℃，此数值略高于传统 CO_2-LFPG 的温度灵敏度；线性拟合度为 0.994，证明 S-LPFG 结构在较大的

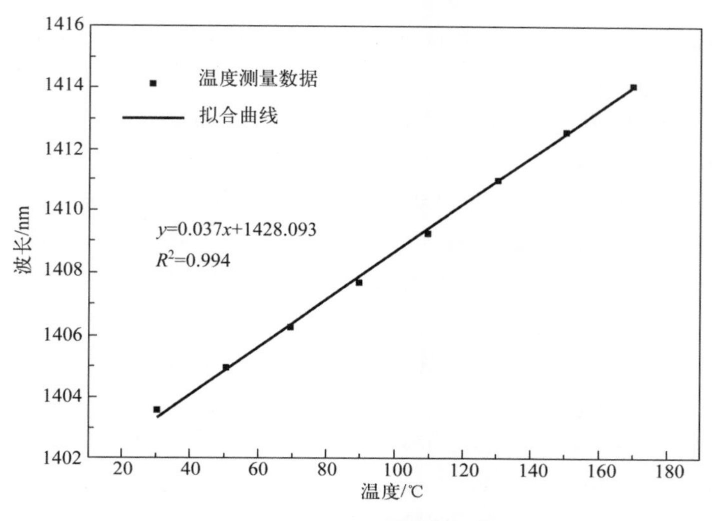

图 1.73　S-LPFG 的温度传感响应

温度测量范围之内谐振波长与环境温度大小线性度良好。同样地，如果想要消除 S-LPFG 在应变测量中温度串扰所带来的影响，也可以通过串联一种应变不灵敏的 LPFG(作为温标)即可。

参 考 文 献

[1] Vengsarkar A M, Pedrazzani J R, Judkins J B, et al. Long-period fiber-grating-based gain equalizers. Optics Letters, 1996, 21(5): 336-338.

[2] Vengsarkar A M. Long-period fiber gratings shape optical spectra. Laser Focus World, 1996, 32(6): 243-248.

[3] Davis D D, Gaylord T K, Glytsis E N, et al. Long-period fiber grating fabrication with focused CO_2 laser pulses. Electronics Letters, 1998, 34(3): 302-303.

[4] Davis D D, Gaylord T K, Glytsis E N, et al. CO_2 laser-induced long-period fibre gratings: Spectral characteristics, cladding modes and polarisation independence. Electronics Letters, 1998, 34(14): 1416-1417.

[5] Hwang I K, Yun S H, Kim B Y. Long period fiber gratings based on period micro-bends. Optics Letters, 1999, 24(18): 1263-1265.

[6] Sohn I, Kim J, Lee N, et al. Tunable gain-flattening filter using long-period fiber grating based on periodic core deformation. Society of Photo-Optical Instrumentation Engineers Conference on Design, Fabrication, and Characterization of Photonic Devices, Singapore, 2001: 110-117.

[7] Yokota M, Oka H, Yoshino T. Mechanically induced long period fiber grating and its application

for distributed sensing. Optical Fiber Sensor Conference Technical Digest, Portland, 2002: 135-138.

[8] Lin C Y, Wang L A. Loss-tunable long period fiber grating made from etched corrugation structure. Electronics Letters, 1999, 35(21): 1872-1873.

[9] Monzón-Hernández D, Villatoro J, Talavera D, et al. Optical-fiber surface-plasmon resonance sensor with multiple resonance peaks. Applied Optics, 2004, 43(6): 1216-1220.

[10] 艾江，叶爱伦，刘宇乔. 一种新的长周期光纤光栅制作方法. 光学学报，1999, 19(5): 709-712.

[11] 黎敏，廖延彪，赖淑蓉，等. 一种新型的光纤光栅制作方法. 激光杂志, 2001, 22(1): 24-25.

[12] Wang Y P, Xiao L, Wang D N, et al. Highly sensitive long-period fiber-grating strain sensor with low temperature sensitivity. Optics Letters, 2006, 31(23): 3414-3416.

[13] Yoon M S, Park S, Han Y G. Simultaneous measurement of strain and temperature by using a micro-tapered fiber grating. Journal of Lightwave Technology, 2011, 30(8): 1156-1160.

[14] Zhang Y X, Zhang W G, Zhang Y S, et al. Bending vector sensing based on arch-shaped long-period fiber grating. IEEE Sensors Journal, 2018, 18(8): 3125-3130.

[15] Wang Y P, Rao Y J. A novel long period fiber grating sensor measuring curvature and determining bend-direction simultaneously. IEEE Sensors Journal, 2005, 5(5): 839-843.

[16] Yang Z Q, Xu D G, Liu J Z, et al. Fabrication and characterization of femtosecond laser inscribed long-period fiber grating in few-mode fiber. IEEE Photonics Journal, 2022, 14(3): 7132806.

[17] Rego G, Okhotnikov O, Dianov E M, et al. High-temperature stability of long-period fiber gratings produced using an electric arc. Journal of Lightwave Technology, 2001, 19(10): 1574-1579.

[18] 冉曾令，饶云江，朱涛，等. 基于新型长周期光纤光栅的掺铒光纤放大器. 光子学报，2003, 32(1): 72-75.

[19] Lam P K, Stevenson A J, Love J D. Bandpass spectra of evanescent couplers with long period gratings. Electronics Letters, 2000, 36(11): 967-969.

[20] Chen W T, Wang L A. Optical coupling between single-mode fibres by utilising long-period fibre gratings. Electronics Letters, 1999, 35(5): 421-423.

[21] 何瑾琳，孙小菡. 相移长周期光纤光栅的光谱特性及其在光分插复用器中的应用. 光学学报，2000, 20(8): 1106-1111.

[22] Eggleton B J, Slusher R E, Judkins J B, et al. All-optical switching in long-period fiber gratings. Optics Letters, 1997, 22(12): 883-885.

[23] Ky N H, Limberger H G, Salathé R P, et al. Efficient broadband intracore grating LP01–LP02 mode converters for chromatic-dispersion compensation. Optics Letters, 1998, 23(6): 445-447.

[24] Stegall D B, Erdogan T. Dispersion control with use of long-period fiber gratings. Journal of the

Optical Society of America A, 2000, 17(2): 304-312.

[25] Bhatia V, Vengsarkar A M. Optical fiber long-period grating sensors. Optics Letters, 1996, 21(9): 692-694.

[26] Wang Y P, Rao Y J. Long period fibre grating torsion sensor measuring twist rate and determining twist direction simultaneously. Electronics Letters, 2004, 40(3): 164-166.

[27] Ma Y W, Sun J, Wang S Y, et al. Fiber strain sensor based on incline plane-shaped long period fiber grating induced by CO2 laser polishing. IEEE Journal of Quantum Electronics, 2021, 57(4): 7500205.

[28] Ma Y W, Zhao M, Sun J, et al. All-fiber strain sensor based on dual side V-grooved long-period fiber grating. IEEE Sensors Journal, 2021, 21(19): 21572-21576.

[29] Sun C T, Geng T, He J, et al. High sensitive directional torsion sensor based on a segmented long-period fiber grating. IEEE Photonics Technology Letters, 2017, 29(24): 2179-2182.

第 2 章　基于组合式光纤光栅的制备方法

光纤光栅是一种光纤折射率沿轴向周期性调制或者光纤几何结构发生周期性改变的模式耦合器件。根据第 1 章的介绍，目前制作 LPFG 最常用的方法是用高频 CO_2 激光器周期性地扫描光纤，这种方法需要昂贵的设备并且制作出的光栅会出现微弯的现象。本节将介绍一种新的制作 LPFG 的方法——切割焊接法(cleaving-splicing method, CSM)。该方法仅使用光纤切割刀及光纤焊接机交替焊接单模光纤和多模光纤就能制作出组合式 LPFG，其原理主要是光纤纤芯周期性的突变导致纤芯基模周期性地与高阶模互相耦合。这样制备出的 LPFG 明显降低了加工成本，也不需要长时间的预处理，成本低，制作简单，栅区长度仅几个毫米，可以应用在对于尺寸要求较高的通信及传感领域，并且制作出的 LPFG 具有圆对称波导，这就使得它的应用变得更加广泛。本章将重点介绍组合式 LPFG 的制备方法、耦合模理论、设计思路和传感特性。

2.1　光纤精密切割技术

2.1.1　光纤精密切割系统

1．光纤精密切割系统介绍

组合式光纤结构制作的关键在于不同种光纤之间精准的切割和拼接工作，所以搭建一套易于操作并且拥有足够精度的切割和拼接的装置就尤为重要。精密光纤切割装置的设计思路是光纤放入切割装置之后，光纤能够在指定的位置被切断，进而获得一定长度的光纤端头。与一般光纤切割过程中只需要一侧光纤夹紧不同，待切割光纤的两端都需要被光纤夹具固定。此外，在切割过程之前，光纤切割刀的刀片需要进行纵向上的调整从而获得高质量和倾角稳定的切割端面。切割焊接装置包括四个部分：三个高精度四维调节台(精度为 0.5μm)，一个高精度光纤切割刀(Pros'kit-FB-1688)，一套显微观测系统，一台电弧光纤熔接机(Otian NT-400)，制备平台如图 2.1 所示。

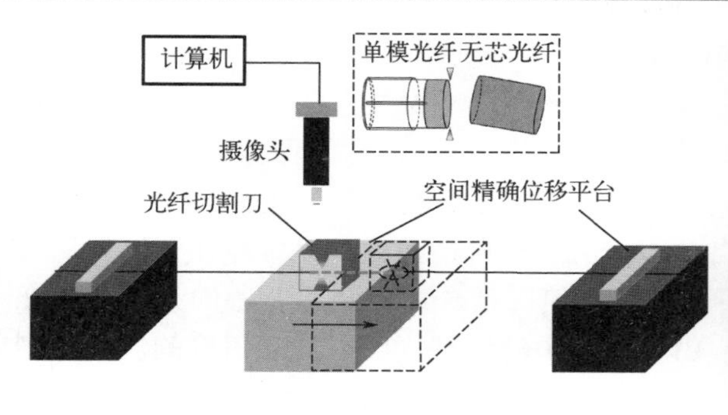

(a) 装置示意图

(b) 装置实物图

图 2.1　切割焊接装置制备平台示意图及实物图

首先，光纤切割刀被固定在中间的四维位移平台上用于实现对于光纤的定点切割。两个光纤夹具安放在两端的位移平台上。两端的光纤夹具和中心切割刀的光纤导槽在切割之前会被调校到同一轴线上。体式显微镜放置在光纤切割刀的上方并且与计算机相连用来捕捉切割刀刃口与光纤拼接点之间的相对位置。整个制作过程中光纤与切割系统保持准直，所以要对三组三维位移平台进行校准，确保其竖直高度和水平位置是否在同一条直线上。其次，需要调节并检测 CCD 是否与计算机连接完好，并通过调节 CCD 的焦距、方向和探头处照明灯的亮度，使计算机显示屏上呈现清晰的光纤图像和竖直的切割刀刀刃，并进一步检验光纤切割刀及螺旋测微器是否可以完美配合，进行细微的调节，从而实现精准切割。最后，设置熔接机的熔接参数，放电时间为 1.200s，预熔时间为 0.220s。将光纤熔接机摆在光纤切割系统附近，其中，一段光纤一端固定在光纤夹持具上，切割以后直接将另一端放入光纤熔接机里。光纤熔接机的一般工作原理是利用高压电弧将两根光纤熔化，同时运用准直原理平缓推进让两根光纤融合成一根，以实现光纤模场的耦合。

2. 光纤精密切割装置的性能测试

1) 连续组装的稳定性

在熔接机和切割装置都调试完毕之后，单模光纤和多模光纤(60μm/125μm)使用交替拼接的方式来制备测试样品。如图 2.2 所示，在相称显微镜下单模光纤和多模光纤由于纤芯有着较大的差别可以被清晰地分辨，因此在测试样品中采用单模光纤与多模光纤交替拼接的方法以方便尺寸的测量。样品中包含 10 个光纤段，每种光纤长度均为 200μm。每个光纤段与拼接点分别被命名为 1～10 号和 A～K 号。通过计算机软件对显微镜图片的处理，这些光纤段的长度和切割角度能够被逐一地进行测量。

光纤端面过大的角度会使熔接之后的光纤由于端面的不匹配而出现较大的能量损耗。在常规的光纤熔接操作中，两根光纤端面可容忍的最大倾斜角度一般不超过

5°。对于使用该技术制备的光纤结构而言，拼接点处的不完美会使参考峰出现收缩、消失或与仿真预测不一致等。此外，过大角度的两个端面相互拼接会造成光纤拼接点处局部的微弯，影响后续组装的同轴性与一致性。目前，商用的光纤熔接机不但能稳定地拼接两根光纤，还可以通过解析亮度的方法分析光纤的侧面影像进而侦测光纤的端面角度。表 2.1 为熔接机自动测量的所有拼接点处的光纤端面角度。所有端面角度的平均值为 1.56°。以上实验表明，使用精密切割装置制备的光纤端面在切割角度方面是符合标准的。同时，由于采用手动切割，所以切割角度的波动范围较大，达到了 0.6°。但是，端面角度的最大值 3.1° 仍然远低于一般熔接允许的最大误差。

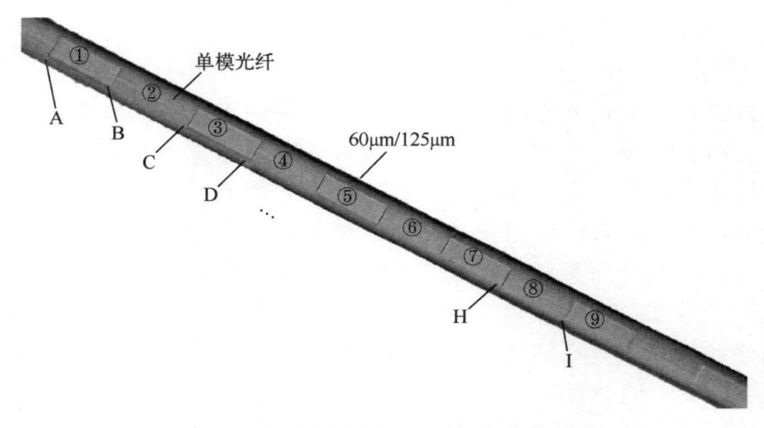

图 2.2　连续拼接的光纤样品实物图

表 2.1　A～K 拼接点的倾斜角度

序号	两个端面的角度/(°)		序号	两个端面的角度/(°)	
A	2.3	0.7	G	2.0	1.6
B	0.9	0.5	H	1.9	1.8
C	3.1	0.1	I	2.3	1.2
D	2.9	1.8	J	3.1	0.9
E	1.1	1.6	K	0.3	1.5
F	2.5	0.3	—	—	

在确定了拼接点的稳定性之后，各个部分的实际长度则展示在表 2.2 中。光纤长度的切割误差会对组装式 LPFG 的谐振波长、耦合效率等参数产生一些轻微的影响。测量的结果表明，10 个光纤段的平均长度为 203μm。与 200μm 的设计长度相比，实际误差大约为 1.5%。同时，操作者可以根据多次长度测量的数据来研究和纠正主观上的失误从而获得更精准的光纤段。

表 2.2　1～10 号光纤段连续拼接的长度稳定性

序号	长度/μm	序号	长度/μm
1	195	6	200
2	208	7	194
3	203	8	201
4	201	9	197
5	197	10	207

2) 切割装置的最小长度极限及随机拼接的稳定性

随着传感器的微型化逐步成为主流需求，精密切割装置的最小切割长度是决定其应用前景的另一个重要因素。因此，我们从切割长度的极限及其连续拼接的稳定性两个方面进行探究。如图 2.3(a) 所示，我们分别切割了数个长度不断减小的光纤段：200μm，150μm，100μm，50μm，30μm。通过图像处理得到每段光纤实际长度，如表 2.3 中 1～5 所示，平均长度误差为 2.6μm。这样的平均误差与表 2.2 计算所得到的数据相似。在图 2.3(b) 中，我们连续拼接了 5 段长度均为 50μm 的光纤段来检验切割微小光纤段的稳定性。每段光纤的实际长度如表 2.3 中 A～E 所示，平均长度误差为 2.8μm，相对长度误差为 5.6%。

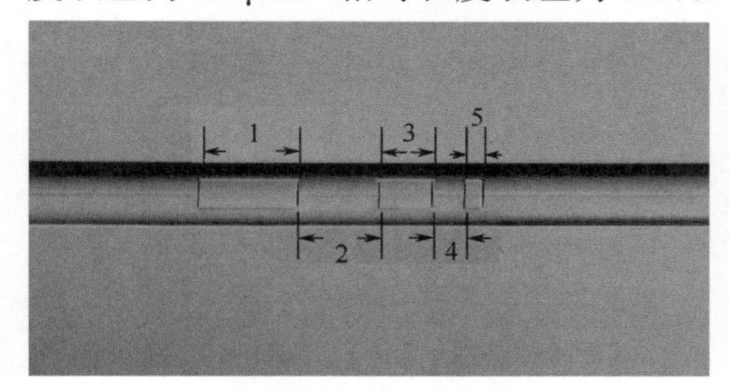

(a) 不同长度光纤段的连续组装样品

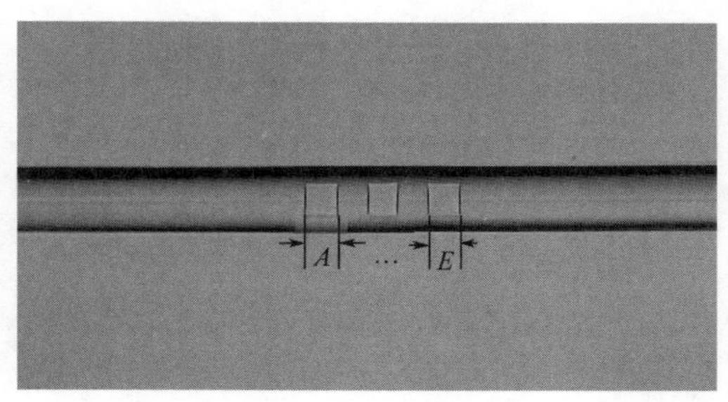

(b) 数个50μm长的光纤段组装样品

图 2.3　显微镜下的光纤形貌

表 2.3　两个样品的长度测量结果

序号	设计长度/μm	实际长度/μm	序号	设计长度/μm	实际长度/μm
1	200	197	A	50	51
2	150	152	B	50	53
3	100	99	C	50	54
4	50	52	D	50	53
5	30	34	E	50	55

由以上两次实验得出，切割装置的绝对误差是一个相对固定的值，为 2.6～3μm。相对误差的大小还取决于实际长度。200μm 光纤段的相对误差约为 1.5%，而 30μm 光纤段的相对误差就增加到了 5.6%。

3)光纤轻微形变对光纤拼接的影响

当两个光纤拼接时，光纤端面受到熔接机推进量的影响，拼接点会出现轻微的胀包现象。图 2.4 展示了推进量较大(12μm)时拼接点突起对光纤出射端能量的影响程度。图 2.4(a)展示了光纤熔接机的推进量对光场分布的影响。可以看出，轻微挤压的胀包不会对单一拼接点造成明显的影响且传输能量与正常拼接几乎没有差异。图 2.4(b)展示了不同拼接情况的归一化能量，其中，实线和虚线分别表示 0μm 和 3μm 的熔接机推进量制备的拼接光纤情况。可以看出虽然一个轻微胀包的拼接点对能量传输的影响可以忽略不计，但是轻微胀包对基于连续组装的光纤结构的传输光谱稳定性有着一定的影响[图 2.4(c)]。在仿真的两种传输光谱中，特征波长偏离了 5nm，其他波段出现不同程度的变化。因此，对于需要拼接方法制备的光纤结构而言，在制备过程中依然需要避免拼接点处大的推进量导致轻微的胀包。

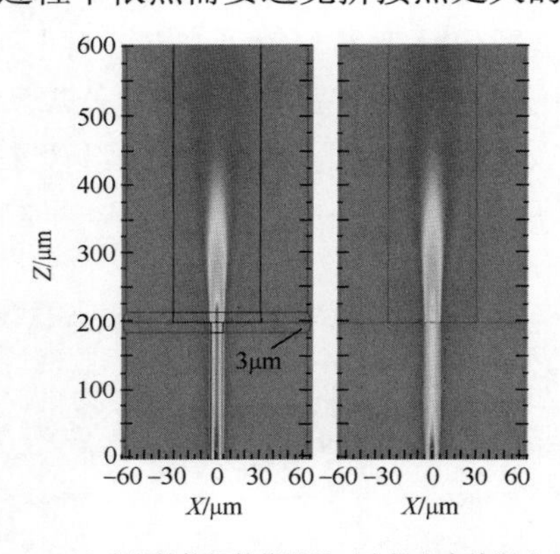

(a) 光纤熔接机的推进量对光场分布的影响

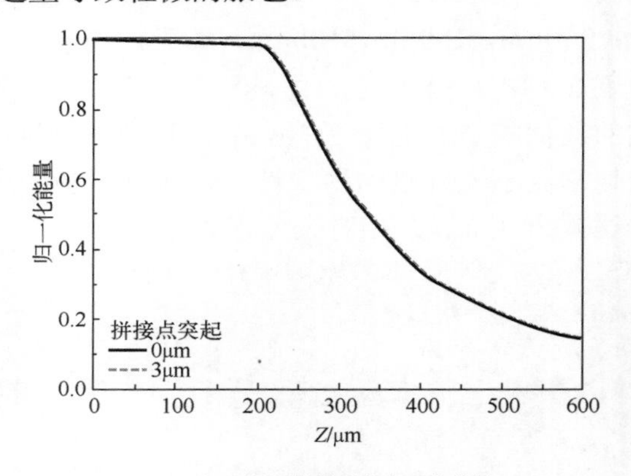

(b) 不同拼接情况的归一化能量

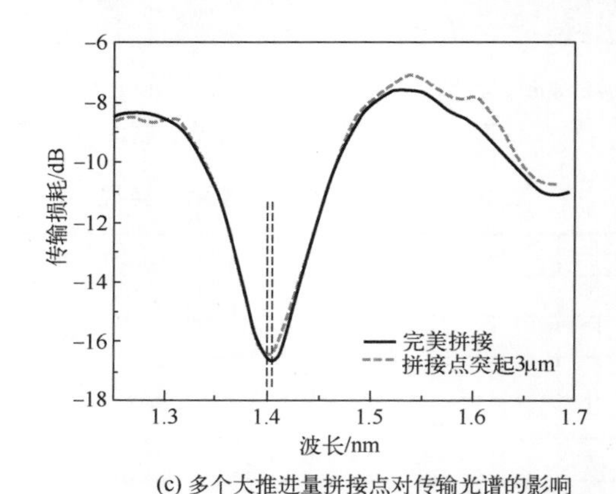

(c) 多个大推进量拼接点对传输光谱的影响

图 2.4　不同拼接情况下的仿真情况及传输光谱

除了推进量会影响传输光谱，受光纤端面切割角度及熔接机对芯随机误差的影响，光纤连续组装过程中还会伴有不可避免的轻微错芯。图 2.5 展示了拼接错位对出射光场与传输光谱的影响。仿真结果表明，错位的拼接点会使特征峰发生强烈的收缩。一个 1μm 的错位点使特征峰的幅值由−20dB 收缩到−5dB 左右，其他位置的谐振峰也发生了较大的波长偏移。继续增加 1μm 的偏移量后，传输光谱的特征峰不仅会继续收缩还会出现将近 100nm 参考峰的漂移。如图 2.5(b)所示，当拼接点逐个增加时，耦合的强度急剧降低导致传输光谱的特征峰慢慢消失。两个 1μm 的拼接点就可以导致整个谐振峰的消失，使传感器无法进行物理量的测量。由此可见，拼接点的错位量和数量对传输光谱的特征峰位置、数量及幅值等各个方面都有着显著的影响。

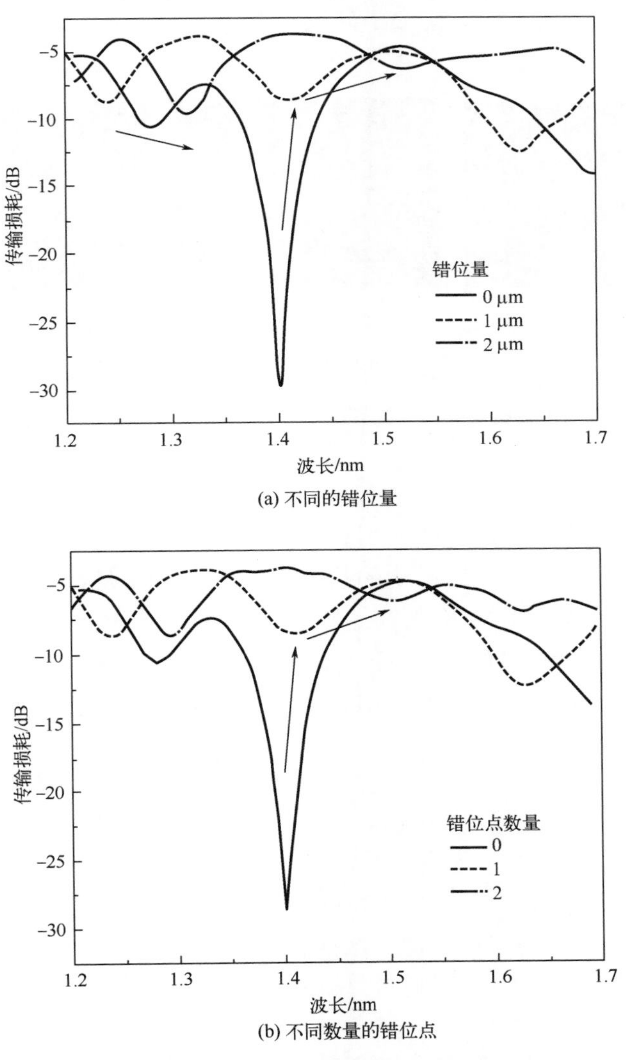

(a) 不同的错位量

(b) 不同数量的错位点

图 2.5　拼接错位对出射光场与传输光谱的影响

2.1.2　组合式光纤光栅的制作

为了便于描述与理解，以单模-多模-单模(SMF-MMF-SMF，SMS)组合式光纤光栅结构为例，选用的单模光纤和多模光纤包层直径均为 125μm，纤芯直径分别为 8μm 和 62.5μm。

第 1 步：调节三维调节架使两侧光纤夹持具的凹槽和光纤切割刀的凹槽处于同一直线上，这样会使得切出来的端面平整，端面的质量很大程度上决定光纤光栅机械强度及传输性能。先将剥去涂覆层的单模光纤放进光纤切割刀中，一侧由夹持具固定住，在另一侧光纤上挂上小砝码将光纤拉直，图 2.6 为光纤切割刀切割光纤的步骤。

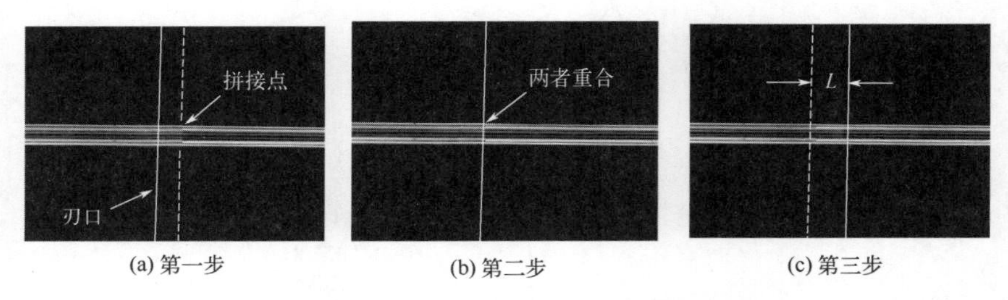

(a) 第一步　(b) 第二步　(c) 第三步

图 2.6　光纤切割刀切割光纤的步骤

第 2 步：用切割刀切断已经拉直的单模光纤，在不松开夹具的情况下，将切好的单模光纤的端面放入光纤熔接机，在此过程中保证光纤端面不受到触碰。再将一根已经处理好端面的多模光纤放入光纤熔接机使之与单模光纤进行焊接。在熔接过程中，容易拼接失败，尤其是拼接点的膨胀。选用较小的放电强度和重叠面积来保证熔接质量，提高光纤结构的拼接质量，为光栅的可重复性奠定基础。焊接好之后重新将这段单模-多模光纤结构放回切割系统，由于固定单模光纤夹具没有松开，通过显微系统可以看见切割刀的刀刃和单模-多模光纤的焊点依然在竖直方向的同一位置。在这个步骤中，如果使用手动焊接可以自主地选择错芯、过熔等特殊的调制结构。

第 3 步：沿光纤轴向平移载有光纤切割刀的三维调节架。焊接好多模光纤后，将切割刀向多模光纤方向移动 200μm，然后再切断多模光纤。这样，一段单模光纤上就拼接了一段 200μm 的多模光纤。

第 4 步：将单模-多模光纤段放入熔接机一侧，同时在另一侧放置一段单模光纤，关闭熔接机防风盖，启动熔接按键，这样就形成了单模-多模-单模结构。重新将焊好的结构放入切割系统，依然能通过显微系统发现，焊接点与切割刀的刀刃处于竖直方向的同一位置。

第 5 步：向同一个方向移动载有切割刀的位移平台，移动一段距离切断单模光纤。本章中所切单模光纤的长度为 400μm，即一段单模光纤加上一段多模光纤的总长度为 600μm，也就是该组合式 LPFG 一个周期的大小。

接着再从第 2 步开始重复以上步骤，每一段 200μm 多模光纤加一段 400μm 单模光纤即为 LPFG 的一个周期。其显微图像如图 2.7 所示，该图是用相衬显微镜拍摄得到的，从图中可以清楚地看到一段完整的多模光纤的纤芯。

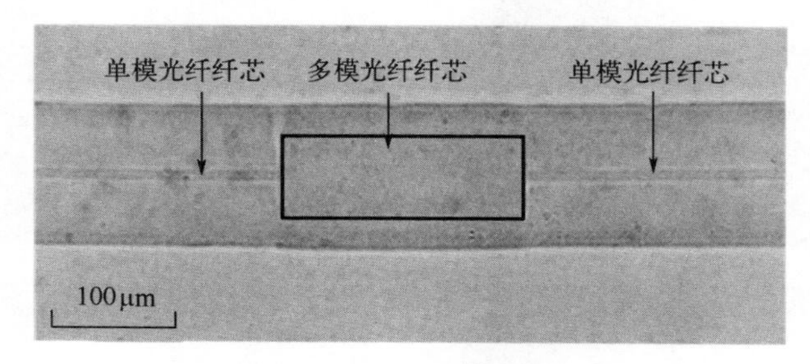

图 2.7　SMS 的显微图像

2.1.3　组合式光纤光栅的机理

LPFG 的基本原理是纤芯基模与包层模式之间发生耦合进而形成传输光谱中的衰减带。作为一种只传播基模的波导而言，单模光纤是制备 LPFG 的理想材料。目前，多种技术和方法都可以在单模光纤内部或表面写入 LPFG[1, 2]。然而，相对于一般的 LPFG 写入方法，将不同光纤相互拼接引起的显著折射率跳变作为光纤光栅折射率调制区域能够使包层模式的激发更加迅速[3, 4]。因此，特种光纤(特别是多模光纤)与单模光纤之间的芯径失配也是一种激励包层模式的方法。而控制特种光纤的折射率调制强度成为其应用于 LPFG 的主要课题。

图 2.8 为不同长度的单模-多模结构的光场分布图。在 400μm 的 MMF 内，出射光场主要以光斑的弥散为主，不形成清晰的包层模式。而在更长的长度下(400μm 以上)，则会慢慢地出现清晰的包层模式。因此，较长的 MMF 可以自行激发高阶包层模式而形成干涉条纹。较短的 MMF 则可以作为折射率调制区域插入到 SMF 中制备 LPFG。这是组合式 LPFG 基本成栅的原理，也是与单模-多模-单模型的干涉仪结构的最大区别。

以前面提到的基于单多单的组合式长周期光纤光栅为例，其传输机理示意图如图 2.9 所示，从光源出来的光进入 SMF，当光纤中的光能量传播到第一个单模-多模交界面时，SMF 纤芯中的基模入射到多 MMF 内变成了高阶模。当 MMF 中的光能经过多模-单模交界面时，由于 SMF 和 MMF 的纤芯直径不匹配，一部分光能回到 SMF 的纤芯内变成纤芯中的基模，另一部分光能进入 SMF 的包层中变成易被涂覆层损耗的包层模。由于组合式 LPFG 中 SMF 的长度只有 400μm，包层模传输到下一个多模光纤时未被完全损耗，一部分能量又重新耦合回纤芯并与纤芯中的基模发生干涉作用。当单模-多模光纤结构周期性排列时，基模能量被周期性地耦合成高阶模又耦合回纤芯从而形成光纤光栅，当特定波长的光波满足相位匹配条件时，纤芯基模与特定包层模的干涉作用最强，在输出光谱上就会出现一个损耗峰。

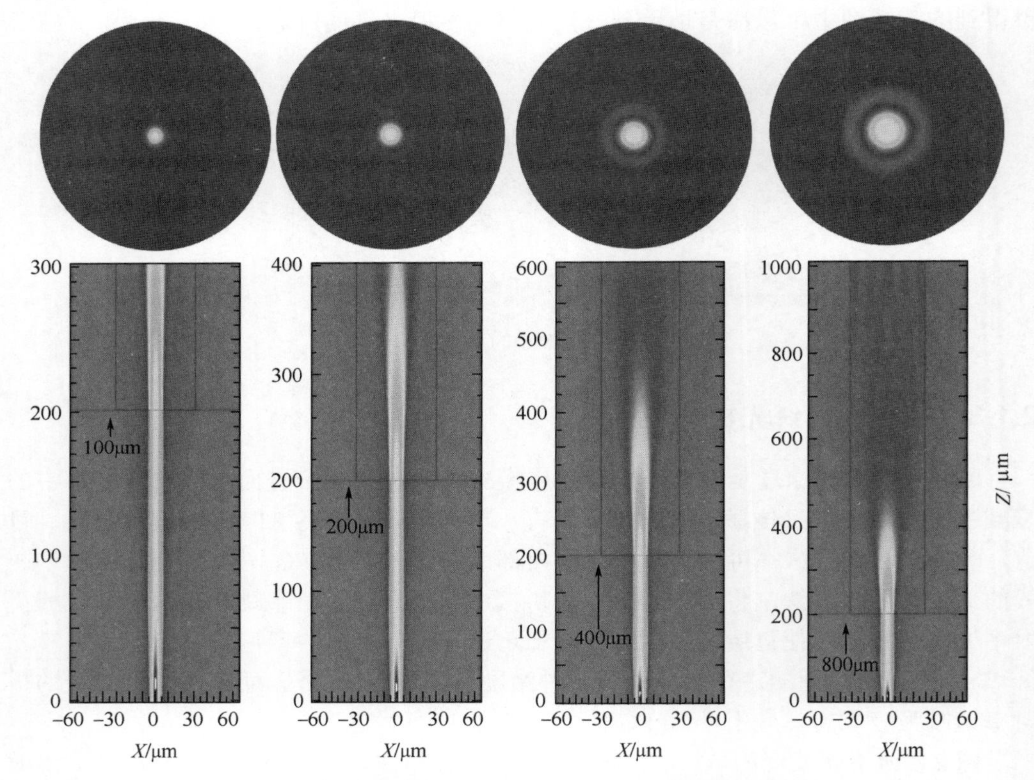

图 2.8　不同长度的单模-多模结构的光场分布图(见彩图)

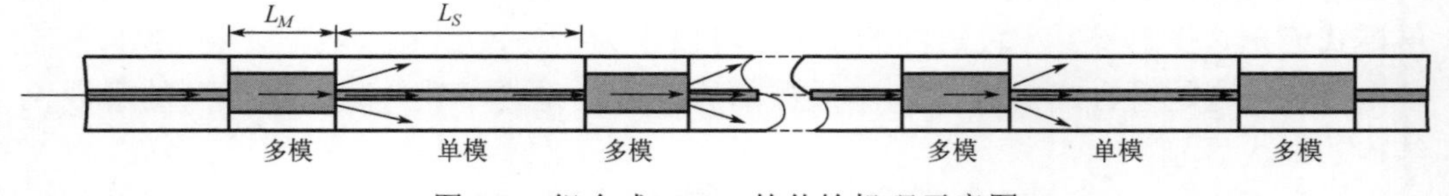

图 2.9　组合式 LPFG 的传输机理示意图

这种组合式 LPFG 的栅区较短，能应用在空间狭小的区域进行传感监测。同时，在利用这种方法制作 LPFG 时，能够按照不同的意愿焊接不同长度的 MMF 来灵活调节光栅周期的大小或者使用手动模式形成错芯、过熔塌陷、熔融放大等特异性结构来制作出不同用途的光纤光栅。

2.2　组合式光纤光栅的模式耦合

2.2.1　组合式光纤光栅的理论分析

特种光纤与单模光纤最大的区别在于横截面上的折射率分布差异。以多模光纤为例，由于拼接位置处的单模与多模光纤之间存在 7.5 倍的芯径差(60/8)，嵌入的多模光纤打破了原有光纤在径向上均匀的折射率分布。对于这样的折射率分布跃变，国内外很多课题组都详细地研究了单模-多模-单模光纤结构中 MMF 的光束传播行为[5,6]。以往的研究表明，光在 MMF 中传播时会沿光轴周期性地发散和会聚，这被称为自聚焦现象。该传输机制可以利用光束传输方法建立有效的仿真模型。Zhang 等[7]使用 BeamPROP 软件分别给出了 212μm 和 2.1mm MMF 长度的横向光场分布。两种不同长度的 MMF 的传输光场截面分布如图 2.10 所示，在 MMF-SMF 界面处，212μm 的 MMF 透射光场主要以弥散的光斑为主，没有形成可传播的高阶包层模式。2.1mm 的 MMF 会形成可传输的高阶包层模式。因此，不同长度的 MMF 在光纤结构中既可以作为模式干涉的区域，也可以扮演折射率调制区域的角色。

LPFG 是一种通过周期性的折射率调制在传输光谱中打开一个或者数个衰减带的光纤器件，属于透射型的带阻滤波器。一对单模-多模结构被定义为一个周期，其中，单模光纤段的长度为 l_1，多模光纤段的长度为 l_2，$\Lambda = l_1 + l_2$。注入组合式 LPFG 的入射光在通过单模-多模分界面时不再以模式传播。模式会迅速衰减，其能量迅速扩散至包层中，在数个周期之后形成高阶包层模式，而周期性的排列使得该光纤结构只会在某些特定的波长下形成谐振峰而不是具有多个损耗峰的干涉条纹。用上面的拼接方法制备周期 $\Lambda = 600$ μm [多模光纤(100μm)+单模光纤(500μm)]、周期数 $N = 6$ 的组合式 LPFG，得到的光谱图如图 2.11 所示。

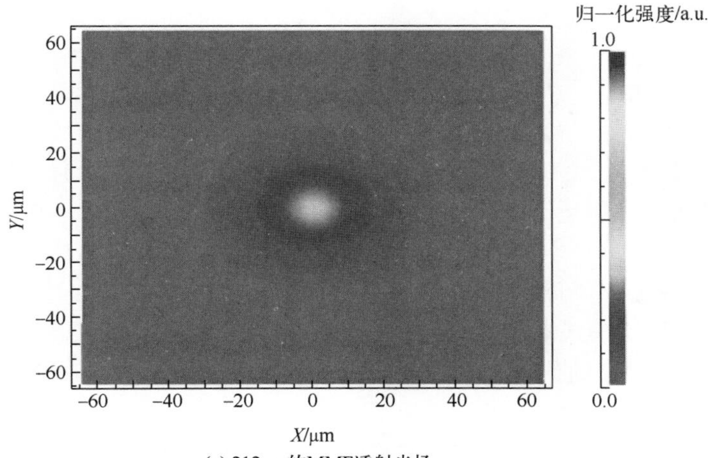

(a) 212μm的MMF透射光场

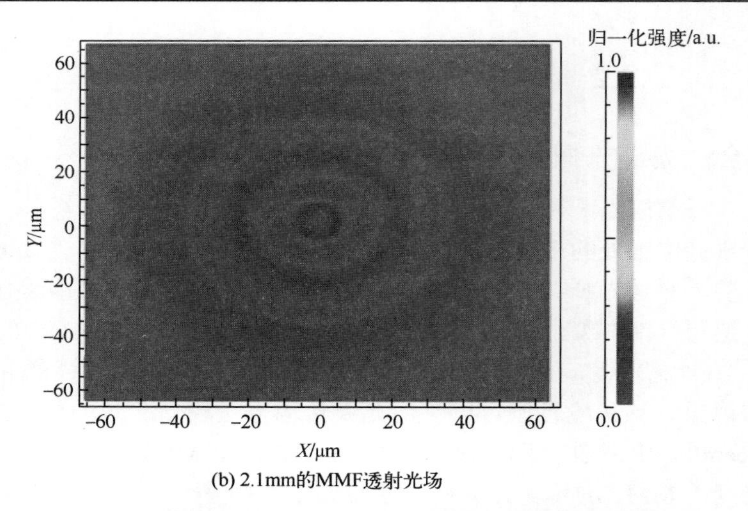

(b) 2.1mm的MMF透射光场

图 2.10　两种不同长度的 MMF 的传输光场截面分布(见彩图)

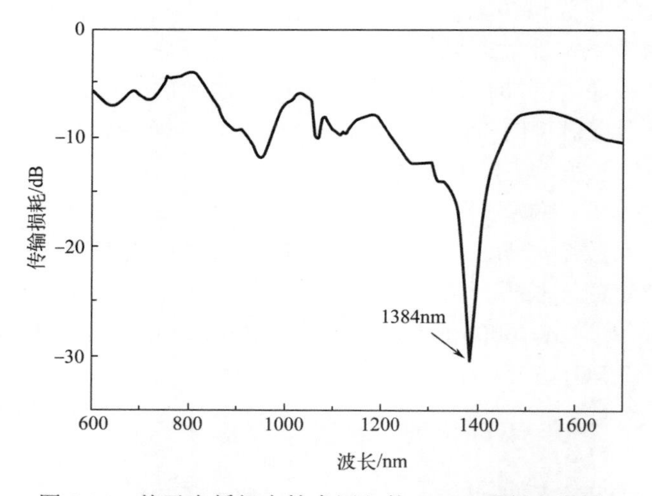

图 2.11　基于光纤组合技术写入的 LPFG 透射光谱图

基于连续组合方法制备的组合式 LPFG 有着丰富的光纤选择范围。折射率调制区域可以使用除了多模光纤的各种特殊的光纤，如无芯光纤、少模光纤及保偏光纤等。

基于连续组合技术制备的 LPFG 中，多模光纤与单模光纤都有着圆对称的折射率分布。耦合的包层模式通常是圆对称的 LP_{0x} 模式。因此，多模光纤制备的组合式 LPFG 不会因为入射光的偏振态不同而导致传输光谱出现差异。如图 2.12 所示，单面刻蚀的 LPFG 在不同偏振态入射光下出现了损耗的较大波动，同时谐振峰伴有 8nm 左右的波长漂移。而组合式 LPFG 的损耗和波长变化就可以忽略不计。

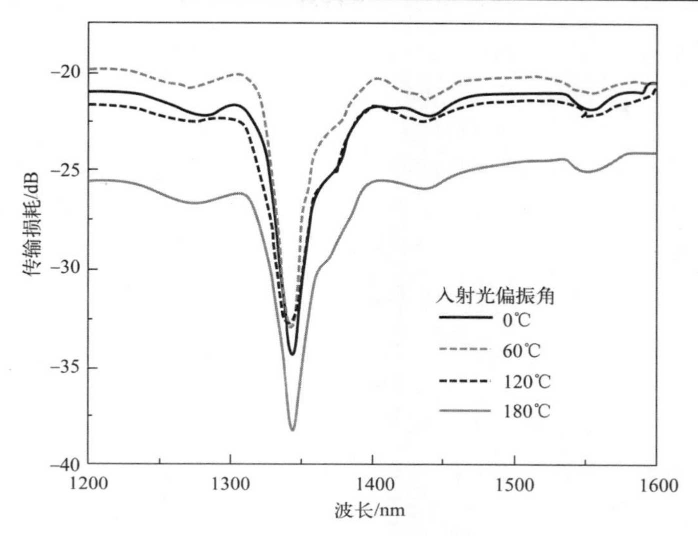

(a) 单侧激光器写入的LPFG的传输光谱

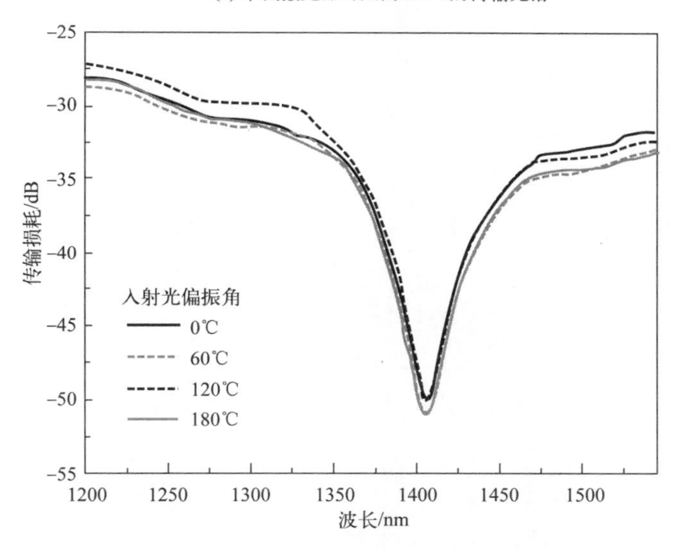

(b) 组合式LPFG在不同偏振态下的传输光谱

图 2.12　不同种类 LPFG 的传输光谱

2.2.2　组合式光纤光栅的模式耦合分析

在光纤内部的周期性折射率扰动 $\Delta n(r,\phi,z)$ 能够引起基模 LP_{01} 模式向一个或多个包层模式传播。广义的 $\Delta n(r,\phi,z)$ 是直流分量 dc 和交流分量 ac 的折射率扰动的总和：$\Delta n(r,\phi,z)=\sigma(z)[\Delta n_{dc}(r,\phi)+\Delta n_{ac}(r,\phi)\cos(2\pi z/\Lambda)]$，乘以一个切趾函数 $\sigma(z)$ 是为了降低光栅频率响应的波纹。传统的长周期光栅没有方位角折射率的变化，因此，它们的折射率调制通常表示为 $\Delta n(r,z)=\sigma(z)[b(r)+m(r)\cos(2\pi z/\lambda)]$，其中，$\lambda$ 是工作的自由波长，m 是调制强度，b 是平均的折射率调制。

广义光栅的折射率变化可以描述为三个函数的乘积：$\Delta n(r,\phi,z)=\sigma(z)S(z)P(r,\phi)$。函数 $S(z)$ 是一个纵向的有关周期 Λ 的周期函数：$S(z)=s_0+s_1\cos(2\pi z/\Lambda)$，其取决于光纤光栅曝光和处理的方式。对于使用单模光纤和多模光纤交替拼接的组合式 LPFG 而言，调制函数可近似为宽度为 W 和周期为 Λ 的周期性矩形波。本节选择 s_0 和 s_1 系数以对应于曝光函数的前两个傅里叶级数系数：

$$S(z)=\frac{W}{\Lambda}-\frac{2}{\pi}\sin\left(\frac{\pi W}{\Lambda}\right)\cos\left(\frac{2\pi z}{\Lambda}\right) \tag{2.1}$$

由于在组合式光栅中单模光纤和多模光纤都是轴对称的。因此，可以预料光纤横截面上的横向折射率扰动 $P(r,\phi)$ 是圆对称的。横向的折射率扰动可以用圆环形调制区域来近似。如图 2.13 所示，对于第 i 个环形区域，$P_i(r,\phi)$ 有如下的表达式：

$$P_i(r,\phi)=\begin{cases} p_{1,i},\ \theta_{1,i}\leqslant\phi\leqslant\theta_{2,i} \\ p_{2,i},\ \theta_{2,i}\leqslant\phi\leqslant\theta_{3,i} \\ p_{3,i},\ \theta_{3,i}\leqslant\phi\leqslant\theta_{4,i} \\ \quad\vdots \\ p_{n,i},\ \theta_{n,i}\leqslant\phi\leqslant\theta_{n+1,i} \end{cases} \tag{2.2}$$

式中，$p_{q,i}$ 为环形折射率调制区域圆环周围不同角度的折射率调制值。

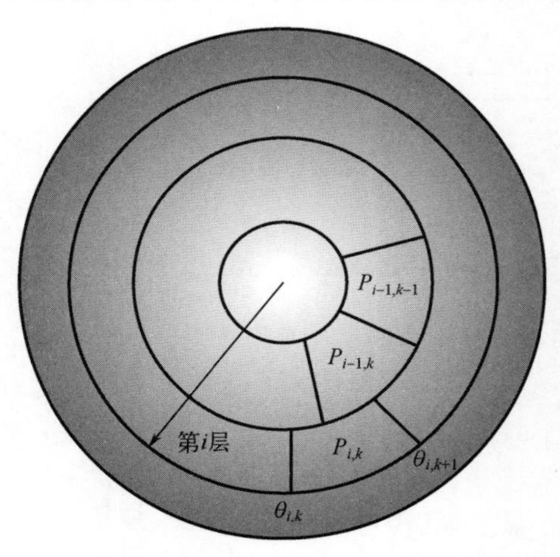

图 2.13　离散为环形扇区的折射率的变化

光纤中 LP 模之间的相互作用可以用耦合模理论来仿真。根据耦合模理论，光纤模式之间的相互作用(耦合)与它们的耦合系数 K 成正比。假设每个前向传播模式都有一个复振幅 $A(z)$ 并且忽略所有的反向光波，支配同向传播模式相互作用的广义耦

合模式方程为

$$\frac{\mathrm{d}A_{HK}(z)}{\mathrm{d}z}=-\mathrm{j}\sum_{vj=0}^{M}[K_{vj,\mu k}^{t}+K_{vj,\mu k}^{z}]A_{vj}(z)\exp(-\mathrm{j}(\beta_{vj}-\beta_{\mu k}),z),\quad \mu k=0,1,2,\cdots,M \tag{2.3}$$

对 LP 模式而言，LP_{vj} 和 $LP_{\mu k}$ 之间的轴向耦合系数 $K_{vj,\mu k}^{z}=0$。因此，在柱坐标中，只需要参考横向的耦合系数 $K_{vj,\mu k}^{t}$：

$$K_{vj,\mu k}^{t}=\frac{w}{4P_0}\times\int_{0}^{2\pi}\int_{r=0}^{\infty}\Delta\varepsilon(r,\phi,z)\varPsi_{vj}(r,\phi)\varPsi_{\mu k}(r,\phi)r\mathrm{d}r\mathrm{d}\phi \tag{2.4}$$

式中，$\varPsi(r,\phi)$ 为 LP 模式的传输场；$\Delta\varepsilon(r,\phi,z)$ 为介电常数的变化，能够使用折射率的跳变 $\Delta n(r,\phi,z)$ 来表示：$\Delta\varepsilon(r,\phi,z)\cong 2\varepsilon_0 n_0(r)\Delta n(r,\phi,z)$，$n_0(r)$ 为光纤的折射率，ε_0 为自由空间介电常数。因此，LP_{vj} 和 $LP_{\mu k}$ 模式之间的耦合因子可以表示为

$$\begin{aligned}K_{vj,\mu k}&=\sigma(z)\left[s_0+s_1\cos\left(\frac{2\pi z}{\varLambda}\right)\right]\frac{\omega\varepsilon_0}{2P_0}\cdot\int_{\phi=0}^{2\pi}\int_{r=0}^{\infty}n_0(r)P(r,\phi)\varPsi_{vj}(r,\phi)\varPsi_{\mu k}(r,\phi)r\mathrm{d}r\mathrm{d}\phi\\&=\sigma(z)\left[s_0+s_1\cos\left(\frac{2\pi z}{\varLambda}\right)\right]\xi_{vj,\mu k}\end{aligned} \tag{2.5}$$

一般有着均匀折射率调制的 LPFG 诱导了 LP_{01} 到 LP_{0k} 模式的耦合。由于这些模式没有方位角的依赖，方位角积分等于 2π。因此，在忽略包层模式之间的耦合之后，描述 LPFG 中 LP_{01} 到 LP_{0k} 耦合的耦合方程可以表示为[8]

$$\frac{\mathrm{d}F_{\mathrm{co}}}{\mathrm{d}z}=\mathrm{i}k_{01}^{\mathrm{co}}F^{\mathrm{co}}+\mathrm{i}\sum_{v}\frac{m}{2}k_{0k}^{\mathrm{cl}}F_{v}^{\mathrm{cl}}\exp(-\mathrm{i}2\upsilon_{0k}^{\mathrm{cl}}z) \tag{2.6}$$

$$\sum_{v}\frac{\mathrm{d}F^{\mathrm{cl}}}{\mathrm{d}z}=\frac{m}{2}k_{0k}^{\mathrm{cl}}F_{v}^{\mathrm{cl}}\exp(-\mathrm{i}2\upsilon_{0k}^{\mathrm{cl}}z) \tag{2.7}$$

光纤支持的包层模式数量非常多，通常只有方位角数较低的模式在纤芯内具有较大的径向场功率，以便与模式 LP_{01} 耦合。

组合式 LPFG 结构主要利用了两种光纤之间的折射率分布差异来激发包层模式，也遵循光纤光栅的基本原理。在组合式 LPFG 中，传输光谱中产生谐振峰的位置应满足相位匹配条件：

$$\lambda_{\mathrm{res}}=(n_{\mathrm{co}}^{\mathrm{eff}}-n_{k,\mathrm{cl}}^{\mathrm{eff}})\varLambda \tag{2.8}$$

式中，λ_{res} 为谐振峰所处的波长位置；$n_{\mathrm{co}}^{\mathrm{eff}}$ 与 $n_{k,\mathrm{cl}}^{\mathrm{eff}}$ 分别为纤芯模式与第 k 阶包层模式的有效折射率；$\varLambda$ 为光栅的周期长度。在组合式 LPFG 中，折射率调制区域(MMF 部分)的强度在 10^{-4} 数量级以上[9]。因此，局部导模之间的耦合强度 $\kappa_{mn}(z)$ 由式(2.6)可以表示为

$$\kappa_{1m}(z)=\frac{1}{4}\int_{\infty}\left(h_{\kappa}\times\frac{\partial h_{1}}{\partial z}-e_{\kappa}\times\frac{\partial h_{\kappa}}{\partial z}\right)\cdot z\mathrm{d}A \tag{2.9}$$

式中，h_κ 与 e_κ 分别为包层模式的局部电场与磁场；1 和 κ 分别为基模与第 κ 阶包层模式；z 为沿着光纤传输方向上的坐标；A 为传输方向的截面区域。根据式(2.9)，耦合强度由一定长度下光纤模场的局部变化决定。耦合强度会随着周期数的增加而逐渐增加，最终在输出端形成明显的损耗峰。

2.2.3　组合式光纤光栅的传输谱模拟计算

BeamPROP 提供了一个通用的仿真软件包，用于计算光波在任意几何波导中的传播状况。BeamPROP 的计算核心是基于参考文献[10]和[11]所述的有限差分光束传播方法。组合式 LPFG 有着明确的折射率分布函数，因此能够使用该方法快速地获得传输光谱、耦合模式及色散曲线。

利用有限元差分法对组合式 LPFG 进行仿真，具体操作步骤如下。

(1) 设置各光栅部位的折射率。由于实验中我们使用的是 NA=0.12 的多模光纤，因此芯/包折射率设置为 1.455/1.450。标准单模光纤折射率参照 Coning SM-28e+的参数设置为 1.452/1.447。此外，单模光纤与多模光纤的芯径分别选择 8.0μm 和 60.0μm。在光栅的设计中，工作区域与非工作区域的比例参照一般 LPFG 来进行配置。两种光纤的长度分别设置为 100μm 和 500μm。

(2) 使用自带的 CAD 软件绘制光纤结构的轮廓，图 2.14 展示了组合光栅的二维和三维仿真模型。在模型的绘制过程中，由下到上，由里到外。在图 2.14 中，中间部分为纤芯，外部为包层。

(a) 仿真模型的二维视图

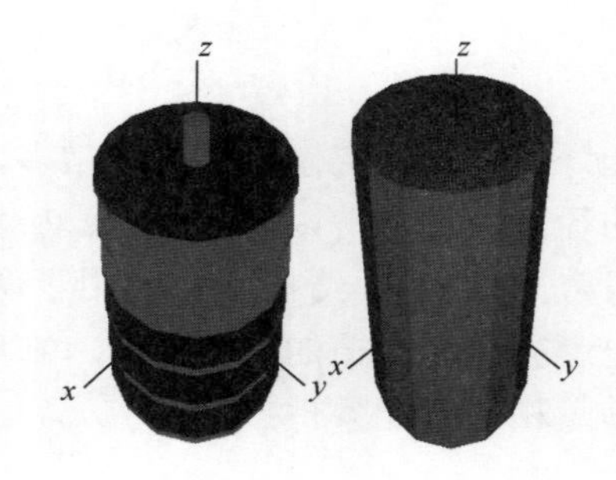

(b) 仿真模型的三维视图

图 2.14　仿真模型

(3) 设置入射光场：在三维建模中通常使用“Computed mode”。而在二维建模中，由于光纤具有圆对称特性，因此可以优化计算量，我们可以选择“fiber mode”模式进行更精确的计算。设置监视器：由于 LPFG 最终在光谱仪中呈现的是单模光纤中纤芯能量的大小。因此，监视器位置设置在末端位置的中心处。此外，仿真的网格设置为 $x=y=0.04\mu m$，$z=0.1\mu m$。

(4) 设置扫描光谱：在“scan”模块中设置扫描参数为“free space wavelength”，选择的光谱为 1000～1700nm。在经过波长扫描之后获得了各个波长下的纤芯能量，如图 2.15 所示。

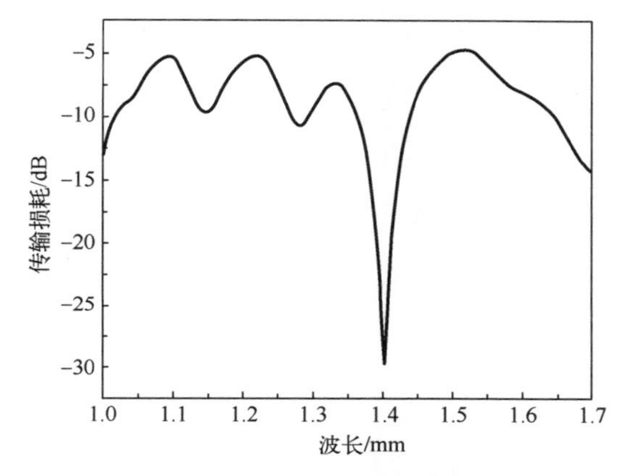

图 2.15　仿真的组合式 LPFG 结构传输光谱

(5) 如图 2.15 所示，传输光谱在 1400nm 处出现了明显的谐振峰。根据传输光谱确定的谐振峰位于 1400nm 处。包层模式可以通过对这一波长下 x-y 横截面扫描的方式获得。仿真获得的耦合模式是若干个可能的解。将每个模式对应的有效折射率和基模有效折射率代入相位匹配条件公式可以验证仿真结果的准确性，从而确定一个唯一的解。图 2.16 为组合式 LPFG 的仿真结果。根据振幅与强度的公式：$I = A^2$ 可以计算出 1400nm 处的谐振峰是 LP_{01} 和 LP_{04} 模式耦合的结果。

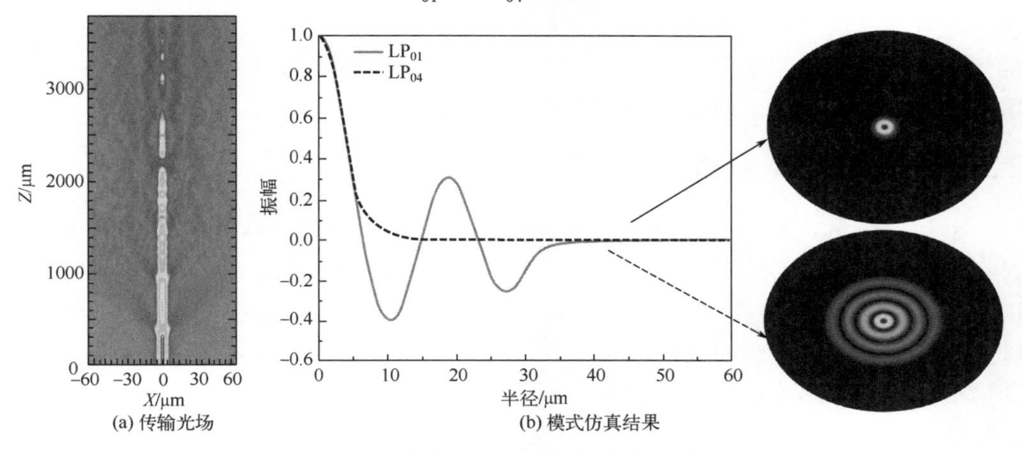

图 2.16　组合式 LPFG 的仿真结果(见彩图)

在获得谐振峰的耦合模式之后，通过色散曲线的研究可以进一步完善对组合式LPFG的认识。最终，寻找出组合式长周期光纤光栅的规律。我们同样使用“scan”模块对每个波长下每个模式的有效折射率进行仿真来获得有效折射率曲线。图2.17为组合式光纤光栅中LP_{01}到LP_{05}模式的色散曲线图。随着模式阶次的升高，折射率随波长的变化就会越显著。LP_{01}的有效折射率受到波长影响最小，LP_{05}受到波长的影响更大。因此，为了获得更高的传感灵敏度，应该尽可能地将耦合模式的阶次提高。

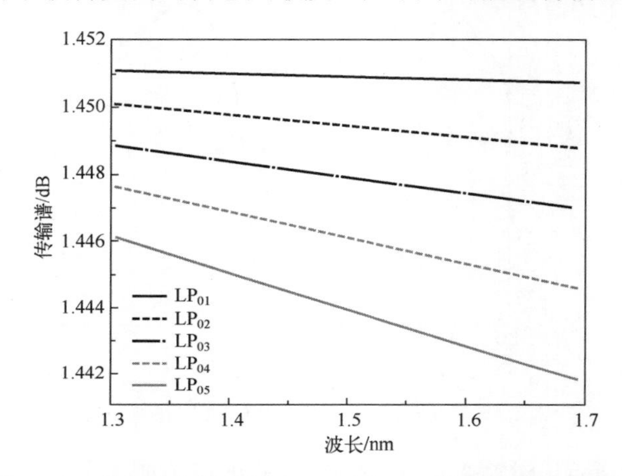

图2.17 组合式光纤光栅中LP_{01}到LP_{05}模式的色散曲线图

2.3 组合式光纤光栅的设计思路

为了探究用何种方法能在减小传感器尺寸的前提下又不损坏传感器的机械性能，本节将提供一些组合式光纤光栅的设计思路。通过变换光纤种类及拼接长度，得到不同传感性能的微型结构传感器，用来测量外界环境的温度、应力、弯曲、磁场、液面高度、扭转、湿度、酸碱度等物理参量。

2.3.1 单模-无芯-单模型LPFG

无芯光纤(no core fiber，NCF)是一种特殊的多模光纤，MMF与NCF的截面折射率分布图如图2.18所示。所以早期的单模-无芯-单模(SMF-NCF-SMF，SNS)结构是从传统的单模-多模-单模结构变形而来的。因为普通的多模光纤包层较厚，所以多模光纤纤芯中传输的高阶模不能有效地和外界接触，因此其对于外界折射率的变化不是特别敏感。为了提高SMS结构折射率的灵敏度，研究者使用氢氟酸、丙酮等腐蚀剂对SMS结构中的多模光纤包层进行腐蚀，通过腐蚀包层使得纤芯中的高阶模能够接触外界环境，从而提高传感器折射率的灵敏度。但是能腐蚀二氧化硅的腐蚀剂，如氢氟酸、丙酮等都具有很强的挥发性，且对人体有害，实验操作存在很大的危险性，且腐蚀时间不好掌控。因此，为了省去腐蚀包层的这一操作，无芯光纤作为一种没有包层的多模光纤替代了 SMS 结构中传统的多模光纤。无芯光纤中所激发的高阶模式可以直接接触外界环境，而外界环境折射率的变化可以直接影响无芯光纤中传输的模式，因此无芯光纤对于外界环境折射率的变化非常敏感。当环境折射率(surrounding refractive index，SRI)小于 NCF 折射率并且二者十分接近的情况下，NCF 可以看作具有阶跃折射率分布的弱导 MMF。当 SRI 变化时，NCF 中导模的有效折射率将发生改变，进而影响输出特性。由于 NCF 与普通 SMF 具有相近的外径，因此易于熔接，并且不易断裂，成本更低。所以可以设计出单模-无芯-单模型的组合式 LPFG 用于折射率等物理量的测量。

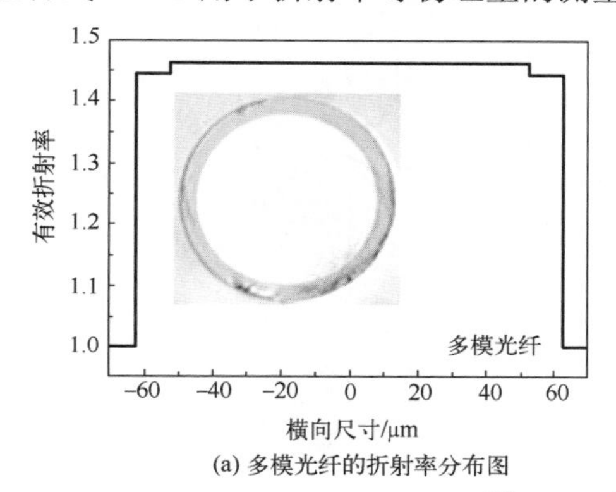

(a) 多模光纤的折射率分布图

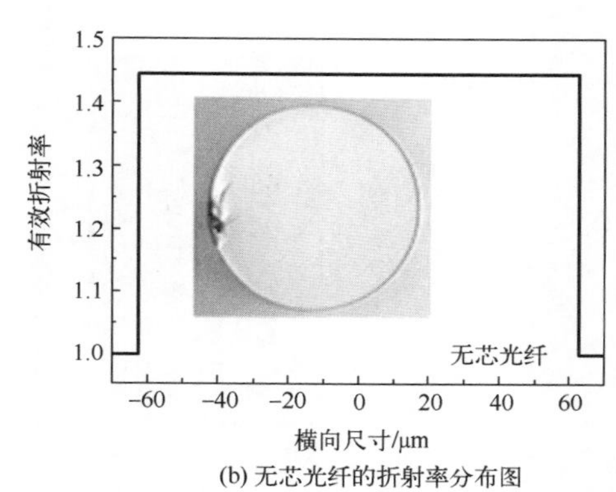

(b) 无芯光纤的折射率分布图

图 2.18　折射率分布图

设计传感器的过程中可以改变无芯光纤与单模光纤的拼接长度和周期数，观察透射谱的变化从而选择合适的结构进行应用。

以普通 SNS 为例使用 RSoft 分析无芯光纤长度对透射谱的影响，我们设定无芯光纤的直径为 125μm(保持不变)，单模光纤和无芯光纤的折射率参数如表 2.4 所示。我们改变无芯光纤长度分别为 14.6mm、29.2mm、43.8mm 和 58.4mm，仿真得到的光场能量分布图，如图 2.19 所示。

通过分析以上 4 种不同长度无芯光纤的光场能量分布图，可知当仅改变无芯光纤长度时，自聚焦周期没有改变，仍为 14.6mm。但无芯光纤长度改变时其输出端的光场强度是有变化的，输出端的光强是影响传输到输出单模光纤光能量大小的重要因素，因此在考虑自聚焦周期不变的前提下可以调整无芯光纤长度来获得最佳的耦合效率。设置无芯光纤直径为 125μm，当无芯光纤长度选择为 14.6mm、29.2mm 和 43.8mm 时，仿真输入宽谱得到 SNS 光纤结构的透射光谱，如图 2.20 所示。从图 2.20 可知长度不会改变自聚焦的位置和周期。当无芯光纤长度较长时，随着自聚焦点的增加，透射谱的干涉谷会增多。

表 2.4　单模光纤和无芯光纤的折射率参数

光纤种类名称	物理量名称	数值
无芯光纤(NCF)	纤芯折射率/RIU	1.445
	光纤直径/μm	125
单模光纤(SMF)	纤芯折射率/RIU	1.452
	包层折射率/RIU	1.447
	纤芯直径/μm	8
	包层直径/μm	125

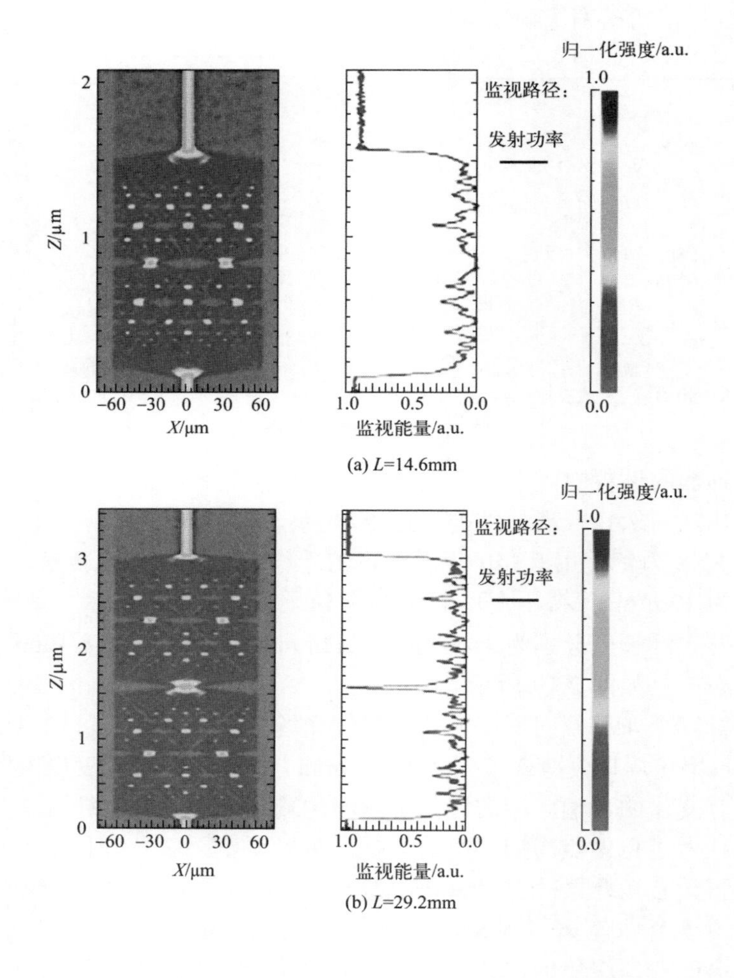

(a) L=14.6mm

(b) L=29.2mm

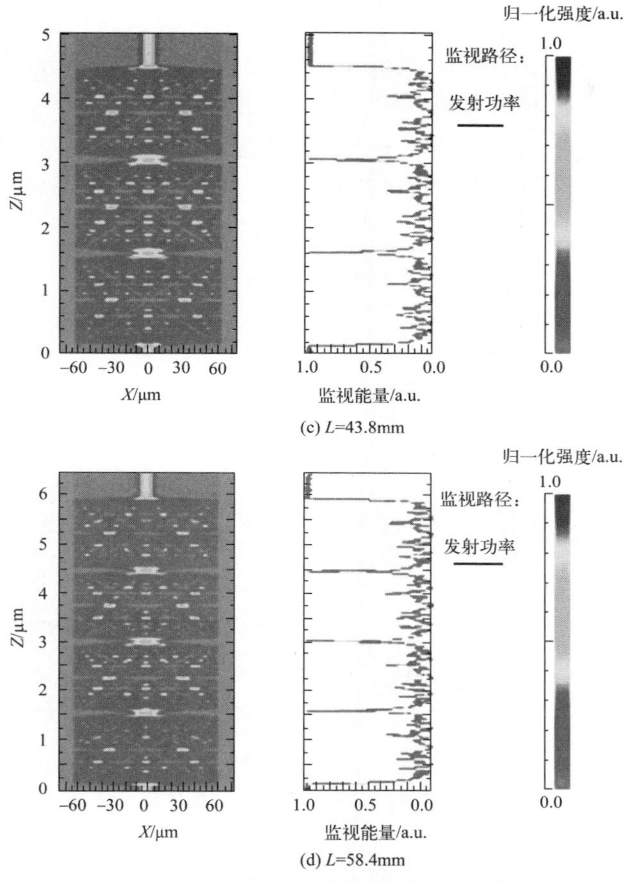

(c) L=43.8mm

(d) L=58.4mm

图 2.19　不同长度 NCF 对应的光场能量分布图(见彩图)

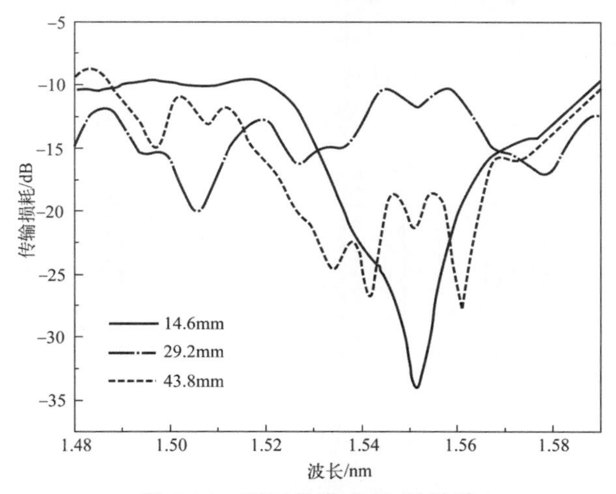

图 2.20　不同长度 SNS 透射谱

进一步仿真不同直径的 NCF 对于外界环境折射率变化的响应。仿真结果如图 2.21 所示，直径分别为 80μm、60μm、40μm、30μm 和 20μm 的无芯光纤在不同折射率环境下的波长漂移。可以看出，在相同折射率变化范围内，随着无芯光纤直径的减小，传感器的波长漂移逐渐变大，即传感器的折射率灵敏度随着无芯光纤直径的减小而提升，且当外界环境折射率越接近 NCF 有效折射率时，波长的漂移量增加越大。

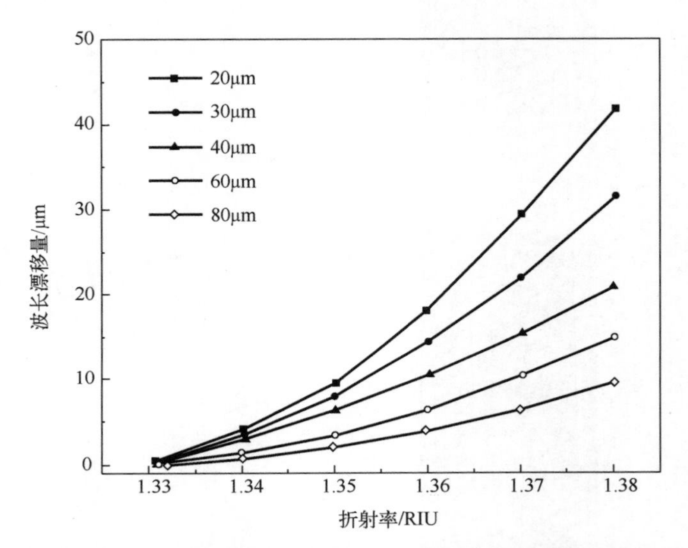

图 2.21　不同直径无芯光纤在不同折射率环境下的波长漂移

图 2.22 展示了基于无芯光纤的组合式 LPFG 的设计图。它由 200μm 长的无芯光纤和 400μm 长的单模光纤进行连续组合而成。光栅内周期 $N=11$。由于两种光纤横截面上的折射率分布相互不匹配，因此当光从单模光纤（LP_{01}）入射到无芯光纤时，LP_{01} 的能量会出现剧烈的发散，并且在之后的传播中，无芯光纤的参与使得纤芯和包层之间的能量比不断地发生改变。最终，在数个周期之后激发出高阶包层模式[12]。

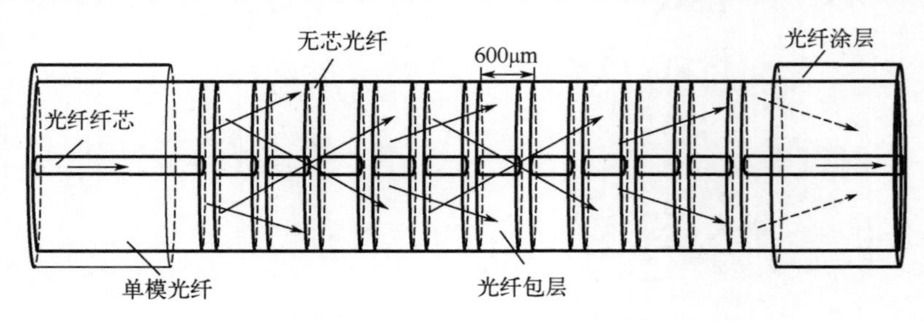

图 2.22　SNS-LPFG 结构示意图

通过有限差分光束传输方法（finite-difference beam propagation method, FD-BPM）

计算的 SNS-LPFG 的光场分布如图 2.23(a)所示。在仿真建模中，光纤模型的参数和几何尺寸如下：无芯光纤的折射率为 1.450，单模光纤的纤芯和包层折射率参考 Coning SMF-28e+的折射率分布，分别为 1.452 和 1.447，周期数为 11，总长度为 6.0mm。从仿真结果中可以看出，纤芯模式在传输到 SMF 与 NCF 交界面时，光会弥散到包层中。经过第一个无芯光纤段之后，纤芯能量剩余了 12%。由此可见无芯光纤所带来的折射率调制强度是较大的。随着传输距离的增加，芯模和包层模之间会出现不断的能量交换。图 2.23(b)展示了 SNS-LPFG 结构的仿真传输光谱。传输光谱在 1400～1700nm 内出现了一个明显的谐振峰(幅值大于 20dB)。

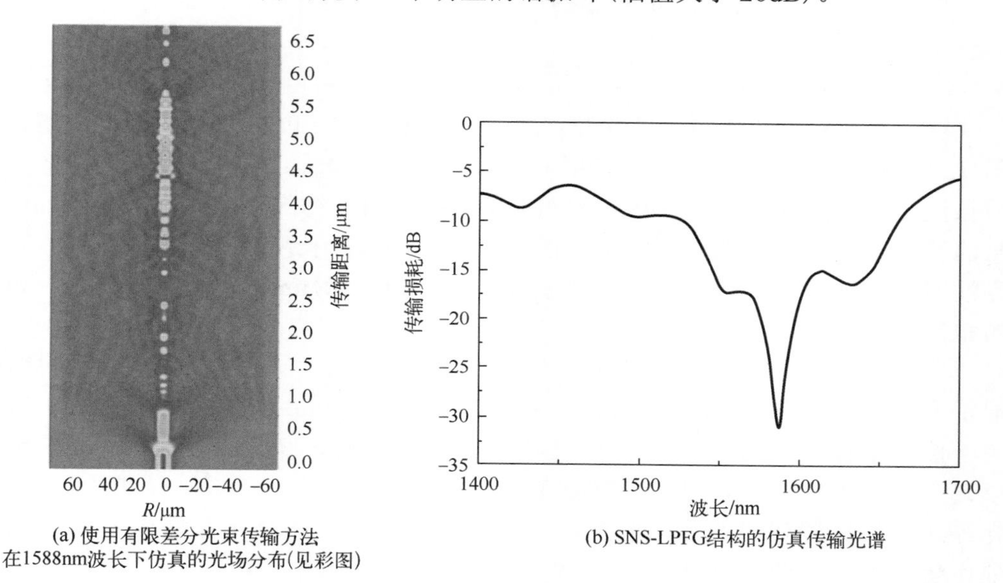

(a) 使用有限差分光束传输方法在1588nm波长下仿真的光场分布(见彩图)　(b) SNS-LPFG结构的仿真传输光谱

图 2.23　SNS-LPFG 的仿真结果

光纤微观图如图 2.24 所示。由图 2.24 可知，在使用高倍数镜头观察样品时，无芯光纤和单模光纤之间有着不明显的接缝。我们通过测量接缝之间的距离可以获得每一个光纤段的长度，如表 2.5 所示。无芯光纤和单模光纤实际测量的平均长度分别为 201.1μm 和 400.8μm，平均误差约为 1μm。

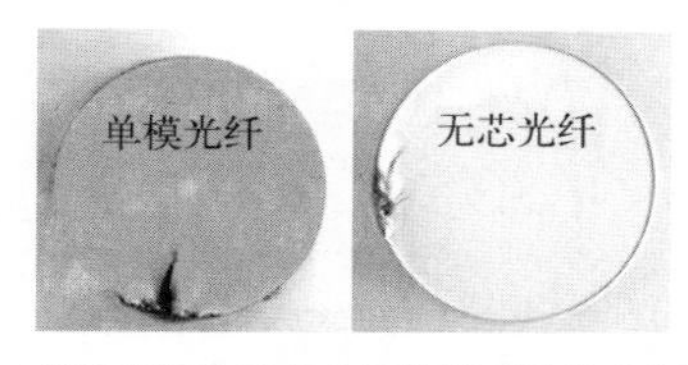

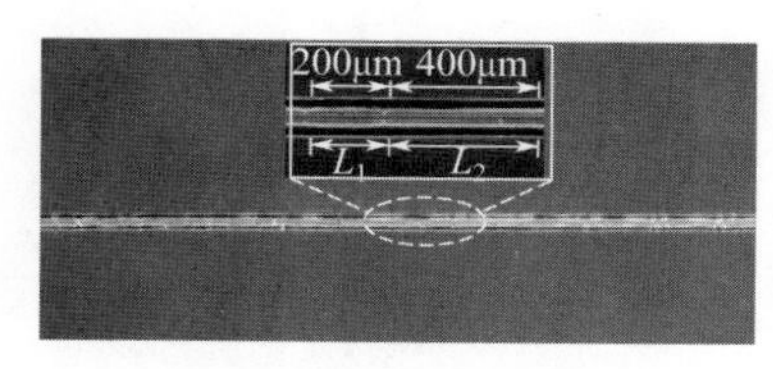

(a) 单模光纤和无芯光纤的端面显微成像图　(b) SNS-LPFG的显微成像图

图 2.24　光纤微观图

表 2.5　SNS-LPFG 中各个光纤段的长度

光纤类型	长度/μm	光纤类型	长度/μm	光纤类型	长度/μm
无芯光纤-1	201.9	无芯光纤-5	201.4	无芯光纤-9	200.7
单模光纤	402.0	单模光纤	403.1	单模光纤	400.6
无芯光纤-2	200.5	无芯光纤-6	202.2	无芯光纤-10	203.5
单模光纤	399.6	单模光纤	399.6	单模光纤	399.7
无芯光纤-3	199.9	无芯光纤-7	199.2	无芯光纤-11	201.7
单模光纤	401.4	单模光纤	398.4	单模光纤	—
无芯光纤-4	198.7	无芯光纤-8	200.4	—	—
单模光纤	403.5	单模光纤	403.0	—	—

经过反复实验和制备工艺优化，观察获得了 SNS-LPFG 样品的透射光谱，如图 2.25(a)所示。谐振波长 $\lambda = 1590$ nm，幅值 $T = 29$ dB。实验结果与仿真结果的谐振波长相差 6nm，插入损耗相差约 8dB，振幅相差约 5dB。试验样品与仿真结果的差距主要来自于理想化的仿真模型和实际样品的长度误差。图 2.25(b)为重复性实验结果。三个样品的平均谐振波长为(1597±10)nm，这证实了该种 LPFG 的稳定性。

为了研究组合式 LPFG 谐振峰的耦合模式，采用了如图 2.26(a)所示的端面能量采集系统。将可调谐激光器(1550～1650nm，±1pm)作为光源，将红外 CCD 用于监测谐振波长(1588nm)下 SNS-LPFG 输出端的强度分布。由于耦合的包层模式在单模光纤中传播时会快速弥散，因此想要清晰地观察包层模式的场分布，光纤切开的位置就要在其弥散之前。在实验中，我们选择在光栅位置后 0.5mm 处切断并观察。图 2.26(b)为耦合包层模式的实验观测结果。

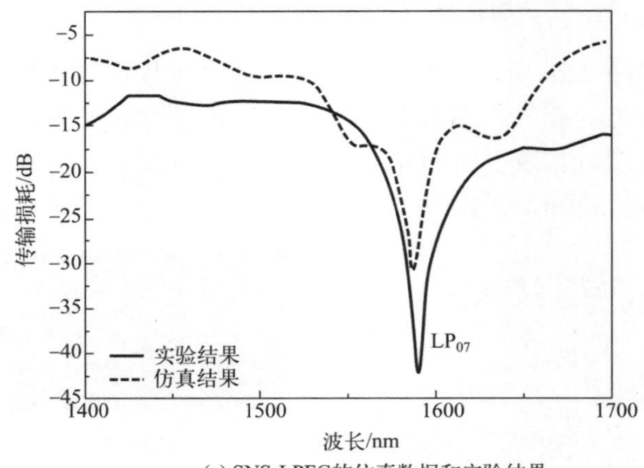

(a) SNS-LPFG的仿真数据和实验结果

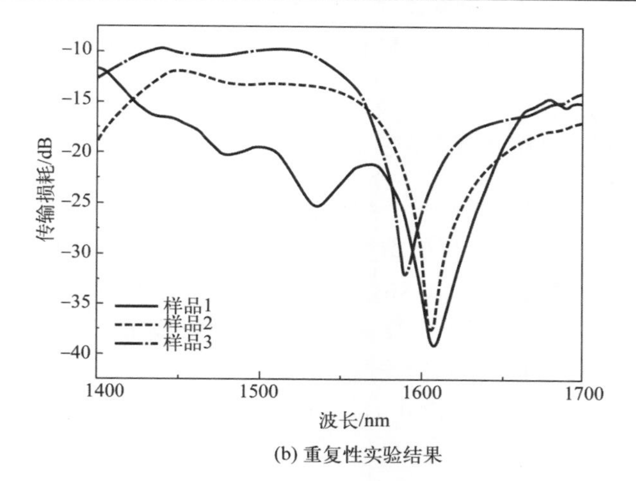

(b) 重复性实验结果

图 2.25　仿真及重复性实验

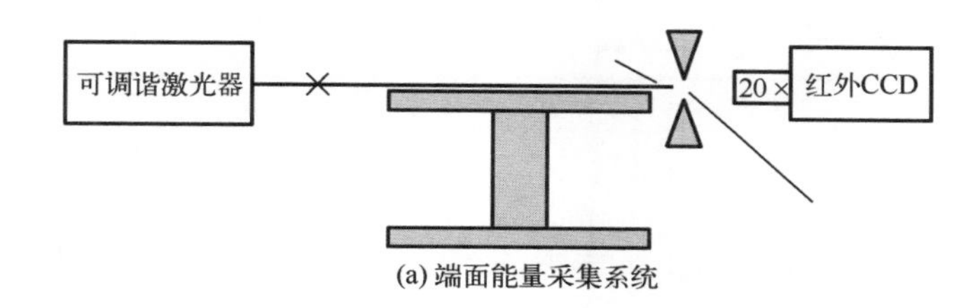

(a) 端面能量采集系统

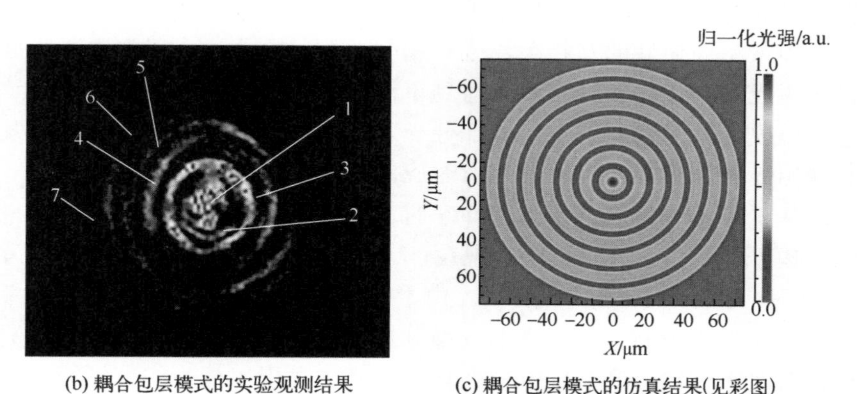

(b) 耦合包层模式的实验观测结果　　(c) 耦合包层模式的仿真结果(见彩图)

图 2.26　SNS-LPFG 模式分析

由图 2.26(b)可知，红外成像图中的场分布包含了 7 个亮环，因此包层模式被确定为 LP_{07} 模式。为了验证实验结果的可靠性，在仿真中，使用同样的单一波长作为入射光源并监测模型的 *x-y* 横截面能量分布。如图 2.26(c)所示，SNS-LPFG 的耦合包层模式的仿真结果同样展示出了 7 个亮环，也就是 LP_{07} 包层模式。该仿真结果也表明，特定长度的无芯光纤和单模光纤通过连续组合方法制备的周期性结构与传统单模-多模-单模的干涉仪不同，其参考峰来自于纤芯模式与包层模式之间的耦合而不是模式之间的干涉。

2.3.2 单模-多模-单模型 LPFG

多模光纤包层直径与普通单模光纤相同，而芯径很大，所以 SMF 和 MMF 之间存在较大的芯径失配和很强的折射率变化。单模-多模-单模光纤结构是研究多模干涉最常用的一种拼接式光纤结构。SMS 结构就是将一段单模光纤与一段多模光纤熔接，再在多模光纤的另一端焊上单模光纤，这样就形成了 SMS 结构。一般情况下，入射光纤与出射光纤为同一种单模光纤，在进行理论与仿真分析时通常将 SMF 与 MMF 的连接处看成理想的阶跃模式，且两种光纤纤芯轴线完全吻合，图 2.27 为 SMS 结构示意图。

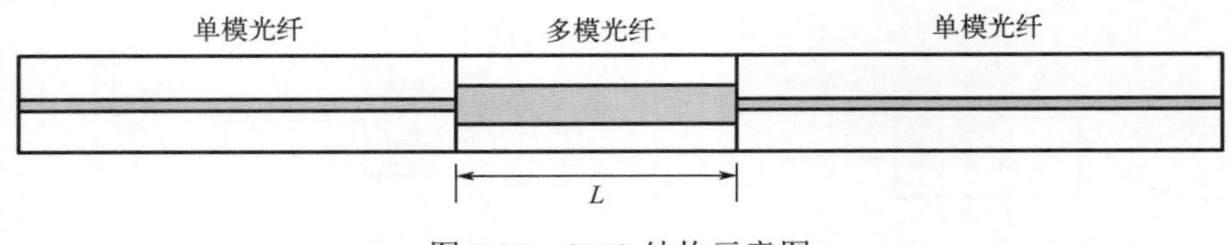

图 2.27　SMS 结构示意图

对于图 2.27 所示的 SMS 结构，当光从单模光纤入射到多模光纤时，纤芯中的基模会在多模光纤中激发出多个相互独立的本征模式，各个波导模式在多模光纤的纤芯中发生能量呈周期性的互相叠加或互相削弱的现象，这个现象也称为多模干涉现象。当多模光纤中传输的光再次入射到单模光纤时，由于芯径大小不一致，一部分光会进入单模光纤的包层中，另一部分光入射到单模光纤的纤芯并再次发生模式耦合，其输出光特性为不同波长的光所对应的光强不同[13]。

当设计基于单模-多模-单模的 LPFG 时，一般设定多模长度为几百微米，防止过长产生多模干涉。为了方便理解，现设计一个单模光纤为 400μm、多模为 200μm 的组合式 LPFG 结构，如图 2.28 所示。由于芯径周期失配和周期性的折射率调制，包层和芯模的能量比不断变化。光的一部分扩散到包层，而另一部分继续沿轴向传播。模式耦合发生在输出光纤中，并在传输光谱中呈现出清晰的共振峰。

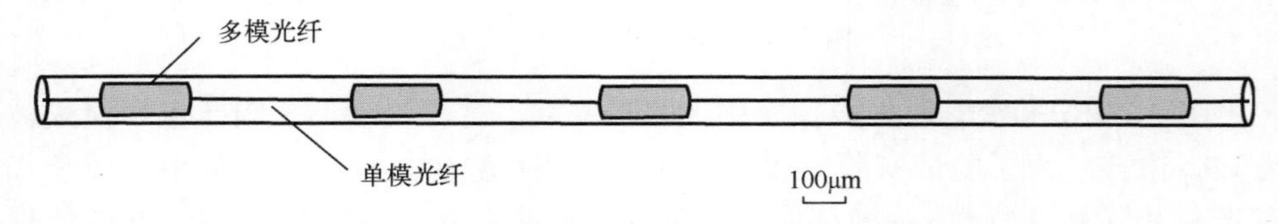

图 2.28　SMS 式组合式 LPFG 结构示意图

采用三维有限差分光束传播法建立一个仿真模型[13]。MMF 和 SMF 的芯/包层折射率分别设置为 1.4550/1.4500 和 1.4521/1.4468。SMF 与 MMF 的芯/包层直径分别为 8μm/125μm 和 60μm/125μm，使用过渡边界条件(transitional boundary condition, TBC)作为外部介质。仿真的传输光场分布(*z* 方向)和纤芯的归一化能量比如图 2.29(a)和图 2.29(b)所示。纤芯中的光波能量迅速减少且周期性地扩散到包层中。如图 2.29(b)所示，当光纤经过第一段多模光纤时，纤芯中的能量损失达到了 60%。在经过 5 段多模光纤之后，纤芯能量达到极小值。图 2.29(c)是随着周期数增加的传输光谱演变过程。随着周期数 *N* 的增加，传输谱逐渐呈现出明显的谐振峰。当周期数为 5 时，在波长为 1525nm 处的谐振峰值达到最大值−43dB。通过对 *x-y* 截面的光场扫描，我们获得了仿真模型的耦合包层模式为 LP_{03}[14]。

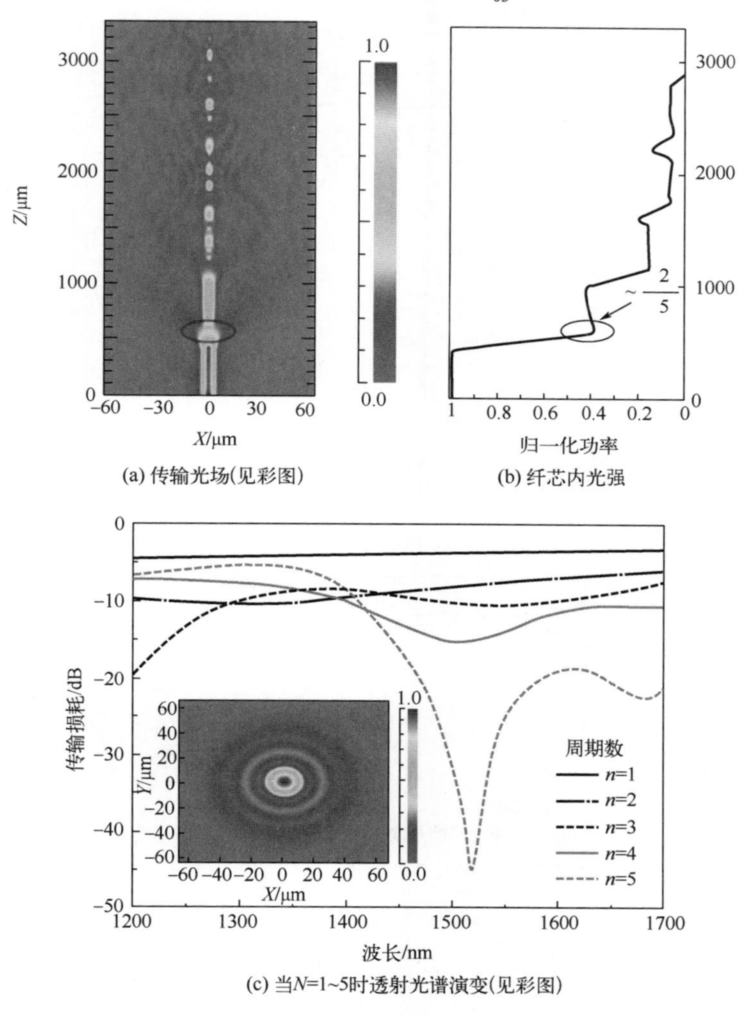

图 2.29　波长为 1525nm 时的仿真

为了探索最优化的光栅设计参数，我们尝试对不同的周期数、周期长度、光纤直径进行了仿真计算。图 2.30(a)展示了 SMS-LPFG 随周期数增加的传输光谱演变。随着周期数的增加，耦合系数逐渐增加。当周期数 $N=5$ 时，谐振峰的幅值达到最大值。当周期数增加到 6 甚至 7 时，传输光谱出现过耦合现象，耦合系数减小使谐振峰消失。如图 2.30(b)和图 2.30(c)所示，当周期长度被改变时，MMF 或 SMF 的变化都会影响传输光谱。随着光纤长度的增加，1500nm 附近谐振峰的衬比度先增大后减小，谐振波长则向短波偏移。图 2.30(d)显示了不同直径的多模光纤对组合式长周期光纤光栅透射光谱的影响。从图 2.30(d)中看出，多模光纤直径的改变对透射谱的影响比改变光纤长度要大得多。多模光纤直径增大或减小 1μm 都会引起谐振波长的消失或大范围的偏移。在直径为 50～62μm 内，只有 60μm 芯径的多模光纤展示出了最清晰的谐振峰。

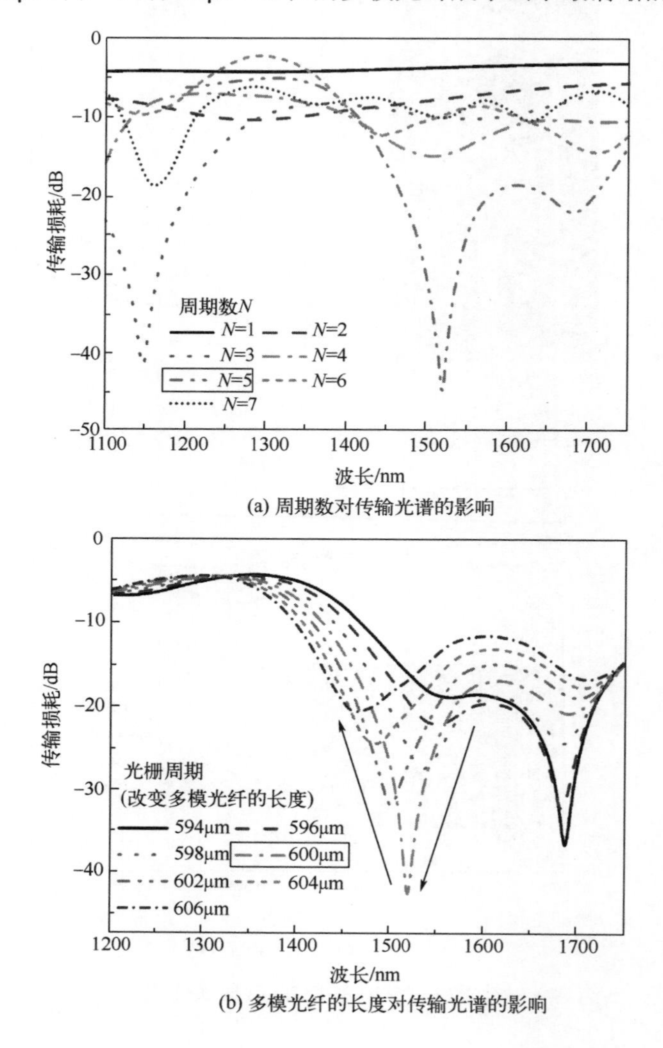

(a) 周期数对传输光谱的影响

(b) 多模光纤的长度对传输光谱的影响

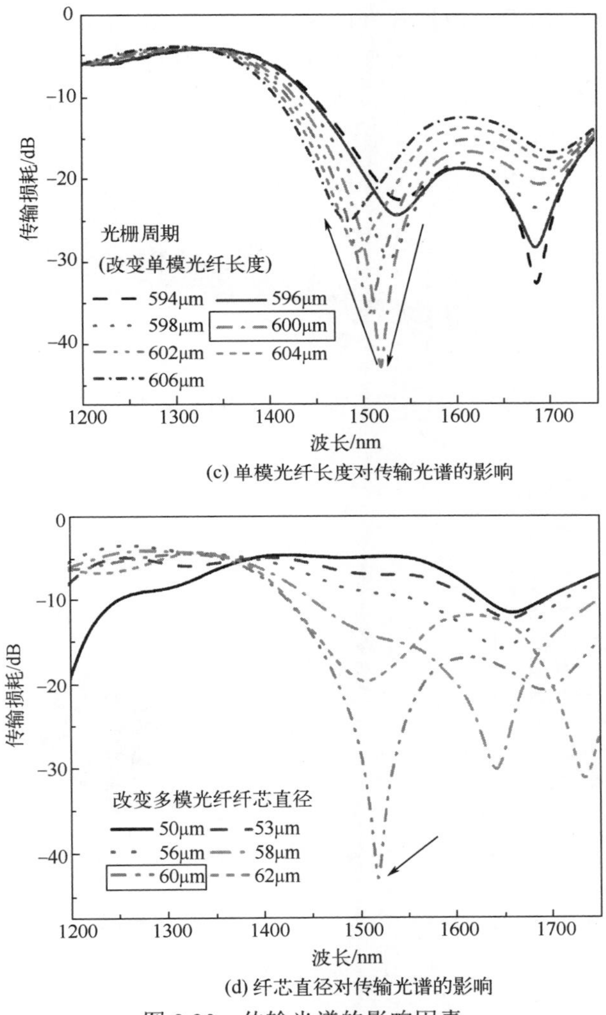

(c) 单模光纤长度对传输光谱的影响

(d) 纤芯直径对传输光谱的影响

图 2.30　传输光谱的影响因素

另外，可以将多模光纤的直径进行变换或者将两种直径的多模光纤周期性拼接在单模中间形成双多模组合式 LPFG。图 2.31 为纤芯直径为 105μm 和 60μm 的多模光纤组合拼接，长度分别设计为 800μm 和 400μm，该结构共有 3 个单元且总长为 3.6mm。光在 SMF 中以基模形式进行传输，通过 MMF 后会激发出高阶包层模式，基模与同向传播的包层模的耦合形成了损耗峰。

MMF 光纤结构在损耗峰波长处的透射光场分布如图 2.32(a)所示，可以清楚地看到纤芯与包层之间存在能量交换，这种能量交换有利于激发包层模式。图 2.32(b)为 MMF 光纤结构的传输谱(N=1)。当 N=1 和 N=2 时，透射谱中没有形成损耗峰。当 N=3 时，透射谱在 1590nm 处出现清晰的损耗峰，对比度最大达到–33dB。当 N=4

时，由于嵌入的 MMF 更长使损耗峰的波长移动到 1689nm，但是这个波长与 OSA 的测量范围太接近，若待测传感器受外界环境影响后波长向长波移动，则会导致无法测量或测量范围较小。因此，当 N=3 时，将波长在 1590nm 处形成的损耗峰作为被监测峰。

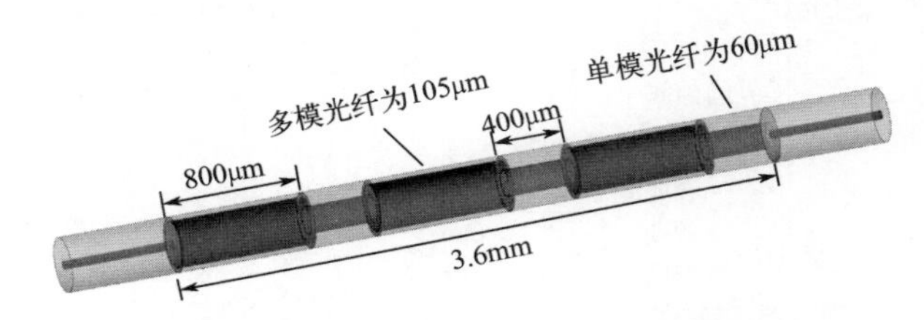

图 2.31　双多模组合式 LPFG 示意图

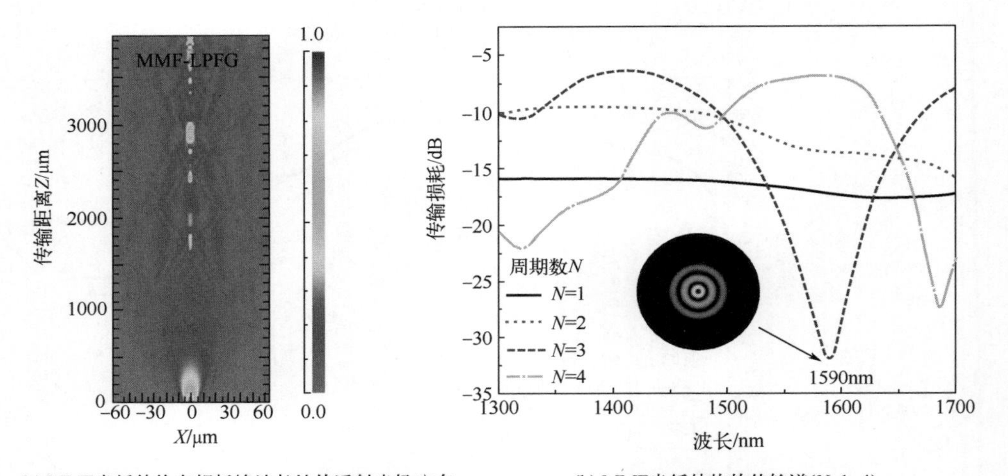

(a) MMF光纤结构在损耗峰波长处的透射光场分布　(b) MMF光纤结构的传输谱(N=1~4)

图 2.32　仿真结果(见彩图)

除了对 MMF 光纤结构传输光谱的形成过程进行研究，还可以仿真研究在制作过程中的拼接误差和长度误差对传输光谱的影响。图 2.33(a) 显示了任意两端光纤拼接，产生拼接错位为 0μm、0.2μm、0.4μm、0.6μm、0.8μm 和 1μm 时 MMF 光纤结构的透射谱。仿真结果表明，随着拼接错位的增大，损耗峰的波长向长波移动并伴随幅值的减少。当拼接误差控制在 1μm 以内时，损耗峰仍保持清晰的对比度，但损耗峰的波长向长波移动了 60nm。因此，为了保证传感器的稳定性，两种光纤在拼接时应尽量地对齐。图 2.33(b) 为任意一个传感单元长度误差为±0.5%、±1%、±2%、±3%时的仿真传输谱。通过观察可以发现，传感单元长度的误差会引起损耗峰波长和对比度的变化。当传感单元的长度误差控制在 0.5%以内时，损耗峰的波长和对比度略有变化。同时，当传感单元的长度增加时，损耗峰波长的对比度明显地减小。相反，如果传感单元的长度减小，那么损耗峰的波长会有明显的红移但对比度没有明显地减小。当长度误差大于 1%时虽然损耗峰较深，但是损耗峰的波长接近 OSA 的监测边界，可能会减小传感器的测量范围。通过以上分析，已经大致了解了在制作过程中的拼接误差和长度误差对传输光谱的影响。所以在制备过程中充分地考虑各种影响因素是非常重要的，以便得到使用价值更高的传感结构。

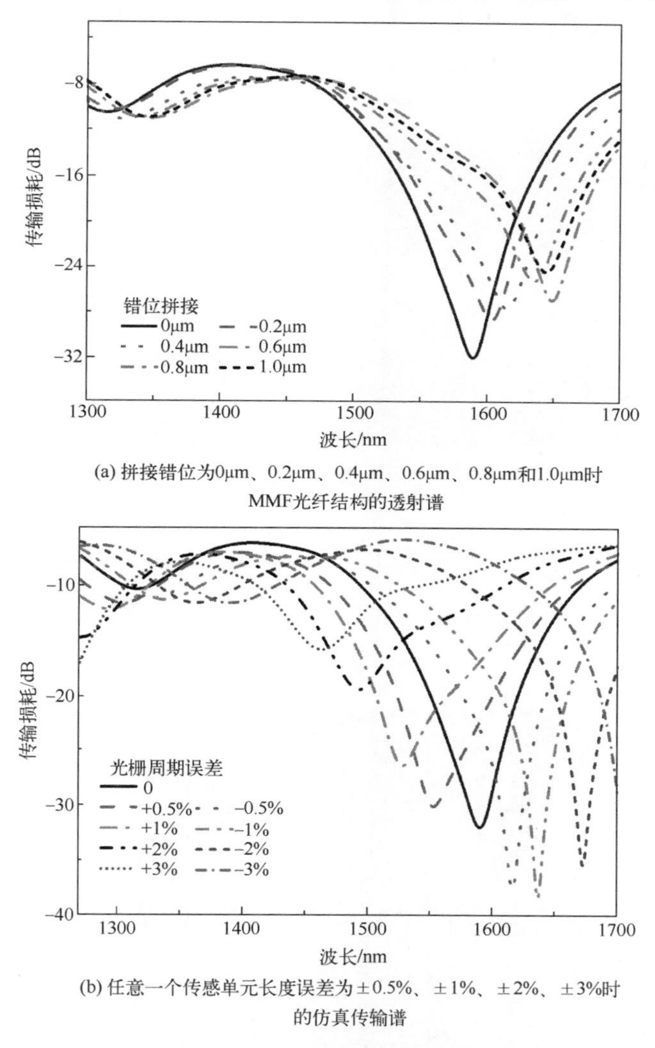

(a) 拼接错位为0μm、0.2μm、0.4μm、0.6μm、0.8μm和1.0μm时MMF光纤结构的透射谱

(b) 任意一个传感单元长度误差为±0.5%、±1%、±2%、±3%时的仿真传输谱

图 2.33　不同情况下的结构传输谱

2.3.3　复合型组合式 LPFG

前面介绍了 SMF 分别与 MMF 和无芯光纤熔接组合可以得到组合式 LPFG，那

么可以尝试将三种光纤都用于拼接成组合式 LPFG，本节提出并详细地研究了将 MMF 嵌入单模-无芯-单模的光纤结构。MMF-SNS 结构具有较高的有效折射率(refractive index，RI)灵敏度，因为 RI 调制产生了较强的倏逝场。当 SNS 光纤结构中嵌入 3 段 MMF 时存在明显的衰减趋势。如图 2.34 所示，MMF 与无芯光纤分别为 200μm 和 400μm，传感单元总长度仅为 1.8mm。当光通过 MMF-SNS 光纤结构时，会激发出高阶模，输出光纤中出现多模干扰。值得注意的是，这种结构与相同长度的 SNS 光纤结构相比，MMF 和无芯光纤之间的折射率分布差异导致了输出端模态与光场分布之间的激发系数发生变化[15]。

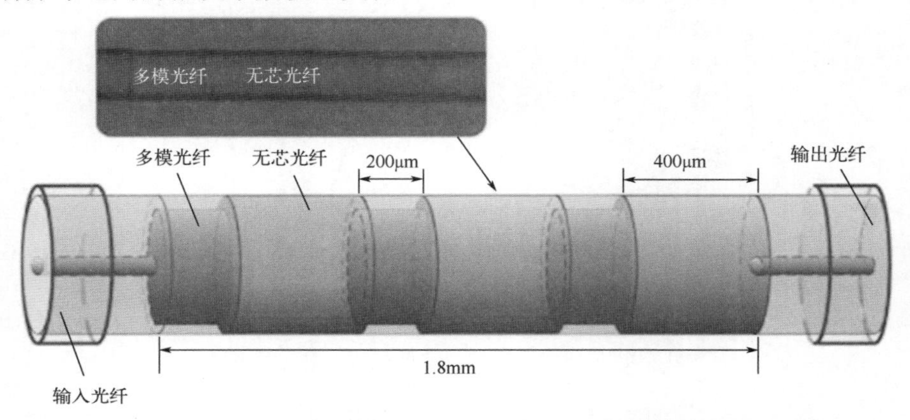

图 2.34 MMF 嵌入单模-无芯-单模结构示意图和显微成像图

通过嵌入 MMF 导致了两种结构的光场分布和透射光谱的差异。图 2.35(a)为

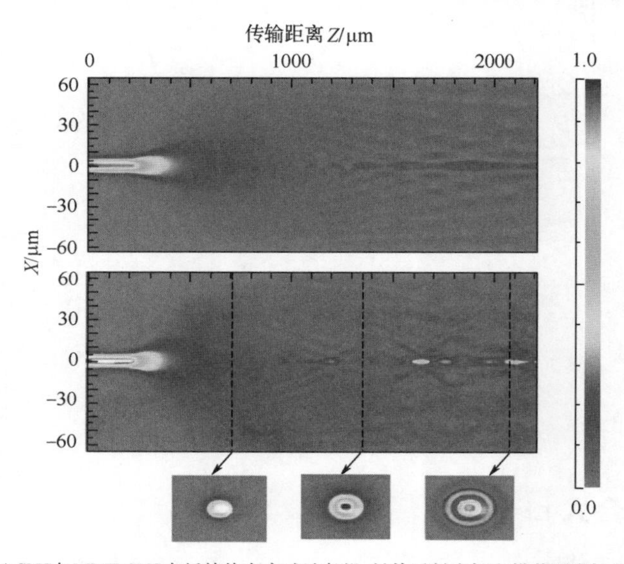

(a) SNS与MMF-SNS光纤结构在衰减波长沿z轴的透射光场和横截面光场分布(见彩图)

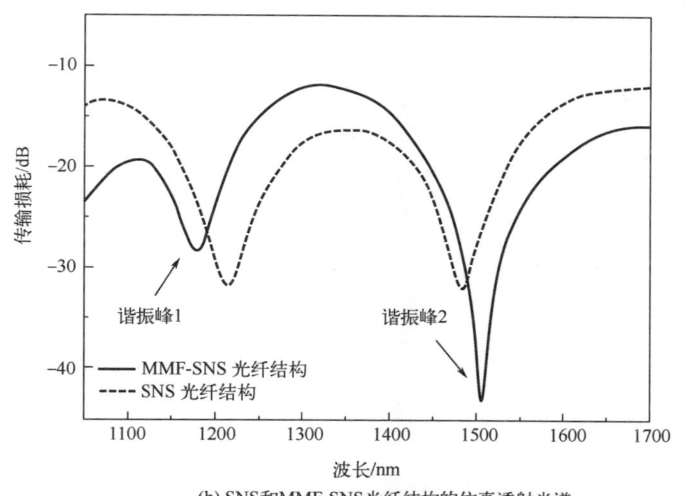

(b) SNS和MMF-SNS光纤结构的仿真透射光谱

图 2.35　SNS 和 MMF-SNS 光纤结构的仿真结果

SNS 与 MMF-SNS 光纤结构在衰减波长(1483nm 和 1505nm)沿 z 轴的透射光场和横截面光场分布。两种结构的仿真透射光谱如图 2.35(b)所示。与 SNS 光纤结构相比，MMF-SNS 光纤结构的传输光谱变化较小。当光波通过两种不同折射率分布的波导时，其横截面的光场分布会受到严重的干扰，从而使倏逝场强度的能量变化迅速而显著，从而决定这种结构的传感器适用于测量折射率。由图 2.35(b)可以看出，虽然两种结构的透射光谱相差不大，但嵌入 MMF 的光纤结构具有较强的倏逝场，可以获得较高的 RI 灵敏度。

设计过程中要考虑MMF在SNS光纤结构中的占比问题。假设每个周期中MMF/无芯光纤的比值(光纤结构的占比情况)为 0(0/600μm)、1/3(200/400μm)和 2/3(400/200μm)。用 RSoft 软件仿真分析能量分布及透射谱，如图 2.36 所示。

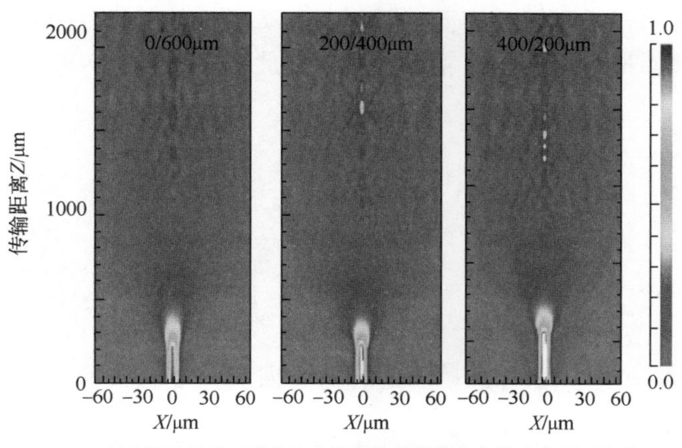

(a) MMF-SNS三种占比光纤结构传输方向光场分布(见彩图)

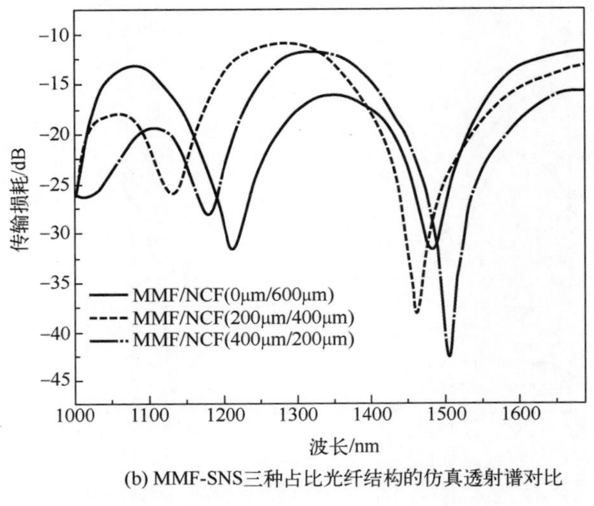

(b) MMF-SNS三种占比光纤结构的仿真透射谱对比

图 2.36　MMF-SNS 仿真结果

2.3.4　啁啾型组合式 LPFG

在大多数的研究中，光栅的周期普遍是均匀的。而非均匀的光栅周期在实际中有着更普遍的应用，也应该受到更多的关注。啁啾光栅作为其中比较简单的模型已经被证明具有大的带宽与特殊的色散特性。本节提出由固定长度的 MMF 与长度逐渐增加的 SMF 组成的一种组合式啁啾 LPFG(multimode fiber embedded chirped-LPFG，ME-CLPFG)。通过合理地设计光栅的啁啾系数可以获得清晰的谐振峰及其对应的耦合模式。MMF 强大的折射率调制能力还保证了整个传感器的紧凑程度[16,17]。

对于啁啾光栅，光栅周期及耦合系数和失谐量沿光栅长度的变化通常无法与相位匹配条件形成闭合形式解。因此，需要使用数值计算的方法来获得近似解。在啁啾光栅中，光栅周期 Λ 取决于传播距离 z 。因此，在线性啁啾函数下，光栅周期随光栅长度如下：

$$\Lambda(z)=\Lambda_0+C\left(z-\frac{L_g}{2}\right) \text{ 负啁啾} \tag{2.10}$$

$$\Lambda(z)=\Lambda_0-C\left(z-\frac{L_g}{2}\right) \text{ 正啁啾} \tag{2.11}$$

式中， L_g 为光栅长度； Λ_0 为 $z=\frac{L_g}{2}$ 处的光栅周期； C 为光栅啁啾系数。正啁啾表示光栅周期随距离减小，而负啁啾表示光栅周期增大。对于均匀的折射率调制，啁啾光栅只影响沿光栅长度的失谐参数。而给定波长的失谐沿光栅长度的变化，由式 (2.12) 和式 (2.13) 给出：

$$2v = \delta_{\mathrm{co}} - \delta_{\mathrm{cl}} - \Omega(z) \tag{2.12}$$

$$\Omega(z) = \frac{2\pi}{\Lambda(z)} \tag{2.13}$$

在我们的整个分析过程中，均假设啁啾光栅与一般光栅一样仅与一个包层模式耦合。啁啾光栅的光谱展宽将取决于光栅上能够发生模式耦合的波长范围大小。随着啁啾的增加，透射光谱会发生展宽。如果选择的失谐与中心波长呈对称形式向两边展开，那么谐振峰的展宽也将是对称的。啁啾的光谱展宽程度也取决于耦合发生的包层模式的阶数[18]。

图 2.37 展示了啁啾组合式 LPFG 的示意图和显微成像图。ME-CLPFG 总共有 6 个周期，每个周期分别由一段 SMF 与一段 MMF 组成。我们通过调节 SMF 部分的长度实现啁啾的周期排布，而 MMF 部分的长度始终固定。

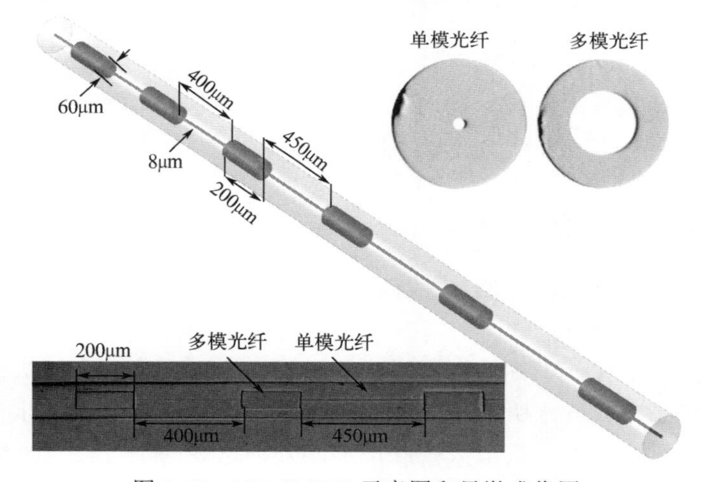

图 2.37　ME-CLPFG 示意图和显微成像图

多模光纤的芯包直径分别为 60μm/125μm。光波在 ME-CLPFG 中传播的能量分布如图 2.38 (a) 所示。光波在传输过程中由于受到芯径失配的影响，纤芯与包层之间存在着剧烈的能量交换。随着传输距离的增加，纤芯的能量逐步扩散到包层中。图 2.38 (b) 展示了不同啁啾系数下的传输光谱与谐振峰对应的耦合模式。其中，C=1/15 与 2/15 产生了显著的谐振峰。越大的啁啾系数也会带来更高阶的包层模式；C=2/15 的 ME-CLPFG 分别在 1300nm 与 1530nm 处激发了 LP_{012} 与 LP_{08} 的包层模式；C=1/15 的光纤结构激发的包层模式较低，为 LP_{05} 模式。在 1400nm 的更高阶包层模式将会有利于改善弯曲灵敏度。

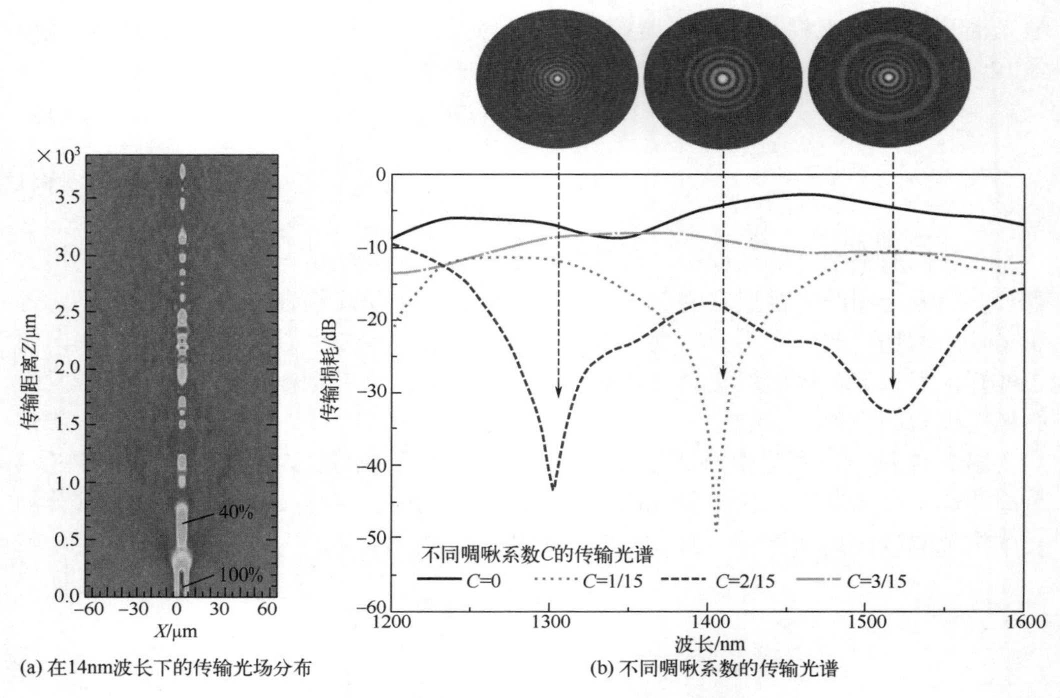

(a) 在14nm波长下的传输光场分布　(b) 不同啁啾系数的传输光谱

图 2.38　ME-CLPFG 的仿真结果(见彩图)

2.3.5　基于偏振复用的 LPFG

作为光的一个基本属性，偏振在任何涉及光学的研究领域中都具有重要的意义与价值。对于非保偏光纤而言，外界环境对光纤的影响都会在一定程度上引起光纤内传输光偏振态的变化。不同偏振态模式的相互串扰都将制约光纤精密测量领域的应用，如光纤陀螺、光纤水听器等。而保偏光纤可以通过人为地设计光纤结构并引入高双折射(一般达到 10^{-4})来最大限度地抑制外界诱导的不可控双折射。就传统实芯光纤而言，通过构造椭圆形纤芯引入高双折射(形状双折射)和通过构造光纤横截面上的非均匀应力分布引入高双折射-熊猫型保偏光纤(应力双折射)都是目前主要的设计保偏光纤的思路。由于其较大的双折射效应及与单模光纤能够完美拼接的优势，保偏光纤在光纤传感器领域慢慢地进入了研究者的视野。保偏光纤目前已经在矢量弯曲、应力等方面体现出了重要的价值。本节使用连续组装的技术将保偏光纤与单模光纤进行结合制备一种基于保偏光纤嵌入的长周期光纤光栅(long-period fiber grating based on polarization-maintaining fiber, PM-LPFG)。这种传感器在特定的偏振态下对不同的物理参量有着高灵敏度。

如图 2.39 所示，基于保偏光纤制备的组装式长周期光纤光栅(polarization

maintaining fiber-long period fiber grating, PMF-LPFG)结构由保偏光纤(PM1550-125-13/250，长飞光纤光缆股份有限公司)和单模光纤(SMF-28e+)组成。保偏光纤的工作波长为 1290～1520nm，模场直径为 10.5μm。与 SMF 在折射率分布上存在显著差异，因此，从单模光纤纤芯泄露的光将形成受输入光偏振态影响很大的谐振峰。由于保偏光纤不如多模光纤的折射率调制大，在设计思路上，我们使用了大的占空比来增强单位周期的折射率调制强度，尽可能地减少周期数。这样，既可以保证传感器的紧凑程度，也可以避免周期过多导致的偏振主轴不一致的可能。其制备工艺与方法和前面的传感器结构基本类似。如图 2.40(a)所示，我们使用熔接机(FSM-60S)将 SMF(芯包直径为 8μm/125μm)与 PMF 进行连续的组装。拼接参数：电弧功率单位为 STD+10、电弧持续时间为 1500ms 及推进量为 4μm。在组装的过程中，由于保偏光纤的截面折射率分布是非圆对称的，除了一般组装式 LPFG 需要注意的尺寸稳定性，所有 PMF 段的应力主轴方向必须一致。如图 2.40(b)所示，我们将两个能够指明方向的标记点(标记点 1 和标记点 2)固定在两根保偏光纤上。标记点可以使用橡皮泥、石蜡及标签纸制作。在两个 PMF 之间的每次拼接过程中，两个标记以相同的姿态放置在光纤熔接器中，以确保应力轴的一致性。之后，使用自动模式进行熔接。而保偏光纤与单模光纤的拼接不需要进行对准，使用光纤熔接机的自动模式进行熔接。

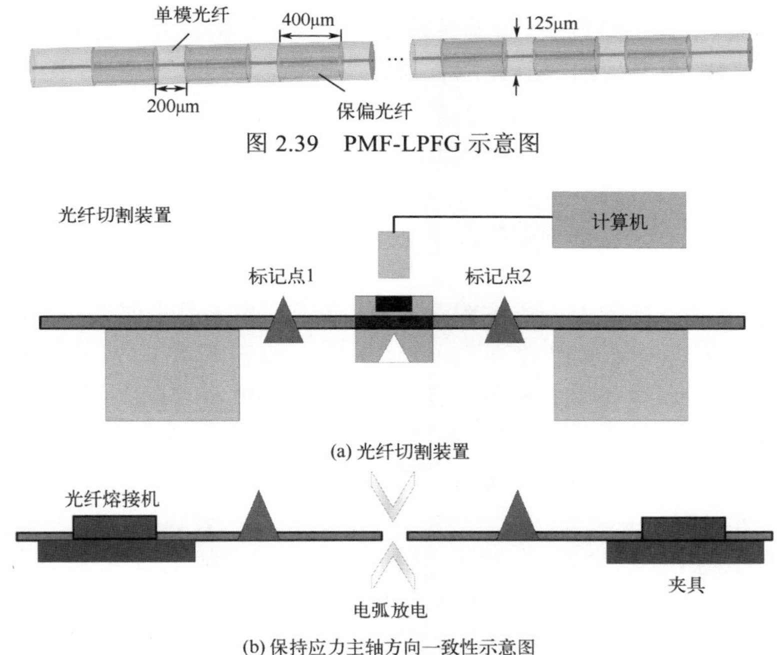

图 2.39　PMF-LPFG 示意图

(a) 光纤切割装置

(b) 保持应力主轴方向一致性示意图

图 2.40　光纤制备

在解决了保偏光纤应力主轴的一致性问题之后，我们制备了 PMF-LPFG 样品，如图 2.41 所示。样品被放置在一台相称显微镜下观察，可以清晰地看到保偏光纤的应力主轴。在侧视图中，纤芯到应力区边缘的长度 L_K 可以用来确定应力主轴的一致性。8 段保偏光纤的 L_K 分别为 47.7μm、48μm、47.3μm、47.5μm、47.3μm、47.7μm、47.1μm、47.3μm。平均长度为 47.48μm。与标准长度(48μm)相比，误差为 0.42μm。

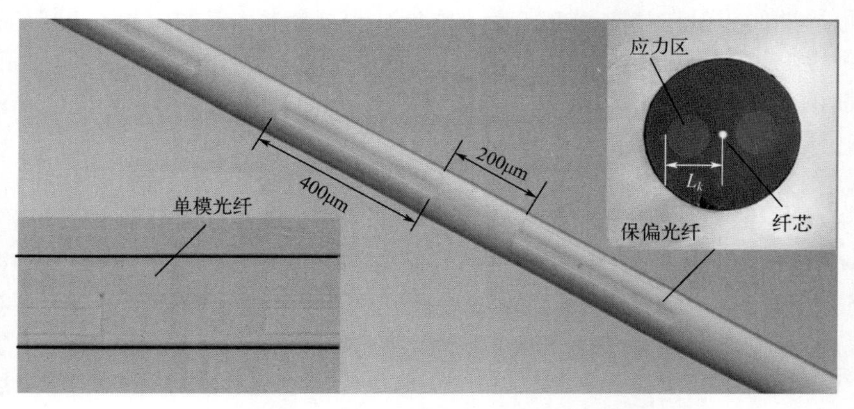

图 2.41　PMF 与 SMF 连续组装的样品显微镜图像

在 PMF-LPFG 光纤结构中，由于保偏光纤的芯径与单模光纤的芯径只相差2μm，因此，PMF-SMF 交界处泄漏的光能量较少，进而需要更多的周期来形成稳定的包层模式。经过多次实验和调整长度参数，我们最终确定了 PMF 与 SMF 的长度为分别为 400μm 和 200μm，周期 Λ=600μm，周期数 $N=8$ 。透射光谱随周期增加的发展如图 2.42(a)所示。随着周期的增加，在 1250nm 和 1300nm 附近首先形成可见谐振峰。在 1375nm 处，一个新的谐振峰在 7～8 周期内迅速形成。当 $N=8$ 时，PMF-LPFG 形成对比度最高的谐振峰。

不同偏振状态下的透射光谱如图 2.42(b)所示。当入射光偏振变大(0～90°，慢轴到快轴)时，谐振峰迅速移向较短的波长。偏振引起的宽波长动态范围使 PMF-LPFG 在测量多个参数时避免了波长重叠。在 90°～150°，谐振峰值向相反方向移动。可以预测，谐振峰值会在 180°时回到起始位置。与谐振峰 1 和谐振峰 2 相比，谐振峰 3 受偏振角的影响更显著。谐振峰 3 的最大位移为 70nm。选择 1375nm 的谐振峰作为参考峰。

在获得了实验样品之后，我们对各种基础物理量进行了实验性的研究，包括：扭转、温度、应力、弯曲、折射率的测试。如图 2.43 所示，PMF-LPFG 被固定在测量装置中。传感器被固定好之后，在实验的过程中不会再被挪动或被取下。传统的夹具被替换为可旋转的组件。曲率与温度的施加依赖于一个柔性钢条和一个加热台。在传感器之前增加一个偏振控制器来调节每组实验的入射光偏振态。OSA 用于接收传输光谱。两个旋转组件的距离为 L=150mm。扭转测量以 30° 依次进行，温度则以 10℃依次进行测量。

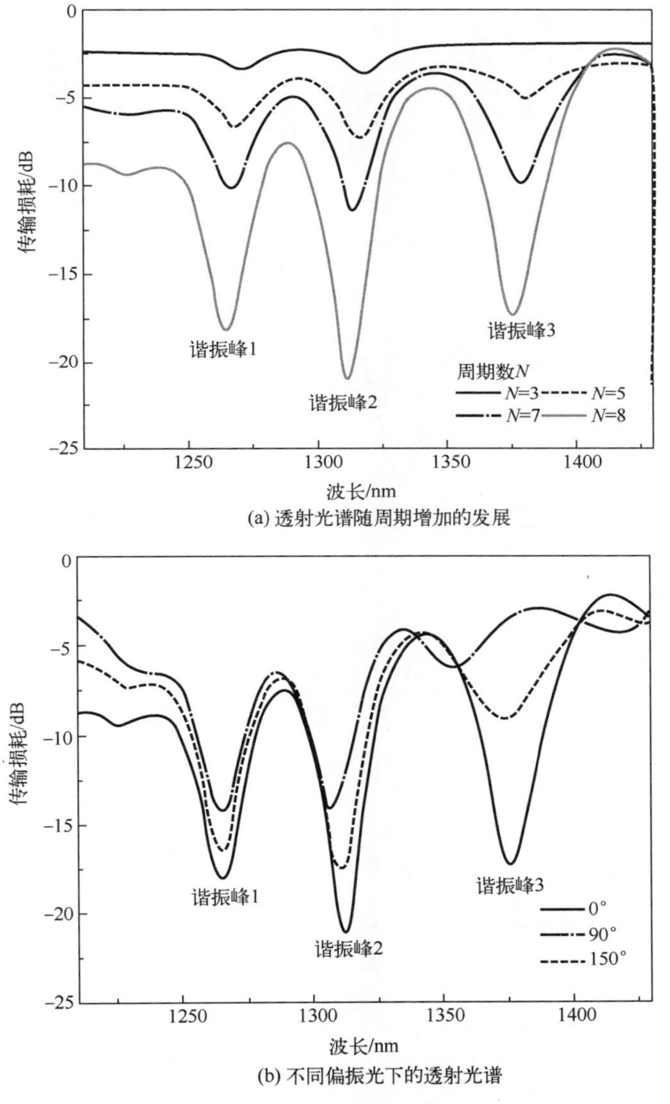

(a) 透射光谱随周期增加的发展

(b) 不同偏振光下的透射光谱

图 2.42　不同条件下的 PM-LPFG 透射光谱

1．扭转传感特性测量

如图 2.44(a)所示，随着扭转的增加，透射光谱呈现蓝移趋势。谐振峰 3 的波长偏移最为显著。PMF-LPFG 在每个偏振状态下的扭转响应如图 2.44(b)所示。

PMF-LPFG 的扭转灵敏度随偏振态的变化而变化。当偏振状态约为 90° 时，达到 –3.27nm/(rad×m) 的最大灵敏度。在 120° 的偏振状态下，灵敏度可能接近 0。

图 2.43　传感器性能的测量装置

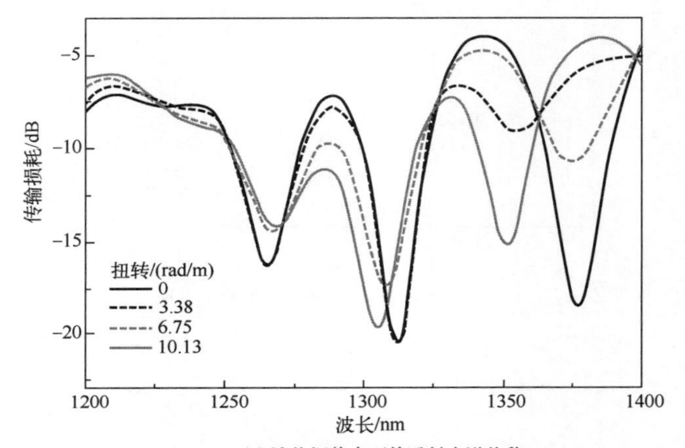

(a) 0° 偏振状态下的透射光谱偏移

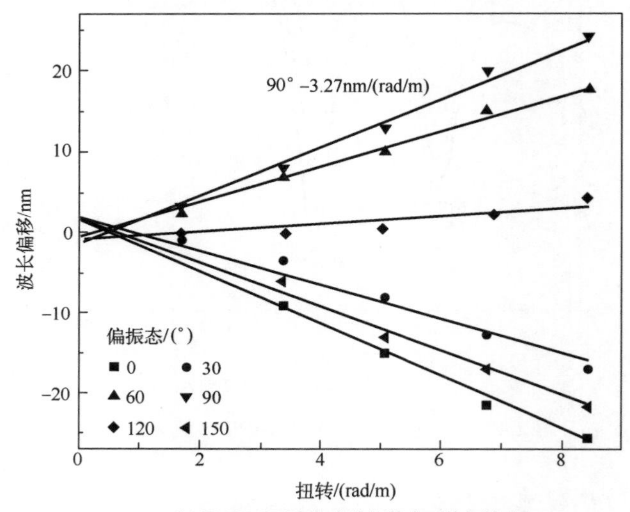

(b) PMF-LPFG在每个偏振状态下的扭转响应

图 2.44　透射光谱偏移及扭转响应

2．温度传感特性测量

图 2.45(a)显示了透射光谱随温度的变化。共振峰向较长的波长移动。在六种偏振态下，当偏振态为 30°左右时，灵敏度最高可达 85.48pm/℃。在 120°左右的偏振态下，温度灵敏度可在 1pm/℃左右被抑制。

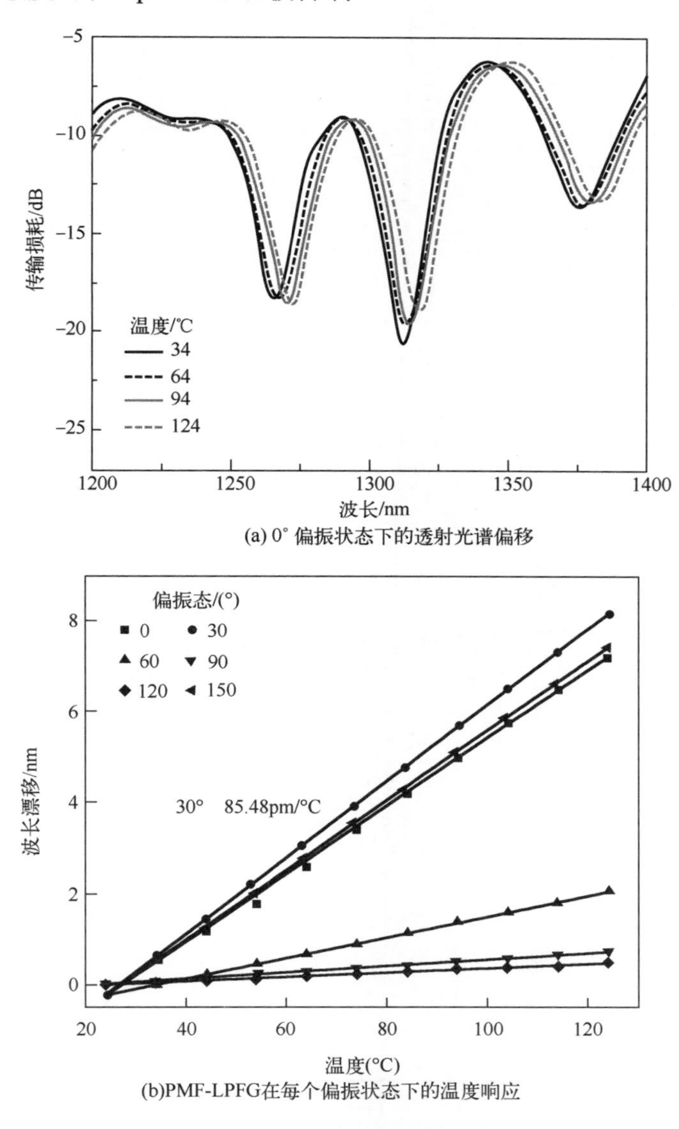

(a) 0° 偏振状态下的透射光谱偏移

(b)PMF-LPFG在每个偏振状态下的温度响应

图 2.45　PMF-LPFG 透射光谱 1

3．弯曲传感特性测量

图 2.46(a)为 0°偏振状态下的透射光谱偏移。共振峰向较短波长移动。PMF-LPFG 在每个偏振状态下的弯曲响应如图 2.46(b)所示。在六种偏振态中，当偏振态为 60°时，最大灵敏度为 13.38nm/m^{-1}。当偏振态约为 150°时，弯曲灵敏度很低。

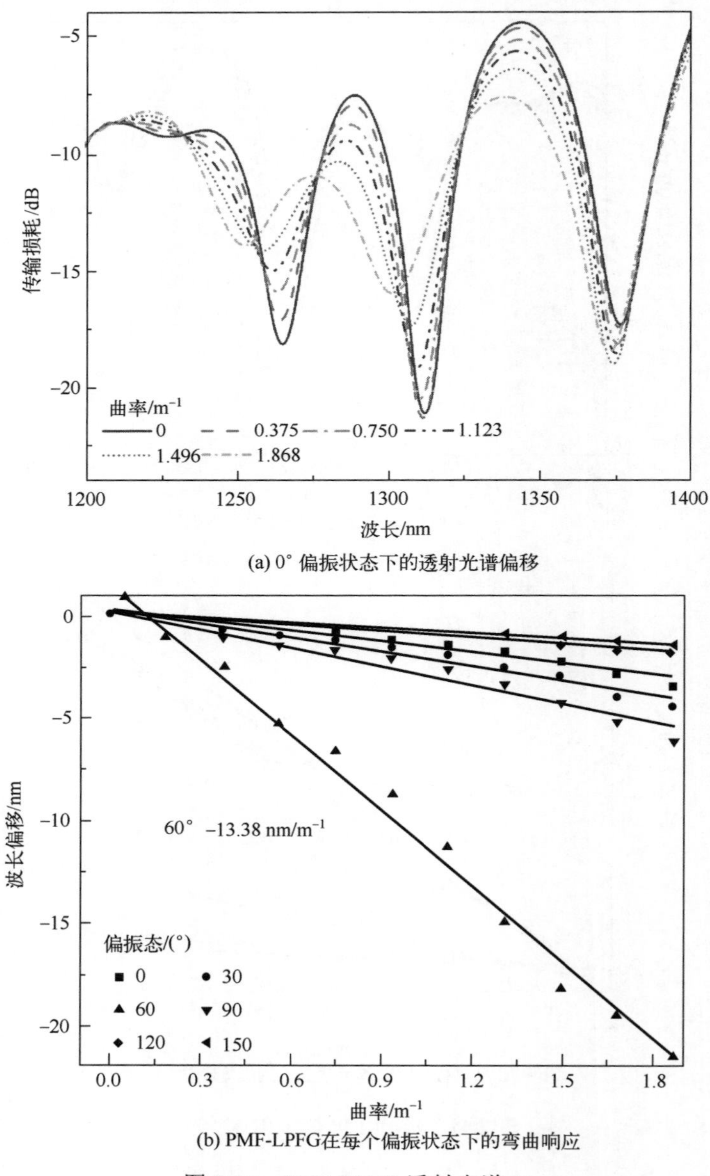

(a) 0°偏振状态下的透射光谱偏移

(b) PMF-LPFG在每个偏振状态下的弯曲响应

图 2.46 PMF-LPFG 透射光谱 2

4. 数据综合与讨论

除了高灵敏度，PMF-LPFG 还可以打开多个可用窗口来测量多个物理量。因为在不同的偏振状态下有不同的起始波长，所以避免了波长重叠。在灵敏度最高的偏振状态下，三个物理量处于最大灵敏度时的测量范围如图 2.47 所示。0～8rad/m、0～1.86m^{-1}、34～124℃的测量范围分别相当于 1376.6～1351.1nm、1349.7～1328.7nm 和 1378～1385.6nm 处共振峰的位移。

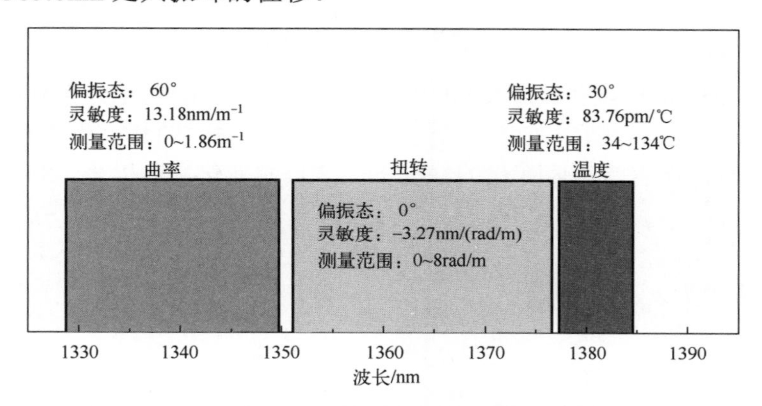

图 2.47　三个物理量处于最大灵敏度时的测量范围

2.4　组合式 LPFG 的传感特性研究

组合式 LPFG 的谐振波长和损耗峰幅值对外界环境的变化具有强烈的响应，同时由于其灵敏度高、容易制备、价格低廉、集成度高和鲁棒性强等优点被广泛地应用在光纤传感领域。本节主要针对组合式 LPFG 的应变、弯曲、温度及多参数同时测量等特性进行研究，这在现实应用中有着重要的意义。

2.4.1　应变传感特性

1. 组合式 LPFG 应力理论分析

为了研究组合式 LPFG 的应变传感特性，引用单模和多模交替拼接的传感器进行具体分析。测量应变传感器的示意图如 2.48 所示。其中，单模长度为 800μm，多模长度为 200μm，故周期为 1000μm，选择周期数为 5 的样品进行实验。

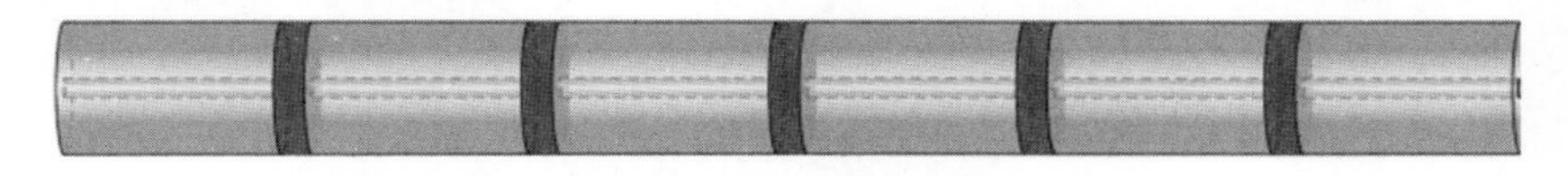

图 2.48　测量应变传感器的示意图

当光从 SMF 到达传感器结构的 MMF 段时，由于纤芯失配效应，能量会逐渐从纤芯泄漏到光纤的包层。在拼接过程中，两种光纤排列一致，结构中的周期性折射率调制激发了高阶模式。纤芯模式和同向传播的包层模式之间发生了模式耦合，在满足相位匹配条件的波长位置处形成谐振峰。

当组合式 LPFG 受到轴向的应力时，它的长度会发生微量变化从而导致传输光谱的变化。对于单模-多模-单模结构，两相邻的模式间出现极值时波长为

$$\lambda=\frac{16N_{\mathrm{co}}aN}{(m-n)[2(m+n)-1]L} \tag{2.14}$$

式中，L 为 MMF 的长度；a 为 MMF 的直径。从式(2.14)得出，当 MMF 的长度发生变化时输出谱线也会随之改变。当光栅受力时，MMF 的长度也会发生微小的改变，用 $4L$ 表示，在忽略温度变化的情况下，波长的变化量可以表示为

$$\frac{\Delta\lambda}{\lambda}=\left[\frac{1}{n}\Delta n_{\mathrm{co}}+\frac{2}{a}\Delta a-\frac{1}{L}\Delta L\right] \tag{2.15}$$

设轴向应力为 ε，则有[19]

$$\frac{\Delta n_{\mathrm{co}}}{n_{\mathrm{co}}}=-\frac{n_{\mathrm{co}}^{2}}{2}[p_{12}-v(p_{11}+p_{12})]\varepsilon=-p_{e}\varepsilon \tag{2.16}$$

式中，p_{11}、p_{12} 为弹光系数；v 为光纤的泊松系数；p_e 为有效弹光系数，并且 $\varepsilon=\Delta L/L$，$-\varepsilon=\Delta a/a$。式(2.15)可以化简成

$$\frac{\Delta\lambda}{\lambda}=\varepsilon-(1+2v+p_{e})\varepsilon \tag{2.17}$$

2．组合式 LPFG 应力特性研究

为了研究传感器的应变传感特性，本节设计了如图 2.49(a)所示的装置示意图，搭建的装置实验如图 2.49(b)所示。将两个三维位移平台沿同一水平位置放置，分别在三维位移平台上固定一个普通光纤夹具用于固定光纤。因为本节实验采用的位移控制箱的单位位移量为 3μm，因此令其每次前进 80 步，在 24cm 的测量距离下对应

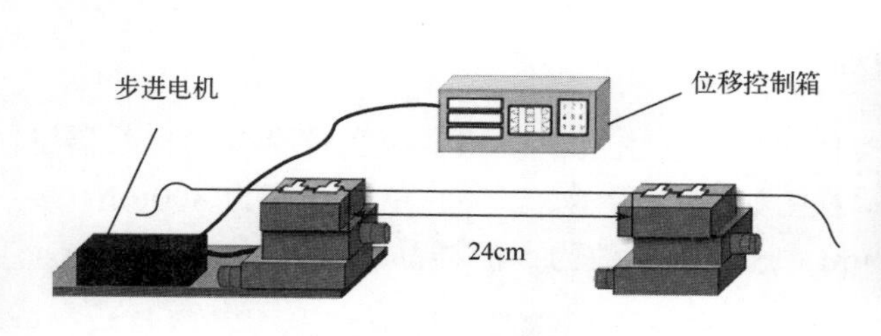

(a) 装置示意图

(b) 装置实物图

图 2.49　应变实验装置

为 100με。微调两个三维位移平台，让两个光纤夹具的卡槽沿同一轴线(与步进电机前进方向一致)，并使两个三维位移平台的水平方向相距 24cm。在探究传感器应变传感特性的实验过程中，随着应变的不断增大，被测区域的轴向应力也会变得越来越大。如果光纤夹具松动，那么会导致应变的测量与预设值不符，最后使应变测量结果不准确。另外，与位移控制箱相连的步进电机存在一定的机械空程，因此在每次测试开始之前都要向步进电机的工作方向运行一次用来消除步进电机的机械空程，然后进行后续实验。

图 2.50(a)为透射谱随应变发生的偏移情况。可以看到，监测的倾角在测量范围内呈现出明显的蓝移。如图 2.50(b)所示，组合式 LPFG 结构的轴向应变响应表现出良好的线性回归拟合。谐振峰 1 和谐振峰 2 的轴向应变敏感性分别为−2.95pm/με 和−2.09pm/με。

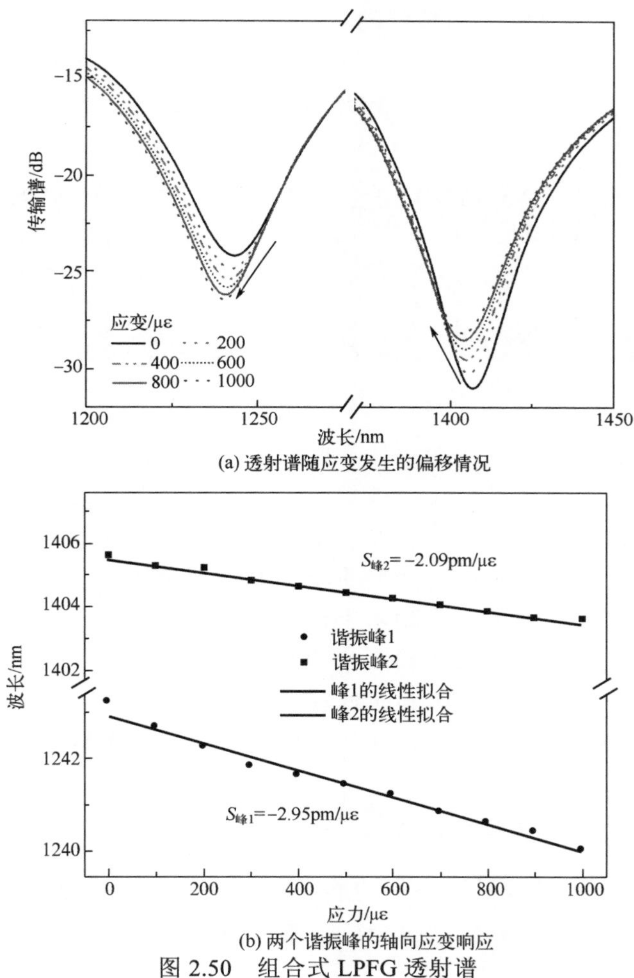

(a) 透射谱随应变发生的偏移情况

(b) 两个谐振峰的轴向应变响应

图 2.50　组合式 LPFG 透射谱

2.4.2　弯曲传感特性

LPFG 成栅原理是基于纤芯中的基模和同向传播的包层模之间发生耦合，所以一旦光栅受到弯曲也会影响谐振峰的中心波长及振幅。研究这种组合式 LPFG 的弯曲特性对于处理实际应用中多参量交叉敏感有重要的意义。比起紫外曝光及 CO_2 激光器法，这种拼接组合式 LPFG 波导成圆对称，即柱面各个方向对于外界的灵敏度相同，将这种光栅作为弯曲传感器用在不需要考虑弯曲方向的情况下能更准确地实现监测。

1．组合式 LPFG 弯曲传感原理

利用 MMF 和 SMF 设计了一种微型弯曲传感器。传感器由这两种光纤周期性地拼接和排列组成。MMF 具有较强的折射率调制能力，并且在 5 个周期内就能形成显著的共振峰。该传感器的周期为 600μm，其中，MMF 为 200μm，SMF 为 400μm，传感器的最终长度只有 3mm。弯曲传感器示意图如图 2.51 所示[16]。

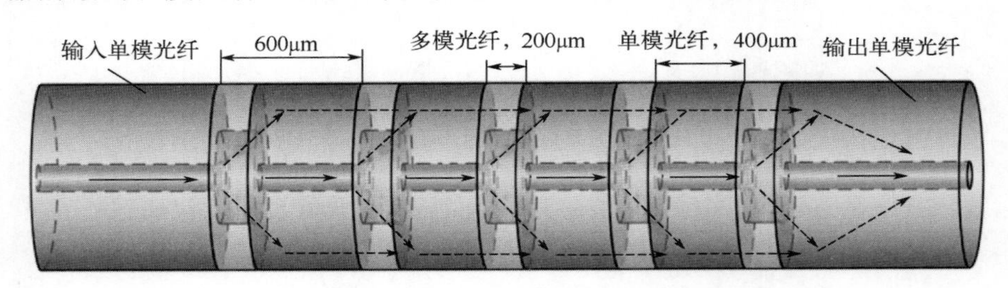

图 2.51　弯曲传感器示意图

当光纤弯曲时，会存在弯曲损耗，即向半径方向辐射部分能量，光波导变成辐射模被损耗掉。另外，当在 LPFG 上施加弯曲时，光在纤芯中的光程和光在包层中的光程都会改变，光程差也会发生变化。在分析干涉现象时，光程差的变化必然将导致相干光波长的变化。对于组合式 LPFG 来说，当光栅受外力作用引起微弯时，光在包层中传输的距离相对于在纤芯中的距离会变长。通过分析光的传输机理可知，当光在包层中的传输距离变长时，沿着弯曲半径方向外侧的包层的有效折射率增加，而弯曲半径内侧的有效折射率降低。由式(2.8)可知，当光栅弯曲时，纤芯基模的有效折射率相比起包层模的有效折射率有所降低，这就导致了谐振峰中心波长发生蓝移。

2．组合式 LPFG 弯曲传感特性

采用图 2.52 所示的实验装置，将传感器放置在一对同轴的带 V 形槽且可旋转的金属圆盘上，之后再被放入两个可三维调节带有 V 形槽的支架上。保持金属转盘与三维调节支架的V形槽处在同一直线，调节光纤的位置使光栅位于两个调节架的正中心位置。将一片较柔软的钢制薄片放置在两支架上并紧贴光栅。为了保持光栅处于绷直状态而不受较大的纵向应力，将一个5g的砝码挂在右侧两支架之间的光纤上。一个高精度的螺旋测微器被固定在两支架中心位置的上方。调节薄钢片上方螺旋测微器的螺纹旋钮使螺旋测微器的顶丝逐渐下降，钢制薄片和紧贴薄片的光栅将受压力而一起弯曲。螺旋测微器下压的距离和弯曲曲率的关系如下：

$$C=\frac{1}{R}=\frac{2L}{d^2+L^2} \tag{2.18}$$

其中，$2L$为两个支架边缘距离，本节所用的实验装置$2L$=15.6cm。在实验中，当螺旋测微器刚好接触薄片时记录一次谱线，即光栅不发生弯曲时的透射谱。之后螺旋测微器每下探0.5mm测量一次透射光谱。整个弯曲特性测试实验一共记录20次，步进次数与曲率变化如表2.6所示。实验中螺旋测微器一共步进20次，曲率变化为0～4.358m^{-1}，整个实验所测得的所有光栅谱线响应特性如图2.53所示，从图中可以看出，随着曲率的增加，谐振峰的波长向短波方向漂移，实验结果符合上面的理论分析。

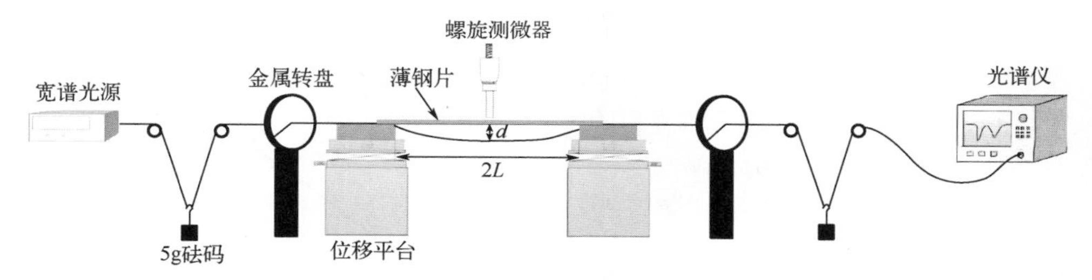

(a) 实验装置示意图

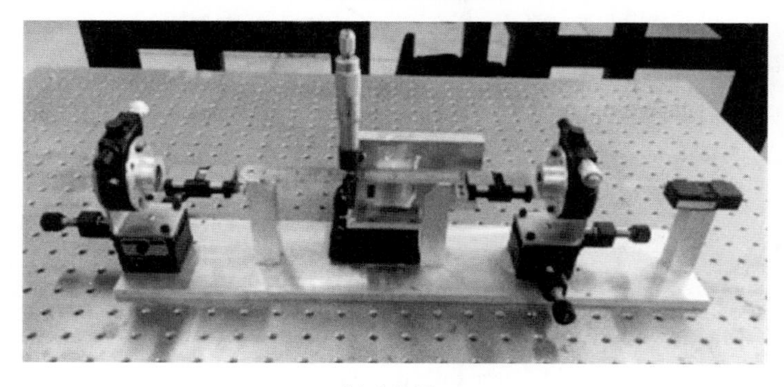

(b) 实物图

图2.52　弯曲测量

表 2.6　步进次数与曲率对照表

步进次数	1	2	3	4	5	6	7	8	9	10
曲率/m^{-1}	0.223	0.445	0.668	0.890	1.112	1.334	1.555	1.776	1.996	2.215
步进次数	11	12	13	14	15	16	17	18	19	20
曲率/m^{-1}	2.434	2.652	2.869	3.085	3.300	3.514	3.727	3.939	4.149	4.358

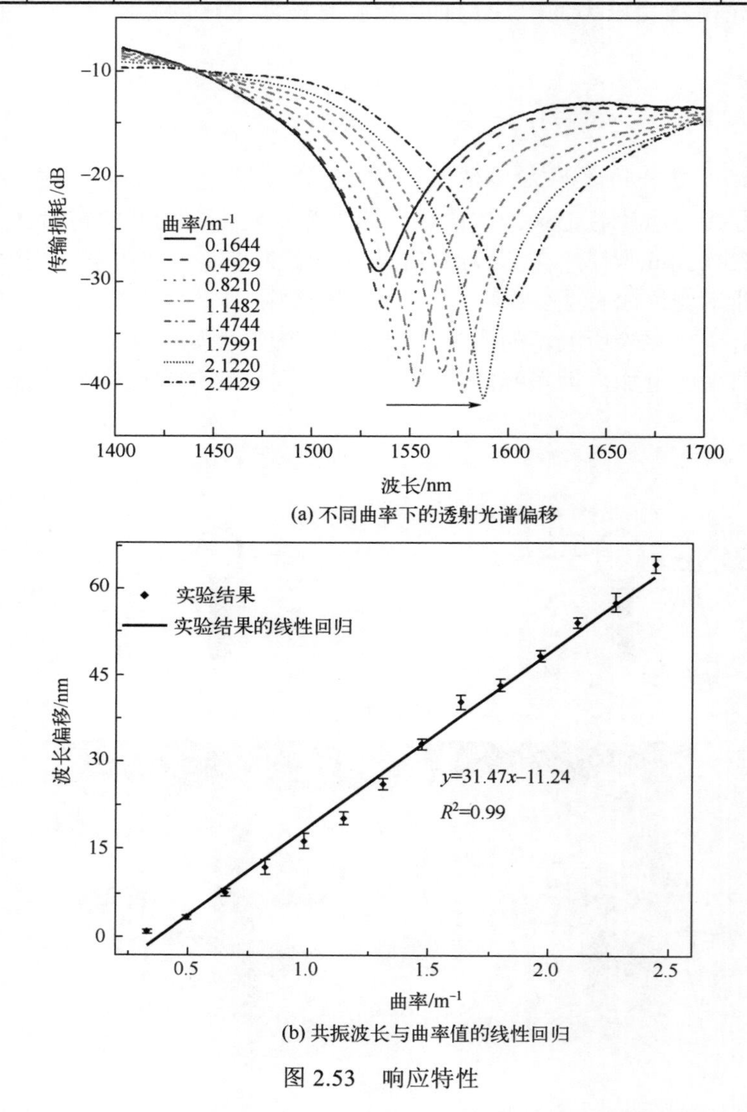

(a) 不同曲率下的透射光谱偏移

(b) 共振波长与曲率值的线性回归

图 2.53　响应特性

从线性拟合图可以看出，谐振峰中心波长对曲率的响应呈现很好的线性关系，并且灵敏度高达−22.4nm/m^{-1}。组合式长周期光纤光栅的弯曲灵敏度比普通的紫外曝光法及二氧化碳激光器法制做出的 CO_2-LPFG 高得多，并且在任意弯曲方向灵敏度一样。

在整个弯曲实验中为了消除误差，将螺旋测微器从离薄片较高处开始往下拧，这样能消除空程带来的误差。除此之外实际弯曲方向和标定的弯曲方向可能还存在一些误差，尽量将光纤与薄片的中轴线重合能减小这种误差。

3．与其他 LPFG 弯曲传感特性比较

本节将普通 LPFG 与组合式 LPFG 在进行弯曲测量方面进行比较。CO_2 激光器制作出的 LPFG，由于是在光纤柱面一侧周期性地脉冲腐蚀，所以这种 LPFG 的弯曲灵敏度必须知道确定的方向，在整个 360° 范围内弯曲灵敏度呈现正弦函数分布，且灵敏度为 0～7(nm/m^{-1})，远小于本节提出的组合式 LPFG 的弯曲灵敏度。

近几年，各种不同结构的光纤弯曲传感器被制作出来，有的是基于 LPFG 级联其他结构实现曲率及其他参数的测量，也有用偏芯焊接的方式形成高灵敏度弯曲传感器，还有将 PCF 作为一种低温度灵敏度弯曲传感器。表 2.7 将各类光纤弯曲传感器在最大灵敏度、温度响应灵敏度、测量曲率范围及能否在各个方向有相同的弯曲灵敏度等各个方面进行了比较。

表 2.7　不同光纤弯曲传感器特性对比

结构类型	弯曲灵敏度(nm/m^{-1})	测量范围/m^{-1}	测量方向	温度灵敏度/(pm/℃)
纤芯错开 LPFG[20]	−0.15	0～3.5	特定方向	265
CO_2 激光写入 LPFG[21]	7.00	0～4.5	特定方向	54
基于 PCF 的 MZI[22]	3.05	0～1.4	特定方向	2
光纤偏芯焊接结构[23]	−22.95	0～2.81	特定方向	77.6
LPFG 与 MZI 级联结构[22]	5.13	0～0.35	各个方向	121
基于 PCF 干涉结构[24]	4.45	0～2.14	各个方向	7.78
PCF 和 FBG 串联结构[25]	4.06	0～3.00	各个方向	6.30
熔锥型 PCF 结构[26]	3.05	0～0.92	各个方向	4.60
基于熔融放大干涉仪[27]	−16.59	0～4.05	各个方向	58
组合式 LPFG	−22.4	0～4.35	各个方向	10

从表 2.7 中可以看出，比起其他结构，组合式 LPFG 在弯曲测量方面有更高的灵敏度、更大的测量范围和更全面的测量方向。此外，这种光栅对温度灵敏较低，除非是在特定条件下需要同时测量温度参数和曲率参数，这种组合式光栅作为弯曲传感器在实际应用中能够减小温度串扰。

组合式长周期光纤光栅由于其结构的特征，光栅部分的波导也为圆对称波导，这一特点能让这种光栅在测量弯曲灵敏度时无须考虑弯曲的方向。在工业上大型建筑中结构特性的测量、大型机器机械手的弯曲测量等方面均有巨大的应用潜力。

2.4.3　温度传感特性

温度传感特性是研究任何一种光纤传感器性能时都避不开的话题。基于光纤的温度传感器因其高灵敏度、高精度、良好的稳定性在生物医学、化工、国防工业上已经得到广泛的应用。光纤传感器在实际传感应用中很容易受到温度的影响，并且大部分环境中温度都处于变化状态。因此，对于光纤传感器来说，对于温度的响应研究都是必要的。研究光纤传感器的温度特性对于在应用中避免或降低温度的影响及在解决温度与其他参量交叉敏感问题中均有重要的意义。目前也有许多方法能解决温度与其他参数的交叉敏感问题，例如，多参数测量再补偿温度影响、使用光子晶体光纤等低温度灵敏度光纤材料、利用高阶模的色散特征等。

使用上面的测量弯曲的结构来测量温度，温度测量装置如图 2.54 所示。在长周期光栅中，两种模态的模态差越小，说明热系数差越小。对于本节所提出的基于单多单的组合式长周期光纤光栅，LP_{03} 和 LP_{01} 模式的热光学系数差异较小，用于制备 MMF 和 SMF 的材料相似。我们预计 SMS-LPFG 的温度响应可能较低。利用该实验装置测定了 SMS-LPFG 的温度特性。为了获得准确的测温数据，在热板上开一条狭缝放置光纤。在热板上放置绝缘板，以减少温度损失。此外，本节还使用了一个插件式电子温度计来实时监测狭缝内的温度。超连续(supercontinuum，SC)光源提供输入光，OSA 在输出端监测不同温度下的透射光谱。测试温度从 36℃升到 142.7℃。

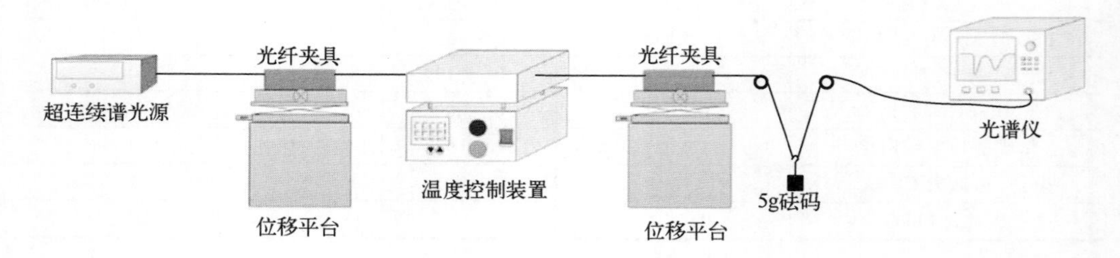

图 2.54　温度测量装置

图 2.55(a)为不同温度下的透射谱漂移情况。随着温度的升高，共振波长的深度逐渐变浅。然而，波长没有明显的位移。图 2.55(b)绘制了不同温度下谐振波长响应的标准差和线性回归图，灵敏度仅为 0.01nm/℃。正如预测的那样，SMS-LPFG 的温度响应比传统 LPFG 更低，这有利于避免实际测量中的额外误差。

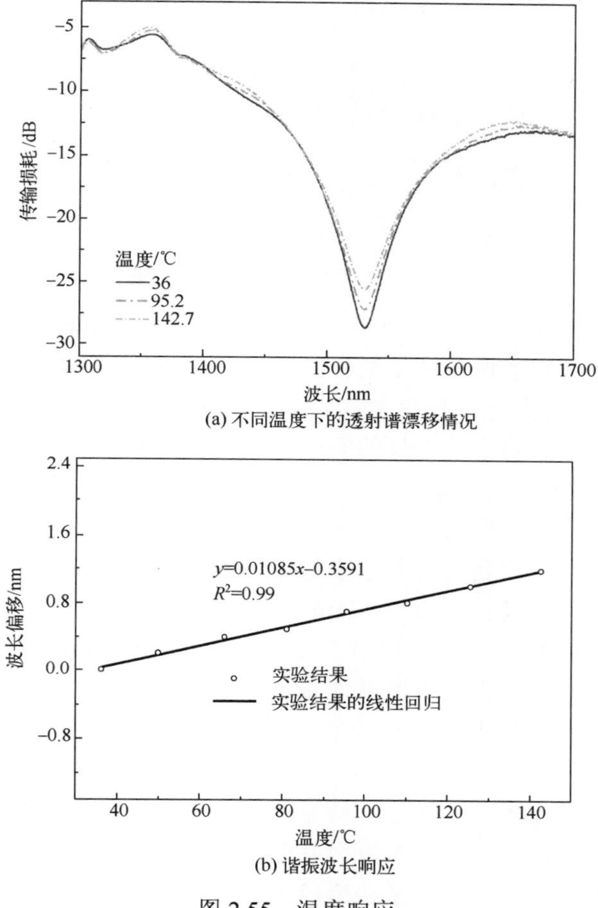

(a) 不同温度下的透射谱漂移情况

(b) 谐振波长响应

图 2.55　温度响应

2.4.4　多参量同时测量

双参量同时测量传感器工作机理如下：首先在可测的光谱范围内需要存在至少两个谐振峰。在使用双波长解调的情况下，我们假定峰 1 的物理量 A 与物理量 B 敏感性分别为 K_{A_1} 和 K_{B_1}。物理量 A 与 B 变化量表示为 ΔA 和 ΔB。那么，峰 1 对物理量 A 和物理量 B 的波长响应可以表示为

$$\Delta\lambda_{\text{dip1}} = K_{A_1}\Delta A + K_{B_1}\Delta B \tag{2.19}$$

类似地，峰 2 的响应可以表示为

$$\Delta\lambda_{\text{dip2}} = K_{A_2}\Delta A + K_{B_2}\Delta B \tag{2.20}$$

因此，双谐振峰的光纤传感器是否可用于同时测量轴向应变和温度取决于找到以下

矩阵方程的解：

$$\begin{pmatrix} \Delta\lambda_{\text{dip1}} \\ \Delta\lambda_{\text{dip2}} \end{pmatrix} = \begin{pmatrix} K_{\varepsilon_1} & K_{T_1} \\ K_{\varepsilon_2} & K_{T_2} \end{pmatrix} \begin{pmatrix} \Delta\varepsilon \\ \Delta T \end{pmatrix} \tag{2.21}$$

重新排列上述方程，我们得到

$$\begin{pmatrix} \Delta\varepsilon \\ \Delta T \end{pmatrix} = \frac{1}{D} \begin{pmatrix} K_{T_2} & -K_{T_1} \\ -K_{\varepsilon_2} & K_{\varepsilon_1} \end{pmatrix} \begin{pmatrix} \Delta\lambda_{\text{dip1}} \\ \Delta\lambda_{\text{dip2}} \end{pmatrix} \tag{2.22}$$

式中，$D = K_{\varepsilon_1}K_{T_2} - K_{T_1}K_{\varepsilon_2}$。由于两个灵敏度不同的谐振峰才能使传感矩阵发挥作用，常见的光纤多参量传感器通常是由两种结构级联而成的，例如，干涉仪+干涉仪型、光栅+光栅型、相移结构+光栅型[28,29]。两个干涉仪级联所形成的测量传感器在实际应用中的主要问题在于两个干涉仪的间距不但会影响参考峰的位置，还会影响振幅。光栅+光栅的级联型双参量传感器是一种较为稳定的结构。两种灵敏度不同的光栅级联可以准确地辨认各自的谐振峰且通常保持级联之前的特性从而使双参量的解调更加简便。其主要的缺点是传感器的小型化程度低，为了双参量测量牺牲了传感器的尺寸。通常的光纤光栅长度为 1～2cm，级联传感器的长度为 4～6cm 甚至更长。过长的长度导致传感器的空间分辨率不足。最后，相移+光栅的组合结构是在光栅的外部或内部额外增加一定的折射率调制使得原有的谐振峰分裂成两个谐振峰的趋势。这样做的优点也较为明显，可以在实现同时测量功能的前提下使长度不发生明显变化。

在以上几种常见的多参量光纤传感器的制备方法中，干涉仪型传感器的相邻两个参考峰一般有着相似的传感灵敏度而降低了传感矩阵分辨率。与干涉仪型传感器相似，引入相位偏移形成的双参量传感器很难在原有的单一谐振峰基础上形成两个传感特性差异很大的谐振峰。而级联型光栅传感器的长度又是其客观存在的短板。因此，设计原生具有双谐振峰的光纤光栅是解决以上这些问题的关键一步。

本章利用组合式光纤光栅设计并实现了两种双参量同时测量的传感器，分别对应着折射率-温度、应力-温度的测量。两种传感器使用了超长周期或啁啾排列的设计思路。即便设计方案不同，这些传感器的尺寸都被控制在数毫米的范围内。相较于传统双参量传感器，组合式双参量传感器有着灵活的设计方法、紧凑的光纤结构的优势，在此基础上我们已经探索出优化传感灵敏度的方法。

1. 组合式 LPFG 同时测量折射率和温度

本节提出一种由单模光纤(SMF)和少模光纤(few mode fiber，FMF)切割拼接组成的组合式长周期光纤光栅结构，其中，FMF 与 SMF 的长度分别为 100μm 和 500μm，总长度为 4.8mm。通过软件计算获得的传输光场分布如图 2.56(a)所示。由于 FMF

和 SMF 之间的纤芯直径不匹配，纤芯中的光能在输出时逐渐降低到几乎为零，大部分核心能量扩散到包层中可以形成正向传播的包层模式。不同周期的透射光谱和输出端的光场分布如图 2.56(b)所示。实验制备了不同周期的样品，当发现结构为 8 个周期时，在光谱中出现两个明显的共振峰，对比度分别为 33dB 和 12dB。当周期增加到 9 个和 10 个周期时，共振峰开始萎缩，如图 2.56(b)所示。故实验结构选用周期为 8 的样品。此外，我们通过仿真计算得到了在 1407nm 和 1614nm 处被激发的两个谐振峰的耦合模式为 LP_{04} 和 LP_{09}。在折射率测量时，LP_{09} 模式会表现出更高的灵敏度。

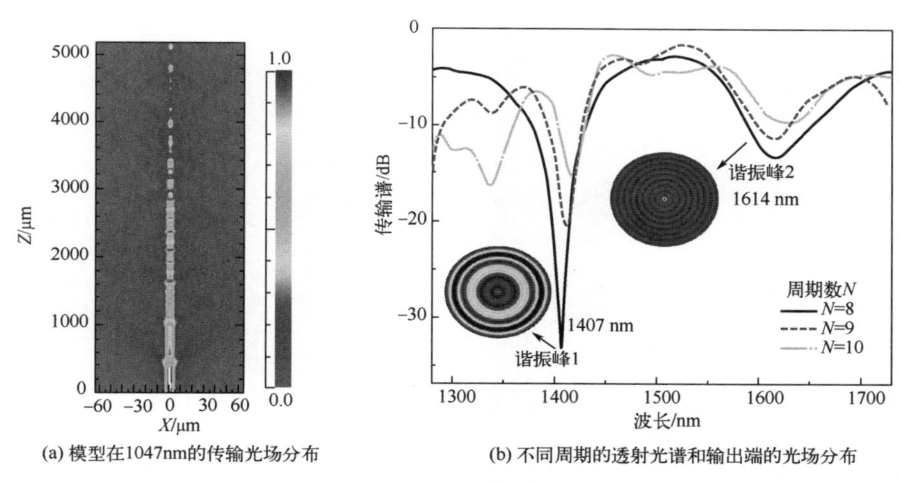

(a) 模型在1047nm的传输光场分布

(b) 不同周期的透射光谱和输出端的光场分布

图 2.56 传输光谱分布(见彩图)

为了探索少模 LPFG(few mode LPFG，FE-LPFG)传输光谱的最优化结果，光纤的周期长度和芯径的影响如图 2.57 所示。与谐振峰 1 相比，由于 LP_{09} 模式比 LP_{04} 模式的阶次更高，谐振峰 2 的衬比度和谐振波长更易受到周期变化的影响。随着 FMF 或 SMF 长度的增加，谐振峰 1 与谐振峰 2 分别向长波长和短波长移动。同样，芯径的增加也使谐振峰 1 和谐振峰 2 相向运动，而耦合效率则出现了先增大后减小的现象。如果我们选择衬比度最深的芯径作为对 FMF 的选择对象，那么 FE-LPFG 中 FMF 的最佳芯径为 16μm。

FE-LPFG 通过周期性地将 FMF(芯/包层直径=16/125μm，FM2010-C，长飞光纤光缆有限公司)嵌入到标准单模光纤中来制备。FE-LPFG 的制备方法如图 2.58(a)所示。经过 8 个周期的拼接和切割可以得到完整的样品。FE-LPFG 的全长为 4.3mm。如图 2.58(b)所示，随着周期的增加，1380nm 处的谐振峰逐渐加深。当周期为 6 时，光谱中出现了衬比度为−4dB 的谐振峰。当周期数增加到 8 时，光谱中出现两个明显的谐振峰，对比度分别为−26dB 和−16dB。

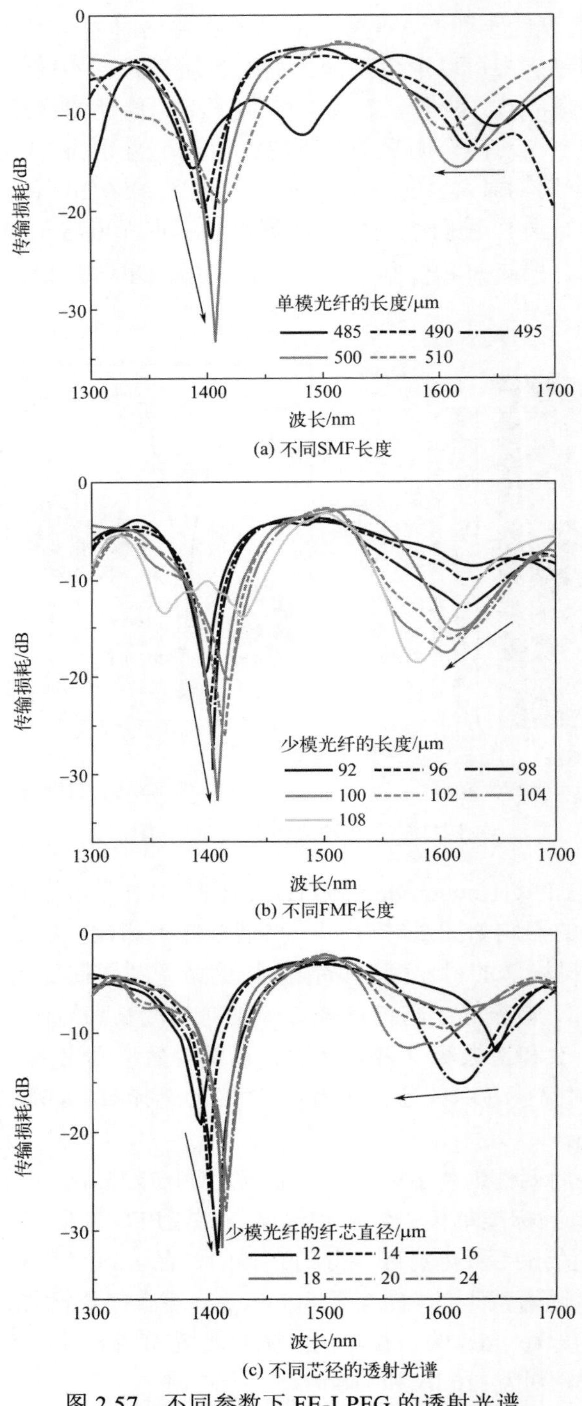

图 2.57　不同参数下 FE-LPFG 的透射光谱

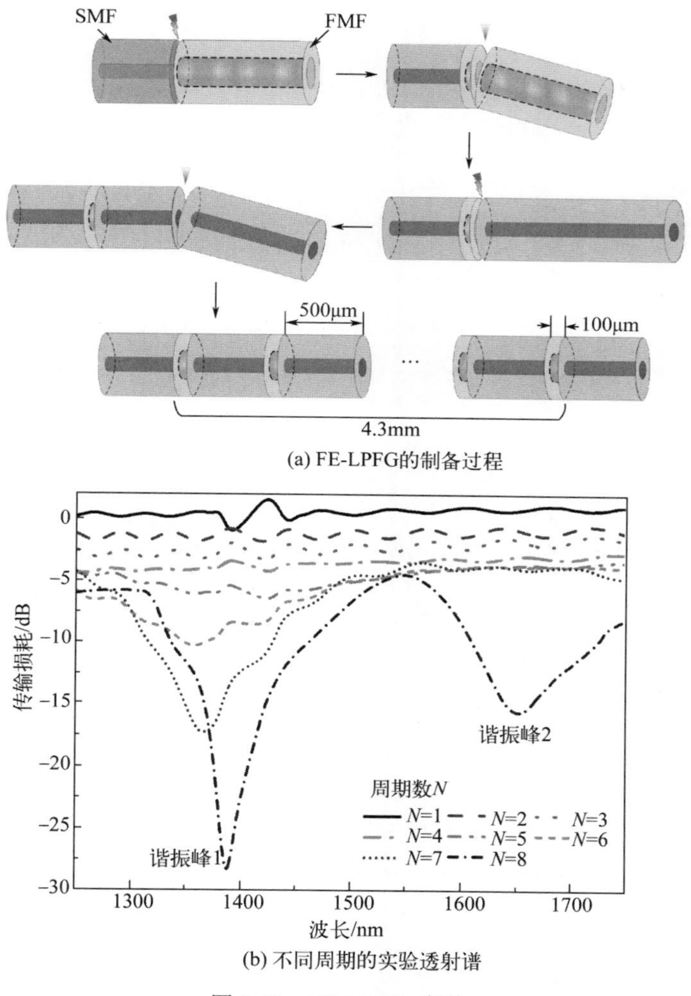

(a) FE-LPFG的制备过程

(b) 不同周期的实验透射谱

图 2.58　FE-LPFG 实验

图 2.59 为同时测量折射率和温度的装置。RI 配液采用不同比例的甘油溶液。RI 为 1.333～1.406。该测试在 26℃的室温下进行。如图 2.60(a)所示，随着外部 RI 的增加，谐振峰 1 向更短的波长移动(蓝移)，而谐振峰 2 向相反的方向移动。实验数据的线性拟合如图 2.60(b)所示。谐振峰 1 和谐振峰 2 的 RI 灵敏度为−85.95mm/RIU 和 487.99nm/RIU (K_{n1}=−85.95nm/RIU，K_{n2}=487.99nm/RIU)，温度为 54～129℃。同时，每 15℃记录光谱。图 2.61(a)为谐振峰 1 和谐振峰 2 随温度升高的透射光谱，谐振峰 1 和谐振峰 2 走向为相反的方向。如图 2.61(b)所示，两个倾角的温度灵敏度分别为 139.50nm/℃和−59.58pm/℃。

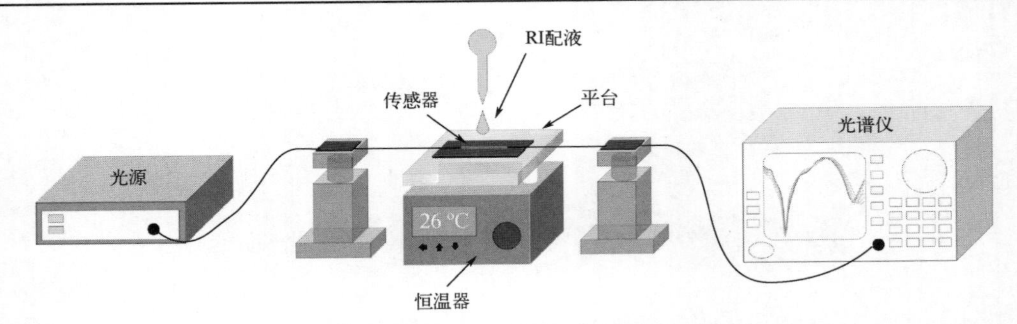

图 2.59　折射率和温度同时测量装置的示意图

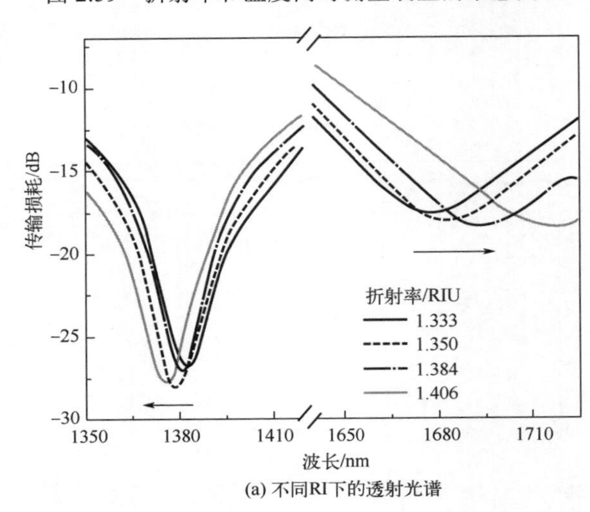

(a) 不同RI下的透射光谱

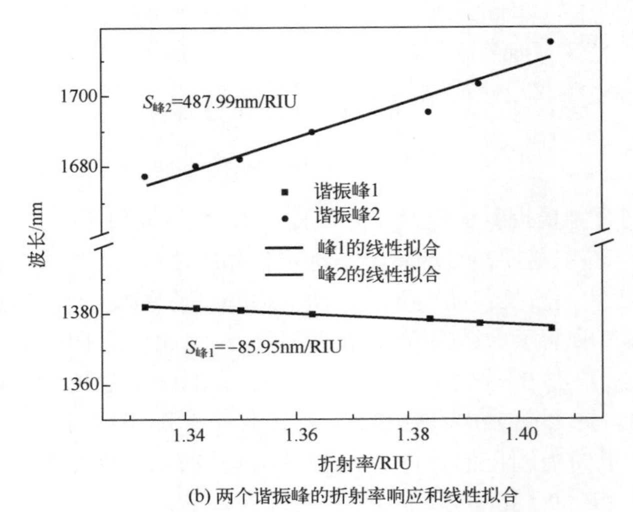

(b) 两个谐振峰的折射率响应和线性拟合

图 2.60　FE-LPFG 的折射率响应特性

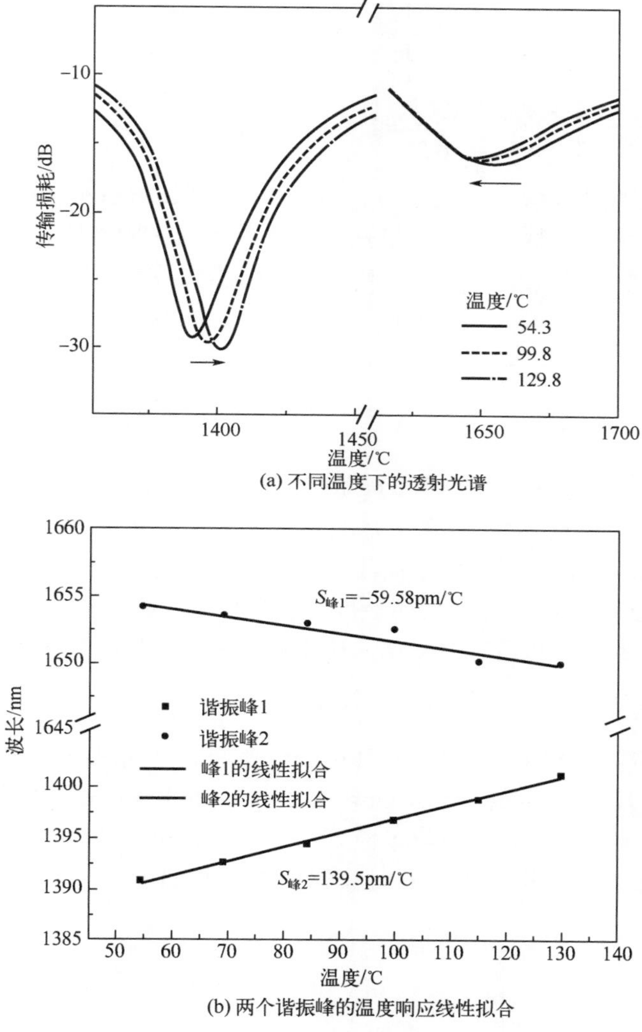

(a) 不同温度下的透射光谱

(b) 两个谐振峰的温度响应线性拟合

图 2.61　FE-LPFG 的温度响应特性

求出所有系数后，可以将式(2.22)改写为

$$\begin{bmatrix} \Delta n \\ \Delta T \end{bmatrix} = \frac{1}{62.95} \begin{bmatrix} -0.0596 & 0.1395 \\ -487.99 & -85.950 \end{bmatrix} \begin{bmatrix} \Delta \lambda_{\text{dip1}} \\ \Delta \lambda_{\text{dip2}} \end{bmatrix} \tag{2.23}$$

两个共振波长的位置($\Delta\lambda_{\text{dip1}}$ 和 $\Delta\lambda_{\text{dip2}}$)结合式(2.23)就可以同时获得 RI 值和温度值。

实验结果表明，两个谐振峰的折射率和温度敏感性相反。谐振波长的折射率和温度灵敏度可以用以下公式解释：

$$\frac{\mathrm{d}\lambda_{\mathrm{res}}}{\mathrm{d}n_{\mathrm{sur}}}=\lambda_{\mathrm{res}}\cdot\gamma\cdot\tau_{\mathrm{sur}} \tag{2.24}$$

$$\frac{\mathrm{d}\lambda_{\mathrm{res}}}{\mathrm{d}T}=\lambda_{\mathrm{res}}\cdot\gamma\cdot(\alpha+\tau_{\mathrm{temp}}) \tag{2.25}$$

式中，α 为纤维的膨胀系数；τ_{temp} 与 τ_{sur} 描述了温度和折射率的依赖关系。由于石英光纤的温度敏感性贡献较小，所以热膨胀系数 α 通常被忽略。τ_{temp} 与 τ_{sur} 是由热光系数和外部折射率决定的固定值。与 LPFG 传感灵敏度密切相关的波导色散系数 γ 可以表示为

$$\gamma=\frac{\dfrac{\mathrm{d}\lambda_{\mathrm{res}}}{\mathrm{d}\Lambda}}{n_{\mathrm{co}}^{\mathrm{eff}}-n_{\mathrm{cl},m}^{\mathrm{eff}}} \tag{2.26}$$

式中，$n_{\mathrm{co}}^{\mathrm{eff}}$ 与 $n_{\mathrm{cl},m}^{\mathrm{eff}}$ 分别为纤芯基模和 m 阶包层模的有效折射率。因为 $n_{\mathrm{co}}^{\mathrm{eff}}-n_{\mathrm{cl},m}^{\mathrm{eff}}$ 恒为正值，γ 的值取决于 λ 和 Λ 之间的关系。因此，我们在仿真中通过改变周期，获得了两个谐振峰对应耦合模式的色散曲线，如图 2.62 所示。仿真结果表明，谐振峰 1 的谐振波长与光栅周期呈正相关，而谐振峰 2 则相反，也就是说，$\gamma_{\mathrm{dip1}}>0$，$\gamma_{\mathrm{dip2}}<0$。因此，随着外部折射率和温度的变化，谐振峰 1 和谐振峰 2 表现出相反的灵敏度。

2．组合式 LPFG 同时测量应变和温度

本节采用啁啾的周期排布提出一种用于应变和温度同时测量的高灵敏度多模光纤啁啾长周期光栅(multimode fiber chirped long-period grating, MC-LPFG)。由于啁啾周期的排布，MC-LPFG 在均匀多模光纤长周期光栅的基础上产生了双谐振峰。通过监测两个峰值的位移，可以同时获得应变值和温度值。通过啁啾的折射率调

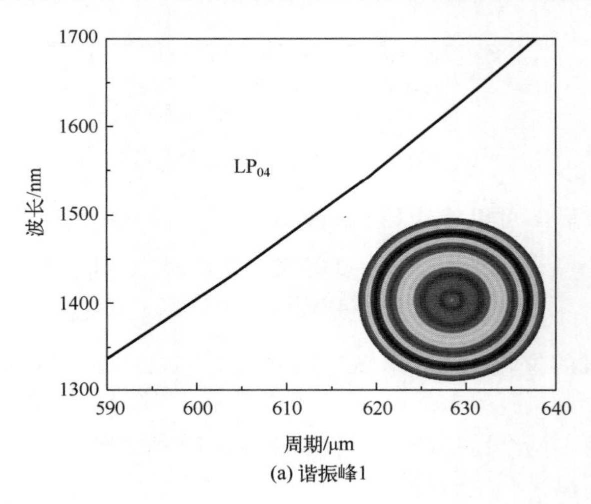

(a) 谐振峰1

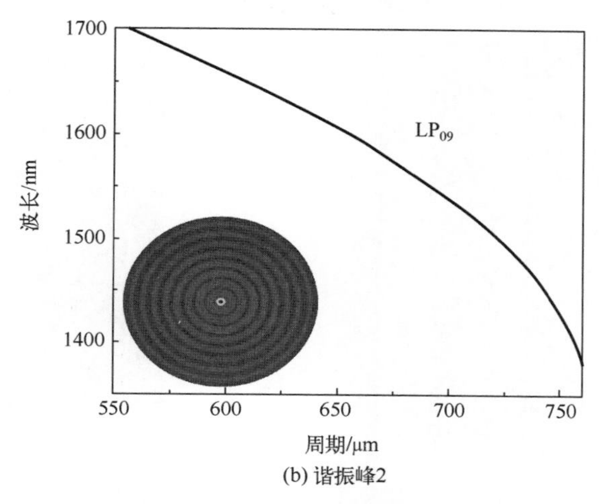

(b) 谐振峰2

图 2.62　谐振波长与光栅周期之间的关系

制激发了高阶包层模，提高传感器的应变传感性能。谐振峰的应变灵敏度分别达到 −10.10 pm/με 和 4.22 pm/με，传感器示意图如图 2.63 所示，单模光纤长度恒为 400μm，多模光纤从第一个周期的 50μm 增加到第八个周期时的 400μm。

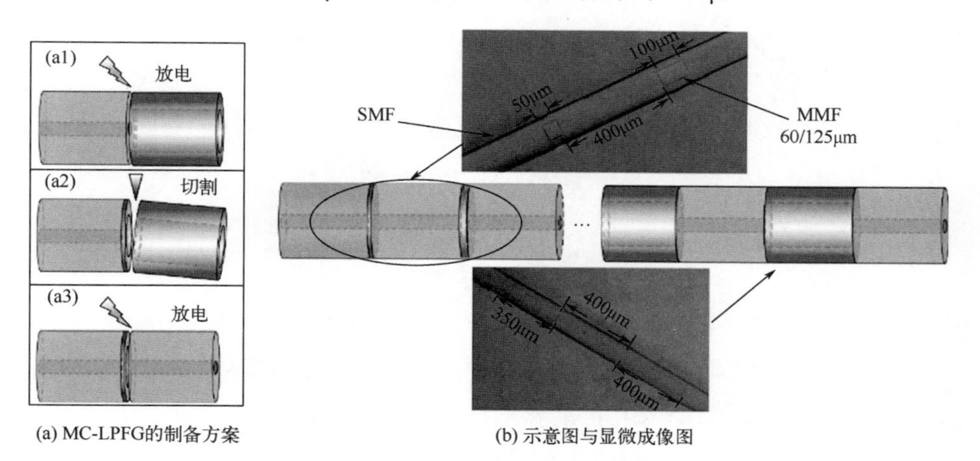

(a) MC-LPFG的制备方案　　(b) 示意图与显微成像图

图 2.63　MC-LPFG 制备过程

作为对比实验，我们还制备了均匀的组合式光纤光栅样品。均匀光栅的周期与啁啾光栅的中心周期一致。啁啾与均匀的组合式 LPFG 的传输光场分布如图 2.64(a)～图 2.64(c)所示。在均匀周期的模型中，纤芯中的能量跳变更加剧烈，在传输的过程中经历了两次从能量高点到能量低点的过程。而啁啾光栅的变化呈现出逐渐降低的趋势，变化较为缓慢。如图 2.64(d)所示，由于啁啾光栅的失谐量是以中心波长的对称形式，两个新的谐振峰(1302nm 和 1542nm)也在中心波长(1406nm)

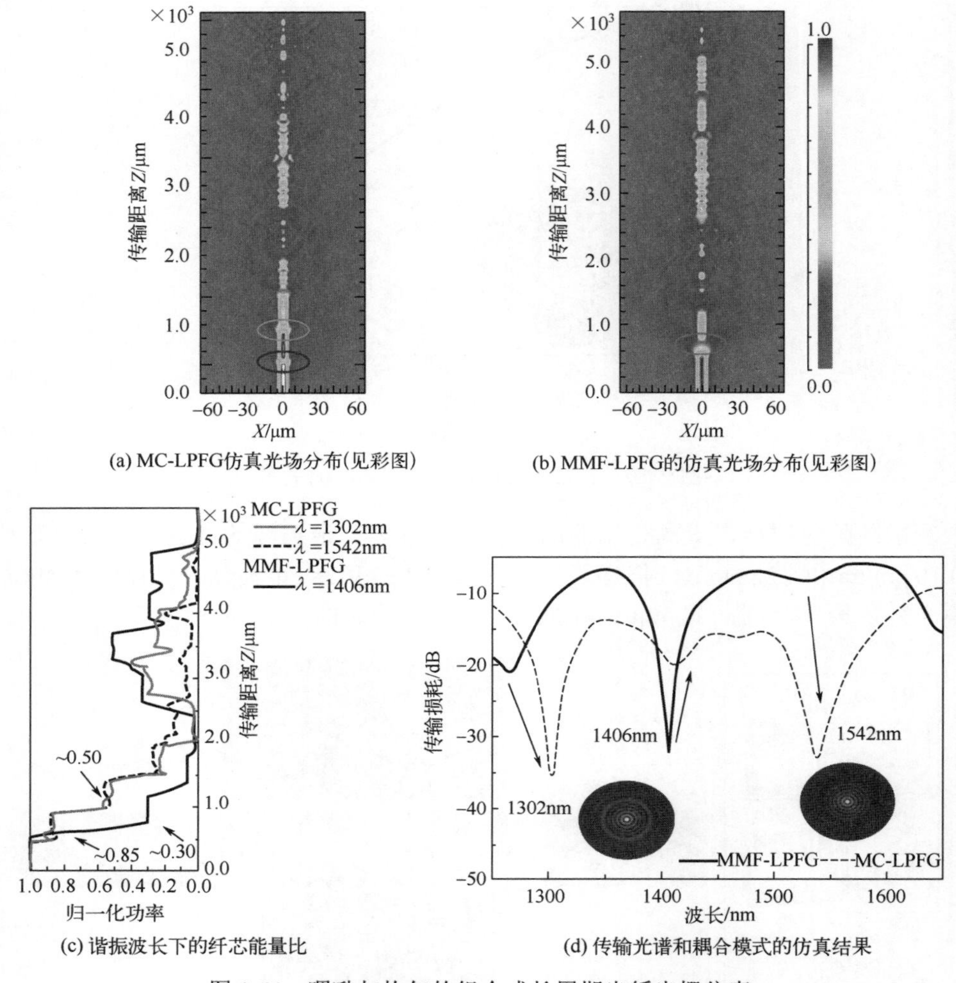

(a) MC-LPFG仿真光场分布(见彩图)　(b) MMF-LPFG的仿真光场分布(见彩图)

(c) 谐振波长下的纤芯能量比　(d) 传输光谱和耦合模式的仿真结果

图 2.64　啁啾与均匀的组合式长周期光纤光栅仿真

的两侧形成。MC-LPFG 两个共振波长的耦合模式为 LP_{06} 和 LP_{07}，两种包层模式形成的谐振峰具有不同的传感灵敏度可以同时测量两个物理参数。

对结构特性进行测量，图 2.65 为实验装置的示意图。两个固定端之间的距离为 L，右固定端安装步进电机施加应变 ΔL。在两个固定端之间放置一个恒温器，用于测量传感器的温度特性。

图 2.66 为 MC-LPFG 和 MMF-LPFG 的透射光谱之间的比较，可以看出具有较好的一致性，最后，选择 MC-LPFG 的谐振峰 1(1300nm)、谐振峰 2(1566nm)作为测量应变和温度的监测峰值，而将 MMF-LPFG 的谐振峰 3(1396nm)作为对比。

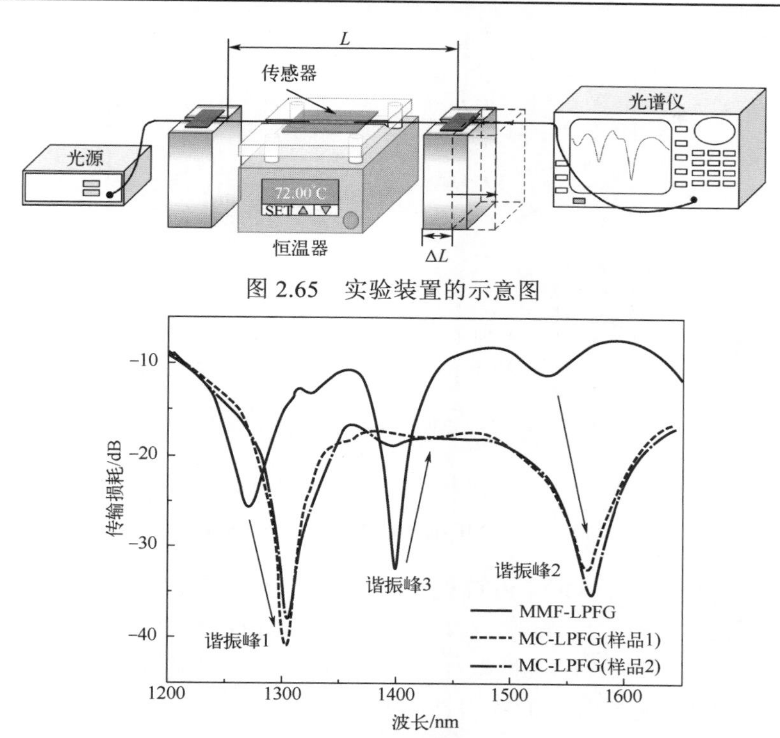

图 2.65　实验装置的示意图

图 2.66　MC-LPFG 和 MMF-LPFG 的透射光谱之间的比较

不同应变下的透射光谱和谐振波长的线性拟合分别如图 2.67 所示。随着应变的增加，谐振峰 1 与谐振峰 2 分别发生了蓝移和红移，谐振峰 1 的蓝移更为显著。谐振峰 1 和谐振峰 2 的应变灵敏度分别为−10.10pm/με 和 4.22pm/με。线性回归系数 $R^2 = 0.98$。MMF-LPFG 的应变灵敏度(−3.19pm/με)约为 MC-LPFG 的 1/3。

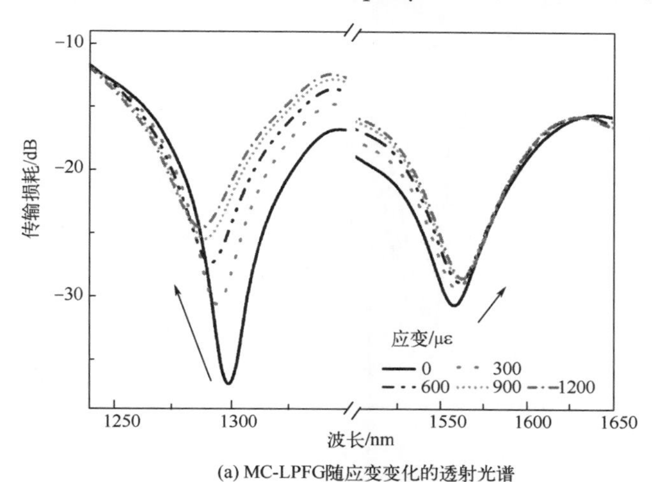

(a) MC-LPFG随应变变化的透射光谱

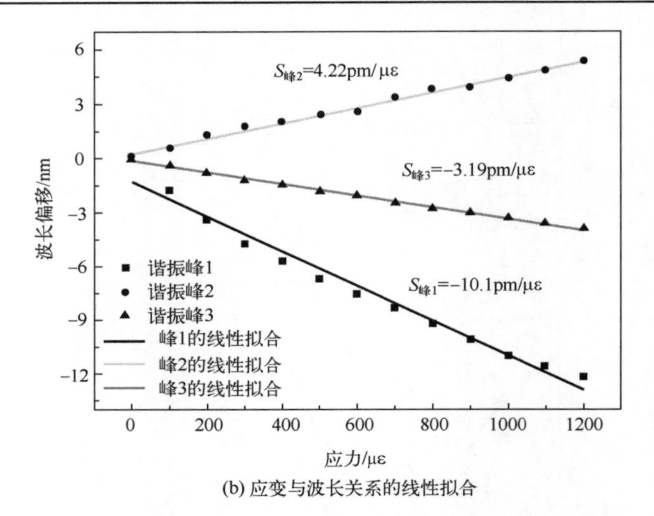

(b) 应变与波长关系的线性拟合

图 2.67　MC-LPFG 的应变响应特性

接下来，我们测试了 MC-LPFG 的温度特性。从 29℃到 136℃，每 15℃记录一次透射光谱。在图 2.68(a)中，随着温度的升高，谐振峰向更长的波长移动。图 2.68(b)显示了温度和波长之间关系的线性拟合。三个谐振峰的温度灵敏度分别为 60.33pm/℃、41.23pm/℃和 21.13pm/℃，它们的线性回归系数为 0.98。实验结果表明，MC-LPFG 的温度敏感性也得到了显著提高。

根据测量和计算的结果，可以确定 1300nm 与 1566nm 谐振峰的应变和温度的灵敏度系数为 $K_{\varepsilon_1}=-10.10$ pm/με，$K_{T_1}=60.33$pm/℃ 和 $K_{\varepsilon_2}=4.22$pm/με，$K_{T_2}=41.23$pm/℃ 。

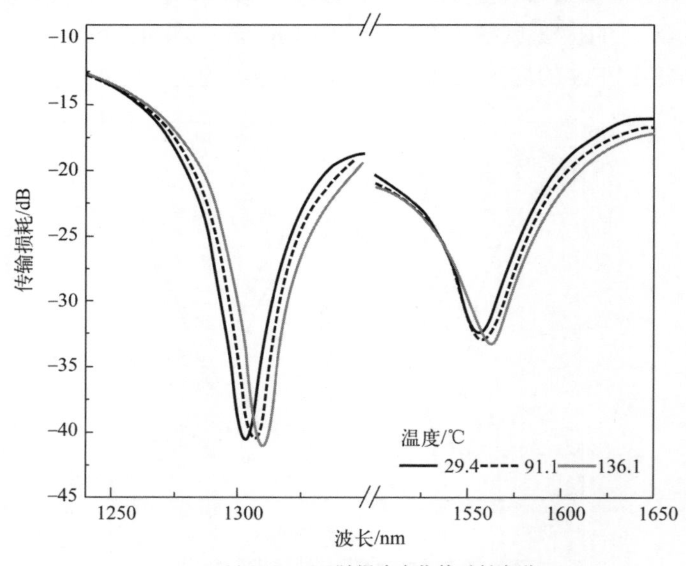

(a) MC-LPFG随温度变化的透射光谱

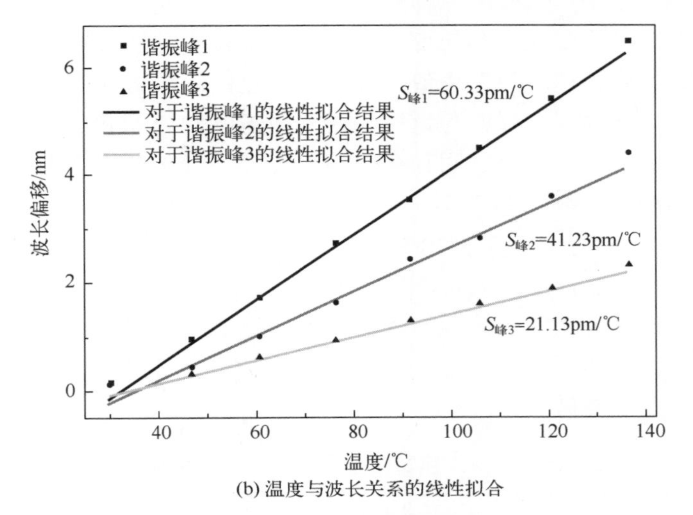

(b) 温度与波长关系的线性拟合

图 2.68　MC-LPFG 的温度响应特性

应变和温度的值可以表示为

$$\begin{bmatrix}\Delta\varepsilon\\ \Delta T\end{bmatrix}=\frac{1}{671.02}\begin{bmatrix}41.23 & -60.33\\ -4.22 & -10.10\end{bmatrix}\begin{bmatrix}\Delta\lambda_1\\ \Delta\lambda_2\end{bmatrix} \tag{2.27}$$

假设光谱分析仪的分辨率为 20pm，理论应变与温度分辨率就分别为 3.03 με 和 0.33℃。为了验证传感器的稳定性进行了以下两个实验[30]：首先，在恒定温度下对传感器施以连续的应变；然后，传感器保持恒定应变而持续施加温度。如图 2.69 所示，黑色圆点与黑线分别是实验数据值和理论数据值。此外，在固定初始状态(30℃，200με)

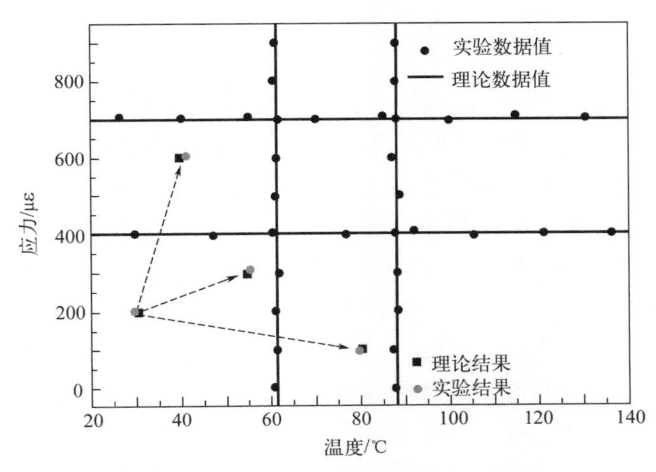

图 2.69　不同温度下不同外加应变和不同应变下不同温度的器件输出

的情况下，我们同时改变温度和应变，以更好地仿真实际的同时测量。灰色圆点与虚线分别是实验结果和相应的理论值。理论值附近的这些方块点表明，当同时应用两个参数时，传感器具有良好的稳定性。由于分辨率的限制和实验装置的误差，传感矩阵的实际测量值与理论值之间存在微小的差异。峰 1 与峰 2 的交叉灵敏度分别为 -1.29×10^{-6}pm/(με·℃) 和 -2.23×10^{-6}pm/(με·℃)。

如表 2.8 所示，将前人研究的 LPFG 双参量传感器与 MC-LPFG 进行比较。大多数现有的 LPFG 大约都有几厘米长，双 LPFG 传感器则会更长。因此，MC-LPFG 比大多数 LPFG 传感器短几倍。此外，该传感器的性能，包括灵敏度和分辨率，都优于一般的应变-温度同时测量传感器。与我们自身之前的工作相比，啁啾的周期排布使应变灵敏度提高了 5 倍。

表 2.8 比较不同传感器在应变和温度同时测量中的性能

长度/mm	应变灵敏度/(pm/με)	温度灵敏度/(pm/℃)	传感结构
50	−1.3、0.9	−262、212	双 LPFG[30]
150	−2.41	8.8	分离式微弯长周期光栅[31]
19	3.17	158.8	CO_2 激光在保偏光纤中嵌入螺旋型 LPFG[32]
78	0.5、1.1	44.9、37.8	LPFG 和微球串联[33]
30	1.36、−1.37	−36.6、129.12	基于保偏光纤的 LPFG[34]
24	−1.5、−1.2	52、38	相移 LPFG[35]
6	−2.95、−2.09	44.85、56.97	基于多模光纤的微型超长 LPFG[29]
4.6	**−10.10、4.22**	**60.33、41.23**	本节所提结构

2.5 本 章 小 结

LPFG 在过去 20 年的发展过程中，经历了初步探索阶段、蓬勃发展阶段及目前的扩展应用阶段。前人的研究主要集中于在通信单模光纤上对各种 LPFG 进行研究。而时至今日，实际测量场景对传感器的研究越发多样化。在这样的背景下，本章创新地发明了光纤连续精密切割技术，使各种其他光纤能够完美地参与到光纤传感器的制备上。在深入地分析与研究了特种光纤的组装式 LPFG 的形成机理基础上，在国际上本章率先提出了基于组装拼接制备方法的多模、少模、无芯、保偏光纤组装的 LPFG，并对它的主要应用领域进行了研究。事实证明，基于连续组装的 LPFG 制备方法为 LPFG 的发展提供了新的技术手段，已经研制成功的传感器对解决目前光纤光栅传感器的短板有着重要的实践意义和借鉴意义。

本章提出了一种利用切割焊接制造新型组合式 LPFG 的方法：切割焊接法，详细地介绍了利用这种方法制作组合式 LPFG 的工艺流程及这种光纤光栅的模式耦合理论和成栅机理，即纤芯中的基模周期性地耦合到包层再耦合回纤芯形成干涉。根据多模光纤的不同种类和不同排列方式提出了包括基于单模-多模-单模、单模-无芯-单模、啁啾型和复合型的组合式 LPFG 的设计思路。引用不同结构的组合式 LPFG 传感器分别介绍了应变、弯曲、温度、折射率和多参数同时测量的原理及实验特性。

参考文献

[1] Yin G, Wang Y, Liao C, et al. Long period fiber gratings inscribed by periodically tapering a fiber. IEEE Photonics Technology Letters, 2014, 26(7): 698-701.

[2] Feng W, Gu Z. A liquid level sensor based on long-period fiber grating with superimposed dual-peak. IEEE Photonics Technology Letters, 2019, 31(14): 1147-1150.

[3] Song B, Miao Y, Lin W, et al. Multi-mode interferometer-based twist sensor with low temperature sensitivity employing square coreless fiber. Optics Express, 2013, 21(22): 26806-26811.

[4] Xing R, Dong C, Wang Z, et al. Simultaneous strain and temperature sensor based on polarization maintaining fiber and multimode fiber. Optics and Laser Technology, 2018, 102: 17-21.

[5] Cardona-Maya Y, Socorro A B, Del Villar I, et al. Label-free wavelength and phase detection based SMS fiber immunosensors optimized with cladding etching. Sensors and Actuators B: Chemical, 2018, 265: 10-19.

[6] Zhou G, Wu Q, Kumar R, et al. High sensitivity refractometer based on reflective SMF-small diameter no core fiber structure. Sensors, 2017, 17(6): 1415.

[7] Zhang Y X, Zhou A, Qin B Y, et al. Refractive index sensing characteristics of single-mode fiber-based modal interferometers. Journal of Lightwave Technology, 2014, 32(9): 1734-1740.

[8] Erdogan T. Cladding-mode resonances in short- and long-period fiber grating filters: Errata. Journal of the Optical Society of America A, 2000, 17(11): 2113.

[9] Li Y, Wei T, Montoya J A, et al. Measurement of CO_2-laser-irradiation-induced refractive index modulation in single-mode fiber toward long-period fiber grating design and fabrication. Applied Optics, 2008, 47(29): 5296-5304.

[10] Scarmozzino R, Gopinath A, Pregla R, et al. Numerical techniques for modeling guided-wave photonic devices. IEEE Journal of Selected Topics in Quantum Electronics, 2000, 6(1): 150-162.

[11] Scarmozzino R, Osgood R M. Comparison of finite-difference and Fourier-transform solutions of the parabolic wave equation with emphasis on integrated-optics applications. Journal of the Optical Society of America A, 1991, 8(5): 724-731.

[12] Geng T, Zhang S, Peng F, et al. A temperature-insensitive refractive index sensor based on no-core fiber embedded long period grating. Journal of Lightwave Technology, 2017, 35(24):

5391-5396.

[13] Zhang S, Deng S, Wang Z, et al. A miniature SMS-LPG bending sensor with high sensitivity based on multimode fiber embedded-LPG. Sensors and Actuators A: Physical, 2019, 295: 31-36.

[14] Zhang S, Deng S, Geng T, et al. A miniature ultra long period fiber grating for simultaneous measurement of axial strain and temperature. Optics and Laser Technology, 2020, 126: 106121.

[15] Zhang S, Deng S, Wang Z, et al. A compact refractometer with high sensitivity based on multimode fiber embedded single mode-no core-single mode fiber structure. Journal of Lightwave Technology, 2019, 38(7): 1929-1935.

[16] Zhang S, Geng T, Niu H, et al. All fiber compact bending sensor with high sensitivity based on a multimode fiber embedded chirped long-period grating. Optics Letters, 2020, 45(15): 4172-4175.

[17] Zhang S, Geng T, Wang S, et al. High-sensitivity strain and temperature simultaneous measurement sensor based on multimode fiber chirped long-period grating. IEEE Sensors Journal, 2020, 20(24): 14843-14849.

[18] James S W, Tatam R P. Optical fibre long-period grating sensors: Characteristics and application. Measurement Science and Technology, 2003, 14(5): 49-61.

[19] Zhong X, Wang Y, Liao C, et al. Temperature-insensitivity gas pressure sensor based on inflated long period fiber grating inscribed in photonic crystal fiber. Optics Letters, 2015, 40(8): 1791-1794.

[20] Wang Y, Rao Y. A novel long period fiber grating sensor measuring curvature and determining bend-direction simultaneously. Journal of Optoelectronics Laser, 2005, 5(5): 839-843.

[21] Erdogan T. Fiber grating spectra. Journal of Lightwave Technology, 1997, 15(8): 1277-1294.

[22] Zheng S. Long-period fiber grating moisture sensor with nano-structured coatings for structural health monitoring. Structural Health Monitoring, 2015, 14(2): 148-157.

[23] Wang Y. Review of long period fiber gratings written by CO_2 laser. Journal of Applied Physics, 2010, 108(8): 1-18.

[24] Zheng S, Shan B, Ghandehari M, et al. Sensitivity characterization of cladding modes in long-period gratings photonic crystal fiber for structural health monitoring. Measurement, 2015, 72: 43-51.

[25] Zhou Y, Zhou W, Chan C C, et al. Simultaneous measurement of curvature and temperature based on PCF-based interferometer and fiber Bragg grating. Optics Communications, 2011, 284(24): 5669-5672.

[26] Deng M, Tang C P, Zhu T, et al. Highly sensitive bend sensor based on Mach-Zehnder interferometer using photonic crystal fiber. Optics Communications, 2011, 284(12): 2849-2853.

[27] Zhang S, Zhang W, Gao S, et al. Fiber-optic bending vector sensor based on Mach-Zehnder

interferometer exploiting lateral-offset and up-taper. Optics Letters, 2012, 37(21): 4480.

[28] Yan J, Zhang A P, Shao L Y, et al. Simultaneous measurement of refractive index and temperature by using dual long-period gratings with an etching process. IEEE Sensors Journal, 2007, 7(9): 1360-1361.

[29] Lu C, Su J, Dong X, et al. Simultaneous measurement of strain and temperature with a few-mode fiber-based sensor. Journal of Lightwave Technology, 2018, 36(18): 2796-2802.

[30] Han Y G, Lee S, Kim C S, et al. Simultaneous measurement of temperature and strain using dual long-period fiber gratings with controlled temperature and strain sensitivities. Optics Express, 2003, 11(5): 476-481.

[31] Yang J, Liu H, Wen J, et al. Cylindrical vector modes based Mach-Zehnder interferometer with vortex fiber for sensing applications. Applied Physics Letters, 2019, 115(5): 051103-1-051103-5.

[32] Jiang C, Liu Y, Zhao Y, et al. Helical long-period gratings inscribed in polarization-maintaining fibers by CO_2 Laser. Journal of Lightwave Technology, 2019, 37(3): 889-896.

[33] Ascorbe J, Coelho L, Santos J L, et al. Temperature compensated strain sensor based on long-period gratings and microspheres. IEEE Photonics Technology Letters, 2017, 30(1): 67-70.

[34] Han K J, Lee Y W, Kwon J, et al. Simultaneous measurement of strain and temperature incorporating a long-period fiber grating inscribed on a polarization-maintaining fiber. IEEE Photonics Technology Letters, 2004, 16(9): 2114-2116.

[35] Yang W, Geng T, Yang J, et al. A phase-shifted long period fiber grating based on filament heating method for simultaneous measurement of strain and temperature. Journal of Optics, 2015, 17(7): 1-6.

第 3 章　新型微结构光纤传感器的制备与应用

通过对光纤结构进行设计及微加工，可以得到性质各异的微结构光纤。微结构光纤不仅是一种良好的波导介质，且其具有微米尺度的空气孔、多芯、微纳锥腰等微结构特性，令其适合进行材料集成或建立干涉结构等，以构建新型光纤传感器。本章首先介绍微纳光纤在生化传感中的应用；然后介绍光流控微结构光纤的干涉传感器件的应用与基于光流控微结构光纤的强度型传感结构；接着对光纤传感结构的组分分离在线探测进行介绍；最后介绍基于导电材料修饰的微光电极传感。随着各种新功能材料与新型微结构光纤的快速发展，基于微结构光纤的传感器件也迎来了更广阔的发展空间，为提高传感精度、拓展传感对象种类提供了重要的技术支撑。

3.1　微纳光纤在生化传感中的应用

3.1.1　倏逝波传感技术原理

微纳光纤作为光子器件的基础，除了具有传统光波导的基本功能，还展现出了其他光学器件无法比拟的优势，例如，能够实现高灵敏度的光学传感。因此，微纳光纤可以用来构建微纳米量级的光子学器件单元或光学传感器单元，其具有传输损耗低、比表面积大、倏逝场强、机械强度高、高功率密度和柔韧性好等特点[1-4]。其中，微纳光纤的倏逝场与周围环境发生相互作用，对外界环境变化表现出灵敏度高、响应速度快和稳定性好等优势，有望实现结构紧凑、价格低廉、微型化的光学传感器件[5-7]。

在微纳光纤制备的过程中，随着直径减小，能量分布和模场分布均发生变化。当微纳光纤直径逐渐接近光波长尺寸时，一部分光场能量在纤芯内传播，另一部分光能量以倏逝场形式在光纤表面传输。当微纳光纤直径从波长减小到亚波长量级时，随着直径的减小，模场面积逐渐增大，光场约束能力达到最大值。当微纳光纤直径继续减小，光纤对光场约束能力逐渐减弱，出现模场扩散现象，其大部分光场能量以倏逝场形式在光纤表面传输。当直径小于波长的 1/10 时，将不能用于光的传输。

微纳光纤锥腰区域的光透过包层在光纤表面以倏逝场的形式传输。根据纤芯模式和包层模式间的耦合条件，微纳光纤可以分为两种类型，即绝热型(小锥角)和非绝热型(大锥角)。对于绝热型微纳光纤，大部分光在沿锥形区域传播时以基模形式传输。而对于非绝热型微纳光纤，一部分光透过纤芯在包层中传输激发高阶包层模，然后在输出端与纤芯传输的基模耦合，形成干涉光谱，周围环境的任何细微变化都可能导致非绝热型微纳光纤的输出光谱发生变化。根据报道，单模光纤制备的非绝热型微纳光纤可以用于温度传感、压力传感、折射率传感、化学传感和生物传感，熔合的微纳光纤可以用作光纤定向耦合器，其表现出超高的灵敏度[8-11]。

普通单模光纤的纤芯和包层折射率差非常小（$\Delta n = 0.004$），而微纳光纤的纤芯和包层折射率差很大（$\Delta n = 0.45$）。在波导模式分析中，对普通单模光纤通常采用弱波导近似的方法分析。

弱波导条件：

$$\varDelta = \frac{(n_1^2 - n_2^2)}{(2n_1^2)} \tag{3.1}$$

由于 n_1 和 n_2 相差极小，所以 $\varDelta$ 可近似为

$$\varDelta \approx \frac{n_1 - n_2}{n_1} \tag{3.2}$$

对于微纳光纤而言，普通光纤模场分析所采用的弱波导近似不再适用。光场的能量在芯层和包层均有分布，由于包层为空气，与纤芯折射率相差较大，微纳光纤模场分析从各向同性的麦克斯韦(Maxwell)方程组求解开始。波动方程可以表示为

$$\nabla^2 E = \mu\varepsilon \frac{\partial^2 E}{\partial t^2} \tag{3.3}$$

$$\nabla^2 H = \mu\varepsilon \frac{\partial^2 H}{\partial t^2} \tag{3.4}$$

式中，μ 为介质磁导率；ε 为介电常数；$\boldsymbol{E}$ 为电场强度；$\boldsymbol{H}$ 为磁场强度。

微纳光纤折射率分布沿轴向保持不变，场强随时间 t 和坐标轴 z 做简谐振动，光场表示为纵横分离的形式：

$$\begin{bmatrix} \boldsymbol{E} \\ \boldsymbol{H} \end{bmatrix}(x,y,z,t) = \begin{bmatrix} \boldsymbol{e} \\ \boldsymbol{h} \end{bmatrix}(x,y)\mathrm{e}^{\mathrm{i}(\omega t - \beta z)} \tag{3.5}$$

若不考虑微纳光纤中的非线性问题，只考虑单色光情况下，则光波在微纳光纤中传播时 ω 保持不变，因此 $\mathrm{e}^{\mathrm{i}\omega t}$ 项可以略去，式(3.5)可以简化为

$$\begin{bmatrix} \boldsymbol{E} \\ \boldsymbol{H} \end{bmatrix}(x,y,z) = \begin{bmatrix} \boldsymbol{e} \\ \boldsymbol{h} \end{bmatrix}(x,y)\mathrm{e}^{-\mathrm{i}\beta z} \tag{3.6}$$

式中，β 表示单位长度光波经历的相移；$\boldsymbol{e}(x,y)$ 和 $\boldsymbol{h}(x,y)$ 都是复矢量，即有幅度、相位和方向，它们分别表示电场 E 和磁场 H 沿微纳光纤横截面的分布，即模式场。

由于微纳光纤具有空间圆对称结构，该模式场可以表示为

$$\begin{bmatrix} \boldsymbol{E} \\ \boldsymbol{H} \end{bmatrix}(x,y,z) = \begin{bmatrix} \boldsymbol{e} \\ \boldsymbol{h} \end{bmatrix}(x,y)\mathrm{e}^{-\mathrm{i}\beta z} \tag{3.7}$$

$$\begin{bmatrix} \boldsymbol{e} \\ \boldsymbol{h} \end{bmatrix}(\gamma,\varphi) = \begin{bmatrix} \boldsymbol{e} \\ \boldsymbol{h} \end{bmatrix}(\gamma)^{-\mathrm{i}m\varphi}, \quad m = 0, \pm 1, \pm 2, \cdots \tag{3.8}$$

假设，微纳光纤是表面光滑、直径均匀、无限长，且以空气为包层的理想圆柱体，光纤的长度足够长，以建立稳定的空间模场分布，其折射率阶跃分布可由数学形式表示为

$$n(r) = \begin{cases} n_1, & 0 < r < a \\ n_2, & a < r < \infty \end{cases} \tag{3.9}$$

式中，a 为微纳光纤半径；n_1 为微纳光纤折射率；n_2 为空气折射率。

微纳光纤是光纤轴对称的圆柱形光波导，且在介质材料的透明区域，可以认为微纳光纤是无耗散无源的光波导，当式(3.8)的模式场满足式(3.3)和式(3.4)时，可以将 Maxwell 方程组简化为如下的亥姆霍兹方程：

$$(\nabla^2 + n^2k^2 - \beta^2)\boldsymbol{E} = 0 \tag{3.10}$$

$$(\nabla^2 + n^2k^2 - \beta^2)\boldsymbol{H} = 0 \tag{3.11}$$

式中，n 为空间每一点的折射率；$k = 2\pi/\lambda n$ 为真空中的波数；β 为传播常数；λ 为波长。

微纳光纤在单模条件下，只能传输一个模式，即基模 HE_{11}，要计算出微纳光纤中的能量分布，应该从基模本征方程着手，$\mathrm{HE}_{\nu m}$ 和 $\mathrm{EH}_{\nu m}$ 模的本征方程形式为

$$\left\{\frac{\mathrm{J}_\nu'(U)}{U\mathrm{J}_\nu(U)} + \frac{\mathrm{K}_\nu'(W)}{W\mathrm{K}_\nu(W)}\right\} \cdot \left\{\frac{\mathrm{J}'(U)}{U\mathrm{J}_\nu(U)} + \frac{n_2^2\mathrm{K}_\nu'(W)}{n_1^2 W\mathrm{K}_\nu(W)}\right\} = \left(\frac{\nu\beta}{kn_1}\right)^2 \left(\frac{V}{UW}\right)^4 \tag{3.12}$$

对 TE_{0m} 模：

$$\frac{\mathrm{J}_1(U)}{U\mathrm{J}_0(U)} + \frac{\mathrm{K}_1(W)}{W\mathrm{K}_0(W)} = 0 \tag{3.13}$$

对 TM_{0m} 模：

$$\frac{n_1^2\mathrm{J}_1(U)}{U\mathrm{J}_0(U)} + \frac{n_2^2\mathrm{K}_1(W)}{W\mathrm{K}_0(W)} = 0 \tag{3.14}$$

式中，J_ν 为第一类 Bessel 函数；K_ν 为修正的第二类 Bessel 函数；n_1 为纤芯的折射率；n_2 为包层的折射率；U、W、V 分别为

$$
\begin{cases}
U = a\sqrt{k_0^2 n_1^2 - \beta^2} \\
W = a\sqrt{\beta^2 - k_0^2 n_2^2} \\
V = ak_0\sqrt{n_1^2 - n_2^2}
\end{cases}
\tag{3.15}
$$

当微纳光纤直径足够小时，光场大部分能量都处于基模之中，而且高阶模式的衰减系数也要大于基模，所以下面我们将主要介绍对基模模场特性的研究。对于基模 HE_{11} 模式，本征方程的表达式书写如下：

$$
\left\{\frac{J_1'(U)}{UJ_1(U)} + \frac{K_1'(W)}{WK_1(W)}\right\} \cdot \left\{\frac{J_1'(U)}{UJ_1(U)} + \frac{n_2^2 K_1'(W)}{n_1^2 W K_1(W)}\right\} = \left(\frac{\beta}{kn_1}\right)^2 \left(\frac{V}{UW}\right)^4
\tag{3.16}
$$

该本征方程又可以称为超越方程，无法求得该方程的解析解。但是，基模的传播常数 β 可以通过数值的方法得到。将微纳光纤中的电场和磁场强度分别表示出来：

$$
\begin{cases}
\boldsymbol{E}(r,\varphi,z) = (e_r \boldsymbol{r} + e_\varphi \boldsymbol{\varphi} + e_z \boldsymbol{z})e^{i\beta z}e^{-i\omega t} \\
\boldsymbol{H}(r,\varphi,z) = (h_r \boldsymbol{r} + h_\varphi \boldsymbol{\varphi} + h_z \boldsymbol{z})e^{i\beta z}e^{-i\omega t}
\end{cases}
\tag{3.17}
$$

基模的电磁分布方式如下所示。

在微纳光纤纤芯内（$0 < r < a$）：

$$
e_r = -\frac{a_1 J_0(UR) + a_2 J_2(UR)}{J_1(U)} f_1(\varphi)
\tag{3.18}
$$

$$
e_\varphi = -\frac{a_1 J_0(UR) - a_2 J_2(UR)}{J_1(U)} g_1(\varphi)
\tag{3.19}
$$

$$
e_z = \frac{-iU}{a\beta} \frac{J_1(UR)}{J_1(U)} f_1(\varphi)
\tag{3.20}
$$

在微纳光纤纤芯外（$a \leqslant r < \infty$）：

$$
e_r = -\frac{U}{W} \frac{a_1 K_0(WR) - a_2 K_2(WR)}{K_1(W)} f_1(\varphi)
\tag{3.21}
$$

$$
e_\varphi = -\frac{U}{W} \frac{a_1 K_0(WR) + a_2 K_2(WR)}{K_1(W)} g_1(\varphi)
\tag{3.22}
$$

$$
e_z = \frac{-iU}{a\beta} \frac{K_1(WR)}{K_1(W)} f_1(\varphi)
\tag{3.23}
$$

式中，

$$\begin{cases} f_1(\varphi) = \sin\varphi \\ g_1(\varphi) = \cos\varphi \\ a_1 = (F_2 - 1)/2 \\ a_2 = (F_2 + 1)/2 \\ F_1 = (UW/V)^2[b_1 + (1-2\Delta)b_2] \\ F_2 = [V/(UW)](b_1 + b_2)^{-1} \\ b_1 = [\mathrm{J}_0(U)/\mathrm{J}_1(U) - \mathrm{J}_2(U)/\mathrm{J}_1(U)]/(2U) \\ b_2 = [\mathrm{K}_0(W)/\mathrm{K}_1(W) - \mathrm{K}_2(W)/\mathrm{K}_1(W)]/(2U) \end{cases} \tag{3.24}$$

研究微纳光纤中能量分布，将微纳光纤假设为理想圆柱形波导，其在轴向和径向均匀分布。对于这里的微纳光纤，平均能流在径向 r 和方位角 φ 方向为零。微纳光纤坡印亭(Poynting)矢量轴向分量 S_z 如下所示。

微纳光纤内部（$0<r<a$）：

$$\begin{aligned} S_{z1} = &\frac{1}{2}\left(\frac{\varepsilon_0}{\mu_0}\right)^{\frac{1}{2}} \frac{kn_1^2}{\beta \mathrm{J}_1^2(U)} \\ &\times\left[a_1a_3\mathrm{J}_0^2(UR) + a_2a_4\mathrm{J}_2^2(UR) + \frac{1-F_1F_2}{2}\mathrm{J}_0(UR)\mathrm{J}_2(UR)\cos(2\varphi)\right] \end{aligned} \tag{3.25}$$

微纳光纤外部（$a \leqslant r < \infty$）：

$$\begin{aligned} S_{z2} = &\frac{1}{2}\left(\frac{\varepsilon_0}{\mu_0}\right)^{\frac{1}{2}} \frac{kn_1^2}{\beta \mathrm{K}_1^2(W)}\frac{U^2}{W^2} \\ &\times\left[a_1a_5\mathrm{K}_0^2(WR) + a_2a_6\mathrm{K}_2^2(WR) - \frac{1-2\Delta-F_1F_2}{2}\mathrm{K}_0(WR)\mathrm{K}_2(WR)\cos(2\varphi)\right] \end{aligned} \tag{3.26}$$

其中，$a_3 = (F_1 - 1)/2$，$a_4 = (F_1 + 1)/2$，$a_5 = (F_1 - 1 + 2\Delta)/2$，$a_6 = (F_1 + 1 - 2\Delta)/2$。

为了更直观地描述微纳光纤内外的能量分布情况，引入参量 η 表示限制在微纳光纤内的能量占整个横截面总能量的百分比，表达式可以书写为

$$\eta = \frac{\int_0^a S_{z1}\mathrm{d}A}{\int_0^a S_{z1}\mathrm{d}A + \int_a^\infty S_{z2}\mathrm{d}A} \tag{3.27}$$

式中，$\mathrm{d}A = a^2R\cdot\mathrm{d}R\cdot\mathrm{d}\phi = r\mathrm{d}r\mathrm{d}\phi$。根据截止化归一频率 $V = ak_0(n_1^2 - n_2^2)^{1/2}$，当包层折射率减小时，$V$ 值增大，则 η 值增大，同时微纳光纤间的串扰会变明显。说明倏逝场能量占比是决定串扰的重要因素。倏逝场强度可以表示为

$$E = E_0\exp(-\delta/d_p) \tag{3.28}$$

式中，δ 表示光波由纤芯向外延伸的距离；d_p 表示倏逝场的穿透深度，可以表示为

$$d_p = \frac{\lambda}{2\pi}\frac{1}{\sqrt{n_1^2 \sin^2 \theta - n_2^2}} \tag{3.29}$$

透射的深度 d_p 通常是入射光的波长量级。

随着微纳光纤的纤芯包层折射率差的增大，表现出更强的光场约束能力和更大的倏逝场比例(大于 80%)，使大部分光在包层-空气构成的新光波导中传输。反之，随着折射率差的减小，对光场的束缚能力减弱，在光纤表面传输的大部分能量又重新回到纤芯内传输，倏逝场减弱，因而表现出对环境变化非常不灵敏。当光信号通过微纳光纤时，从标准单模光纤经过过渡区，基模逐渐向高阶模转化，随着光纤直径逐渐减小，纤芯的模场半径则由小变大。归一化频率 V 是决定模式数量的重要参数，当纤芯归一化频率降至 1 时，此时纤芯已不能约束导模的传输，在纤芯的光开始进入包层传输。当归一化频率小于 1 时，锥腰区的纤芯直径可以忽略不计，模场半径进一步增大，能量以倏逝场形式在光纤表面传输。

3.1.2　基于微纳光纤的在线离子检测

铅是河流中最常见的重金属污染物之一，主要来源于油漆、铅蓄电池工业、金属冶炼及工业排放的铅废水。铅为剧毒物质，且不能被水体中的生物降解。近年来，农业、渔业和畜牧业受到铅污染的严重危害，难以在短时间内得到修复，造成了严重的经济损失[12]。特别是，人处在食物链的顶端，被铅离子污染的食物，会导致铅离子在人体内逐渐浓缩、富集，这会给人体健康带来巨大的损害，可能会导致心血管疾病、肝硬化、脑损伤、免疫功能缺陷等一系列疾病。所以，检测水溶液中 Pb^{2+} 的含量不仅是为了保护环境，更是对人类的健康负责。Pb^{2+}的检测方法包括荧光共振能量转移法、共振散射光谱法、原子吸收光谱法和电化学发光法[13-15]。这些方法技术已相对成熟，具有较高的检测精度，但使用这些方法所采用的设备体积大且价格昂贵，导致这些方法的实际运用价值被限制。因此，设计一种新型、低成本、集成化、小型化、远程在线的 Pb^{2+}传感器更值得重视。

黑磷(black phosphorus, BP)是一种二维材料，具有带隙可调、电子迁移率高、比表面积大、热力学稳定等优点，它在场效应管、光电器件和热电器件领域有着广泛的应用。黑磷纳米片具有层状结构，该层状结构沿扶手椅方向具有褶皱晶格结构，由于其独特的褶皱结构和面内各向异性，黑磷与其他二维材料相比具有相当大的表面积比、极高的空穴迁移率和可控的光吸收特性。黑磷对金属离子有很强的吸附作用，属于化学吸附反应，黑磷与 Pb^{2+}的配位关系为四配位，且与原子紧密吸附后结构保持不变。故用其来修饰光纤，作为本节中 Pb^{2+}传感的敏感材料。

本节所使用的黑磷纳米片是通过一锅溶剂热法和超声剥离获得的。黑磷制备流程如图 3.1 所示。首先，将 0.9g 的红磷溶解到 60mL 的乙二胺溶液中，并在特氟隆反应器中加热到 160℃，持续加热 24h 后，取出黑色沉淀物，用乙醇洗涤三次，并在真空炉中干燥 12h。然后，为了让黑磷粉末剥离成黑磷纳米片，取出 0.5g 的黑磷粉末，溶解在 10mL 无水乙醇中，并在室温下超声处理 12h。最后，将上清液在 2000r/min 下离心 5min，取出上清液，就得到黑磷纳米片的分散液。

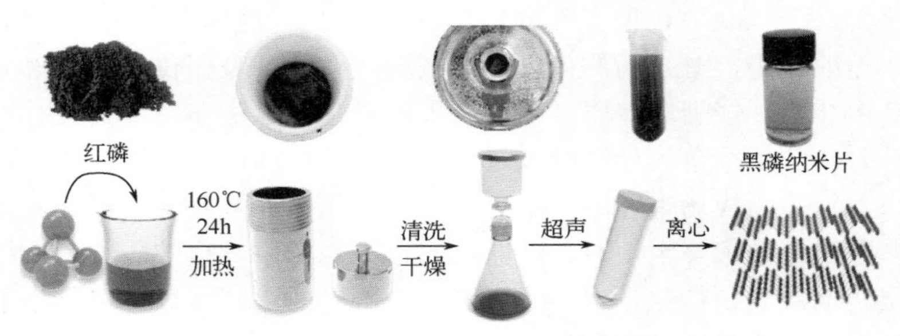

图 3.1　黑磷制备流程图

黑磷纳米片的拉曼光谱图如图 3.2(a)所示。通过实验测试，得到黑磷纳米片的特征峰分别为 A_g^1(340cm^{-1})、B_g^2(434cm^{-1})和 A_g^2(453cm^{-1})。同时，从光谱可以看出，P—O 键位于 384cm^{-1}，证明黑磷成功合成[16]。黑磷纳米片的扫描电镜图如图 3.2(b)所示，可以看出黑磷的纳米片形貌。

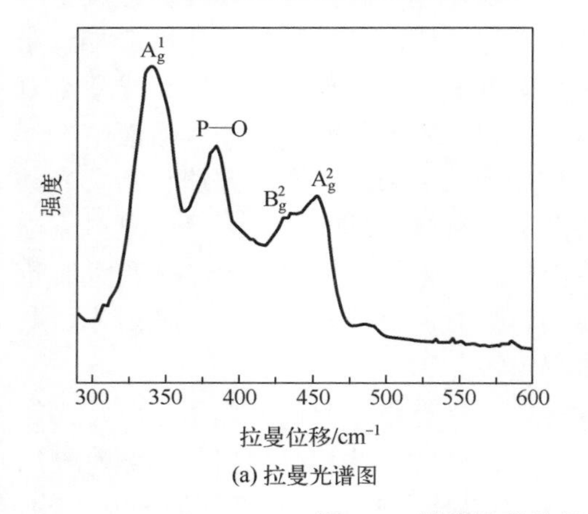

(a) 拉曼光谱图

(b) 扫描电镜图

图 3.2　黑磷纳米片的拉曼光谱图和扫描电镜图

制备微纳光纤的铅离子传感器的基础是结构均匀、灵敏度高、机械性能好的微纳光纤。本书采用熔融拉伸的方法制备微纳光纤。当标准单模光纤被加热到熔融状态时，可以通过控制步进电机的速度与火焰的大小来拉伸不同直径和长度的微纳光纤。实验要求微纳光纤具有高灵敏度和强倏逝场，因此腰径区域的直径应尽可能小，这样光场的大部分能量才能泄漏至光纤表面。但为了保证传感器具有更好的机械强度和更低的传输损耗，光纤的直径不能过小。因此，经过多次实验测试，得到满足要求的微纳光纤参数：拉伸区域的总长度约为 21mm，腰径区直径约为 8μm，长度约为 4mm，左右两个锥形过渡区的长度约为 8.5mm。利用敏感材料对微纳光纤表面进行功能化处理，使其能对特定被测物有识别能力。本节为了能够测量水溶液中痕量 Pb^{2+}的浓度，需要将二维材料高效地转移到光纤表面。光沉积法是常用的材料修饰方法之一，这种方法的优势在于同时利用了光吸收材料的可饱和吸收特性，以及微纳光纤的倏逝场。诱导光通过光纤进行传导，引起纳米材料与溶剂之间产生局部发热，从而导致纳米材料发生热迁移。同时，当光经过锥区时，产生的倏逝场会在光纤表面附近产生较强的光强梯度，会对其范围内的微粒产生梯度力的作用。最终，黑磷纳米片被沉积在微纳光纤的腰径区表面。利用光沉积法将黑磷纳米片沉积在微纳光纤表面的实验装置图如图 3.3 所示。

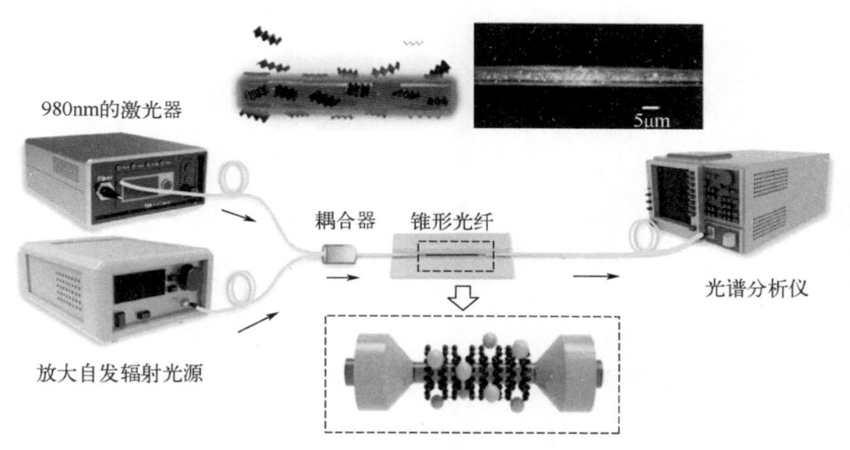

图 3.3　黑磷纳米片沉积实验装置图

装置中，使用波长为 980nm 的激光器作为诱导光源，同时利用耦合器将宽谱光源连接到光路中，光源的波长为 1530～1610nm，作为信号光。光纤的另一端连接光谱分析仪，用来检测微纳光纤干涉光谱的变化情况。将微纳光纤拉伸区域放置在 V 形槽中，并将提前制备好的黑磷纳米片分散液滴加到 V 形槽中，使其完全覆盖。为了保证光纤表面沉积适量的黑磷纳米片，每隔 30s 去除分散液，用光谱分析仪监测干涉谱的变化。图 3.4 显示了随着沉积次数的增加，干涉光谱发生了明显的右移。并且，黑磷的沉积改变了微纳光纤基模与高阶模之间的耦合效率，导致干涉光谱的消光比也在逐渐减弱。经过多次实验发现，当激光功率为 130mW，沉积时间为 210s 时，可以制备出稳定的表面修饰黑磷纳米片的微纳光纤传感器。当小于该功率或者沉积时间时，黑磷在光纤上沉积的厚度会随着时间的增加而增加，但当大于该功率或者沉积时间时，会导致黑磷纳米片在光纤表面的厚度过厚，且分布不均匀，在光谱仪上观察的光谱不再明显，甚至干涉现象消失。

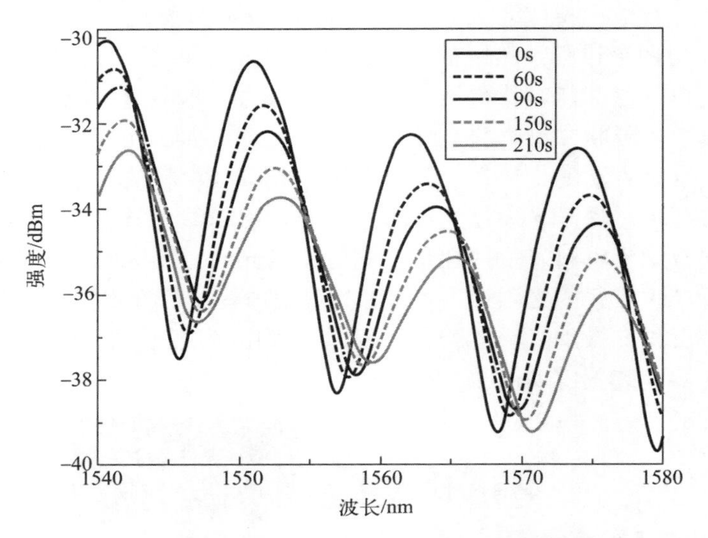

图 3.4　黑磷纳米片沉积过程中的干涉光谱变化

将黑磷纳米片功能化的微纳光纤放置在显微镜下，并连接红色可见光光源。如图 3.5(a)所示，可以明显地观察到微纳光纤上的散射光斑均匀地分布在光纤表面，说明黑磷纳米片被牢固地附着于光纤外表面。同时，对功能化的光纤进行扫描电镜表征，结果如图 3.5(b)所示，可以清晰地看到沉积在光纤表面的黑磷纳米片。通过显微镜和扫描电镜的表征，说明黑磷纳米片已被牢固均匀地沉积于微纳光纤表面。

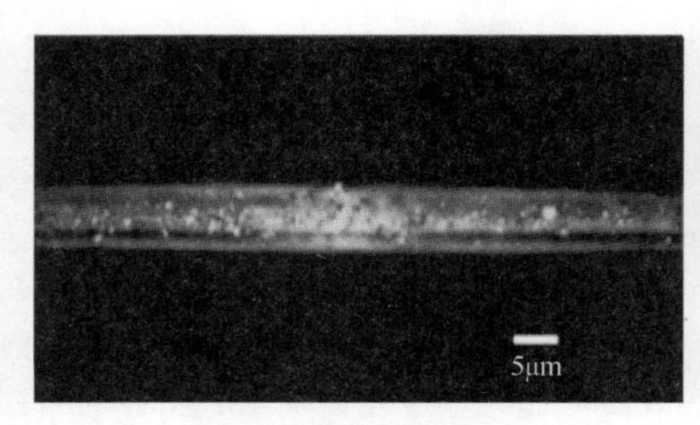

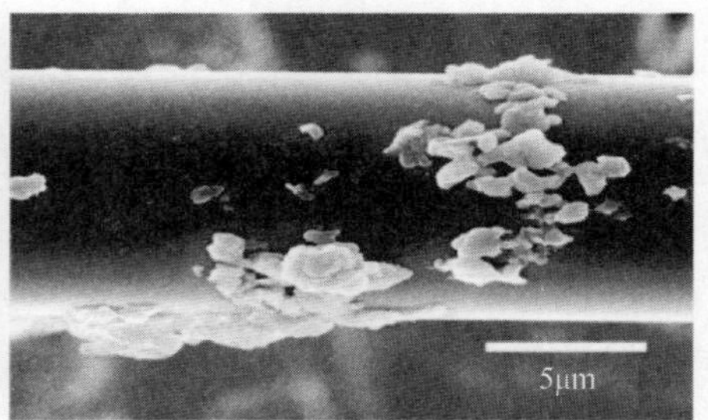

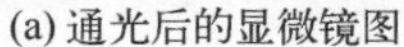

(a) 通光后的显微镜图　　(b) 扫描电镜图

图 3.5　修饰黑磷纳米片的微纳光纤表面形貌

原始的黑磷表现为 P 型半导体特性，具有中等禁带宽度，因此它的费米能级接近价带，其大多数电荷载流子是空穴。黑磷带隙可以通过厚度、应变、电场和掺杂物进行广泛的调整。由于黑磷特殊的结构特性，且微纳光纤会在光纤表面产生较强的倏逝场，Pb^{2+}会在静电力和范德瓦尔斯力的作用下被吸附到黑磷的褶皱状结构上。重金属离子的吸附使得黑磷中的电荷和空穴载流子浓度提高。随着离子密度的增加，由于斯塔克效应，来自电离供体的电场逐渐减小了带隙，并将黑磷的电子状态从半导体调整为狄拉克半金属状态。黑磷具有超高的载流子迁移率和超强的分子吸附能，使其具有吸引重金属离子的能力。当载流子浓度足够大时，相关效应变得显著，导致载流子诱导的折射率变化增加。把黑磷纳米片吸附 Pb^{2+}后形成的物质称为络合物，吸附 Pb^{2+}的过程示意图如图 3.6 所示。正是这一物质的改变导致折射率增大，从而引起干涉光谱的红移。

图 3.6　黑磷吸附 Pb^{2+}的过程示意图

黑磷纳米片功能化的微纳光纤干涉传感器对 Pb^{2+}的检测装置与其沉积装置类似，仅需要将制备系统中的光源(980nm 的激光器)关闭。将微纳光纤的两端固定在光学防振平台上，避免振动对干涉光谱带来干扰。最后将滴加在 V 形槽中的黑磷纳米片分散液替换成 Pb^{2+}溶液，便可以实现对 Pb^{2+}的传感。为了能更深入地研究该传感器的传感性能，通过设立对照组来证明黑磷对 Pb^{2+}的特异性吸附作用。利用同样的方法制备一个未用黑磷纳米片功能化的微纳光纤，将其作为对照组的传感器。将 0.16g 硝酸铅溶解在 10mL 去离子水中制备 Pb^{2+}溶液，并按比例稀释得到 9 组浓度范围处于 0.1～10^7ppb①的 Pb^{2+}溶液。若直接将微纳光纤浸没在 Pb^{2+}溶液中，难以确定是黑磷对 Pb^{2+}的吸附作用导致的折射率改变，还是不同浓度的 Pb^{2+}溶液本身的折射率变化导致的折射率改变。因此本实验采用在溶液外，也就是空气介质中进行测量和获取数据。先将微纳光纤的整个锥形区域浸泡在 Pb^{2+}溶液中，静置 1min。移除液体后，将光纤在空气中干燥，然后用光谱分析仪记录光谱。检测后，用去离子水清洗微纳光纤，再滴入下一浓度的 Pb^{2+}溶液，重复上述过程，最终得到的实验数据如图 3.7 所示。

① 为 parts per billion 的缩写，在美国、法国表示 10^{-9}，在英国、德国表示 10^{-12}。

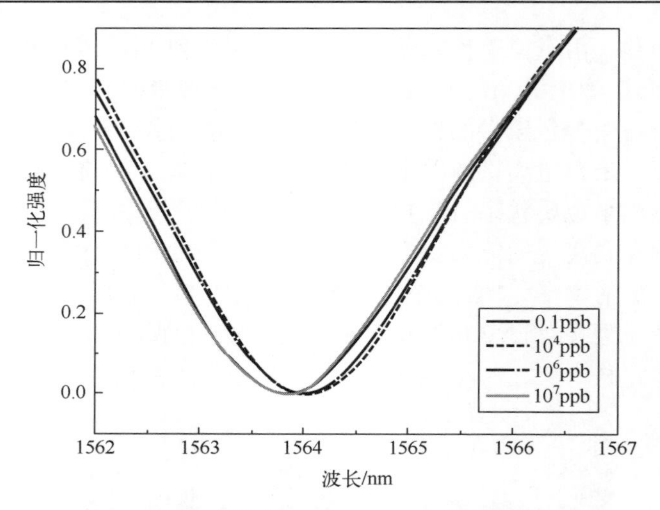

图 3.7　裸微纳光纤对 Pb^{2+}的响应光谱

在图 3.7 中发现，当 Pb^{2+}的溶液浓度从 0.1ppb 逐渐增加到 10^4ppb 时，微纳光纤的干涉谱线几乎重叠，说明 Pb^{2+}不与光纤表面发生相互作用，微纳光纤附近的折射率没有变化。同时，也说明了仅靠微纳光纤本身的灵敏度无法对浓度范围处于 0.1～10^4ppb 的 Pb^{2+}溶液进行检测，干涉谱的波长位移仅为 0.008nm。当 Pb^{2+}溶液浓度在 10^6～10^7ppb 浓度时，此时干涉光谱不再处于重叠状态，有一定的移动量。这是因为此时溶液浓度已较高，当微纳光纤浸没在溶液后取出时，微纳光纤表面会残留较多的 Pb^{2+}，改变了周围的折射率，使光谱略红移。上述实验表明，即使是高灵敏度的微纳光纤也难以检测低浓度的 Pb^{2+}溶液。

根据上面的分析，黑磷纳米片对金属离子具有较强的吸附作用，因此，在黑磷修饰的微纳光纤对不同浓度的 Pb^{2+}溶液传感实验中，每次测试前，需确保上一次测试中 Pb^{2+}与黑磷在微纳光纤表面形成的吸附络合物已被完全去除。在测试前，应用去离子水对光纤表面进行反复冲洗至少三次，以确保微纳光纤能够回到初始状态。更准确的方法为，先用去离子水对传感器进行标定，用光谱仪记录下初始的干涉光谱；每测量一个溶液后，进行冲洗干燥，再与初始干涉光谱进行比较，以确保每次测量前，光纤均已恢复到初始状态。为尽可能避免吸附络合物的堆积，Pb^{2+}溶液的浓度从 0.1ppb 逐渐增加到 10^7ppb。随着 Pb^{2+}浓度的增加，形成的吸附络合物也增加。吸附络合物改变了微纳光纤表面的有效折射率，随着溶液浓度的逐渐增加，干涉光谱的红移量逐渐增大，将所有溶液的干涉光谱记录好后，得到如图 3.8 所示的数据图。同时，利用阿贝折射仪对所有浓度的 Pb^{2+}溶液进行测试，发现当浓度大于 10^4ppb 时，阿贝折射仪能够准确地读出溶液折射率的数值，但当 Pb^{2+}溶液浓度在 10^4ppb 以下时，阿贝折射仪难以区分折射率的变化。因此，本书把浓度为 0.1～10^4ppb 的 Pb^{2+}溶液称为低浓度溶液，而大于 10^4ppb 的 Pb^{2+}溶液称为高浓度溶液。从图 3.8 可以看出，在 0.1～10^4ppb 的低浓度范围内，光谱不再重叠，已经有明显的右移，通过读取干涉光谱波谷的波长数值，可知干涉光谱发生了 0.184nm 的偏移。实验数据说明，黑磷纳米片对 Pb^{2+}的吸附作用的确改变了光纤表面的折射率，才会导致干涉光谱发生红移。黑磷纳米片功能化的微纳光纤传感器不仅可以检测高浓度 Pb^{2+}，而且对低浓度 Pb^{2+}溶液也有明显的响应，充分地体现了黑磷纳米片作为敏感材料对金属离子的吸附作用。

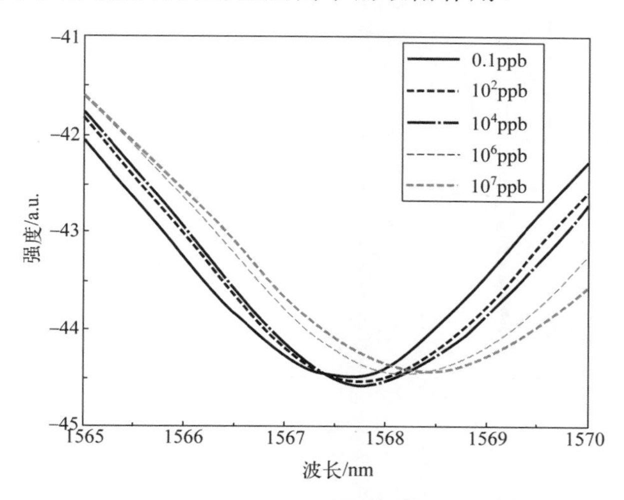

图 3.8　黑磷修饰微纳光纤对 Pb^{2+}的响应光谱

为进一步研究黑磷修饰微纳光纤传感器的传感性能，对干涉波长偏移量与 Pb^{2+}浓度关系进行整理，如图 3.9(a)所示，可见波长移动量与浓度之间并没有直接的线性关系。通过多种函数关系的拟合，发现黑磷纳米片对 Pb^{2+}的静电吸附符合朗缪尔(Langmuir)等温吸附模型。Langmuir 等温吸附模型是指当金属离子与黑磷纳米片接触时，就会被吸附在黑磷纳米片的表面，一旦表面上覆盖满一层金属离子，这种力场就得到了饱和，所以吸附反应只发生在表面分子层上。因此，黑磷纳米片是有最大吸附量的，理论上与吸附位有关，与温度无关。由于微纳光纤表面的黑磷纳米片数量有限，且黑磷纳米片表面发生了对 Pb^{2+}的吸附，过多的金属离子会产生饱和效应。因此，在图 3.9(a)中，在高浓度的样品溶液(10^6～10^7ppb)下，传感器处于饱和状态。因此，如图 3.9(a)所示，当 Pb^{2+}溶液浓度逐渐增加时，光纤传感器波长移动量增加的速率逐渐平缓。

由于溶液浓度变化是以指数量级进行增加的，发现 Pb^{2+}浓度在 0.1～10^5ppb 时，数据点十分紧凑，为进一步研究其中存在的关系，将其单独进行分析。图 3.9(b)中为 0.1～10^5ppb 低浓度 Pb^{2+}范围的数据关系，可以明显地看出 Pb^{2+}浓度的对数与波长移动量呈线性关系。对波长移动量与浓度变化量进行线性拟合，得到的拟合函数为 y=0.03714x+0.03714，其中，y 表示波长位移，x 表示 Pb^{2+}浓度。R^2=0.99976，拟合度较高，说明微纳光纤表面修饰黑磷纳米片的传感器与低浓度 Pb^{2+}溶液有良好的线性关系。

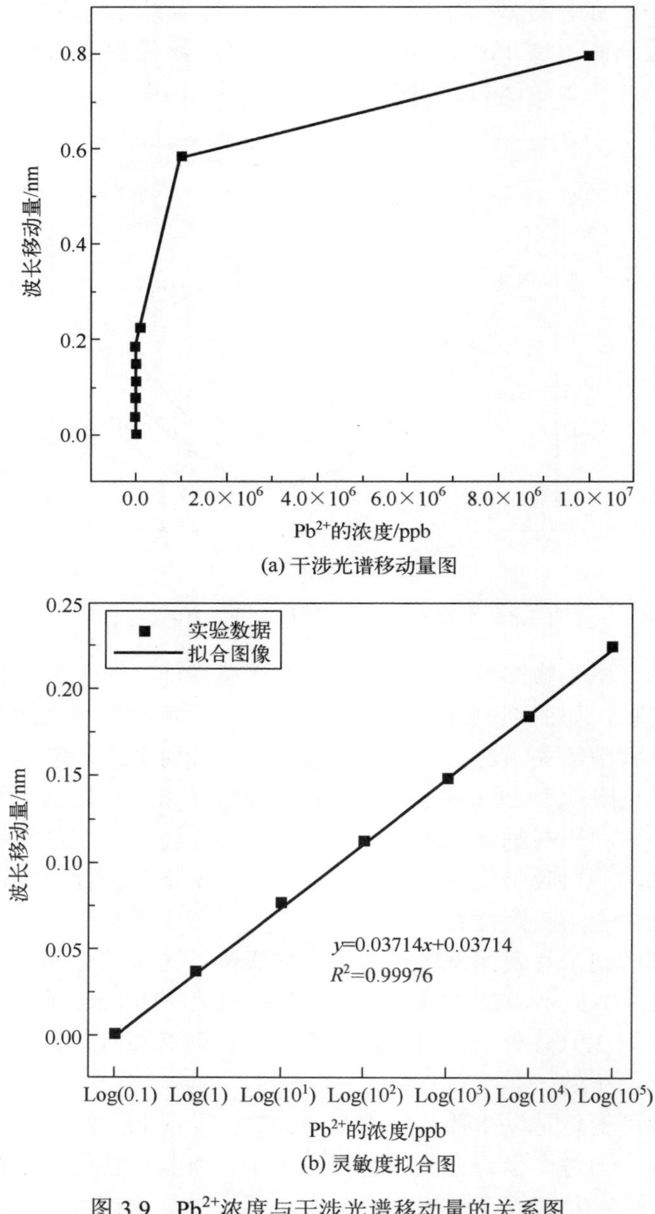

(a) 干涉光谱移动量图

(b) 灵敏度拟合图

图 3.9　Pb^{2+}浓度与干涉光谱移动量的关系图

灵敏度是衡量传感器性能的重要参数，反映了传感器感知微小变化的能力。将黑磷功能化微纳光纤传感器的灵敏度定义为线性拟合的斜率，为 0.03714nm/ppb。这种高灵敏度是由于黑磷纳米片与 Pb^{2+}之间的吸附作用改变了光纤表面的折射率，通过这种方式放大了光纤表面微小的变化。检测限(limit of detection，LOD)是传感器可以测量的最低浓度，被定义为 3 倍标准差与斜率的比值，本节传感实验中 LOD 为 0.0206ppb。

图 3.10 直观地比较了经过黑磷纳米片修饰和未经过黑磷纳米片修饰的微纳光

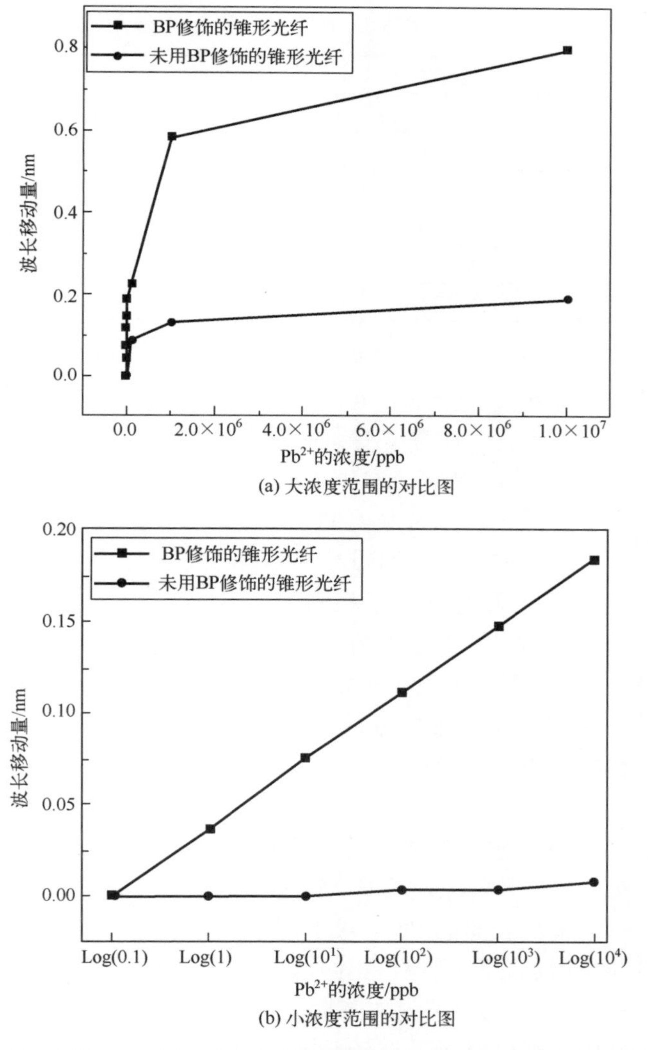

(a) 大浓度范围的对比图

(b) 小浓度范围的对比图

图 3.10 修饰与未修饰黑磷纳米片的微纳光纤对 Pb^{2+}响应的对比图

纤的波长移动量与 Pb^{2+}浓度之间的关系。在测量 0.1～10^4ppb 的低浓度时，黑磷纳米片修饰的微纳光纤波长位移与 Pb^{2+}浓度呈线性关系，对 Pb^{2+}的检测灵敏度是裸光纤的 23 倍左右。此外，黑磷纳米片修饰的微纳光纤在高浓度下也具有更大的波长漂移量。

为了比较传感器的性能参数，列出了不同 Pb^{2+}光纤传感器的传感结构、传感层、灵敏度和 LOD，如表 3.1 所示。与其他传感器相比，本节提出的黑磷纳米片功能化微纳光纤传感器具有较高的灵敏度和最低的检测限。

表 3.1　Pb^{2+}传感器

传感结构	敏感层	灵敏度	检测限	参考文献
LSPR	MUA	0.28nm/mM	—	[17]
锥形 SMF	壳聚糖	0.177dBm/ppm	—	[18]
LPFG	PMO+BTESPTS	2.072nm/μM	—	[19]
MMF	标记 DNA	—	0.13nM	[20]
FPI SMF	AMEO	—	10ppb	[21]
MMF	标记 DNA	—	20nM	[22]

对光纤传感器的响应时间进行探究，结果如图 3.11 所示。将浓度为 1ppb 和 10^6ppb 的溶液滴加到微纳光纤表面，对 1567nm 波长处的输出光强进行监测。传感器分别需要 44s 和 49s 达到整体强度变化的 90%。响应时间较长是因为金属离子在水溶液中的扩散速率较慢，响应时间差异较小的原因是黑磷纳米片的比表面积较大。从图 3.11 可以看出，在黑磷纳米片吸附的初始阶段，高浓度 Pb^{2+}溶液比低浓度溶液的响应速度更快。另外，重复性是衡量传感器性能的另一个重要参数。在这里，使用浓度为 1ppb 的 Pb^{2+}溶液重复测试了相同的黑磷纳米片修饰的微纳光纤传感器。每次测试结束后，光纤都要用去离子水清洗三次，并在空气中干燥，以恢复原来的状态。图 3.12 显示了同一黑磷修饰的微纳光纤传感器对浓度为 1ppb 的 Pb^{2+}溶液重复测量 7 次的结果。可以看出，每次测量的波长位移分布在 0.5nm 左右，满足图 3.9 中的拟合函数。结果表明，黑磷修饰的微纳光纤传感器对相同浓度的多次测量结果具有稳定的重复性。

图 3.13 为微纳光纤传感器的可逆性。在测量不同浓度变化的溶液时，传感器干涉波长的位置发生变化。需要注意的是，在每次测量后，光纤需要用去离子水清洗，以去除吸附在黑磷纳米片表面的 Pb^{2+}。对于同一黑磷纳米片修饰的微纳光纤传感器，无论检测浓度序列是增加还是减少，相同浓度溶液的干涉波长位置基本不变，实验数据的相关性为 99.64%，说明了该传感器的可逆性良好。

由于黑磷纳米片对金属离子具有较强的吸附作用，但是在设计传感器时，要考虑传感器对被测物的识别性。因为，在实际的检测环境中，未知溶液往往是含有多种不同的金属离子，要想传感器不受其他金属离子的影响，能够准确地检测出其中Pb^{2+}的含量，传感器的特异性识别就显得尤为重要。而且，传感器对不同离子的正确识别是提高灵敏度、减少误差的关键。为了验证黑磷纳米片修饰的微纳光纤传感器对 Pb^{2+}的选择性，将日常生活中常见的金属离子引入黑磷修饰的微纳光纤传感器的检测中。光纤传感器对浓度为 10^4ppb 的 Pb^{2+}、Na^+、Mg^{2+}、K^+、Zn^{2+}、Ag^+溶液的干涉波长变化如图 3.14 所示。从图中可以看出，黑磷纳米片对 Pb^{2+}的作用导致了干扰谱的最大位移。结果表明，该传感器对 Pb^{2+}有较高的选择性，而对其他金属离子的响应变化很小。

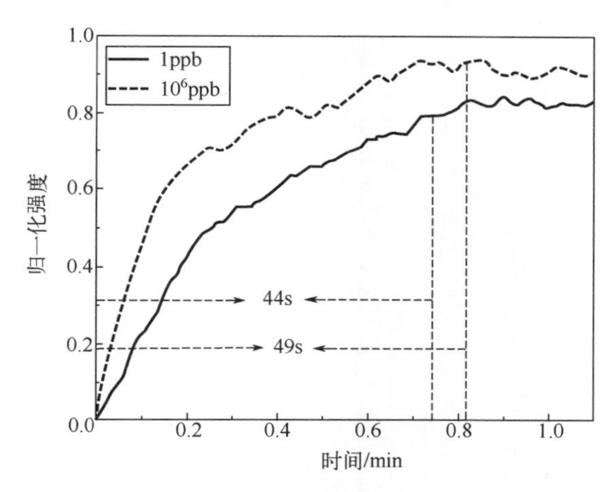

图 3.11　黑磷修饰微纳光纤对 Pb^{2+}的响应时间

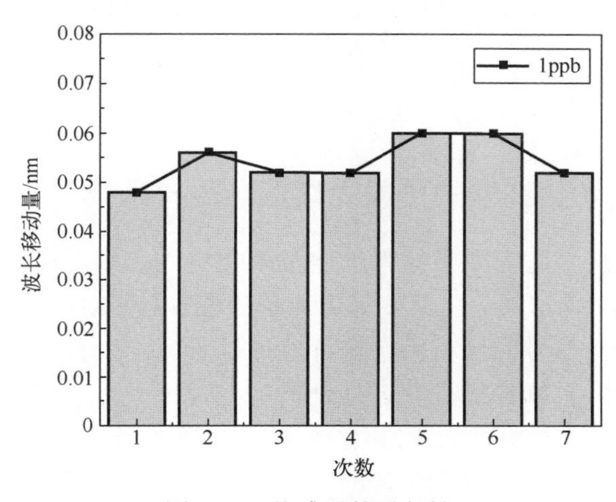

图 3.12　传感器的重复性

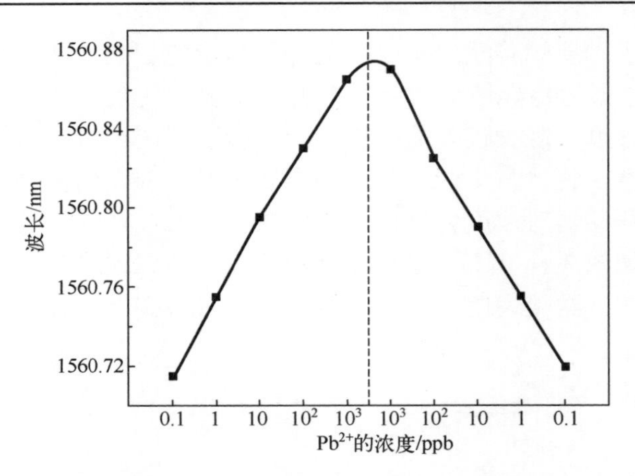

图 3.13 微纳光纤传感器的可逆性

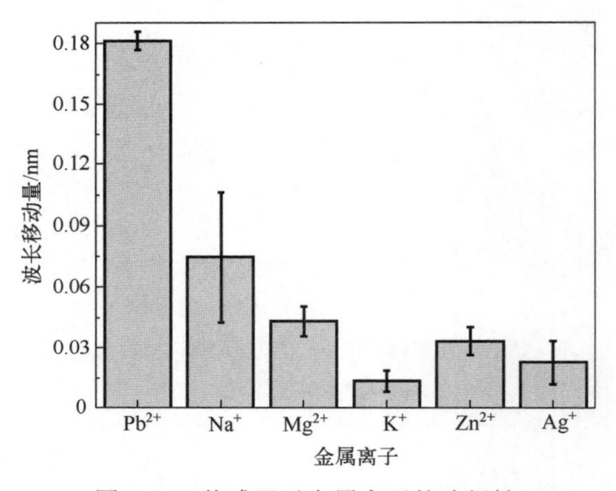

图 3.14 传感器对金属离子的选择性

3.1.3 基于静电纺丝纤维的集成式倏逝场传感结构

本节内容主要从两方面介绍静电纺丝技术在集成式倏逝场传感结构中的应用。首先，通过静电纺丝技术制备出聚甲基丙烯酸甲酯(polymethyl methacrylate，PMMA)微纳光纤，并对其光信号的倏逝场传输特性进行研究；接着，对由静电纺丝技术制备出的凝胶微纳光纤氧气传感特性进行分析。

通过静电纺丝技术能够进行 PMMA 微纳光纤的制备，对 PMMA/二甲基甲酰胺(N,N-Dimethylformamide， DMF)、PMMA/DMF/甲酸、PMMA/甲酸等溶液中的溶剂比例进行调整，可以获得直径为 300～1000nm 的纤维。波长为 488nm、532nm 和 650nm 的光可以被耦合到纤维中并在纤维内传输。该方法既不使用昂贵的设备也不涉及复杂的制备流程，为制备高度均匀的微纳光纤提供了一种有效且便捷的方法。

在丹麦奥胡斯大学 Uyar 等[23]的研究中，通过电纺 PMMA/薄荷醇/DMF/环糊精的混合溶液，制备了均匀的 PMMA 纤维。但是发现，薄荷醇和环糊精的加入会降低 PMMA 的透明度。为了改善纤维的透明度，进行了一系列研究，发现使用 DMF 或 DMF/甲酸混合液作为 PMMA 的电纺溶剂，对其透明度能够起到改善作用，且应对聚合物浓度进行控制[24,25]。图 3.15 显示了具有均匀形态的 PMMA 纤维扫描电子显微镜图像。当以 DMF 为溶剂的溶液浓度为 25%时，在纤维中观察到纺锤形珠子。当浓度增加到 30%时，液珠消失，制备出来的纤维形状均匀，纤维平均直径为 915nm，如图 3.15(a)所示。可以看出高浓度纺丝溶液可以减少断裂纤维的形成，并且可以增加纤维直径，而当浓度高于 33%时，聚合物溶液的黏度很高，无法获得均匀的 PMMA 纤维。

静电纺丝过程与溶液的液滴拉伸相关，液滴拉伸是由其表面的电荷排斥引起的。如果溶液的电导率增加，那么会有更多的电荷被射流携带，而一般来说，电导率的增加更容易获得没有液珠的纤维[26]。考虑到甲酸具有高电导率(6.4×10^{-5}S/cm, 25℃)，所以用 DMF/甲酸混合溶液作为溶剂来制备直径较小的无珠纤维。图 3.15(b)和图 3.15(c)显示了用混合溶剂(质量分数为 25%)制备的纤维的形貌。图 3.15(b)为当 DMF 与甲酸的比例为 1∶1 时，纤维的平均直径为 625nm。图 3.15(c)为当溶剂比例调整为 1∶3 时，相应的直径下降为 410nm。如果溶剂是纯甲酸，如图 3.15(d)所示，那么纤维的直径下降为 297nm。因此，甲酸的加入使纤维的直径逐渐减小，这是由于溶液电导率的增加，从而增强了泰勒锥体在电场中的分裂。从 SEM 图像中可以观察到所制备的纤维直径均匀且表面光滑。当这种形态光纤用作光波导和传感元件时，可以最大限度地减少光纤表面的光散射。

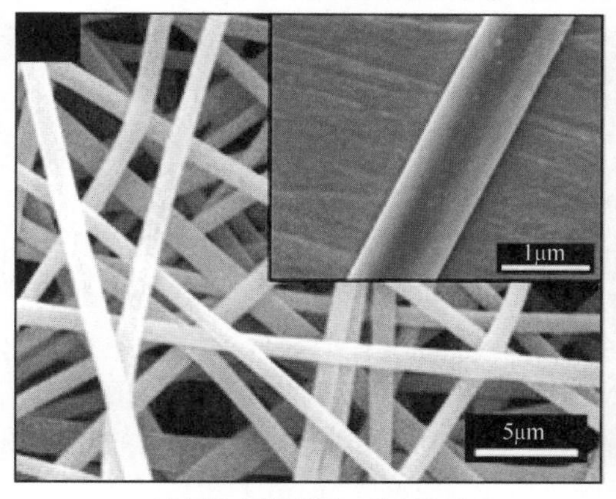

(a) 质量分数为30%，溶剂为DMF

(b) 质量分数为25%，DMF/甲酸为1∶1

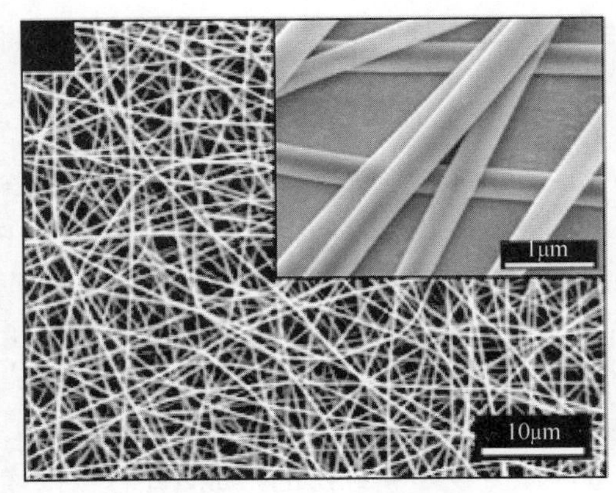

(c) 质量分数为25%，DMF/甲酸为1∶3

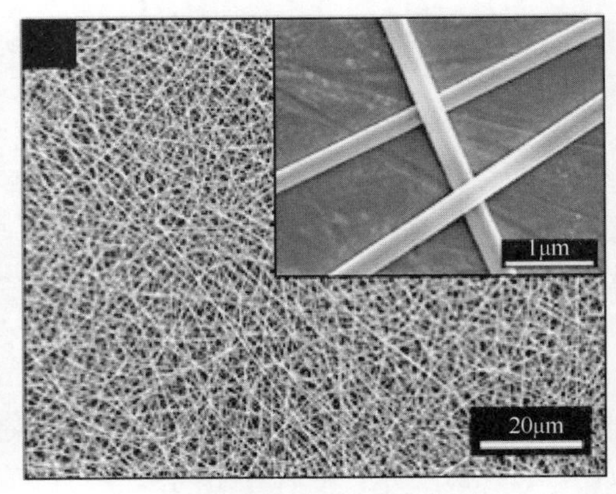

(d) 质量分数为25%，溶剂为甲酸

图 3.15　不同比例前驱体溶液所纺制的 PMMA 纤维 SEM 图像

表 3.2 列出了聚合物溶液的成分，纤维的平均直径和形态也在该表中给出。

表 3.2　不同的溶液浓度及混合溶剂配比对纤维直径和形貌的影响

溶剂	质量分数/%	平均直径/nm	微纳光纤形貌
DMF	25	—	珠状纤维
DMF	30	915	无珠均匀纤维
DMF	35	—	不能进行纺丝
DMF/甲酸(3∶1)	25	—	珠状(少量)纤维
DMF/甲酸(1∶1)	25	625	无珠均匀纤维
DMF/甲酸(1∶3)	25	410	无珠均匀纤维
甲酸	25	297	无珠均匀纤维

接着，通过倏逝场耦合的方法将光耦合到所制备的 PMMA 光纤中，进而研究 PMMA 光纤的光学特性。图 3.16(a)为该过程的示意图，通过锥区直径为 670nm 锥形光纤与直径为 600nm 的 PMMA 光纤进行耦合，以 MgF_2 为基底。相应的理论结果通过光束传播方法(beam propagation method，BPM)进行仿真得到。在图 3.16(b)中，仿真结果表明超细纤维的倏逝场情况很可能会受到模式转换的影响，导致基板上的光泄漏[27]。当基板材料为 SiO_2(n=1.45)时，光在光纤与基板的界面处出现严重的泄漏。然而，当基板被替换为 MgF_2 材料(n=1.38)时，则只有小部分能量泄漏到基板中。通过此结果推断，若将锥形光纤与 PMMA 光纤一起平行放置在基板上，则光可以在几微米的重叠范围内被有效地耦合到光纤中。如图 3.16(c)耦合区域的功率图所示，当满足相位匹配条件时，光通过倏逝场进入 PMMA 光纤(n=1.49)。在仿真中，光波长为 980nm，重叠长度为 28.8μm，横向分离距离为 110nm。

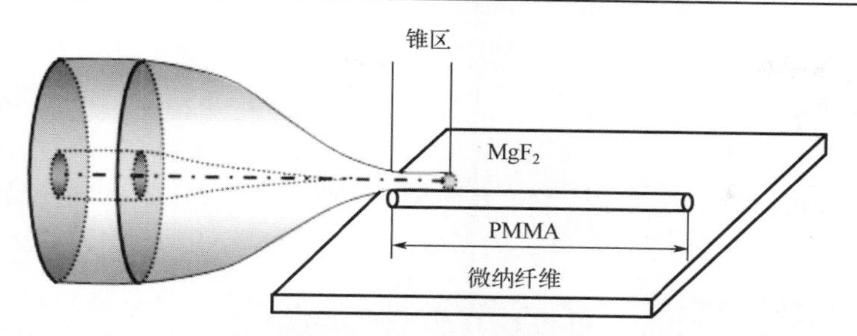

(a) PMMA微纳光纤与锥形光纤之间的倏逝耦合示意图

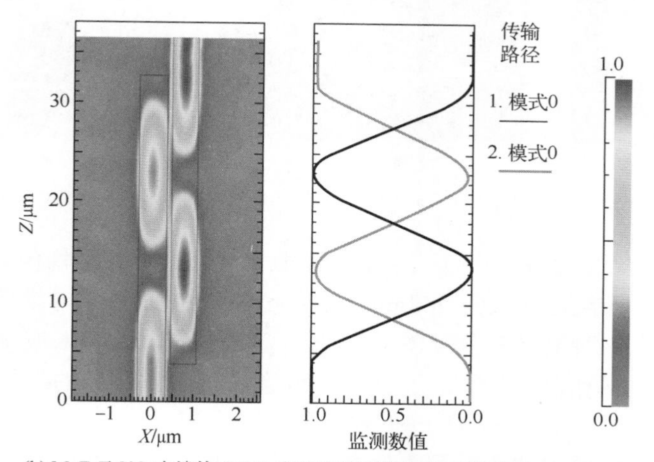

(b) MgF_2及SiO_2支撑的PMMA光纤光泄漏仿真图，光波长为980nm(见彩图)

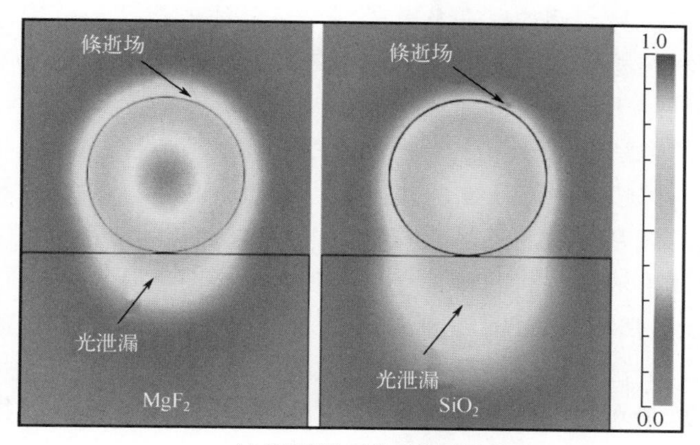

(c) 倏逝耦合区的功率图(见彩图)

图 3.16　PMMA 光纤光学特性相关仿真图

显微镜下的倏逝耦合的细节显示如图 3.17 所示，在 MgF_2 基板上收集了直径为 600nm 的 PMMA 光纤。将单模光纤逐渐拉细，使其直径渐变为 800nm，并在显微镜下使用三维显微操作平台使其与 PMMA 光纤靠近，以形成耦合器结构，锥形光纤用于将光集中耦合到 PMMA 光纤中。PMMA 光纤与锥形光纤都通过范德瓦尔斯力和静电力吸附在 MgF_2 基板上[28]。然后，将 488nm、532nm 和 650nm 不同波长的光耦合到锥形光纤的纤芯中。如图 3.17 所示，成功地观察到锥区的光在重叠部分(接触长度为 40μm)被有效地耦合到光纤中。PMMA 光纤中的光可以被传导至少 100μm。沿光纤均匀且几乎未衰减的散射表明，相对于传导强度来说，散射很小。

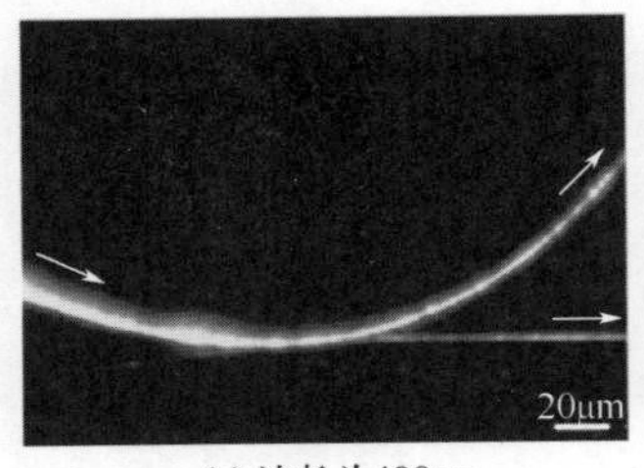

(a) 波长为488nm

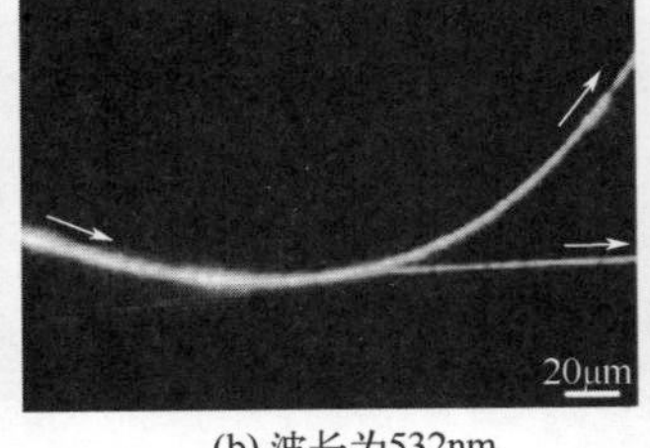

(b) 波长为532nm

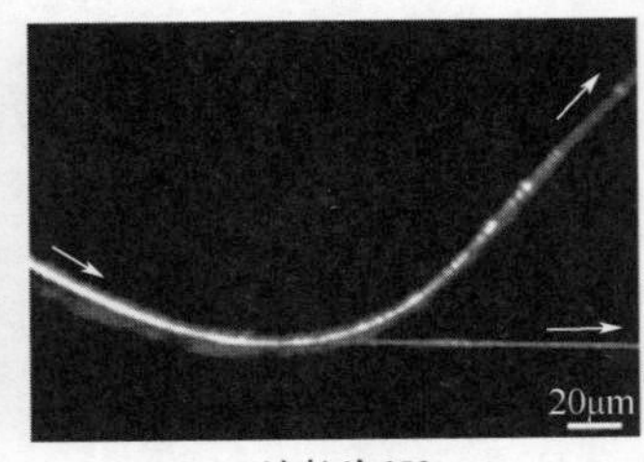

(c) 波长为650nm

图 3.17　PMMA 光纤和锥形光纤之间在不同波长下光耦合的显微镜图像，箭头为光的传播方向

以上通过静电纺丝技术成功制备了 PMMA 微纳光纤，且直径均匀、侧壁表面光滑，具有良好的光学性能，波长为 488nm、532nm 和 650nm 的光可以沿其传输。此外，该技术还提供了一种有效且便捷的方法来制备高度均匀的纳米或微米级的光波导，且无须昂贵的设备和复杂的程序。此外，静电纺丝技术制备的纤维还可以非常广泛地应用于各种微/纳米尺度的光子和敏感设备中。

在本节中，静电纺丝方法还被用来制备氧气敏感的亚微米级光纤。凝胶材料在光学应用中具有诸多优势，例如，在从紫外线到红外线的宽波长范围内具有高光学透明度，以及化学和热稳定性[29,30]。值得注意的是，凝胶具有高透明度和高渗透性的优势，因此可将其用于传感方向研究。

通过静电纺丝的方法，获得直径为 900nm 的均匀的三(4,7-二苯基-1,10-菲罗啉)二氯化钌($[Ru(dpp)_3]^{2+}Cl_2$)掺杂纤维，并将其用于氧气传感。在制备中，将正硅酸四乙酯、正辛基三乙氧基硅烷、乙醇、盐酸、蒸馏水及$[Ru(dpp)_3]^{2+}Cl_2$ 按照一定比例混合来制备前驱体溶液，并将前驱体溶液在室温下陈化两天后再进行静电纺丝。

典型的静电纺丝的装置示意图如图 3.18 所示。在电纺过程中，将前驱体溶液放置于装有 5 号平头针的注射器中，并将该注射器放置在一个微流注射泵上。使用高压静电电源对针头施加正向电压，在电场作用下泰勒区拉出纤维。收集器放置在离针尖 10cm 处，并通过导线接地。

图 3.19(a)为凝胶纤维的 SEM 图像。由图可知该纤维的直径为 900nm，纤维形态均匀且表面平整，光滑的表面和均匀的直径最大限度地减少了用作波导和传感基板时的光散射。图 3.19(b)显示凝胶纤维在 400～4000cm^{-1} 波数内的特征红外光谱，1635cm^{-1} 处的特征峰和 3450cm^{-1} 左右的宽吸收带是由 Si—OH 的—OH 基团引起的，

$1075cm^{-1}$ 处特征峰归因于两个相邻的 Si—O—Si 单元的氧原子的不对称伸缩运动，$460cm^{-1}$ 处特征峰与 Si—O—Si 单元的弯曲振动模式有关，这些峰的存在证明在纤维内部形成了纯凝胶结构的单元[31]。

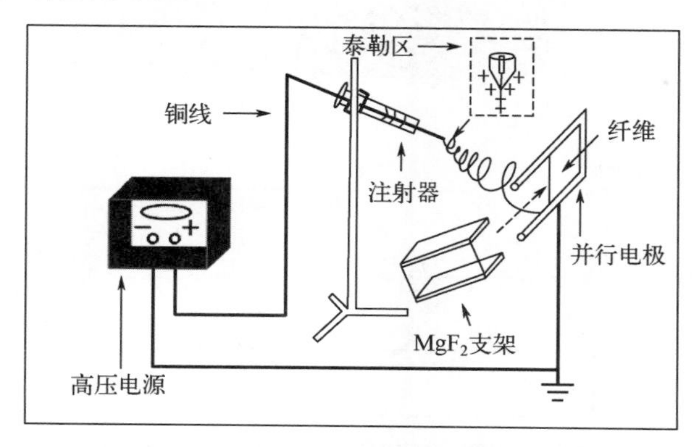

图 3.18 典型的静电纺丝的装置示意图

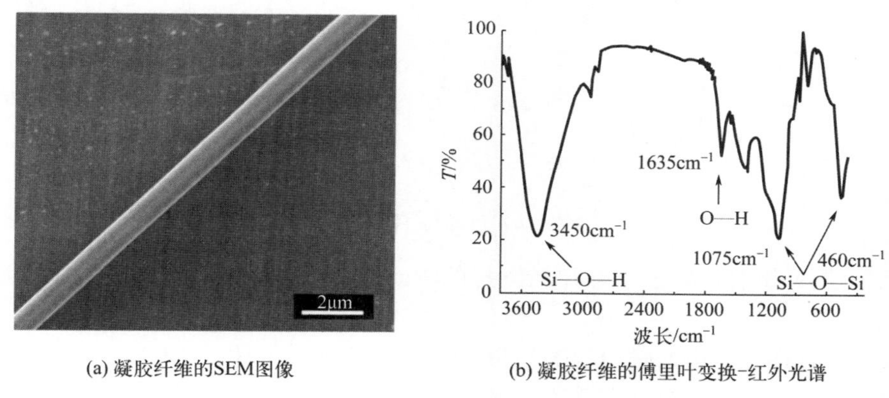

(a) 凝胶纤维的SEM图像 (b) 凝胶纤维的傅里叶变换-红外光谱

图 3.19 凝胶纤维的 SEM 图像及傅里叶变换-红外光谱

为探究所制备光纤的光学特性及在传感方面的潜力，本节构建了如图 3.20 所示的装置。两个 MgF_2(550nm 处，n=1.38) 支架被平行放置在气室中，将一条 $[Ru(dpp)_3]^{2+}$-凝胶纤维悬挂放置在支架上，使其与氧气充分地接触。将光耦合至单模光纤的纤芯中，将该光纤拉锥，锥区直径与凝胶光纤的直径相当。在此凝胶光纤和锥形光纤之间可以通过范德瓦尔斯力或静电吸引力紧密接触[32]。通过锥形光纤的倏逝场，将光耦合到凝胶光纤中。同样地，凝胶光纤中的光被另一根锥形光纤耦合出来，并通过光谱仪进行检测。整个耦合过程是在微环境下进行操作的[33]。待测氧气的浓度用其与氮气的不同混合量进行调节，并将待测气体以大约 100mL/min 的流速引入气室。

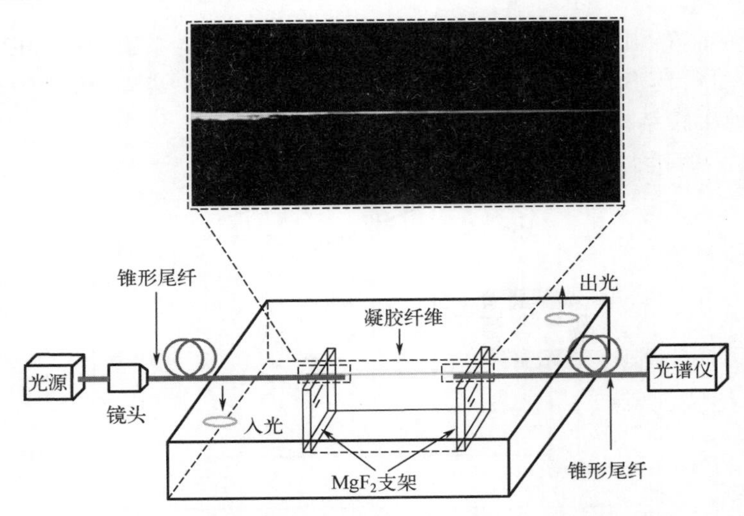

图 3.20　氧气传感的装置图，插图为耦合区(见彩图)

[Ru(dpp)$_3$]$^{2+}$-凝胶纤维的传感过程是基于发光体淬灭的原理，凝胶纤维中的光化学反应如下[34]：

$$D + h\nu_1 \rightarrow D^*(\text{激发}) \tag{3.30}$$

$$D^* \rightarrow D + h\nu_2(\text{荧光}) \tag{3.31}$$

$$D^* + O_2 \rightarrow O_2^*(\text{淬灭}) \tag{3.32}$$

式中，D 与 D^*分别是处于基态和激发态的[Ru(dpp)$_3$]$^{2+}$态；$h\nu_1$ 与 $h\nu_2$ 分别为激发光和荧光。

发光体的淬灭是由斯顿-伏尔莫(Stern-Volmer)关系描述的[35]：

$$\frac{I_0}{I} = \frac{\tau_0}{\tau} = 1 + K_{SV}[Q] \tag{3.33}$$

式中，I_0 与 I 分别是有 O_2 和无 O_2 时的荧光强度；τ_0 与 τ 分别是有无 O_2 存在时的荧光寿命；Q 是淬灭剂的浓度；K_{SV} 是 Stern-Volmer 淬灭常数。一般来说，当发光时淬灭是纯动态的，激发态的寿命和强度都与 O_2 有关，也就是说，I_0/I 与[O_2]的关系图将是线性的，斜率等于 K_{SV}。

光源的选择基于以下考虑：[Ru(dpp)$_3$]$^{2+}$基质薄膜的吸收光谱和蓝色激光二极管(laser diode，LD)光源的发射光谱如图 3.21 所示。混合的[Ru(dpp)$_3$]$^{2+}$在 400～500nm 有一个宽的 Q 吸收带，它对应于波长为 452nm 的 1000mW 高强度蓝光 LD 的发射中心。因此，LD 被选择作为激发光源。

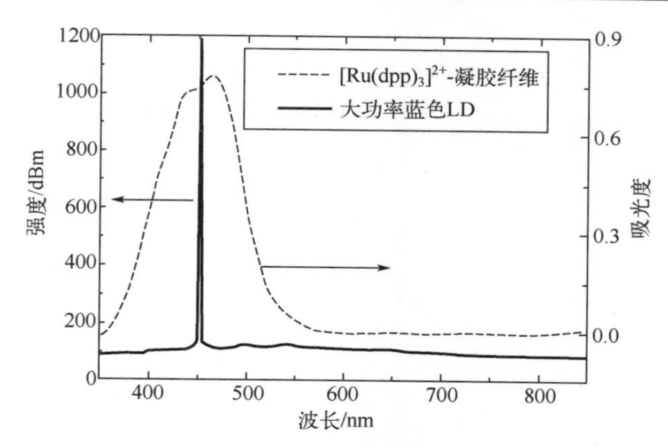

图 3.21　$[Ru(dpp)_3]^{2+}$-凝胶基质薄膜的吸收光谱和蓝色 LD 光源的发射光谱

从图 3.20 图中可以看到蓝光耦合到凝胶光纤中(耦合长度约为 10μm)，分布在纤维中的染料分子被激发，并导致强烈的可见红色荧光。值得注意的是，沿着凝胶纤维的散射相对于引导强度较弱，这可能是因为二氧化硅基纤维的低吸收率。

$[Ru(dpp)_3]^{2+}$-凝胶纤维在几种浓度的氧气下的荧光光谱如图 3.22 所示，传感光纤在 595nm 处显示出强烈的主发射，图中显示了不同 O_2 浓度条件下的数据，这些结果表明多孔凝胶纤维是一个对氧气敏感的基质，氧分子可以渗入凝胶纤维并淬灭 $[Ru(dpp)_3]^{2+}$的荧光。

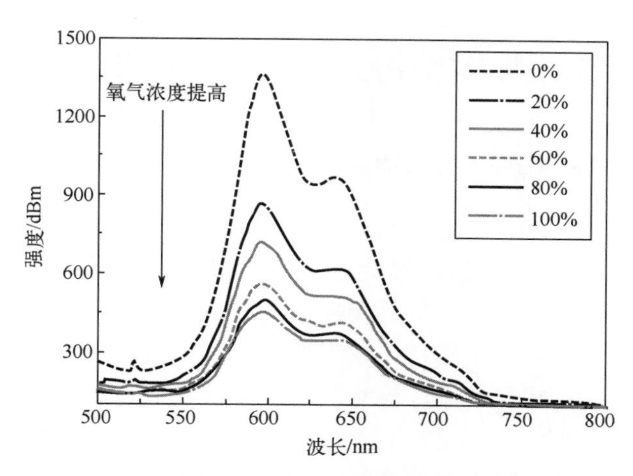

图 3.22　不同浓度氧气下$[Ru(dpp)_3]^{2+}$-凝胶纤维的荧光光谱

图 3.23 显示了 Stern-Volmer 曲线与静电纺丝凝胶纤维氧气浓度的关系。结果表明，传感器光纤在氧气的体积比 0～100%内有一个线性响应，可以得到线性回归方程 y=1.0419+0.0254x，相关系数为 0.9865，I_0/I 的 O^{2-}淬灭率为 3.5。这种线性关系说明$[Ru(dpp)_3]^{2+}$团簇处于类似于凝胶纤维的微环境中。

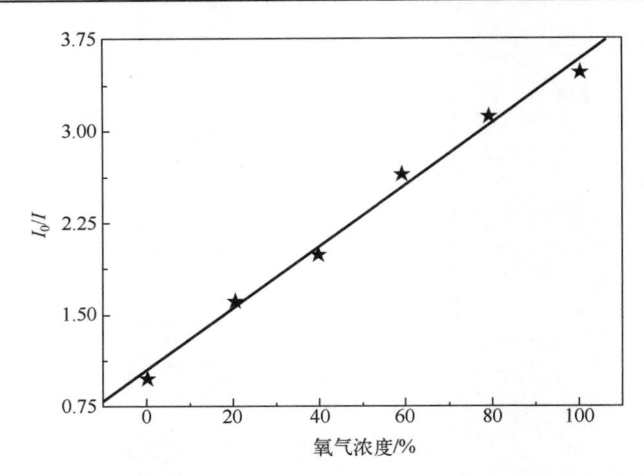

图 3.23　$[Ru(dpp)_3]^{2+}$-凝胶纤维的 Stern-Volmer 图与氧浓度的关系

以上内容中，通过静电纺丝技术制备了光学$[Ru(dpp)_3]^{2+}Cl^{2-}$凝胶微纳光纤，其具有均匀的直径和光滑的表面。数据结果表明，该单体凝胶微纳光纤表现出优异的光学和传感性能。波长为 452nm 的激光可以有效地经光纤传导以激发荧光。之后又进一步发现$[Ru(dpp)_3]^{2+}$凝胶微纳光纤具有良好的光学和传感特性，并且 Stern-Volmer 图在 O_2 的全浓度范围(体积分数为 0～100%)内呈线性关系。该方法为制备用于光子器件的高度均匀的纳米级或微米级光波导提供了一种有效且方便的途径。

3.2　基于光流控微结构光纤的光干涉传感器件的应用

3.2.1　干涉式光纤传感的基本原理

干涉型光纤传感器的原理是当传感光纤中某处的折射率发生变化时(如振动等外界物理环境变化引起)，光波经过此处时发生相位变化[36]。当有两束光满足相干光的条件，即光的频率相同，相位差保持恒定，并且振动方向一致时，这两束光就可以发生干涉。当光纤外部物理特征发生变化时，如某一点产生振动，则振动相当于对光纤中的光波进行相位调制，检测段处就可以观察到干涉结果，这就是干涉型光纤传感器的共同原理[37]。典型的干涉传感器有马赫-曾德尔(Mach-Zehnder)干涉传感器、迈克尔逊(Michelson)干涉传感器、萨尼亚克(Sagnac)干涉传感器和法布里-珀罗(Fabry-Perot)干涉传感器等[38]。干涉型光纤传感器的通用结构如图 3.24 所示。

图 3.25 给出了四种典型干涉型光纤传感器的结构图。如图 3.25(a)所示，迈克尔逊干涉传感器原理是光源光经耦合器被分成两路，两路光在传感光纤中传输，遇到端面的反射镜发生反射，再发生干涉。

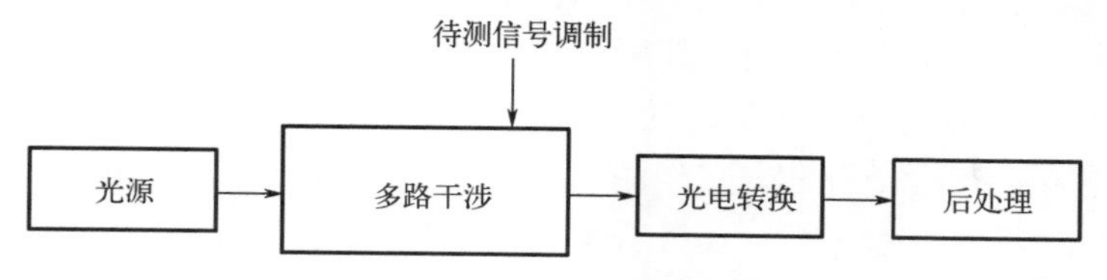

图 3.24　干涉型光纤传感器通用结构框图

萨尼亚克干涉传感器的原理如图 3.25(b)所示，利用光源输出的光通过耦合器耦合进同一光纤线圈中。在正常状态下，不同的双路传输光在光纤线圈中的光程差为零。然而，当光纤线圈相对于参照系围绕其轴心旋转时，双向光路的光会产生光程差，并且这个差异会在检测端被用来检测干涉结果。

马赫-曾德尔干涉传感器的基本原理如图 3.25(c)所示，光源光经耦合器分为两路，两路光在传感光纤中传输，并在另一耦合器处耦合，发生干涉并检测。这种传感方式的优点是没有反射镜存在，不会导致激光腔光反馈现象，并且光路系统构建较容易，只要保证参考臂稳定，可以得到性能良好的干涉结果。

法布里-珀罗干涉传感器的原理如图 3.25(d)所示，利用光在两个相对安装的高反射率镜面之间发生多次干涉，通过透射后在检测器端进行输出检测。然而，由于存在相对的两个反射镜，该传感器的抗干扰能力较差，并且反射对光源也会产生一定的影响。

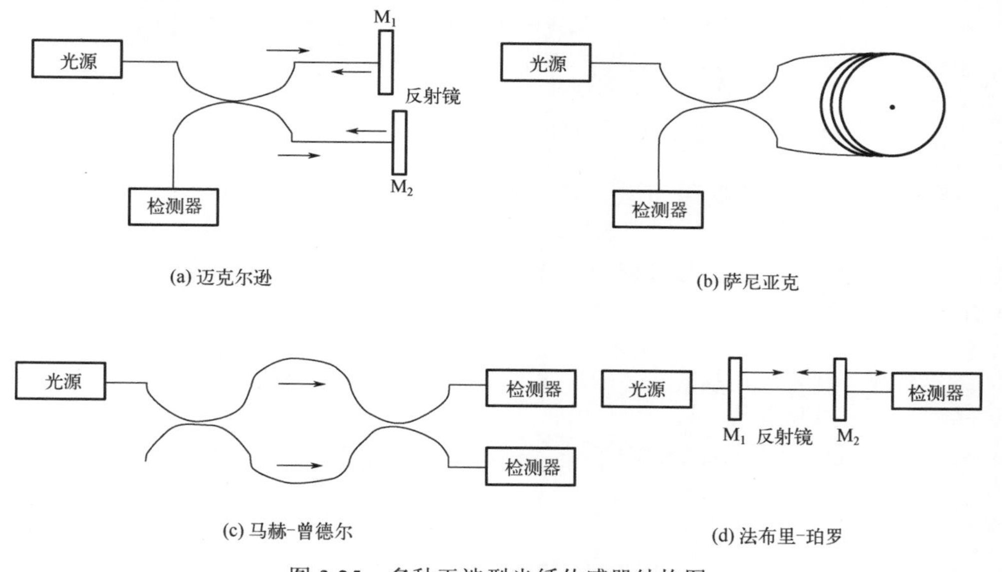

图 3.25　多种干涉型光纤传感器结构图

3.2.2　基于微结构光纤的干涉式在线气体检测

本节主要介绍一种基于双芯悬挂芯中空光纤(hollow twin core fiber，HTCF)的光纤内干涉仪集成气体压力传感器，其所使用的光纤的横截面图和光路图如图 3.26 所示[39]。该光纤有一个直径为 42μm 的气孔和一个厚度为 41.5μm 的环形包层，在气孔和环形包层中各有一个纤芯，它们的直径分别为 7.9μm 和 12.5μm。其中，将位于环形包层中的纤芯作为参考臂，其折射率为 1.457，将位于微通道内表面的纤芯作为传感臂，其折射率为 1.462。该传感器的光路由超连续谱激光源、光谱分析仪、单模光纤耦合器和 HTCF 组成。

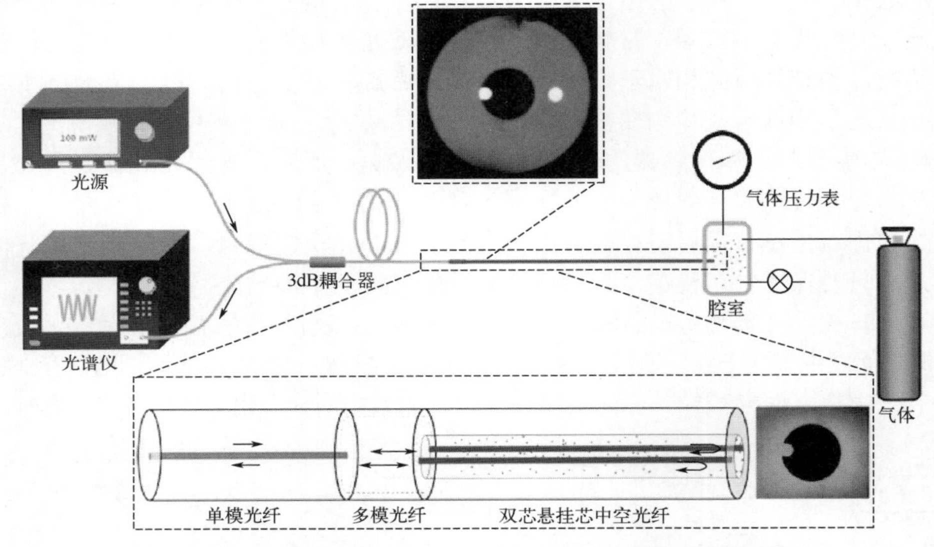

图 3.26　基于 HTCF 的光纤内干涉气体压力传感器光路示意图

该传感器的气路示意图如图 3.27 所示，HTCF 的实心部分与一根 MMF 焊接在一起，接着将 MMF 的另一端与 3dB 耦合器进行焊接，最后将高压气体、气体压力表和气阀与腔室相连。在此过程中，需要将 HTCF 的另一端沉积上一层 Au 膜，并将 HTCF 插入不锈钢毛细管中。随后，使用环氧树脂胶将毛细管的两端进行密封。

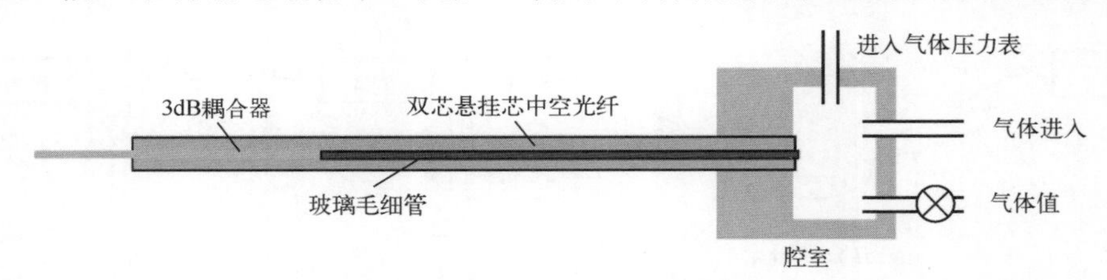

图 3.27　传感器的气路示意图

对于该器件来说，由于孔中纤芯的有效 RI 会随着气压的变化而改变，而另一个纤芯由于周围的包层很厚，可以认为其有效 RI 是稳定的，所以两纤芯间的光程差(optical path length difference，OPD)也会随着气压的变化而变化，从而导致干涉谱的位移。因此，光纤内的干涉光谱可以用两种光束干涉模型近似地进行干涉建模，干涉臂分别是孔中的纤芯和包层中的纤芯。干涉仪的输出可以表示为

$$I = I_1 + I_2 + \sqrt[2]{I_1 I_2} \cos\Delta\varphi \tag{3.34}$$

$$\Delta\varphi = \frac{2\pi\Delta n 2L}{\lambda} = (2k+1) \tag{3.35}$$

$$\lambda = \frac{2\pi}{(2k+1)\pi}\Delta n 2L = \frac{4}{2k+1}\Delta nL \tag{3.36}$$

式中，k 是一个整数；I_1 和 I_2 分别是 HTCF 两个纤芯的光强；$\Delta\varphi$ 是两个纤芯之间的相位差；λ 是干涉光谱的倾角；λ 取决于两纤芯 Δn 的有效 RI 差值和 L 的光纤长度。

当 L 的长度保持不变时，由于 Δn 的变化，干涉谱的倾斜会发生变化，而 Δn 是由光纤孔中纤芯周围的气体密度决定的，气体密度会随着气体压力的变化而变化，所以气压的变化会导致 Δn 的有效 RI 的变化，进而引起光谱的移动。图 3.28 显示了在 0～9bar 气压范围内，长度为 12cm 的 HTCF 光谱随气压的变化波长发生漂移。

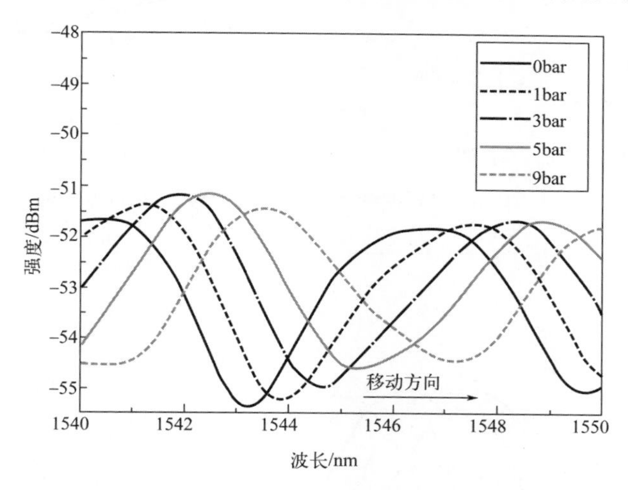

图 3.28　长度为 12cm 的 HTCF 光谱随气压的变化

实验表明，HTCF 的长度对传感器灵敏度有明显的影响，当 HTCF 的长度增加时，灵敏度也会增加，但随着 HTCF 值的增加，自由光谱范围(free spectral range，FSR)值显著降低[40]。在定量比较中发现，这种基于中空双芯光纤的气压传感器比大多数基于光纤光栅的传感器具有更高的灵敏度。

该传感器在不同方向的弯曲响应也有所不同，其实验装置由该传感器、玻璃毛细管、轴承和千分尺构成，如图 3.29 所示。在实验过程中，使室温保持在 20℃，弯曲深度以 25μm 为步长从 0 增加到 100μm，观察并记录干涉光谱。通过调整角度

重复前面步骤得到不同方向的波长偏移与弯曲深度的关系，如图 3.29 所示。实验表明，波长对 0° 和 180° 方向的弯曲很敏感，波长偏移与弯曲深度呈线性关系，HTCF 在 0° 方向的最大弯曲灵敏度约为 98pm/μm，而在 90° 和 270° 的方向上几乎不敏感，这是因为 OPD 的最大变化对应于 0° 和 180° 的方向，而在 90° 和 270° 的弯曲方向由于 HTCF 的两个纤芯正好在曲率的中性平面上导致干涉仪两个臂之间的 OPD 不变。随后探究了温度对该气压传感器的影响，如图 3.30 所示。从图 3.30 中可以观察到，在实验过程中，波长随温度发生漂移，当温度升高时，波长向短波长方向移动，后续实验表明，温度与波长变化基本呈线性关系，温度灵敏度约为−56pm/℃。

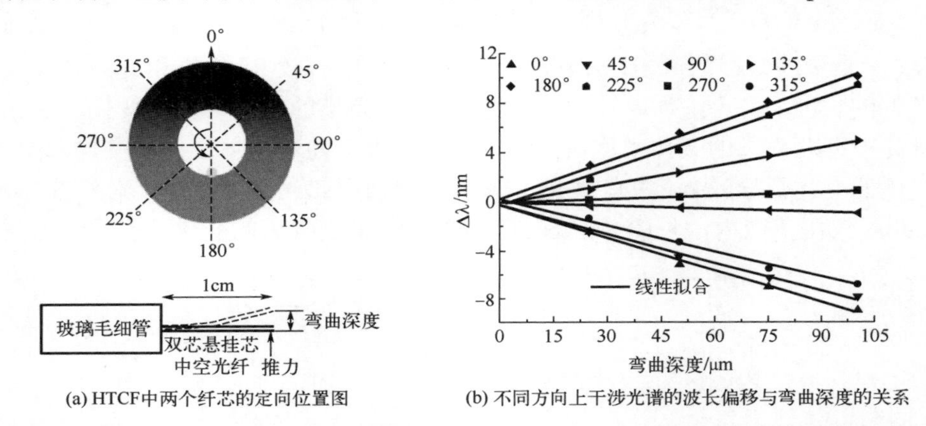

(a) HTCF中两个纤芯的定向位置图　　(b) 不同方向上干涉光谱的波长偏移与弯曲深度的关系

图 3.29　HTCF 中两个纤芯的定向位置图和不同方向上干涉光谱的波长偏移与弯曲深度的关系

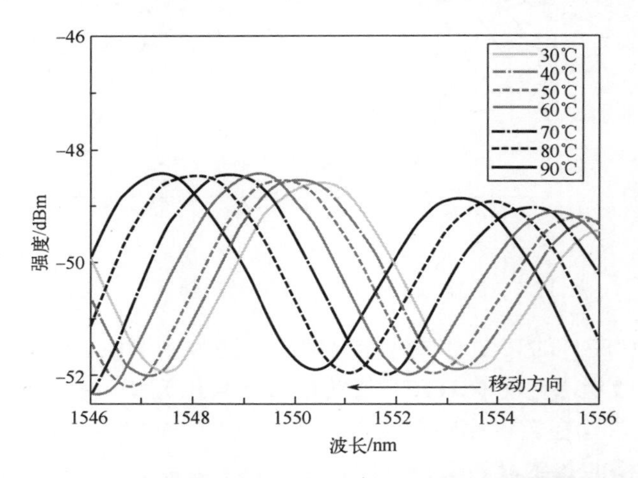

图 3.30　当温度从 30℃升高到 90℃时光纤内气体压力传感器的干涉光谱变化

对于光纤干涉仪，光纤的热光效应和热膨胀会导致其出现光程差，而该传感器由于两芯在同一根光纤中，它们之间没有明显的热膨胀，所以该传感器的温度响应主要来自光纤的热光效应。在实际测量过程中，如果没有温度补偿，那么温度引起的串扰约为 0.11bar/℃。而当光谱仪的分辨率为 0.05nm 时，该值低于气压检测限 0.12bar，因此与气压检测结果相比，温度串扰可以忽略不计。

3.2.3　基于微结构光纤的干涉式在线生物素检测

基于双芯中空光纤干涉仪的光流控生物传感器结构如图 3.31(a)所示，其中，所用到的双芯中空光纤与 3.2.2 节相同。光纤中心孔起微流控通道的作用，液体在其中流动；悬挂芯作为传感臂，包层芯作为参考臂，形成了集成的全光纤马赫-曾德尔干涉仪。

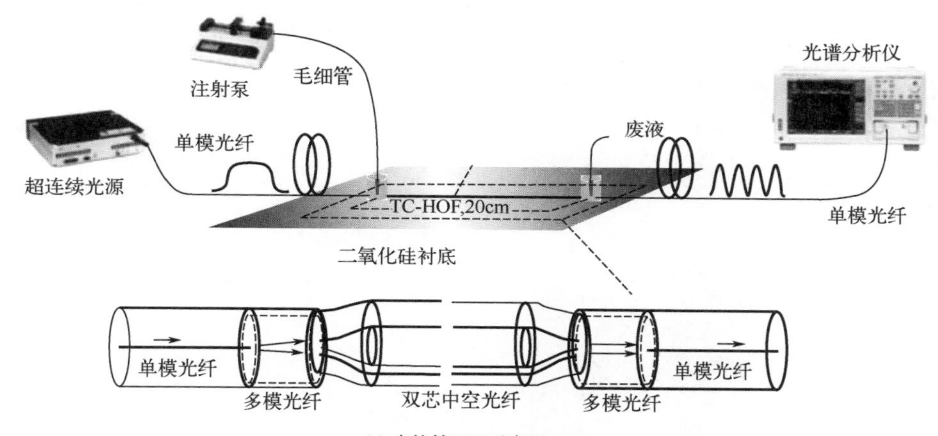

(a) 光流控MZI示意图

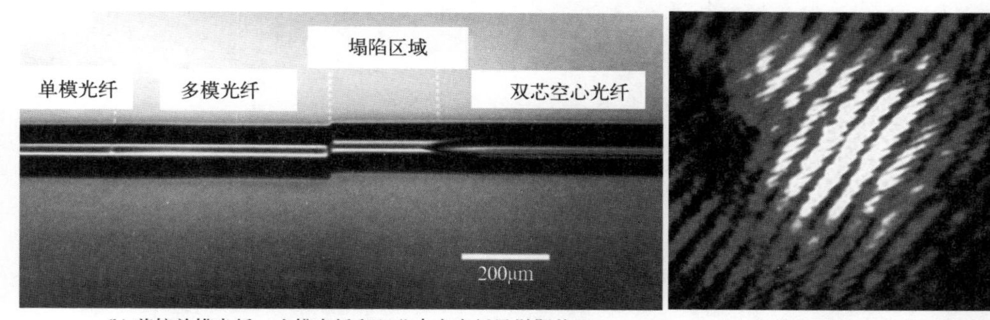

(b) 剪接单模光纤、多模光纤和双芯中空光纤显微照片图　　(c) 光纤端面距1cm处的干涉图

图 3.31　结构示意图

利用超连续谱光源测量干涉光谱，并通过焊接得到 SMF-MMF-HTCF，其实际焊接如图 3.31(b)所示。完整的连接结构为输入 SMF-MMF-HTCF-MMF-输出 SMF，如图 3.31(a)底部插图所示。在输入侧多模光纤与 HTCF 的拼接过程中，利用显微镜监测两干涉臂干涉图样的形态，如图 3.31(c)所示。光源发出的光先经过 SMF 和

MMF，然后耦合到 HTCF 的芯。调整 MMF 与 HTCF 的相对位置，以保证两芯携带相等的入射光量，使马赫-曾德尔干涉仪(Mach-Zehnder interometer，MZI)中的强度最大。图 3.32 所示的 HTCF 提供了紧凑的微流控通道，利用 CO_2 激光器加工了进、出口微孔。

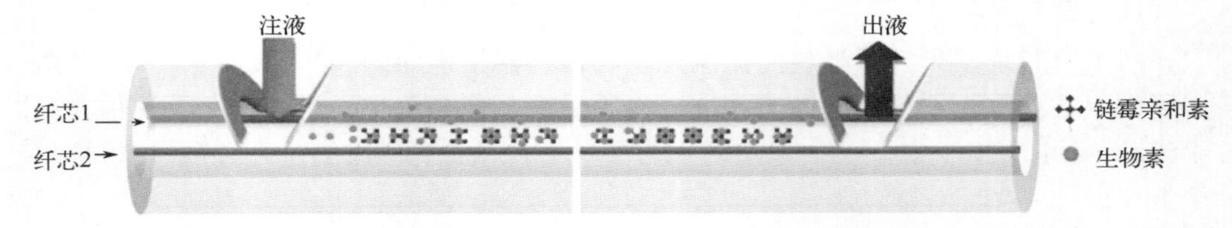

图 3.32　链霉亲和素-生物素结合沿 HTCF 的微流控路径示意图

图 3.33 所展示的是 BPM 对输入 SMF-MMF-HTCF 的光耦合模拟图。其中，SMF 和 HTCF 的芯径为 7.8μm，折射率为 1.462，二氧化硅折射率为 1.457。在 BPM 仿真中，通过组分光纤的优化定位，证实了光与 HTCF 两芯可以进行有效耦合。

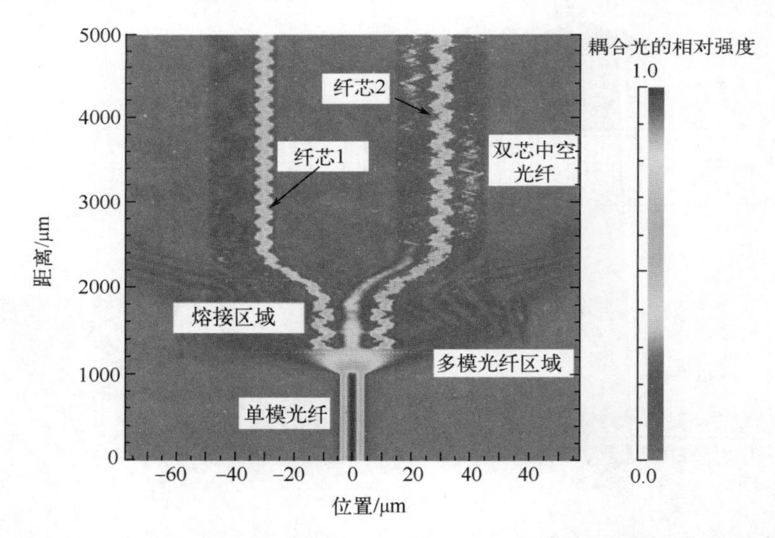

图 3.33　沿输入 SMF-MMF-HTCF 组件的光束传输仿真图(见彩图)

MZI 的输出相位差表示为[41]

$$\Delta\phi = 2\pi(n_1 - n_2)L/\lambda = 2\pi\Delta n_{\text{eff}}L/\lambda \tag{3.37}$$

式中，$\Delta\phi$ 为光通过 HTCF 两芯传输的相位差；L 为 HTCF 长度；λ 为输入光波长；n_1 与 n_2 分别为纤芯 1 和纤芯 2 的有效 RI；Δn_{eff} 为两个芯的 RI 差值。干扰强度将在该条件时达到其最小值：

$$\lambda_m = 2\pi(n_1 - n_2)L/(2m+1)\pi = 2\Delta n_{\text{eff}}L/(2m+1) \tag{3.38}$$

式中，m 为整数，λ_m 为第 m 个干涉倾角的中心波长。由于包层内部芯 2 的 RI 几乎保持恒定，因此芯 1 周围 RI 的任何变化，δn_{eff} 都会使干涉光谱发生 $\delta\lambda_m$ 的偏移：

$$\delta\lambda_m \approx 2\pi L\delta n_{\text{eff}} \tag{3.39}$$

利用二氧化硅表面功能化工艺可以固定 HTCF 悬挂芯表面的链霉亲和素层[42-44]。图 3.34 为沿着 HTCF 在芯 1 表面固定链霉亲和素并捕获生物素的过程示意图。并对 SMF-MMF-HTCF-MMF-SMF 组装的光传输进行了表征，装置的透射谱如图 3.35 所示。20cm 长 HTCF 的自由光谱范围为 7.2nm，与 HTCF 长度成反比。

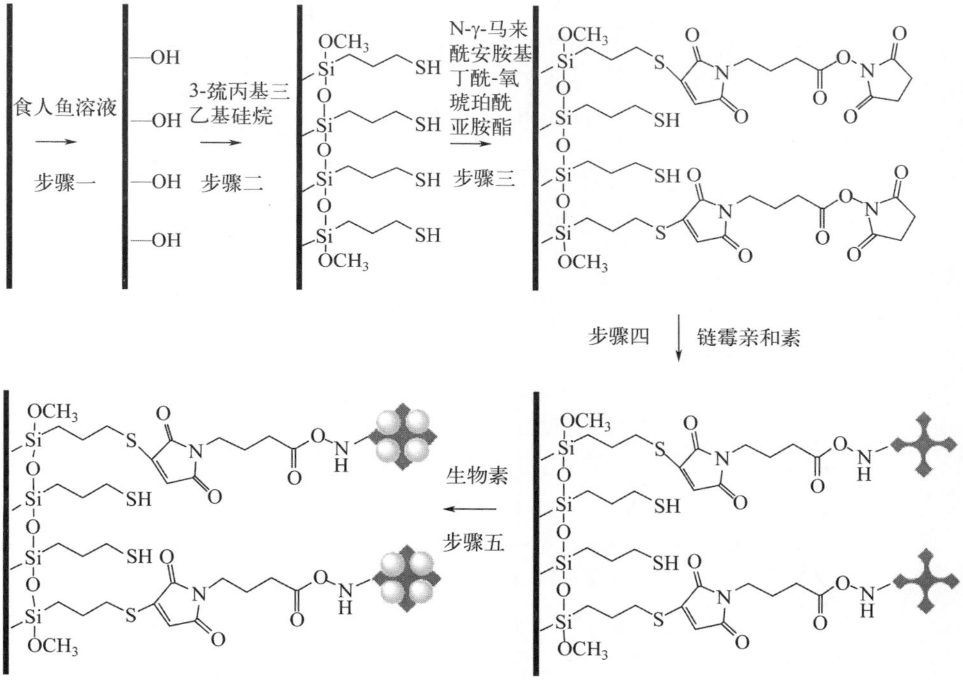

图 3.34　HTCF 表面功能化和生物素检测原理示意图

在 HTCF 中通过进出口注入一系列 NaCl 水溶液，作为不同折射率的参比液。如图 3.36 所示，将溶液注入 HTCF 中，透射谱立即发生偏移，10s 后趋于稳定。折射率测得 NaCl 溶液的 RI 为 1.3513～1.3532，对应的透射谱如图 3.36(a)所示。随着折射率增大，透射谱向长波长方向移动。由图 3.36(b)的折射率-波长关系可知，此干涉结构的灵敏度为 2577nm/RIU。

随着溶液中生物素浓度的增加，悬挂芯表面会发生更多的化学键合，然后作为残留层滞留，使光谱移动的基线向更长的波长移动。生物素溶液连续注射 5 次后，基线移动了 4.1nm。如图 3.37 所示，所用生物素溶液的折射率随着生物素浓度由

1.3340 增加到 1.3344，验证了链霉亲和素表面功能化的影响及检测生物素分子的可能性，说明了透射光谱位移随处理时间的变化。

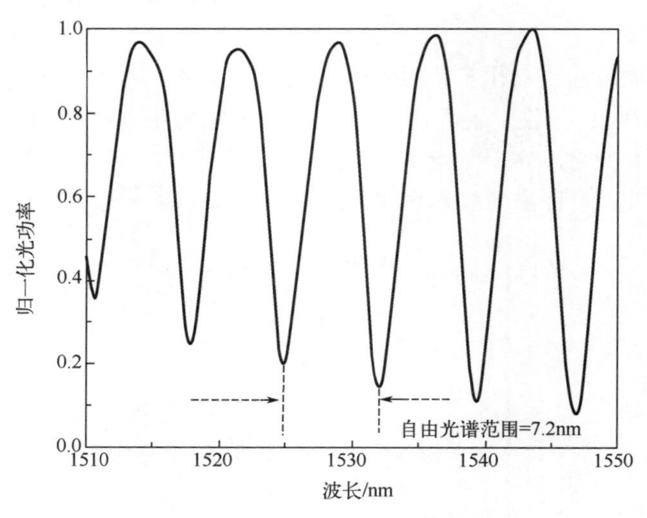

图 3.35　HTCF MZI 的透射谱图

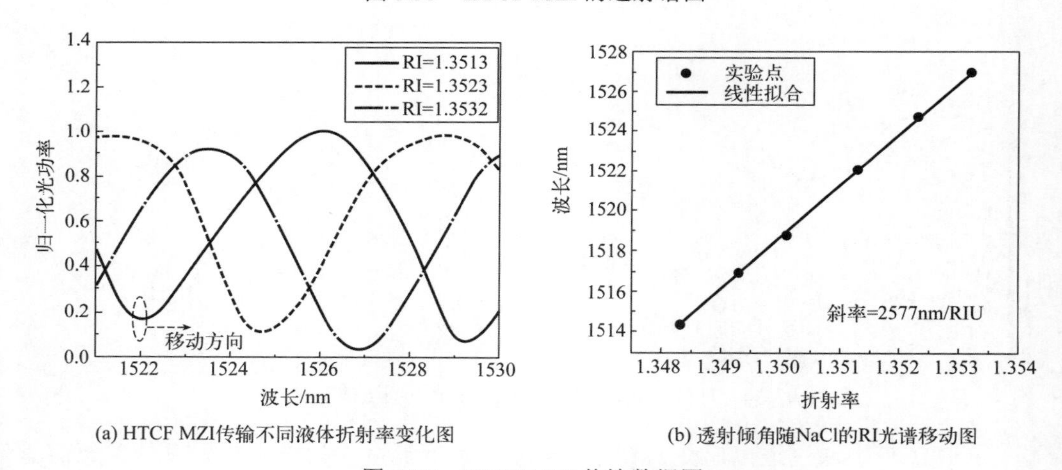

(a) HTCF MZI传输不同液体折射率变化图　　(b) 透射倾角随NaCl的RI光谱移动图

图 3.36　HTCF MZI 传输数据图

图 3.38(a)为不同浓度生物素的透射光谱，观察到悬挂芯上链霉亲和素功能化引起的光谱偏移。光谱位移随生物素浓度变化的数据如图 3.38(b)所示。在 0.01～0.1mg/mL 的生物素浓度内，HTCF MZI 型光流传感器表现出很好的线性。温度为 26～46℃，发现光谱向较短波长偏移 0.9nm，对应的温度灵敏度为 0.045nm/℃，将温度与 RI 的交叉灵敏度定义为 RI 灵敏度与温度灵敏度的比值，其值约为 1.75×10^{-5}RIU/℃。

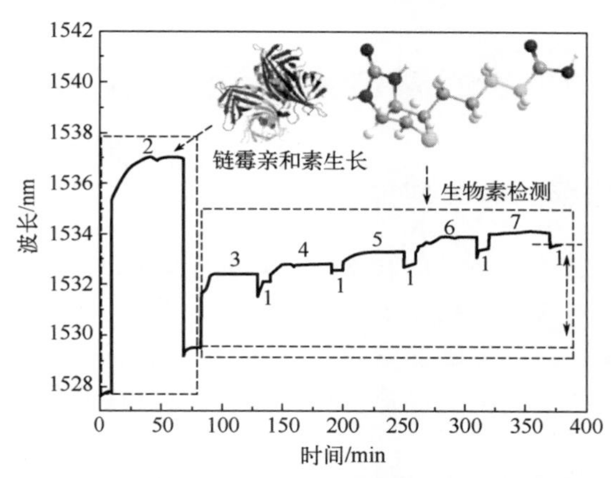

图 3.37　不同浓度的透射光谱漂移图及链霉亲和素与生物素的结构图

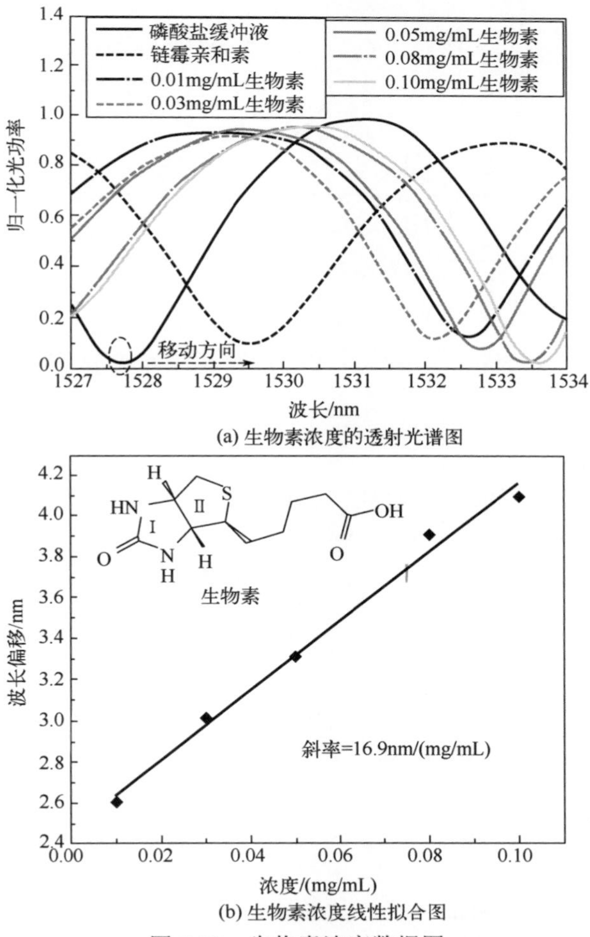

图 3.38　生物素浓度数据图

3.3 基于光流控微结构光纤的强度型传感结构

3.3.1 光纤强度传感的基本原理

当光波由光密介质入射至光疏介质时，即 $n_1 > n_2$，入射角度大于光纤内发生全反射的临界角，这使得入射光线完全被反射回来，此时只存在反射光，并无折射光出射，即发生了全反射。以电磁理论为基础证明，当光束由光密介质入射至光疏介质并发生全反射时，在两介质交界处光疏介质一侧很近的区域范围内存在一种电磁波，即为倏逝波。

由以上的分析介绍可知，当发生全反射时，在光疏介质表面附近仍有电场存在，但最后仍能返回光密介质，但反射光和入射光在界面上并不交于一点，而是在界面处两者之间存在一段位移，该段距离称为古斯-汉森位移，如图 3.39 所示。

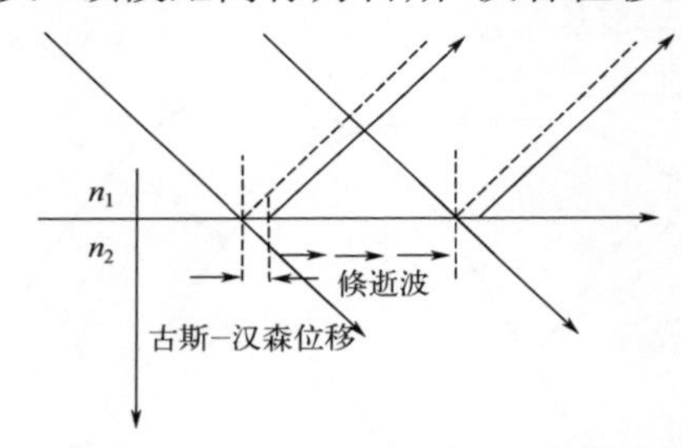

图 3.39 平面波导中全反射时倏逝波产生示意图

下面在电磁波理论的基础上，依据折射与反射定律的矢量形式计算出倏逝波的电场矢量函数 $\boldsymbol{E}''$ 的表达式。

光线在界面上发生折射和反射的情况如图 3.40 所示，光线的入射平面为 xOz。

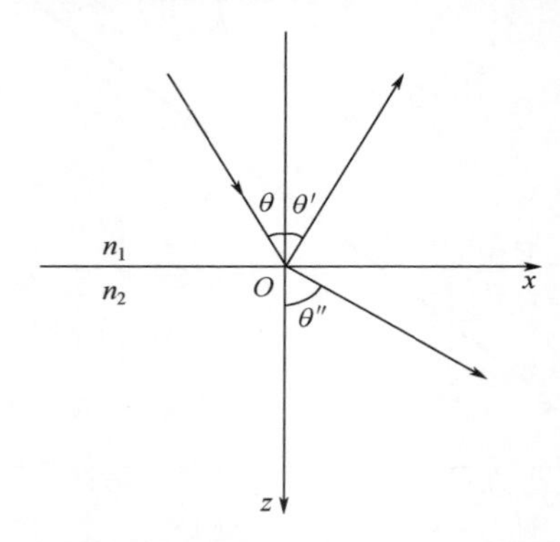

图 3.40 光密到光疏界面上的折射、反射

通过电磁理论推导得出倏逝波振幅沿着 z 轴方向与界面距离关系的表达式：

$$\boldsymbol{E}''=\boldsymbol{E}_0''\mathrm{e}^{\mathrm{i}(\omega t-K_x'x-K_z'z)}=\boldsymbol{E}_0''\mathrm{e}^{\pm\kappa z}\mathrm{e}^{\mathrm{i}(\omega t-K_x'x)} \tag{3.40}$$

$$\kappa=K\sqrt{\sin^2\theta-(n_2/n_1)^2} \tag{3.41}$$

式中，K_x' 为波矢在 x 方向的分量。式(3.40)所表示的光波为非均匀波，倏逝波沿入射面介质边界传播，沿着 z 轴方向其振幅随着与界面距离的增加而呈指数衰减。

为了符合实际的物理意义，式(3.40)中的 $\mathrm{e}^{\pm\kappa z}$ 项指数符号应取负号。因为该指数项若取正号，$\boldsymbol{E}''$ 的振幅将随着距离 z 值的增加而趋向于无穷，显然违背了能量的守恒，故倏逝波的表达式为

$$\boldsymbol{E}''=\boldsymbol{E}_0''\mathrm{e}^{-\kappa z}\mathrm{e}^{\mathrm{i}(\omega t-K_x'x)} \tag{3.42}$$

由式(3.42)可知倏逝波是沿 x 方向传输的行波，光波振幅沿 z 方向呈指数衰减。接下来对倏逝波的传播特性和穿透深度做简要的分析。根据上述对倏逝波表达式的分析，倏逝波场沿 x 反方向传播，根据 $\boldsymbol{E}''$ 的数学表达式可以得出倏逝波场的相速度为

$$V_\phi''=\frac{\mathrm{d}x}{\mathrm{d}t}=\frac{\omega}{K_x''}=\frac{\omega}{K''\sin\theta''}=\frac{V_2}{(n_1/n_2)\sin\theta} \tag{3.43}$$

式中，$V_2=\omega/K_x''$，该速度为平面电磁波在光疏介质中传输的相速度。当发生全反射时，$(n_1/n_2)\sin\theta>1$，故有 $V_\phi''<V_2$，即倏逝波场沿 x 方向传输的速度要比光波在相同介质中的传输速度慢，因此倏逝波场又称为慢波。

由上述所推导出的倏逝波电场表达式可知，$\boldsymbol{E}''$ 在 z 轴方向随着 z 值的增加呈指数衰减。根据定义可知，当倏逝波的振幅值降至初始值的 e^{-1} 时，z 的数值被定义为倏逝波的穿透深度，并用 z_m 表示，由此可得出倏逝波的穿透深度表达式为

$$z_m=\frac{1}{\kappa}=\frac{1}{K\sqrt{\sin^2\theta-(n_2/n_1)^2}}=\frac{\lambda_1}{2\pi\sqrt{\sin^2\theta-(n_2/n_1)^2}} \tag{3.44}$$

式中，λ 为光波在光密介质中的波长；$K=2\pi/\lambda_1$ 为电磁波在光密介质 n_1 中的波矢大小。由于倏逝波的振幅随穿透 z 的增加降低得非常迅速，经估算可知其穿透深度 z_m 的大小约为波长量级，其中，对于可见光的有效穿透深度大小约为 0.5μm[45]。

倏逝波的穿透深度 z_m 对于光纤倏逝波传感器是一个非常重要的参数，因为该参数的大小通常决定着倏逝波场与待测物质的相互作用强度，从而影响着传感器的各方面性能。由式(3.44)可知，倏逝波穿透深度 z_m 由波长 λ_1、入射角度 θ、光密及光疏介质的折射率 n_1 和 n_2 所决定。对式(3.44)进行分析可知，当入射角 θ=90° 时，倏逝波的穿透深度达到了最小值；当光的入射角 θ 逐渐接近发生全反射的临界角时，z_m 值逐渐变大；当入射角 θ 刚好等于临界角 $\arcsin(n_2/n_1)$ 时，倏逝波穿透深度理论上

为无穷大。经过分析可知，倏逝波与所测环境的有效作用深度大约在距离两介质波导交界面几十至几百纳米内。由此可见，倏逝波仅存在于距离界面附近很薄的区域内。

光纤中的倏逝波计算与平面界面的倏逝波求解方式类似，需要利用电磁场理论，求解满足均匀圆形介质波导边界条件的麦克斯韦方程组，或者利用由其推导的亥姆霍兹方程，从而求得光纤中包层内倏逝波的精确解。由于光纤波导是圆柱形的光波导，分析光纤波导的倏逝波采用柱坐标系(r，φ，z)计算较为简单，以下是根据麦克斯韦方程组和亥姆霍兹方程组推导的光纤波导中的倏逝波理论[46]。

在柱坐标系下，根据麦克斯韦方程组可以推导出E_r、E_φ、H_r、H_φ和E_z、H_z之间的关系式为

$$E_r=-\frac{1}{K_c^2}\left(\mathrm{i}K_z\frac{\partial E_z}{\partial r}+\mathrm{i}\omega\mu\frac{\partial H_z}{\partial\varphi}\right)\tag{3.45}$$

$$E_\varphi=-\frac{1}{K_c^2}\left(-\mathrm{i}K_z\frac{1}{r}\frac{\partial E_z}{\partial\varphi}+\mathrm{i}\omega\mu\frac{\partial H_z}{\partial r}\right)\tag{3.46}$$

$$H_r=\frac{1}{K_c^2}\left(\frac{\mathrm{i}\omega\varepsilon}{r}\frac{\partial E_z}{\partial\varphi}-\mathrm{i}K_z\frac{\partial H_z}{\partial r}\right)\tag{3.47}$$

$$H_\varphi=-\frac{1}{K_c^2}\left(\mathrm{i}\omega\varepsilon\frac{\partial E_z}{\partial r}+\frac{\mathrm{i}K_z}{r}\frac{\partial H_z}{\partial r}\right)\tag{3.48}$$

图 3.41 中a为光纤纤芯半径，n_1与n_2分别为纤芯和包层的折射率，φ为光纤中一点相对于极轴的角度。z轴方向上电场分量E_z和磁场分量H_z的亥姆霍兹方程为

$$\nabla^2E_z+K_0^2n^2E_z=0\tag{3.49}$$

$$\nabla^2H_z+K_0^2n_n^2H_z=0\tag{3.50}$$

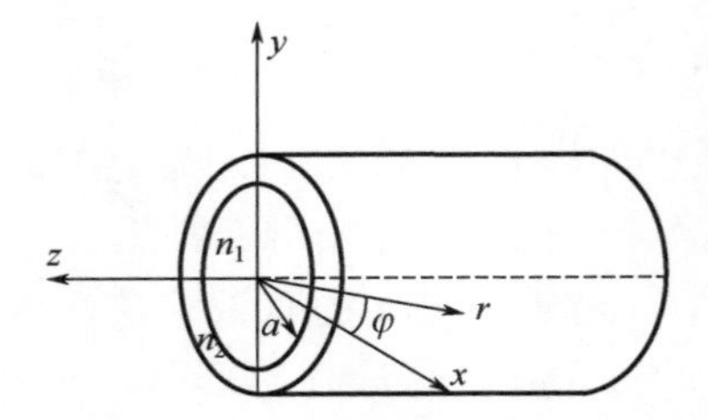

图 3.41　光波在光纤中传输的柱坐标系

经过一系列的推导可以得到电场矢量E_z和磁场矢量H_z的解，如式(3.51)和式(3.52)所示。

$$E_z = A\mathrm{e}^{-\mathrm{i}\beta z}\sin m\varphi\begin{cases}\dfrac{\mathrm{J}_m\left(\dfrac{u}{a}r\right)}{\mathrm{J}_m(u)}, & r\leqslant a\\[2ex] \dfrac{\mathrm{K}_m\left(\dfrac{\omega}{a}r\right)}{\mathrm{K}_m(\omega)}, & r\geqslant a\end{cases} \tag{3.51}$$

$$H_z = B\mathrm{e}^{-\mathrm{i}\beta z}\cos m\varphi\begin{cases}\dfrac{\mathrm{J}_m\left(\dfrac{u}{a}r\right)}{\mathrm{J}_m(u)}, & r\leqslant a\\[2ex] \dfrac{\mathrm{K}_m\left(\dfrac{\omega}{a}r\right)}{\mathrm{K}_m(\omega)}, & r\geqslant a\end{cases} \tag{3.52}$$

式中，u 为导波的径向归一化相位常数；ω 为导波的径向归一化衰减常数；J_m 为第一类贝塞尔函数；K_m 为第二类修正贝塞尔函数。在 $r\geqslant a$ 处，即在包层中倏逝波的 z 分量解为

$$E_z = A\mathrm{e}^{-\mathrm{i}\beta z}\sin m\varphi\frac{\mathrm{K}_m\left(\dfrac{\omega}{a}r\right)}{\mathrm{K}_m(\omega)} \tag{3.53}$$

$$H_z = B\mathrm{e}^{-\mathrm{i}\beta z}\cos m\varphi\frac{\mathrm{K}_m\left(\dfrac{\omega}{a}r\right)}{\mathrm{K}_m(\omega)} \tag{3.54}$$

将式(3.53)、式(3.54)中的 E_z 和 H_z 代入式(3.45)～式(3.48)中分别求 E_r、E_φ、H_r、H_φ 的表达式，从而最终求得光纤纤芯和包层分界面处、包层内的倏逝波表达式。如图3.42所示，光纤内的传输光在纤芯中有驻波解，而在包层中则以倏逝波的形式存在。

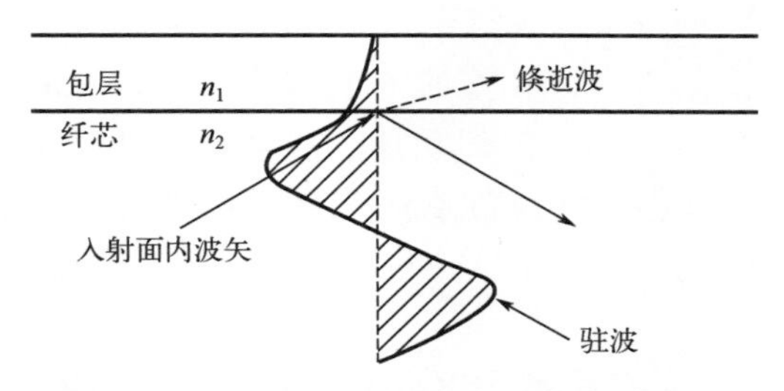

图3.42 光纤中的分界面处光场分布情况

3.3.2 基于微结构光纤的在线表面增强拉曼生物检测

本节基于上述光纤倏逝波传感特性介绍一种基于微结构光纤，利用表面增强拉曼散射(surface enhanced Raman scattering, SERS)技术对生物样本进行检测的器件。图 3.43 展示了几种具有特殊结构的微结构空心光纤，其结构简单，且具有较大的微孔。这些光纤可以用于构建光纤内集成的光流控装置，用于折射率检测、化学发光和荧光检测及电泳分离和检测。光与微流体待测物在孔道中相互作用，且该空心孔道结构增大光与待测物的接触面积，提高光的利用效率[47-49]。如对纤芯的数量和位置进行调整，可以将微结构光纤用于倏逝场传感、光纤干涉仪、光纤光栅传感器、长周期光纤光栅传感等。

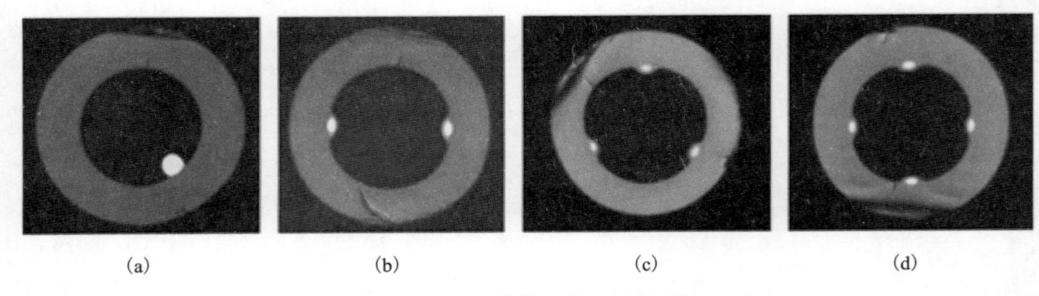

图 3.43　四种微结构空心光纤

自印度物理学家拉曼在 1928 年发现了拉曼散射现象以来，拉曼光谱技术在石油、化工、环保、材料、生物等领域取得了长足进步。然而，由于拉曼散射效应非常微弱，拉曼光谱技术的发展与运用在很大程度上受到限制。SERS 技术因其较强的增强效果迅速发展，且在生物科学等领域被广泛地利用[50-52]。借助金属纳米粒子(如具有不同形态的银纳米粒子)的等离子共振特性，SERS 可以检测出超低浓度下化学或生物材料分子的低浓度变化。因此，在众多的检测技术中，SERS 由于其简单、集成度高、检测限低、具有在线监测潜力的优势，而被认为是最方便的工具之一。

利用微结构光纤与 SERS 基底结合，制备光流控光纤内集成拉曼传感器，并将其用于生物领域的检测研究，装置如图 3.44 所示。SERS 基底(银纳米粒子)通过化学键作用附着于微结构光纤内部悬挂芯表面；通过空间光耦合，将便携式拉曼光谱仪与微结构光纤连接，将待测物注入微结构光纤的通道内，使微流体和悬挂芯倏逝场进行充分的光耦合。此结构拉曼传感器在痕量样品检测领域具有较好的优势。

利用上述微结构光纤光流控式 SERS 传感系统对喹诺酮类抗生素进行检测，其结果如图 3.45 所示。

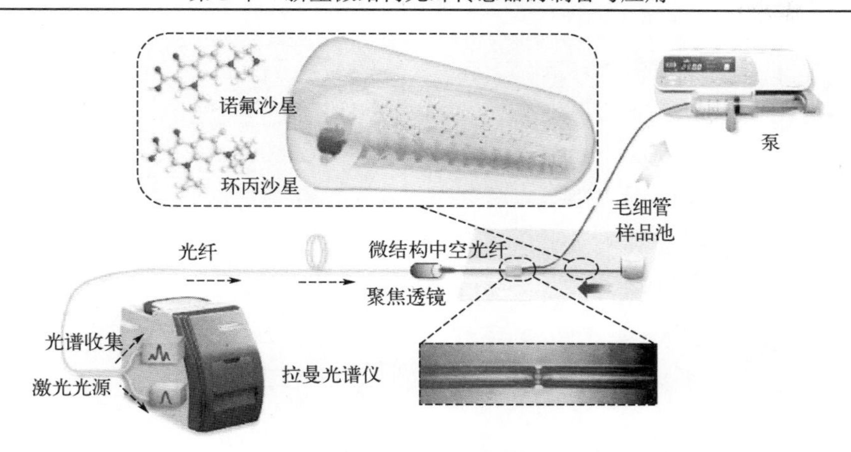

图 3.44　微结构光纤光流控在线式拉曼传感器装置示意图

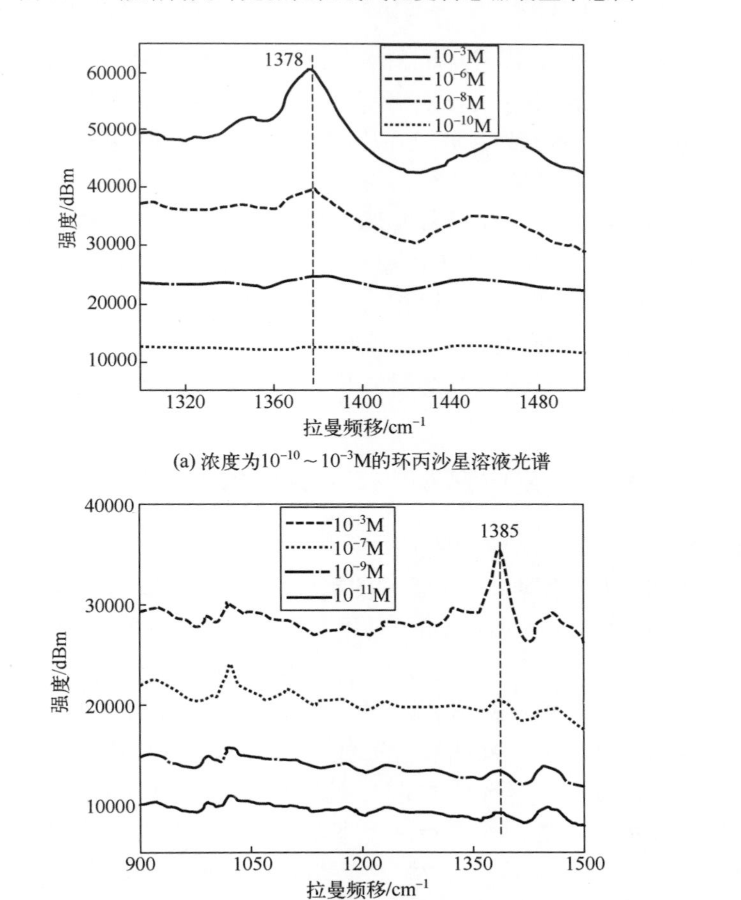

(a) 浓度为$10^{-10}\sim10^{-3}$M的环丙沙星溶液光谱

(b) 浓度为$10^{-11}\sim10^{-3}$M的诺氟沙星溶液光谱

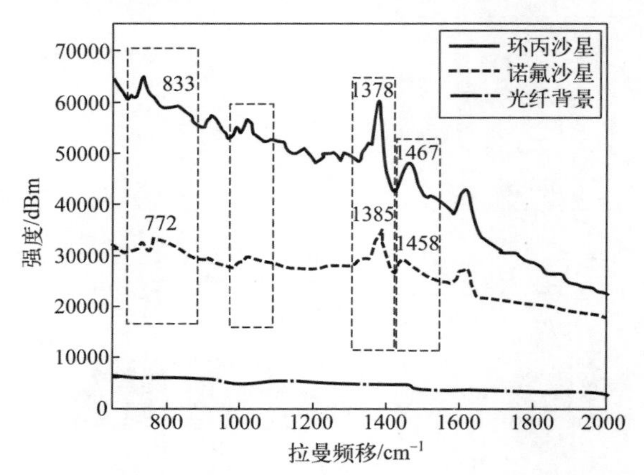

(c) 光纤背景信号与浓度为10^{-3}M的环丙沙星和诺氟沙星溶液光谱

图 3.45　环丙沙星与诺氟沙星的表面增强拉曼散射光谱

选取喹诺酮类抗生素环丙沙星和诺氟沙星作为检测物，其检出限分别为 10^{-10}M 和 10^{-11}M，如图 3.45(a)和图 3.45(b)所示。与欧盟规定的水最大残留限量(3.01×10^{-7}M)相比，该检出限低数个数量级，并且在检测范围内可以获得较好的定量关系。此外，如图 3.45(c)所示，根据拉曼光谱的峰位，可以区分两种同类型的抗生素。

基于微结构光纤制备的拉曼传感器可以有效地检测光纤内部未标记的痕量喹诺酮类抗生素残留(环丙沙星和诺氟沙星)的拉曼信号，为喹诺酮类抗生素残留的无标记检测提供了一种微结构光纤光流控式传感方法。此外，该光纤内 SERS 传感器可与微反应器、微分离器等单元集成，快速在线获取拉曼信号。同时，若将 SERS 基底稍加改性或引入功能材料，与此微结构光纤结合能够实现更多在生物、医学等痕量样品检测领域的应用。

3.3.3　微结构光纤微反应器及化学发光传感

本节主要介绍基于空心聚合物光纤所制备的传感器及化学发光传感装置。可以通过使用空心聚合物光纤来降低微流器件的制备成本。空心聚合物光纤由 PMMA 和聚苯乙烯(polystyrene，PS)材料拉制而成，使用局部热熔法对空心聚合物光纤进行开孔，实现微流控器件的小型化。空心聚合物光纤的中心孔道为化学发光反应提供了空间，产生的信号可以通过悬挂芯传输到检测设备，可以简化传统的复杂光路，提升便携性。

空心聚合物光纤微流控检测装置图如图 3.46 所示。反应溶液在注射器泵的输送压力下注入光纤，微反应器区域的总长度为 20cm，注射泵的流量为 100μL/min。整个化学发光反应和接收过程均在暗环境下进行，以避免背景光对实验的干扰。

空心聚合物光纤光流控化学发光装置可以完成鲁米诺分子体系反应物在线检测，如图 3.47(a)所示，开始时，光纤内部没有检测到光发射，曲线表示的为当前环境下的背景光或噪声干扰。溶液开始反应后经过 17s 的响应时间，光信号达到稳定状

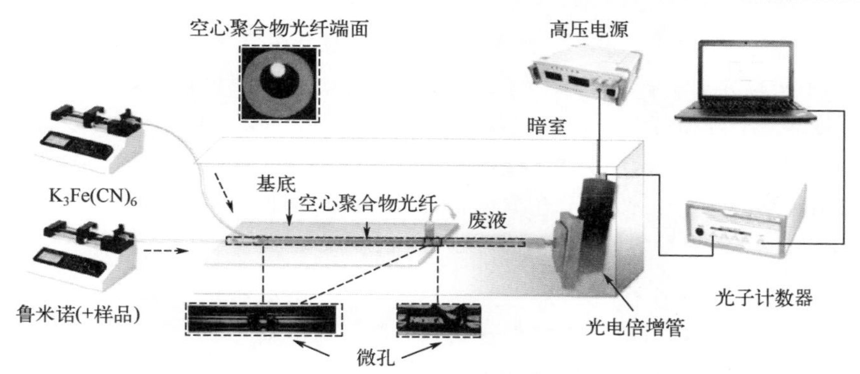

图 3.46　空心聚合物光纤微流控检测装置图

态。反应结束后，经 32s 回到初始状态。在图 3.47(b) 中，在 3 个周期内化学发光信号可以维持在同一稳态水平，具有良好的可重复性。

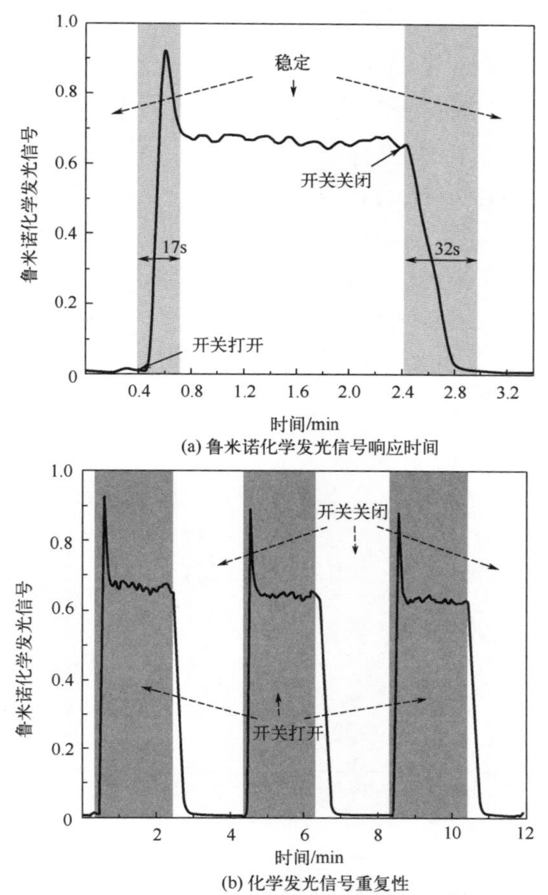

图 3.47　空心聚合物光纤内鲁米诺化学发光信号检测

通过研究发现，系统化学发光体系的最佳反应条件为 0.1M NaOH、0.01M 鲁米诺、0.005M 铁氰化钾，在该条件下空心聚合物光纤微流控装置可以实现对米诺环素的检测，结果如图 3.48(a)所示。检测范围为 0.00001～0.1g·L^{-1}，化学发光强度与米诺环素浓度的变化呈非线性关系。但该光纤微流控装置对米诺环素的检测存在线性区间，化学发光强度与米诺环素浓度的线性关系如图 3.48(b)所示，线性区间为 0.01～0.001g·L^{-1}，相关系数 R^2 为 0.9965。

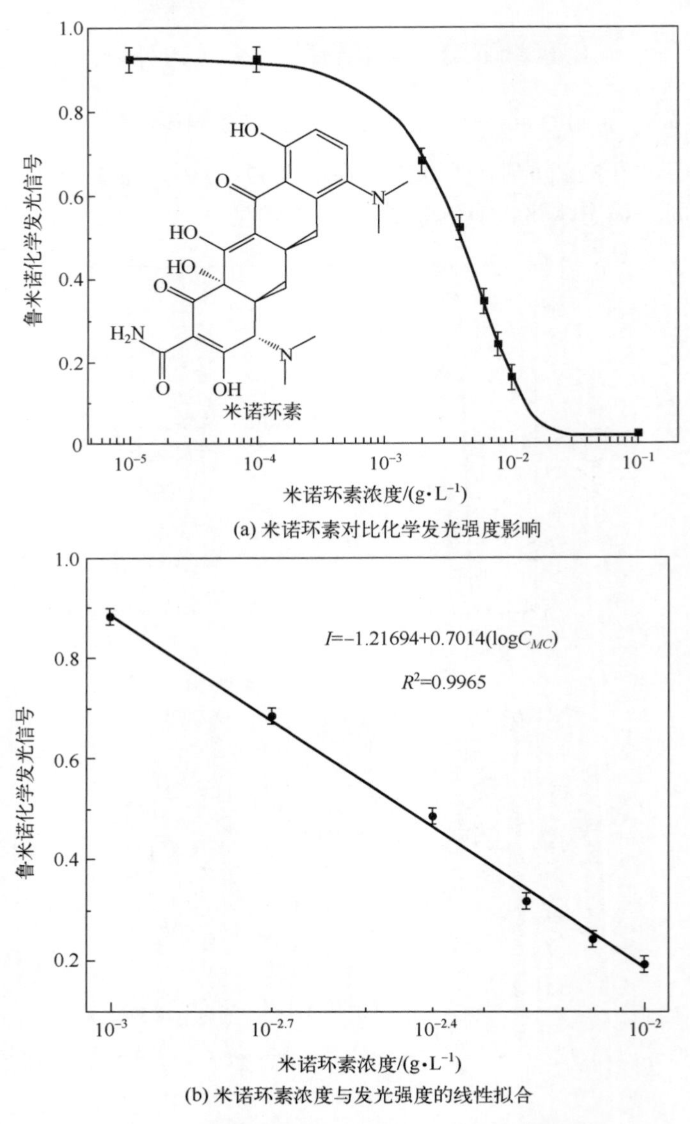

(a) 米诺环素对比化学发光强度影响

(b) 米诺环素浓度与发光强度的线性拟合

图 3.48　米诺环素与化学发光强度之间的关系

图 3.49 中所示为在模拟人体血液环境完成人体血液中米诺环素浓度的快速检测。两种不同米诺环素浓度下测定结果与校准值的最大偏差在4%以内。结果表明，光纤光流控化学发光装置可以实现血清环境中米诺环素的在线、重复性和稳定性检测，在药物安全和医学检测领域具有研究价值。

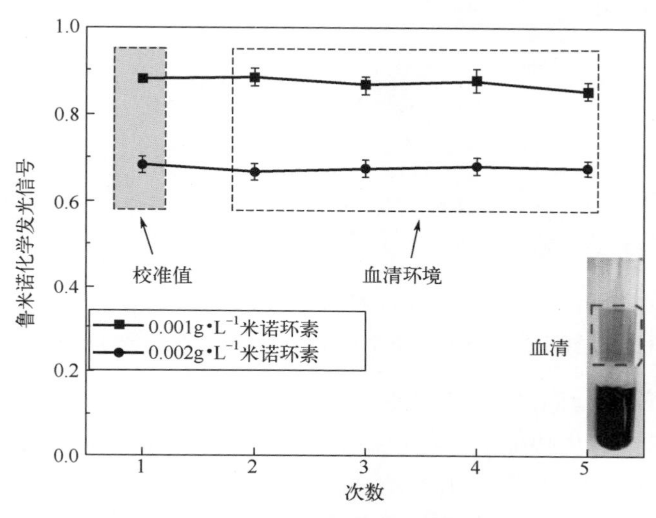

图 3.49　米诺环素人体血清环境检测

3.3.4　基于微结构光纤的荧光淬灭在线传感结构

同样，在光纤内部可以实现荧光淬灭检测。悬挂芯中空光纤荧光淬灭在线传感实验装置简图如图 3.50(a)所示。光纤外径为 350μm，内径为 210μm，纤芯直径为 40μm，整体的结构可被用作光流体微反应器。为了将试剂引入光纤并确保荧光淬灭

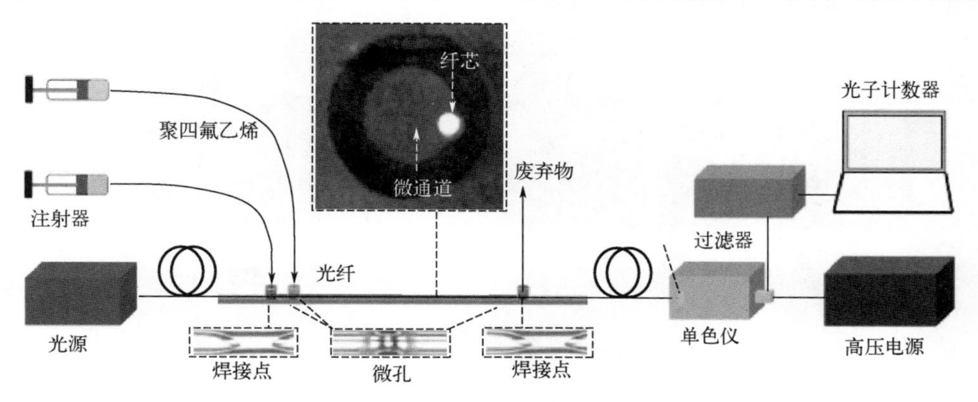

(a) 实验装置简图（插图：光纤、微通道和熔点的结构）

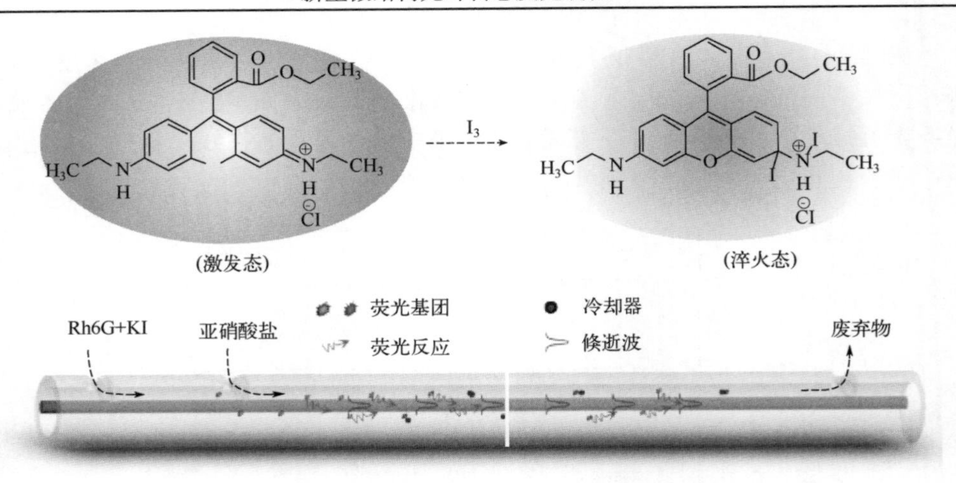

(b) 光纤中悬挂芯周围的光流体荧光猝灭原理图

图 3.50　悬挂芯中空光纤荧光猝灭在线传感实验装置简图与原理图

在光纤内进行，通过 CO_2 激光蚀刻的方式在光纤表面打开两个微孔，样品的注入通过该微孔实现。纤芯内传输的光在远端被光电倍增管(photomultiplier tube，PMT，R2949)检测。光纤中悬挂芯周围的光流体荧光猝灭原理图如图 3.50(b)所示。

图 3.51(a)为光纤轴向的动态流速仿真曲线。在入口 1 和入口 2 之间部分的速度场都很明显，这表明液体可以顺利地注入具有悬挂芯的光纤中，并且溶液可以在注射泵产生的压力差下被驱动。这意味着液体可以克服毛细管力，在光纤中形成一个稳定的通道，在光纤中流动。图 3.51(b)显示了光纤横截面的速度曲线，从光纤的中心到悬挂芯呈梯度变化，且从 70mm/s 下降到 10mm/s。流动时间是由纤芯附近的速度决定的，因此，光纤中的整个动态传质过程可以由纤芯附近的速度决定，这表明液体可以在很短的时间内流过光纤。

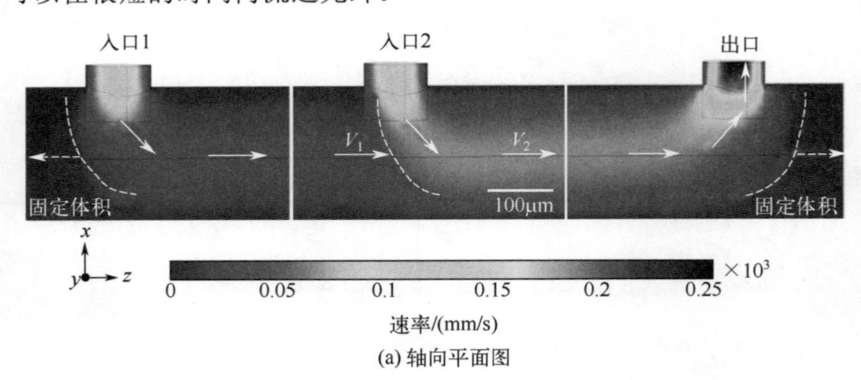

(a) 轴向平面图

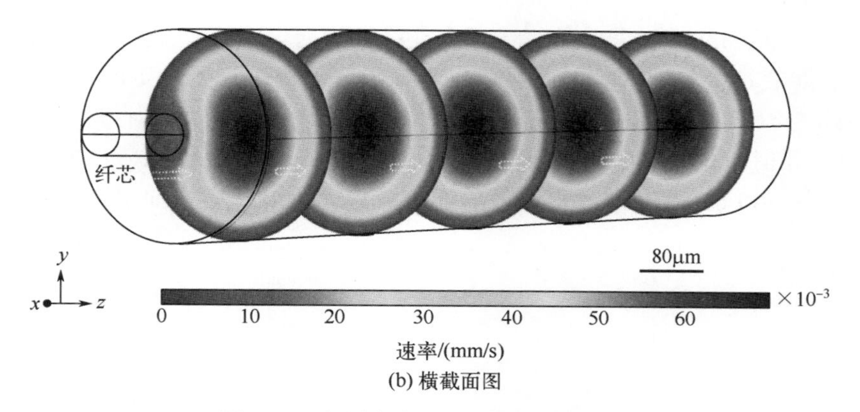

(b) 横截面图

图 3.51　光纤中流速的仿真结果(见彩图)

图 3.52 为罗丹明 6G(R6G)的吸收光谱和荧光光谱，在 430～580nm，R6G 溶液有一个宽的吸收带。为了消除激发光对荧光的影响，选择高强度的蓝色激光二极管(功率为 1W)作为光源。当 R6G 溶液从入口处被注入光纤时，指示剂分子立即被激光激发。同时，荧光被有效地耦合到悬挂芯中并沿光纤传输，最后在光纤出射端被检测器检测到。从 R6G 的荧光光谱中可以观察到它在 575nm 左右为最强发射。

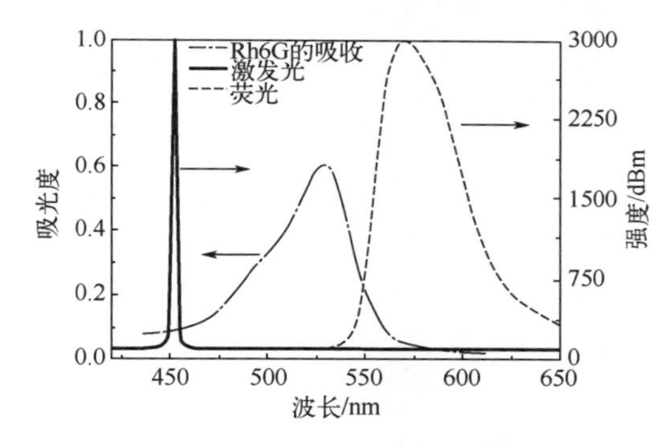

图 3.52　R6G 的吸收光谱、激发光光谱和荧光光谱

图 3.53 为 R6G 与亚硝酸盐离子反应后的荧光发射光谱。耦合到光纤中的 R6G 的荧光强度很高，但在注入亚硝酸盐后显著降低。从这些光谱来看，当亚硝酸盐的浓度发生变化时，荧光波长没有明显变化。此外，结果显示，单独的硝酸盐和碘化钾(KI)对 R6G 的荧光强度没有明显的影响。然而，当 KI 和硝酸盐与 R6G 共存时，会发生化学反应。亚硝酸盐的浓度是由荧光淬灭的程度决定的。

图 3.54 所示为注入光纤的硝酸盐样品的响应曲线在 575nm 处，其归一化荧光强度与硝酸盐浓度的关系。从响应曲线上看，当硝酸盐的浓度增加时，强度明显下降。该传感器的荧光反应几乎是线性的，线性回归方程为 y=0.0697+0.2295x (R^2=0.9851)。

检测极限约为 0.05mmol/L。此外，当填充光纤通道时，在 5s 内就会有变化。结果表明，样品溶液是均匀混合的，并且可在光纤的纤芯周围形成稳定的微流。此外，该工作还确定了一些其他内容，选择了一些离子来做实验。结果显示，Na^{+}、K^{+}、Mg^{2+}、NH_4^{+}、Zn^{2+}、NO_3^{-}、Cl^{-}(亚硝酸盐浓度的 500 倍)和 Cu^{2+}、Fe^{2+}、Ni^{2+}、Hg^{2+}(亚硝酸盐浓度的 500 倍)对测试没有明显的影响，误差可以控制在 5%以下。

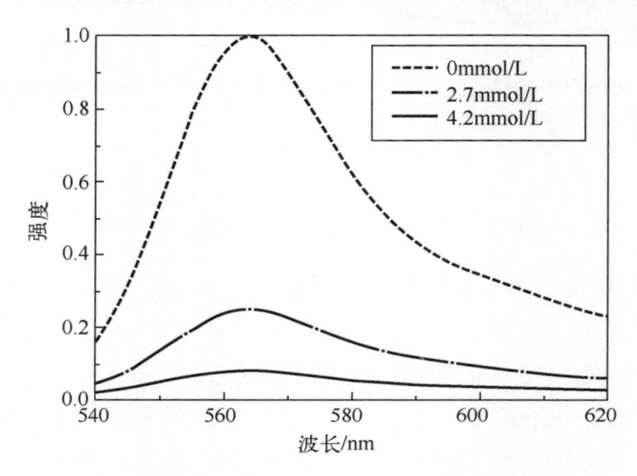

图 3.53　荧光淬灭在光纤中的强度变化

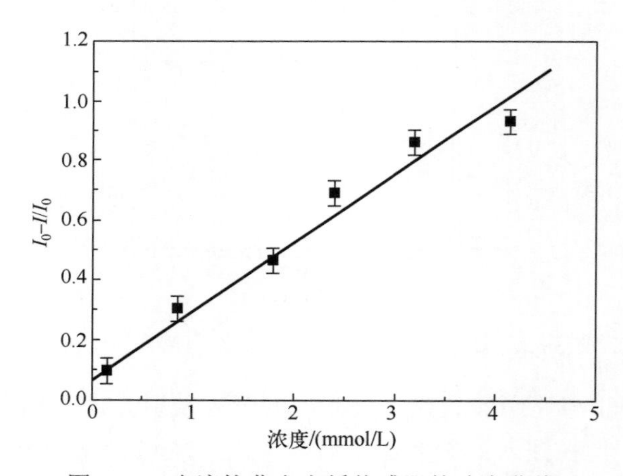

图 3.54　光流控荧光光纤传感器的响应曲线

综上所述，微结构光纤可以将气体、液体和生物样品填充到微孔中，在新型传感器设计中具有重要意义。本节描述了一种基于特殊结构设计的纤维内荧光在线光电传感器，荧光微流体通过光纤的表面被引入到光纤中，而不破坏纤芯结构，这在其他光纤结构中是较难实现的。

3.4　基于光纤传感结构的组分分离在线探测应用

3.4.1　基于 SPR 及光纤干涉仪的光纤折射率检测原理

贵金属介质通常以薄膜的形式存在于表面等离子体共振(surface plasmon resonance，SPR)结构中，是产生 SPR 现象的关键[53]。在金属中，电子和正离子之间的作用力为库仑力，在外界扰动下，金属表面这一特殊等离子态中某一区域电离平衡被打破。由于库仑力是长程力，自由电子往返运动产生了电子密度移动、聚集振荡，这种振荡通过电子密度起伏形成疏密波，SPR 正是由入射光场能量与这种表面等离子体振荡相互作用形成的[1,54,55]。

可见光到近红外波段的宽谱光作为激励源实现 SPR 传感，需要满足两个条件，一是与金属膜作用的入射光其电场方向必须垂直金属介质分界面；二是入射光在沿金属介质面 X 方向的波矢分量 d_x^d 和表面等离子激元(surface plasmon polariton, SPP)的波矢 k_{sp} 相等。SPP 的色散曲线如图 3.55(a)中曲线 5 所示。入射光波作为激励源，当从介质传输到金属膜表面时，其在介质中波矢与频率关系为直线 2，虚线 1 是金属中倏逝波的波矢与频率之间的关系。不难看出，倏逝波的波矢不存在与 SPP 波矢相等的情况，即不会激发 SPR 效应。

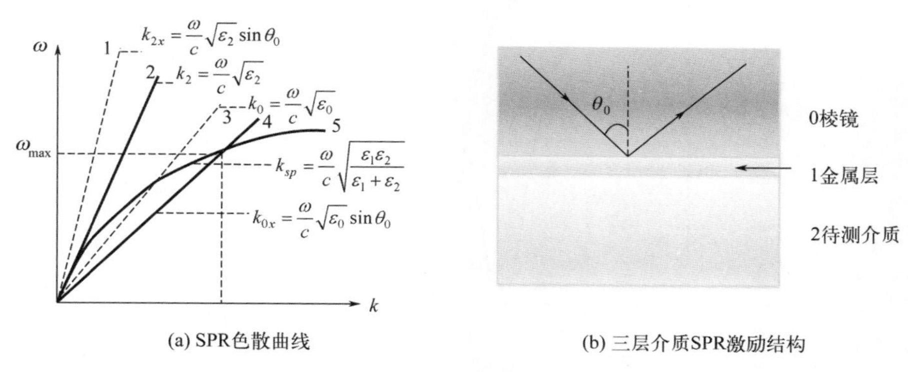

(a) SPR色散曲线　　(b) 三层介质SPR激励结构

图 3.55　三层介质激励结构及其中色散曲线

SPR 的激发要通过特殊的结构实现波矢补偿，使入射光波矢和 SPP 波矢匹配。当激励结构为图 3.55(b)所示的 3 层结构时，入射的 TM 偏振光从棱镜或光纤射向金属膜再到待测介质。棱镜或光纤中的波矢在 X 方向的分量为

$$k_x^{\mathrm{pr}}=\frac{\omega}{c}\sqrt{\varepsilon_{\mathrm{pr}}}\sin\theta>\frac{\omega}{c} \tag{3.55}$$

式中，pr 指代棱镜，根据公式可得共振条件为

$$\sqrt{\varepsilon_{\mathrm{pr}}}\sin\theta=\left(\frac{\varepsilon_1\varepsilon_2}{\varepsilon_1+\varepsilon_2}\right)^{1/2} \tag{3.56}$$

由于金属存在复折射率，所以介质中也存在吸收，实际计算时，式(3.56)中对应的介电常数应用复数形式。对比该结构的色散曲线，如图3.55(a)所示。直线4为入射偏振光在棱镜中的波矢频率关系，虚线3是P偏振光从棱镜以角度θ入射到金属膜分界面时倏逝波波矢与频率之间的关系。因为棱镜和光纤有较高的折射率，因而有$\varepsilon_0>\varepsilon_2$，所以存在曲线5与直线4有交点，满足匹配条件可以实现激发SPR效应。

根据共振条件公式，当P偏振光入射金属膜的角度θ为一固定值时，以宽带光源入射，存在某一共振波长λ使得等式成立，可以检测出共振波谷，其中心波长即为共振波长。当待测介质浓度变化或者生物敏感膜发生分子结合，进而导致金属膜附近的敏感区折射率发生改变，即等式右边变化时，对应地出现新的共振波长。通常随着介质折射率的增大，共振波长发生红移。如图3.56所示，通过标定共振波长λ与待测介质改变的参量，即可实现波长调制的SPR检测。

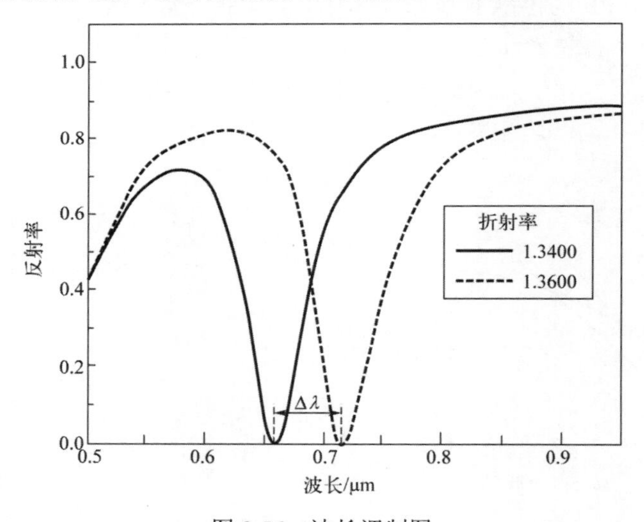

图3.56　波长调制图

几种常见类型的光纤SPR结构如图3.57所示，图3.57(a)和图3.57(b)为在光纤侧面或者端面去除一段包层后的区域，然后在该区域镀制金层，由于包层被去除，纤芯传输的光将直接入射金层，满足克莱舒曼(Kretschmann)结构，能够激发SPR现象。由于金属层不同，同一折射率下对应的共振波长不同，因此该种传感器在接收端可以得到多个共振独立检测的光谱，可以实现波分复用。图3.57(c)为U形光纤结构，去除涂覆层后再在顶端镀制上金膜，实现SPR激励结构。图3.57(d)为D

形光纤结构，对光纤侧面进行抛磨，去掉包层和部分纤芯让纤芯中的光泄漏出来。当抛磨深度较大甚至部分纤芯被去除后，波导结构破坏严重导致大量光泄漏，因而需要很高的输入光强，但使用激光光源时，输入光强过大可能会烧毁金膜。图 3.57(e)为锥形光纤结构，根据光纤拉制时的等比缩小原理，锥区的光纤芯径将缩小至零点几微米左右，不能完全地将光束缚在纤芯中，因而光进入锥区的包层和锥区外传输，此时再在锥区上镀制金属层即可实现 SPR 激励结构。

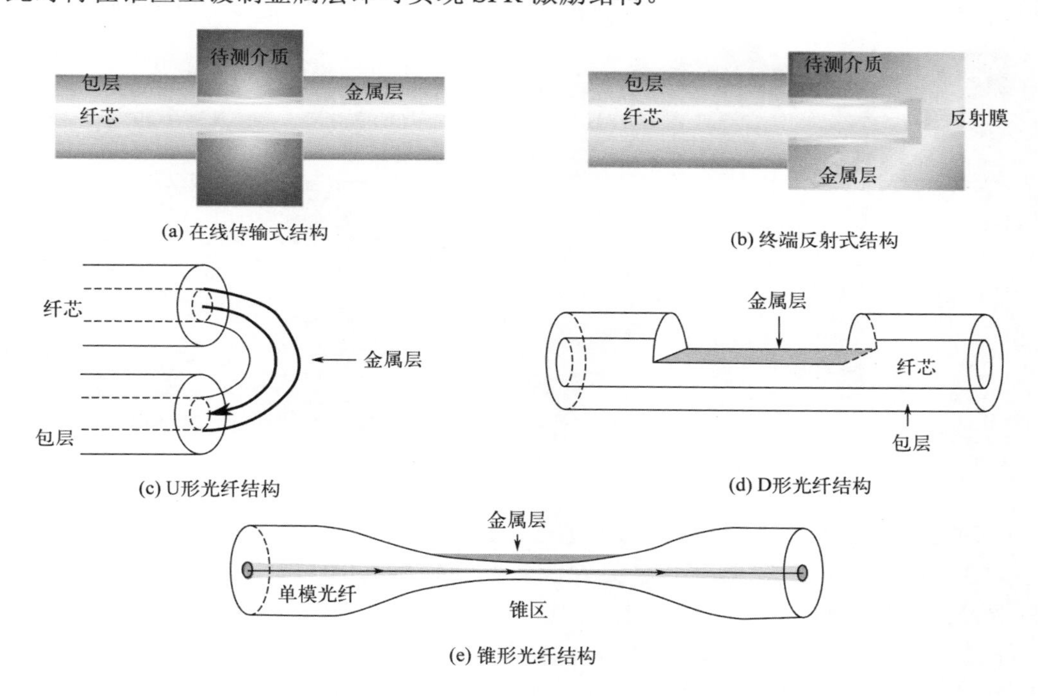

图 3.57　几种常见类型的光纤 SPR 结构

3.4.2　基于 SPR 光纤探针的在线生物蛋白分离与检测

本节主要介绍一种将 SPR 光纤传感探针引入柱色谱(column chromatography, CC)的传感系统，其可以实现样品分离过程中的在线动态检测[56,57]。在 CC 系统中增加有效的在线检测方法可以减少实验消耗品，明显提高分析效率。

SPR 光纤传感器与玻璃色谱柱系统相结合装置如图 3.58 所示，包括光源、准直偏振装置、光纤传感器、色谱分离柱和光谱分析仪。从宽带光源发出的波长为 360～2000nm 的光被转换为线性偏振光，通过偏振控制器和准直光路耦合到探针中。SPR 光谱信号会随着流经探针的分量而变化，然后由 OSA 检测。SPR 传感器由石英光纤制作，该光纤纤芯直径为 200μm，包层厚度为 230μm。

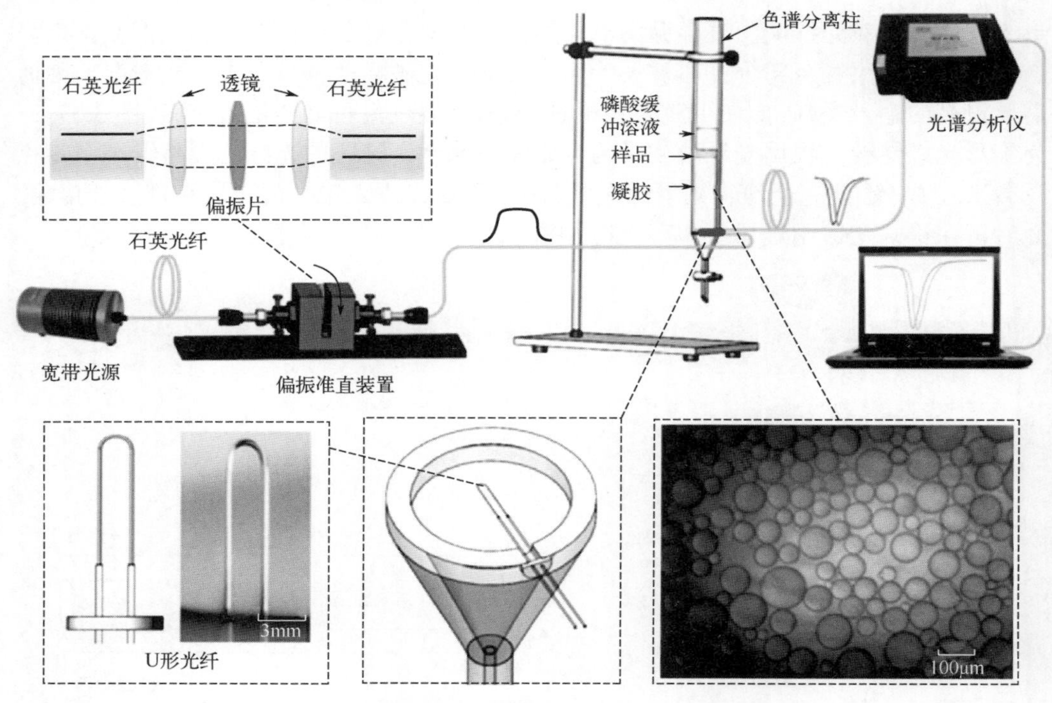

图 3.58　SPR 光纤传感器与玻璃色谱柱系统装置图

对 SPR 传感器探头的 RI 灵敏度进行仿真，其结果如图 3.59(a)所示，共振波长从 623.0nm 漂移到 767.3nm，平均 RI 灵敏度为 2842.5nm/RIU。U 形 SPR 光纤传感器的实验结果如图 3.59(c)所示，该探针在 RI 范围内具有平滑的共振偏角，共振波长漂移为 626.6～753.2nm，平均 RI 灵敏度为 2490.7nm/RIU。该结果与仿真数据相比表明，不同 RI 条件下的共振峰均基本吻合，则实验中使用的 SPR 传感器具有良好的性能。

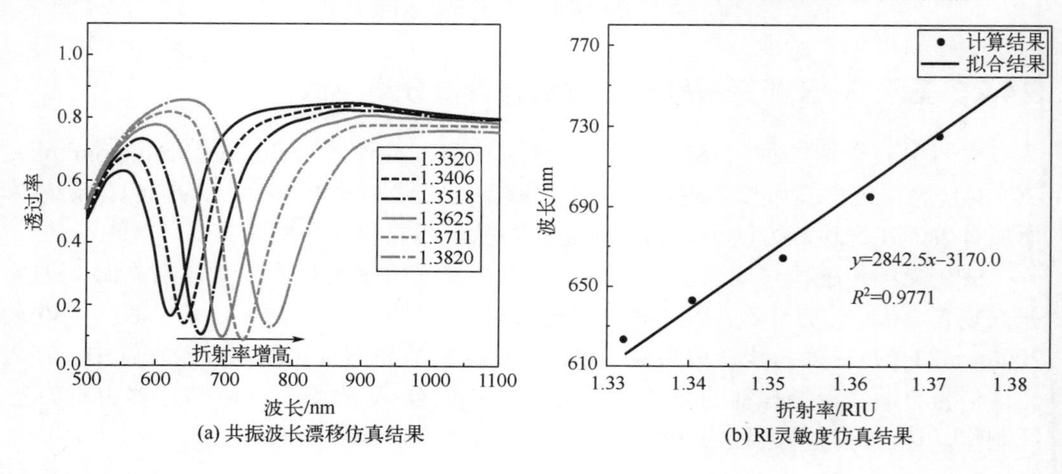

(a) 共振波长漂移仿真结果　(b) RI灵敏度仿真结果

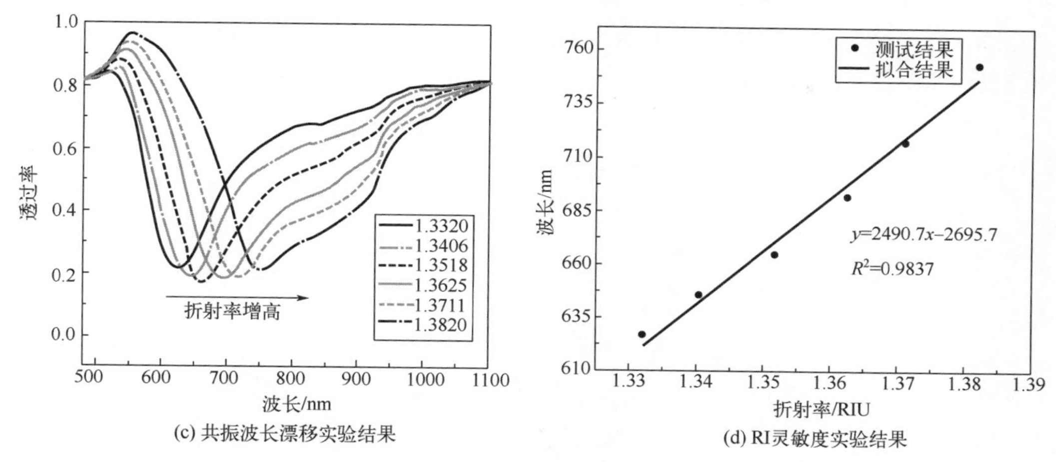

(c) 共振波长漂移实验结果 (d) RI灵敏度实验结果

图 3.59 不同 RI 溶液下 U 形光纤 SPR 传感器波长漂移与线性度的仿真与实验结果

分析物的分离和动态在线检测过程如图 3.60 所示，随着流动方向向下移动，两个混合组分在柱中逐渐分离。图 3.60 中蓝色的水平线表示 SPR 探头的位置，黄色的区域对应于核黄素磷酸钠(FMN-Na)。由数据可知分子量 66.43kDa 的牛血清白蛋白(bovine serum albumin，BSA)，比柱中摩尔质量为 478.33g/mol 的 FMN-Na 移动速度快，到达 SPR 探针的时间也更早。

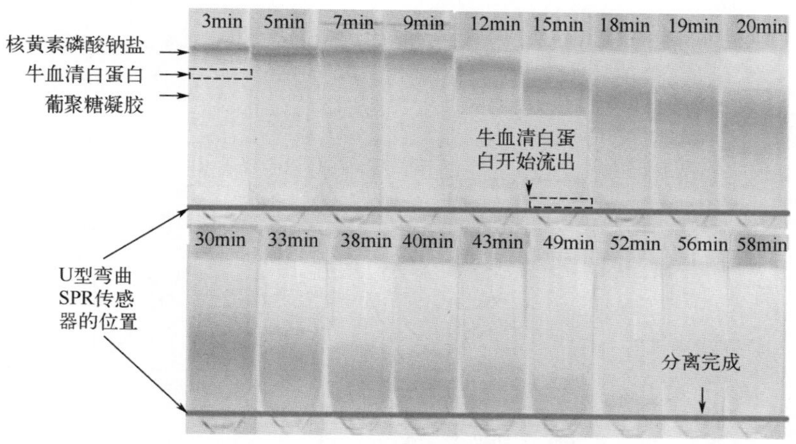

图 3.60 分析物的分离和动态在线检测过程图像(见彩图)

图 3.61(a)和图 3.61(b)为检测 FMN-Na 流量的 SPR 传感的光谱随时间的变化图。根据共振波长的变化，FMN-Na 从 30min 开始流出，共振波长为 641.31nm。与图 3.60 对应，此时，条带的下端到达了探针。经过 8min 后，共振波长达到最大值 649.71nm，此时条带较深的颜色已到达探针。然后共振波长位移减小，并恢复到 56min 处的初始共振波长，表明 FMN-Na 已经完全流出。整个 FMN-Na 流出过程需

要 26min，导致最大的 SPR 共振波长偏移为 8.4nm，说明 SPR 探针附近位置的 RI 值也被 FMN-Na 流动动态调整。

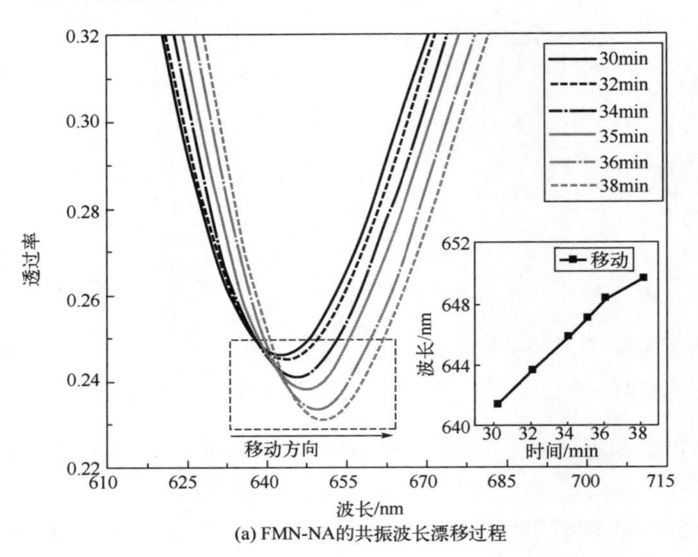

(a) FMN-NA的共振波长漂移过程

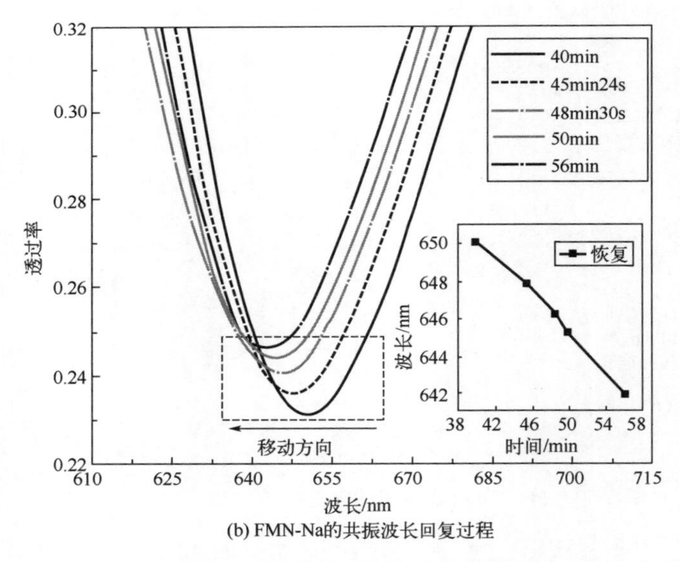

(b) FMN-Na的共振波长回复过程

图 3.61　SPR 共振波长与时间的关系

基于 SPR 探针的在线检测的可行性，比较 U 形 SPR 传感器测量曲线与光吸收率。对分离柱底部组分进行吸光度测试，数据如图 3.62 所示。结果表明，从图 3.62(a)吸光度的变化曲线中可以看出，这些吸收带分别归因于 BSA 和 FMN-Na。如图 3.62(b)

所示，BSA 和 FMN-Na 分别在 14min 和 30min 到达 U 形探针。约 56min 后，整个 CC 分离过程完成，光谱恢复到初始状态并保持稳定。这表明 SPR 传感器在线检测在 CC 分离中是可行的。由此 SPR 传感可以准确、实时地检测整个动态分离过程，对分离的物质具有高度的识别度。

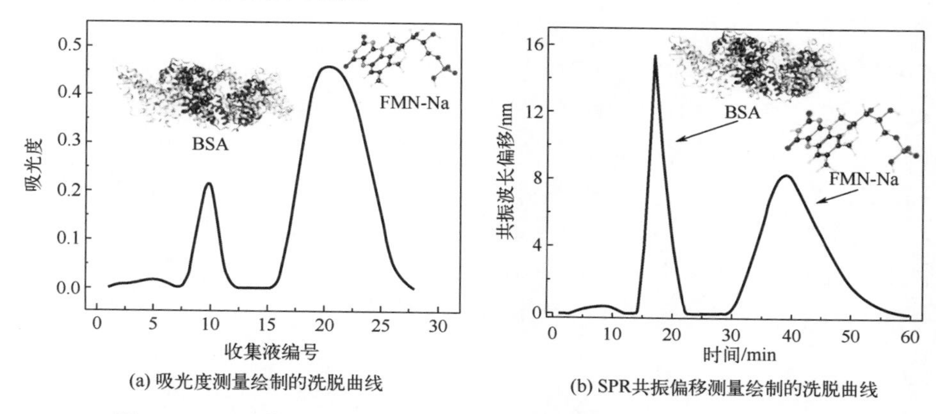

图 3.62　两种检测方法对分离样品的流出时间吸收光谱和分离曲线

3.4.3　基于微纳光纤干涉仪的分子电泳分离与在线检测

将微纳光纤干涉仪引入电泳系统，实现样品分离及动态在线检测。如图 3.63 所示，系统结构由波长为 1520～1570nm 的宽带放大自发辐射源(amplified spontaneous

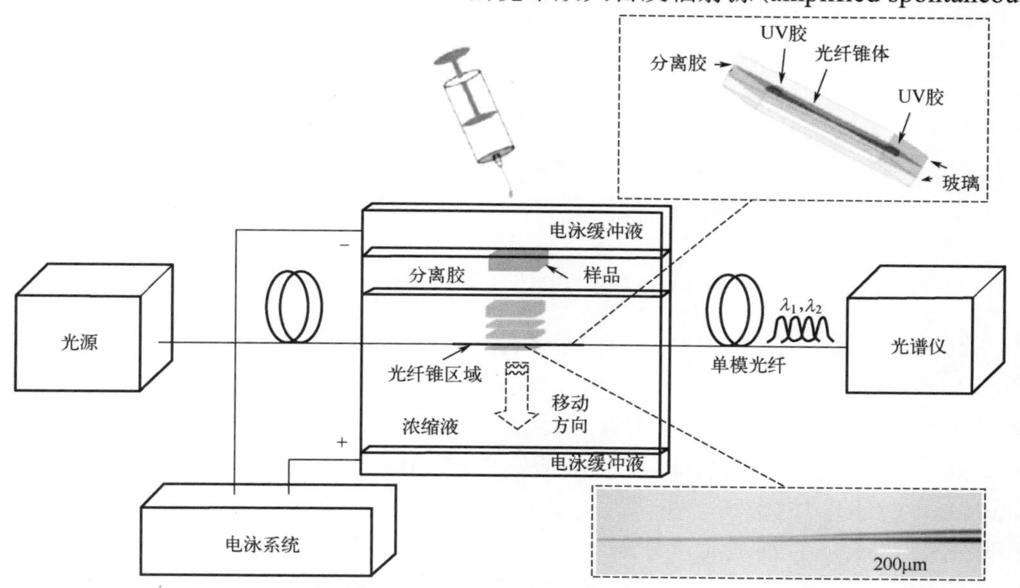

图 3.63　基于微纳光纤干涉仪的电泳在线分离检测装置示意图

emission，ASE）、电泳系统、传感结构和光谱分析仪（OSA）组成。其中，微纳光纤由在光谱分析仪的监控下拉制 SMF-28 光纤得到，将微纳光纤干涉仪嵌入电泳系统的分离介质中。同时，当电场驱动的定向分离样品通过分离介质中的干涉仪时，可以直接被检测到。通过在不同折射率的 NaCl 溶液中测试微纳光纤，发现其折射率灵敏度约为 3580nm/RIU。

如图 3.63 所示，在系统中，微纳光纤位于两块平行玻璃之间，并使用 UV 黏合剂固定在一块玻璃的表面上，如图 3.63 中插图所示，微纳光纤悬挂在分离凝胶中。为了构建分离凝胶，在玻璃之间依次添加 15mL 分离凝胶前体和 5mL 堆叠凝胶前体。随后，将样品梳快速地插入堆叠凝胶前体中。分离前，监测凝胶的凝固情况如图 3.64 所示，在丙烯酰胺凝胶化过程中，开始时的干涉光谱变化非常快。当丙烯酰胺的所有单体被消耗后，分离凝胶的折射率不再发生变化。随着反应的进行，位移开始减慢，40min 后干涉光谱趋于稳定。随着凝胶的持续凝固，干涉光谱从 1535nm 向较长波长移动，至 1577nm。产生偏移的原因是，随着从液体到稳定凝胶状态的变化，光纤周围的折射率发生了变化（用阿贝折射仪测量，RI=1.3526；凝胶凝固后，微纳光纤的损耗在 1550nm 处约为 3.6dB）。

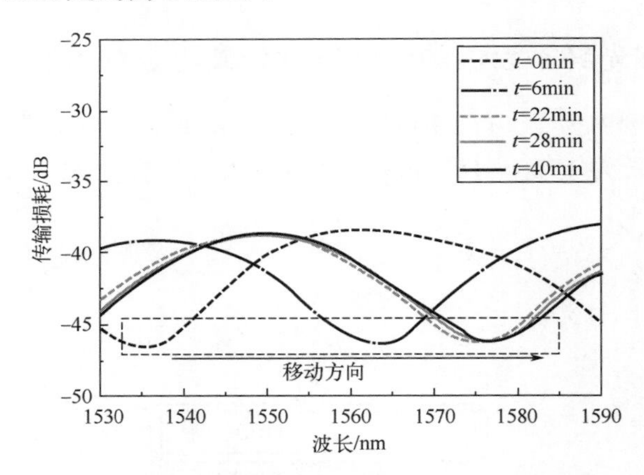

图 3.64　分离凝胶凝固过程中干涉光谱的位移

取出样品梳后，将空孔（将其标记为 a、b 和 c）留在堆叠凝胶中进行取样。然后，将带有嵌入微纳光纤的分离介质转移到电泳槽中，并将电泳缓冲溶液加入槽中，使其与上堆叠凝胶和下分离凝胶接触。电泳缓冲溶液的主要成分为甘氨酸和三甘氨酸。

此实验分离并在线检测了牛血清白蛋白（BSA）和鸡蛋白蛋白（chicken egg albumin，CEA）的混合物。在普通电泳实验中，样品在分离后进行染色和观察。而在此实验中，为了直观地演示分离过程，分离前首先用荧光染料标记蛋白质。将 15mg 蛋白质（BSA 或 CEA）溶解在磷酸盐缓冲溶液（PBS，NaH_2PO_4 和 Na_2HPO_4 的混合物，pH 为 6.8）中，将 5mg 异硫氰酸荧光素（fluorescein isothiocyanate isomer，FITC）溶于

200μL 二甲基亚砜(dimethyl sulfoxide，DMSO)，再把 BSA 和 CEA 溶液中分别加入 15μL 的 FITC 溶液中。将样品放入冰箱中，在 4℃的条件下持续 2h，以完成标记。之后，将 10μL 加载缓液、5μL 的 BSA 溶液和 5μL CEA 溶液混合在一起，将其中 5μL 注射到堆叠凝胶中 b 的梳状孔中(图 3.65)。作为参考，另外两个未混合的 5μL 标记的蛋白质溶液分别注入堆叠凝胶中相邻的 a 和 c 孔中。

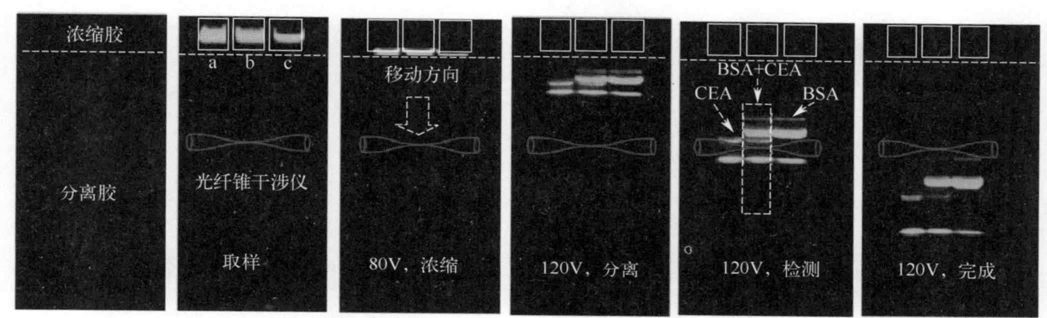

图 3.65 电泳分离凝胶中蛋白质的分离和动态在线检测过程的图像(见彩图)

如图 3.65 所示，将微纳光纤干涉仪在分离凝胶中的位置和样品细胞在堆叠凝胶中的位置分别标记为图像中的红色锥区域和白色框区。荧光图像由 CCD 相机(佳能 550D)在黑暗中拍摄。标记的蛋白质由波长为 365nm 的紫外光(25W)激发。为了驱动蛋白质，向电泳凝胶施加 80V 直流电压。3min 后，标记的蛋白质聚集在堆叠凝胶和分离凝胶之间的边缘。当将样品压缩成细线时，将电压调整为 120V(凝胶中约为 10V/cm)。然后，样品进入分离凝胶并开始逐渐分离(样品的宽度约为 8mm，比覆盖锥形区域的锥形腰部宽)。在弱碱性环境中，蛋白质带负电，在电场的作用下，它们从负极被驱动到正极。在 365nm 的紫外光下，a、b 和 c 中的所有样品都向下移动。另外，不同种类蛋白质的电荷量不同，也就是说，蛋白质分子的迁移速度与电荷质量比成正比。根据 a 和 c 的参考单元格，可以清楚地判断 b 中的未知行。a、b 和 c 底部的第一条弯线对应于游离 FITC，该行后面是 a 中的 CEA，b 中的 CEA 和 BSA，以及 c 中的 BSA。此外，凝胶中出现了第二条 BSA 聚集结构线，然后出现了两条 BSA 聚集结构线。分离后，当每条线通过光纤的锥形区域时，OSA 可以检测和记录信号。

结果表明，相对分子质量较高的蛋白质(BSA 与 CEA 的分子量分别为 66.43kDa 和 42.70kDa)，可以调节锥形周围的有效 RI。例如，当 BSA 的第一个波段接近锥形时，干涉光谱在 90s 内开始向较长波长移动，从 1577.2nm 移动到 1580.9nm，如图 3.66(a)所示。之后，当蛋白质条带离开锥形时，RI 再次降低，干涉光谱在 16.5min 内开始从约 1580.9nm 移回 1574.5nm，如图 3.66(c)所示。图 3.66(b)与图 3.66(d)分别给出了相应的增量位移与时间的关系图，两图中的时间长度不同。由于分离凝胶的承载能力有限，蛋白质的分布不是直线而是带状。此外，由于蛋白质的分子量分布，RI

分布在条带中会有一个梯度。这种不对称分布导致带内折射率的不对称。在整个过程中，所有这些信息都可以被 OSA 的干涉光谱所捕获。

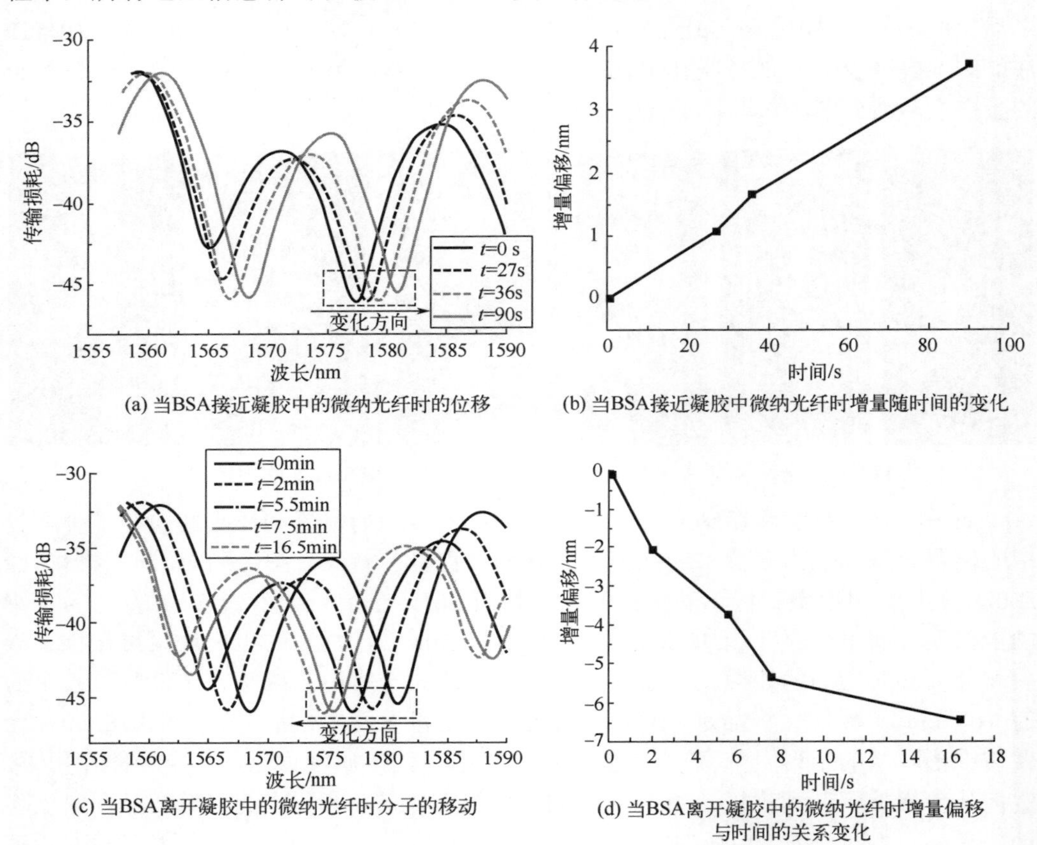

(a) 当BSA接近凝胶中的微纳光纤时的位移

(b) 当BSA接近凝胶中微纳光纤时增量随时间的变化

(c) 当BSA离开凝胶中的微纳光纤时分子的移动

(d) 当BSA离开凝胶中的微纳光纤时增量偏移与时间的关系变化

图 3.66　电泳动态检测中干涉光谱的位移

对于其他蛋白条带，OSA 也可以清楚地观察到类似的变化。在实验中，干涉光谱的每一轮移动对应于电泳分离后混合物的一个组分。此外，图 3.67 中绘制了干涉峰的波长与分离时间的关系图。

在该曲线中，有四个位移分别对应于 FITC、CEA 和 BSA(具有两条带)的成分，这些成分由微纳光纤在线检测。根据干涉光谱的变化，FITC、CEA 和 BSA 的四条带依次出现，约 60min 后，整个电泳过程完成，光谱趋于稳定，即所有关于凝胶中锥形周围 RI 的信息都可以通过干涉仪光谱的峰谷位置来表示。具体地，当一个成分通过微纳光纤时，应该有一个拐点，可以从位移中观察到。拐点的数量将指示样品中成分的数量。通过微纳光纤检测参考标准样品，还可以观察到有关序列和分子量的更多信息。

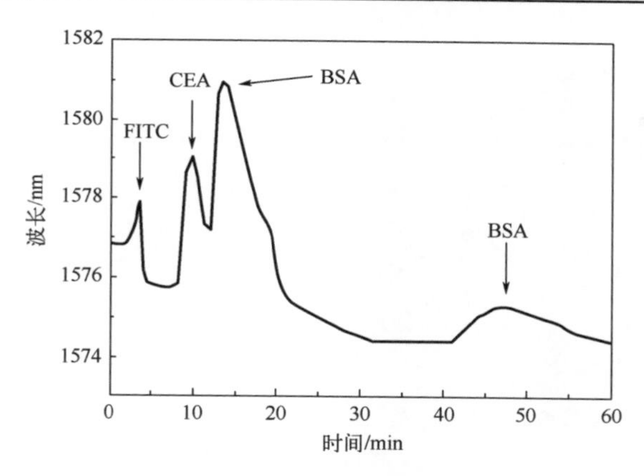

图 3.67　电泳动态检测中干涉光谱的总起伏

3.4.4　基于微结构光纤的分子电泳分离与在线检测

本节主要介绍一种基于微结构光纤的光流控光纤传感器，其以悬挂芯光纤为分离通道，以高压直流电为驱动力，实现多组分液体样品的电泳分离及在线检测。其结构如图 3.68 所示，在此装置中，多组分样品被注入光纤，在电压的作用下可以完全分离，同时分离后样品的检测也可以在光纤中完成。

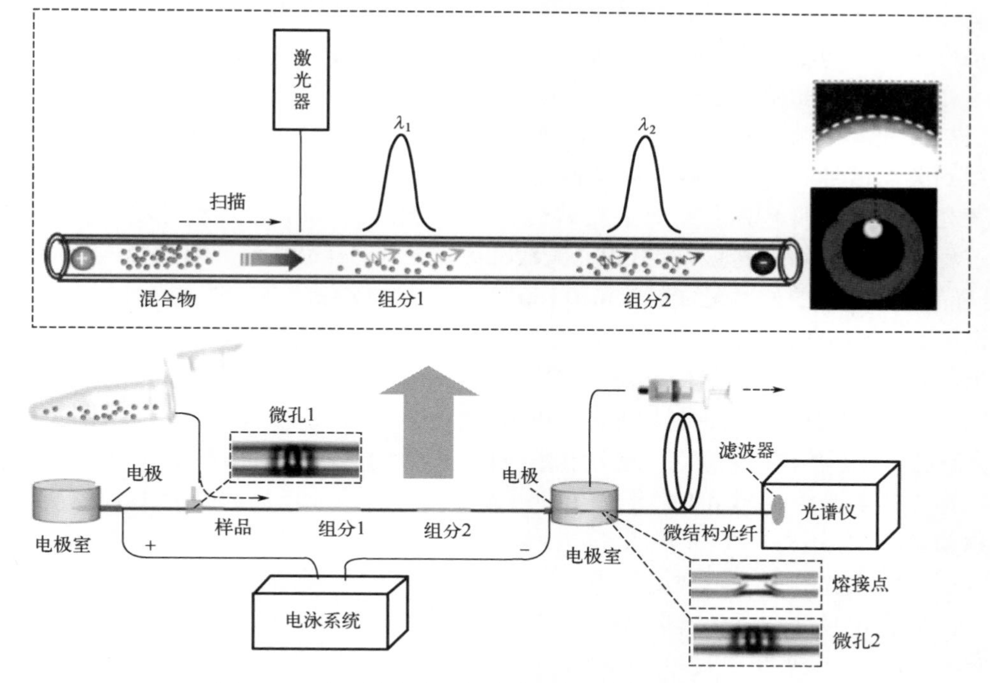

图 3.68　基于微结构光纤的光流控光纤传感器装置图

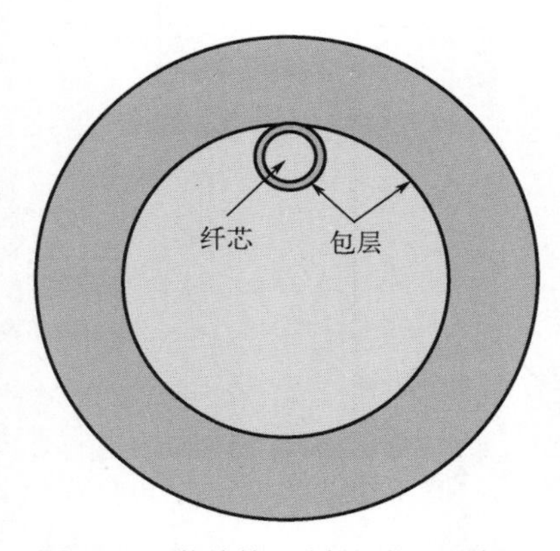

图 3.69　微结构光纤的截面示意图

该装置使用的是一种特殊的悬挂芯光纤[58,59]，其截面示意图如图 3.69 所示。光纤通过组棒方式制备，将纤芯直径为 4mm、包层厚度为 0.46mm 的大芯径光纤与内径为 11.5mm、外直径为 20mm 的高纯石英管组合为预制棒，然后拉制成型光纤。光纤具有管状结构和悬挂芯，光纤的外径为 200μm，内径为 115μm，纤芯的直径为 30μm，纤芯表面覆有一层很薄的环形包层，厚度为 3.5μm。带有微孔的微结构光纤（microstructured optical fiber，MOF）具有能够容纳少量流体的独特优点。此外，微结构光纤中，光能够与不同气体、液体或生物样品之间通过光纤内倏逝场效应直接相互作用。与传统光纤相比，其多孔、管状的微结构明显地提高了传感的比表面积。

在图 3.68 所示的光纤内同步分离和检测传感器装置中，光纤左端及光纤表面的一个微孔与电泳两极连接，用于施加电压完成分离过程（左端和微孔 1 之间的距离为 2cm，微孔 1 和 2 之间的距离约为 60cm）。微孔通过 CO_2 激光刻蚀光纤表面加工而成，孔径大约为 50μm。光纤左端用作缓冲液的入口，微孔 1 作为样品的入口，微孔 2 作为样品和电泳分离后的缓冲液的出口。此外，微孔 2 附近的纤芯和包层通过熔接机融合，切断微流防止液体向光纤开口端移动。为了对光纤内缓冲液施加高电压，在接近左端和微孔 2 处沉积一定厚度的金膜。当光纤插入电泳缓冲池时，两个电极与缓冲液接触。电泳后，利用紫外激光（λ=355nm）沿光纤扫描，可在光纤另一端得到荧光信号。在验证基于微结构光纤的光流控光纤传感器的有效性时，可以选择荧光素和罗丹明 B 两种常见荧光试剂的混合物作为样品，来直观地演示分离和检测过程。电泳前将缓冲池和光纤内充满缓冲液，然后将样品通过注射器吸入光纤微孔 1。样品吸入光纤的长度大约为 2cm（0.15μL）。通过电极施加 5kV 的高压使指示剂开始从正极到负极移动。如图 3.70 所示，随着样品的移动，可以明显地观察到紫外分析仪下的指示剂开始分离，形成绿色（指示剂 1）和红色（指示剂 2）两个区域，数分钟后两种指示剂完全分离。此外，光纤的结构保证了电泳后的分析物彼此之间是绝对隔离的，这意味着光纤孔中纤芯周围的包层可以防止孔中一种分析物对另一种分析物的再吸收。

在上述实验中，当 pH 大于 3.0 时，光纤内表面的硅羟基（Si—OH）被电离成带负电荷的硅氧基（Si—O—）基团。缓冲溶液中的带正电阳离子被带负电的硅氧基基团吸引，将在光纤壁上形成两层内层阳离子。由于电解质溶液在双电层附近带正电荷，因此在电场作用下，光纤中会出现从左（正）到右（负）的电渗流（electro-osmotic flow，EOF），其速度在式（3.57）中记为 u_0，ς 为毛细管内壁的 ς 电位，ε 为电解质溶液的介电常数，η 为黏度。与此同时，带正电荷或带负电荷的分析物将以不同的

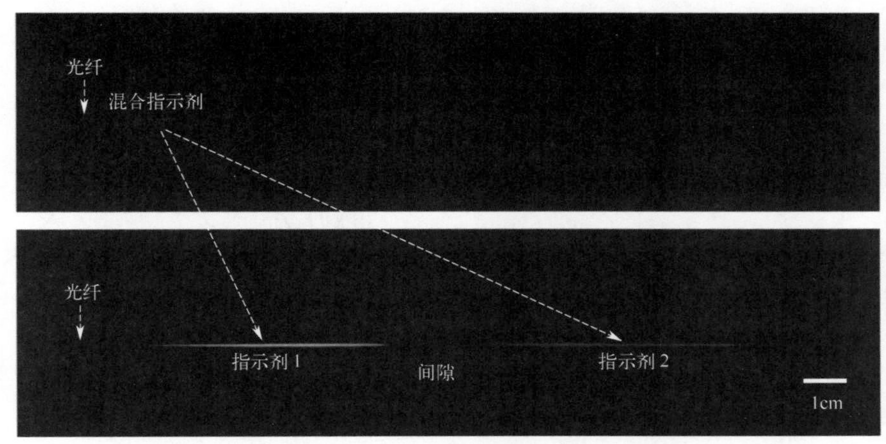

图 3.70　两种指示剂在中空悬挂芯光纤内的电泳分离过程(见彩图)

速度以相反的方向移动到相反的电极上，其速度在式(3.58)中记为 u_p，L 是入口到出口的距离，t_r 为迁移时间，V 为施加的电压，L_t 为电解质溶液的总长度。此外，带负电的荧光素和带正电的罗丹明 B 本应向相反的方向移动，但是由于电渗流的速度远远大于电泳的速度，所以两种分析物在光纤中的最终移动方向都是由左向右的。它们的总迁移速度等于电泳和 EOF 的矢量和，由式(3.59)给出。两种分析物表现出不同的迁移速度，因此能够在光纤中对混合物进行分离和检测。

$$u_0 = \frac{\varepsilon\varsigma}{\eta}E \tag{3.57}$$

$$u_p = \left(\frac{L}{t_r}\right)\left(\frac{L_t}{V}\right)E \tag{3.58}$$

$$u = u_0 + u_p \tag{3.59}$$

图 3.71 给出了混合指示剂的吸收光谱、荧光光谱及分离后的荧光光谱。图 3.71(a)为罗丹明 B 和荧光素混合物的吸收光谱。通过观察图 3.71(b)中混合物的荧光光谱可以得出，与图 3.71(c)相比，电泳后混合物的光谱是分离的。如果将光纤上微孔 1 作为起点，那么可以观察到光纤上 6～13cm 存在 530nm 的荧光素荧光光谱，以及 17～24cm 存在 580nm 的罗丹明 B 荧光光谱。另外，在 13～17cm 没有荧光产生，这表明染料可以完全分离。荧光素的荧光峰是 530nm 左右，位于罗丹明 B 的吸收带，这表明荧光素的荧光可能被罗丹明 B 部分吸收。不过，在所设计的光纤结构中，纤芯周围的薄包层可以防止分析物之间的荧光串扰，这可以通过罗丹明 B 与荧光素的峰值强度之比来确定。由图 3.71(c)可知，分离前该比值为 2.2，分离后该比值变为 1.7。结果表明，分离后的光纤中染料之间没有发生再吸收，荧光强度值的比值反映了染料的浓度比。

为了提高传感器的分离效率，可以通过改变中空光纤内壁的表面性质来研究电解液 pH 对 EOF 的影响。在较高的 pH 下(pH>3.0)，光纤的内表面会发生电离，并

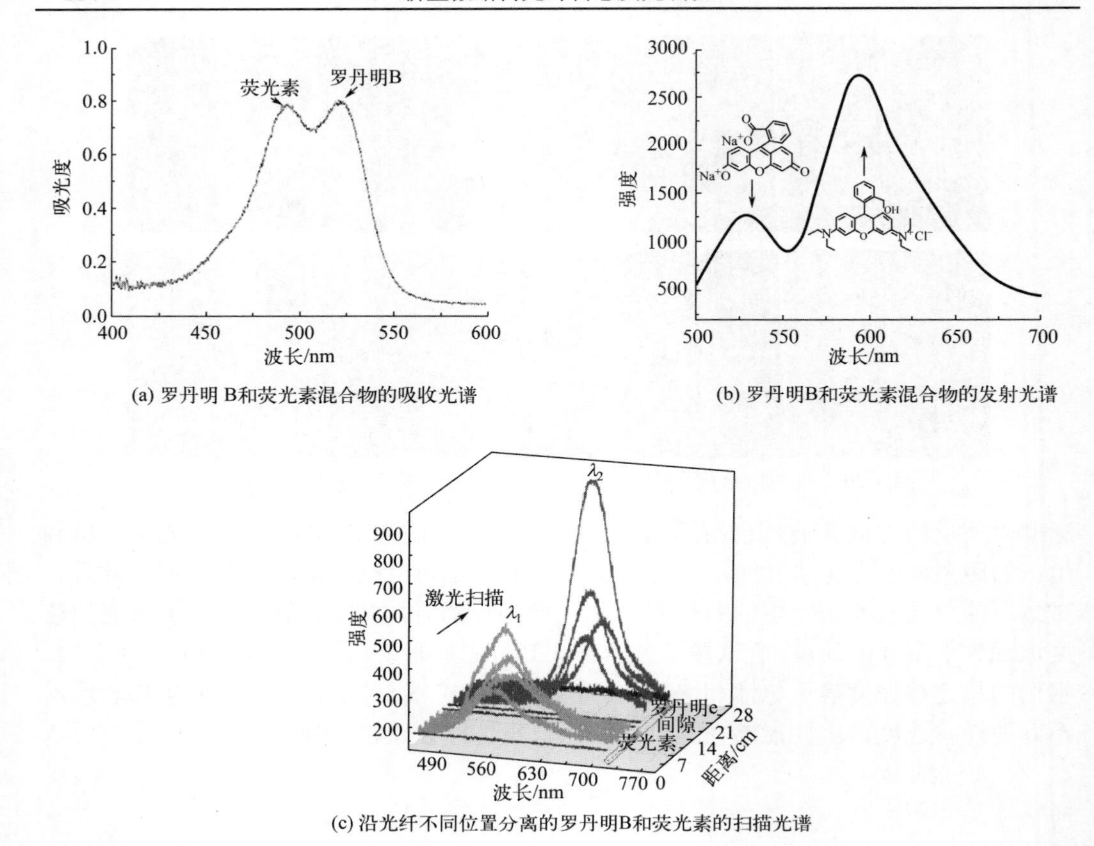

(a) 罗丹明 B和荧光素混合物的吸收光谱

(b) 罗丹明B和荧光素混合物的发射光谱

(c) 沿光纤不同位置分离的罗丹明B和荧光素的扫描光谱

图 3.71　混合指示剂的吸收光谱、荧光光谱及分离后的荧光光谱

趋于负电荷密度饱和[60,61]。相反，当 pH 较低(pH<3.0)时，电离受到抑制，EOF 接近于零。离子的迁移率与有效电荷成正比，而有效电荷受到 pH 的影响，因此电解质溶液 pH 的调整对优化分离效果具有重要的意义。在图 3.72(a)中展示了 pH 对分离时间的影响。从图中可以看出，在较宽的电解液 pH 内，混合物得到了很好的分离。当 pH 变化时，分离时间也随之变化。此外，在不同 pH 的电解液中，各组分的荧光信号强度随电解液的变化而变化。因此，在电泳时，NaOH 可以防止指示剂吸附在毛细管光纤的内表面。当使用 0.01mol/L NaOH(pH 约为 11.5)电解质溶液时，分离时间最短。切换到较高的 pH(pH>12)时，由于电泳电流强度增大，焦耳热效应导致径向扩散加快，分离效率随之降低。

除此之外，分离电压也是影响分子迁移时间和分离程度的一个重要因素。当光纤长度一定时，随着电压的增加，EOF 的速度也会增加，分析时间变短。图 3.72(b)展示了分离电压对迁移时间的影响。由图可知，迁移时间随着电压的增加而缩短。当电压从 2kV 变为 5kV 时，迁移时间从 7min 缩短到 3.5min。但是，高电压容易引起光纤内壁的焦耳热效应，不仅会降低分离效率，还会导致温度升高产生气泡，从而降低稳定性。合理的分离电压不仅有利于迁移和分离，还有利于温度的恒定。随着电压的升高，移动时间会逐渐缩短，但荧光信号有一定程度的下降。此外，焦耳热会像在较高的 pH 下一样降低分离效率，所以在过高的电压下也无法实现分离。为了保证基于微结构光纤的光流控光纤传感器性能，不应该采用较高的电压。电压为 5kV 时传感器的检测灵敏度和分离效率最高。

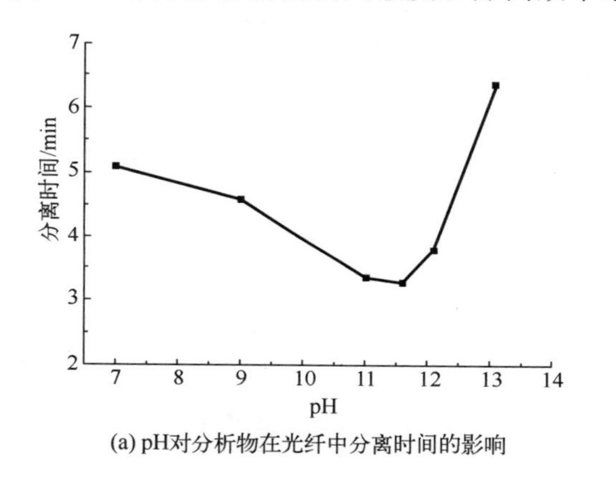

(a) pH对分析物在光纤中分离时间的影响

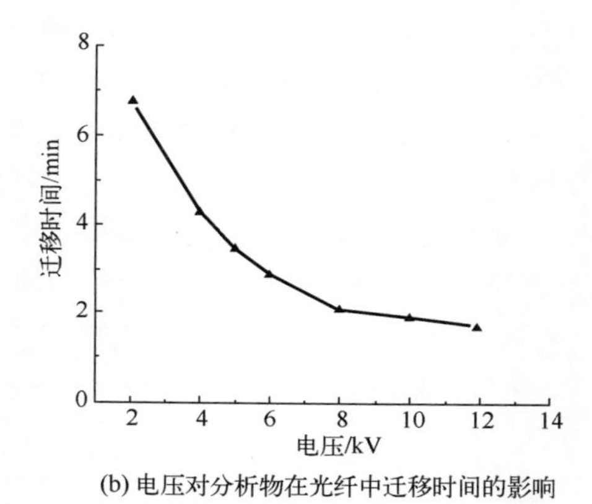

(b) 电压对分析物在光纤中迁移时间的影响

图 3.72　pH 和电压对结果的影响

与传统的光纤光流控装置相比，基于微结构光纤的光流控光纤传感器提供了一种同时分离和检测混合样品的方法。在此基础上，通过填充琼脂等介质或对光纤的内表面进行化学修饰，可以获得更高的分离效率。此外，多种微结构光纤(如光纤布拉格光栅、光纤干涉仪)和多种分析方法(如表面增强拉曼散射和化学发光)可以与光纤中的电泳过程集成，以实现不同的功能。这种集成的分离和检测器件可以在生物、化学、环境等领域得到广泛的应用。

3.5　基于导电材料修饰的微光电极传感

3.5.1　光电化学传感基本原理

光电化学(photoelectrochemical，PEC)传感方法是基于电极/溶液界面的光诱导电子转移过程的光学。该方法的基本原理[62]是电极表面的光电转换材料被光信号激发，从基态跃迁到激发态，产生激发态电子-空穴对；当溶液中存在电子受体时，电子-空穴对中的激发态电子可以转移给电子受体，产生光还原电流；当溶液中存在电子给体时，电子-空穴对中的空穴可以从电子供体夺取电子，产生光氧化电流。除了外加光源和传感器表面的光电转换材料外，光电化学传感方法与电化学传感方法在仪器设备、测试方法和检测信号等方面基本相同。因此，光电化学传感方法具有电化学检测的高集成、低成本等特性。同时，光电化学传感方法的激发信号和响应信号不同，具有与电致化学发光方法类似的高信噪比和高灵敏度。

光电化学传感器多采用金属基光电界面，包括氧化铟锡(indium tin oxide，ITO)光透电极和金属基光电转换材料，如氧化物、配合物和量子点等[63]。金属基光电转换材料一般具有较大的禁带宽度和较强的光化学氧化性，一些电活性的待测物可以采用光电化学方法直接检测(如 H_2O_2)；一些非电活性待测物(如有机磷农药、葡萄糖)则通过酶催化/光催化反应等产生光电活性物质而实现检测。基于生物/离子等识别过程，光电化学方法也被应用于多种无机、有机及生物物质的高选择性、高灵敏度检测，这类检测方法的应用范围广、灵敏度高、选择性好，是光电化学传感领域的热点研究方向。

随着 PEC 传感器在分析领域的广泛应用，科学家们已开发出多种类型的 PEC 传感器，如图 3.73 所示，根据不同的标准可以分为不同类型的 PEC 传感器[64-68]。

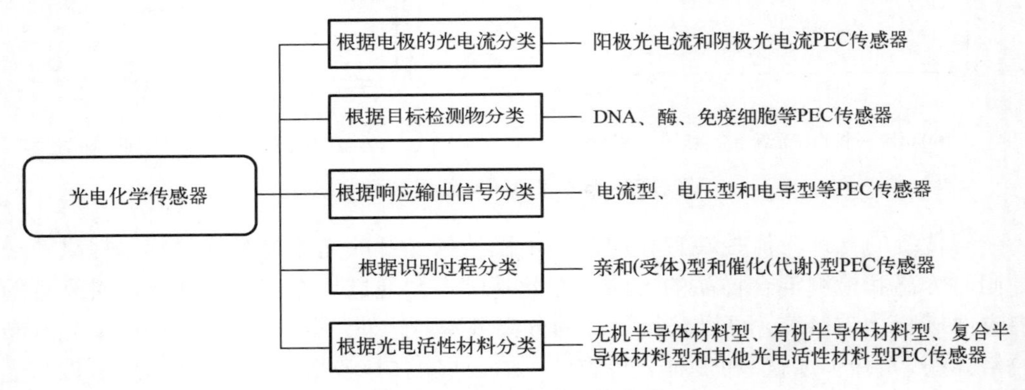

图 3.73　PEC 传感器的分类

接下来，将主要根据光电活性材料分类来介绍一些 PEC 传感器。

(1) 无机半导体材料型：无机半导体材料因其制备过程简单、具有良好的光电化学性能而成为 PEC 传感器中应用较为广泛的光电活性材料，根据载流子的不同将半导体分为 n 型和 p 型[69]。一般常见的 n 型半导体有 TiO_2、WO_3、g-C_3N_4 等，常见的 p 型半导体有 Cu_2O、CuO、NiO 等。

(2) 有机半导体材料型：常用于 PEC 传感器的有机半导体材料主要指有机小分子或高分子聚合物，这些有机半导体材料一般都含有 C 或拥有共轭大 π 键体系结构。其中，有机小分子一般包括叶绿素、蒽醌、卟啉及其衍生物等；高分子聚合物主要包括聚噻吩、聚芴、聚苯胺等[70-75]。

(3) 复合半导体材料型：复合半导体材料是指由两种或两种以上的半导体构成的新型光电活性纳米材料，在 PEC 传感器发展应用中提供了巨大的前景，是一个较为理想、有前途的候选材料[76-79]。

(4) 其他光电活性材料型：此外，还有一些特殊的光电活性材料如碳材料(如碳量子点、石墨烯等)、贵金属纳米颗粒(如 Au、Ag 等)及某些生物分子(如荧光蛋白、DNA 等)等。这些特殊的光电化学材料也有一定的 PEC 活性，它们可以用自身的光电流信号来进行能量转换[80-82]。这将为 PEC 传感器的应用和发展提供了新的研究思路，具有一定的现实意义。

3.5.2　基于 ITO 修饰的光纤光电化学传感探头

通过在光纤表面负载透明导电材料 ITO 和半导体纳米材料碘氧化铋(BiOI)，制成一种光纤探头，可以用于构建光电化学传感系统。该探头的 SEM 图像及能量色散 X 射线谱(energy dispersive X-ray spectrum，EDS)如图 3.74 所示。可见，BiOI 具有纳米片状结构和花瓣状形貌[83]。此外，ITO 薄膜表面的 BiOI 是均匀的，且沿表面向外均匀生长。同时，从图 3.74(c)可以看出，BiOI 纳米片的宽度为 500～1500nm，厚度为 50～100nm。这提供了较大的比表面积，有利于提高检测灵敏度。Bi、I 和 O 元素在光纤探头表面的 EDS 图像分别显示在图 3.74(d)～图 3.74(f)中。其中，Bi 和 I 元素几乎全部存在于光纤探头上，而 O 元素也分布在衬底上。这证明了光纤探头表面的元素组成为 Bi、O 和 I 元素。

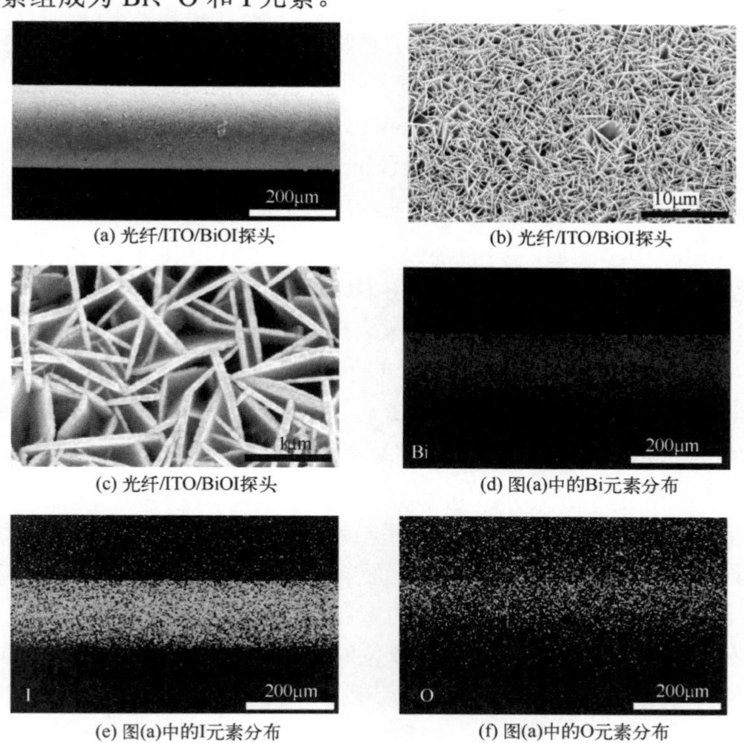

(a) 光纤/ITO/BiOI探头　(b) 光纤/ITO/BiOI探头

(c) 光纤/ITO/BiOI探头　(d) 图(a)中的Bi元素分布

(e) 图(a)中的I元素分布　(f) 图(a)中的O元素分布

图 3.74　SEM 图像和 EDS 元素映射图像(见彩图)

图 3.75 展示了由光纤/ITO/BiOI 探头构成的光电化学传感系统示意图。该系统以上述光纤探头为工作电极，以铂片为辅助电极，以 Ag/AgCl 电极为参比电极，通过电化学工作站组成三电极体系。将 450nm 半导体激光器作为光源，通过条件优化，最终实现痕量亚硝酸盐的检测。

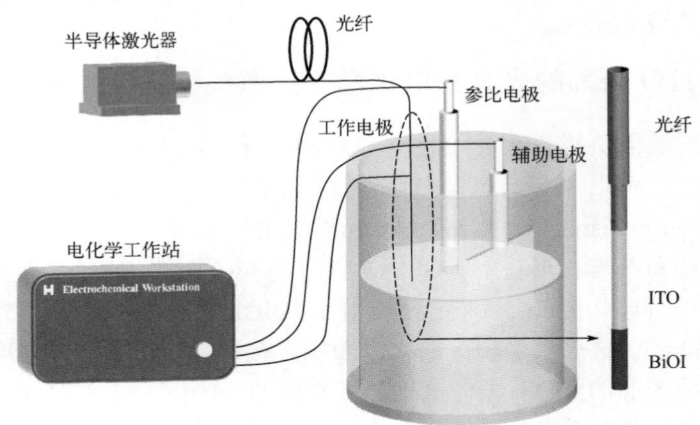

图 3.75　传感系统示意图

该检测过程中涉及的化学反应和电子转移过程如图 3.76 所示。首先，450nm 的光沿着光纤进入系统，溶液中的光敏剂——钌联邻菲罗啉配离子($[Ru(dpp)_3]^{2+}$)通过吸收光子，成为自旋允许的激发态$**[Ru(dpp)_3]^{2+}$，$**[Ru(dpp)_3]^{2+}$能量较高不稳定，会完全转化为最低自旋禁阻的发光激发态$*[Ru(dpp)_3]^{2+}$。若不加干预，则$*[Ru(dpp)_3]^{2+}$会回到基态$[Ru(dpp)_3]^{2+}$并释放出光子。而在电场下，一部分$*[Ru(dpp)_3]^{2+}$会转化为$[Ru(dpp)_3]^{3+}$并释放出电子。又因为$[Ru(dpp)_3]^{2+}/[Ru(dpp)_3]^{3+}$离子对在水溶液中的电极电势比 NO_2^-/NO_3^-离子对更正，所以，$[Ru(dpp)_3]^{3+}$的氧化能力强于 NO_3^-，可以将 NO_2^-氧化成 NO_3^-。一方面，与光纤探头接触的$*[Ru(dpp)_3]^{2+}$转化为$[Ru(dpp)_3]^{3+}$会放出电子，光纤/ITO/BiOI 探头为电子的传递提供了场所。BiOI 的引入降低了电荷转移电阻(charge transfer resistance，CTR)，起到阶梯的作用。电子先转移到 BiOI 的导带(conduction band，CB)，再经过 ITO 进入电路。另一方面，$[Ru(dpp)_3]^{3+}$与 NO_2^-反应，被还原为$[Ru(dpp)_3]^{2+}$，$[Ru(dpp)_3]^{2+}$可以再次被 450nm 的光激发。根据化学平衡理论，如果产生的$[Ru(dpp)_3]^{3+}$不被消耗，就会逐渐达到最大浓度，这将导致进入电路的电子逐渐减少，直至不再产生电子。而当 NO_2^-存在时，$[Ru(dpp)_3]^{3+}$被持续消耗，$*[Ru(dpp)_3]^{2+}$的平衡向生成$[Ru(dpp)_3]^{3+}$的方向移动。这个过程表现为 NO_2^-的存在使电路中电子总量增大，即电荷量 Q 增大。单位时间内，电流 I 与电荷量 Q 成正比，所以待测溶液中 NO_2^-的浓度越大，产生的电流越强，由此建立了电流强度 I 与 NO_2^-的浓度 c 之间的关系。此时测得的实际电流包括三部分：一是偏置电位引起的电流，即黑暗条件下测得的电流；二是偏置电位与光照共同引起的电流，即电场中$*[Ru(dpp)_3]^{2+}$转化为$[Ru(dpp)_3]^{3+}$放出电子产生的电流，前两部分电流共同构成NO_2^-浓度为 0 时的光电流；三是NO_2^-参与电化学反应消耗$[Ru(dpp)_3]^{3+}$，导致更多$*[Ru(dpp)_3]^{2+}$转化为$[Ru(dpp)_3]^{3+}$并释放电子，这部分电子产生的电流。三者相加为实际测得的光电流。

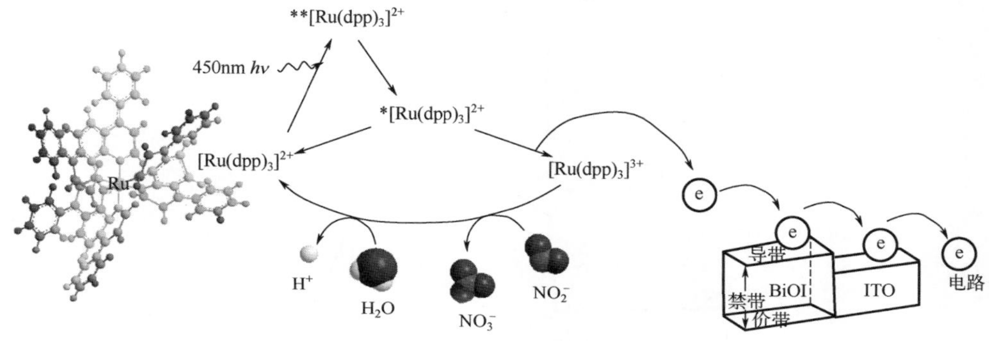

图 3.76　亚硝酸盐传感原理示意图

该传感器的传感特性主要取决于光纤探头的光电流特性。不同条件下测得的电流显示在图 3.77(a)中。在每一次测试中，光源在 10s 时开启，在 20s 时关闭，且电解质溶液中都含有10^{-6}M $NaNO_2$，偏置电位为−0.05V vs. Ag/AgCl。从图 3.77(a)可以看出，随着 BiOI 纳米片和$[Ru(dpp)_3]^{2+}$的引入，光电流明显增大，这意味着传感器的灵敏度也会相应地提高。具体而言，在光纤表面负载 ITO 薄膜后，光电流为 251nA。在 ITO 表面负载 BiOI 后，光电流显著地增加到 488nA。最后，向电解质溶液中加入$[Ru(dpp)_3]^{2+}$，这种配合物离子的最大吸收波长在 450nm 附近，所以可被该波长的光激发，并与亚硝酸盐反应生成更多的电子，使光电流进一步增大到 651nA。

此外，对光纤探头的电荷转移能力进行了研究。一般认为，奈奎斯特图中高频区的半圆直径对应于 CTR，它反映了电子在电极和溶液交界面转移的难易程度，半径越小，电子转移越容易[84,85]。在开路电位下进行了交流阻抗测试，得到的奈奎斯特曲线显示在图 3.77(b)中。测量中，交流频率为 1～10^6Hz，交流幅值为 5mV。随着 BiOI 纳米片和$[Ru(dpp)_3]^{2+}$的引入，半圆直径逐渐减小，说明 CTR 逐渐减小。因此，在 BiOI 和$[Ru(dpp)_3]^{2+}$的存在下，溶液与光纤探头之间的电子转移变得更容易，这与图 3.77(a)中光电流升高的结果相一致。

基于光纤/ITO/BiOI 探头的亚硝酸盐传感器在不同浓度的 $NaNO_2$ 溶液中的光电流曲线显示在图 3.78(a)中。从图中可知，在10^{-9}～10^{-6}M 内，光电流随 $NaNO_2$ 浓度的增加而增加。图 3.78(b)给出了图 3.78(a)在 9.5～11.5s 的局部放大，可知所提出的传感器的响应时间小于 1s。所测量的光电流与 $NaNO_2$ 浓度的对数的线性关系显示在图 3.78(c)中，计算出传感器对NO_2^-的检出限为5×10^{-10}M。

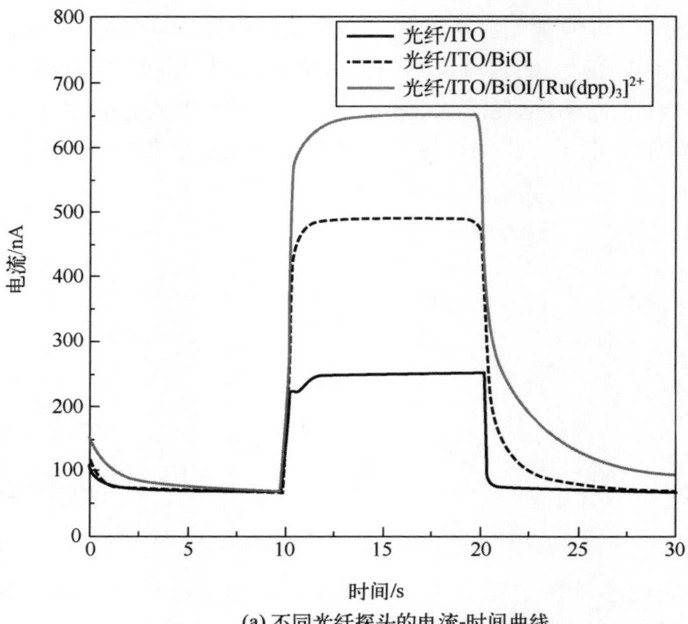

(a) 不同光纤探头的电流-时间曲线

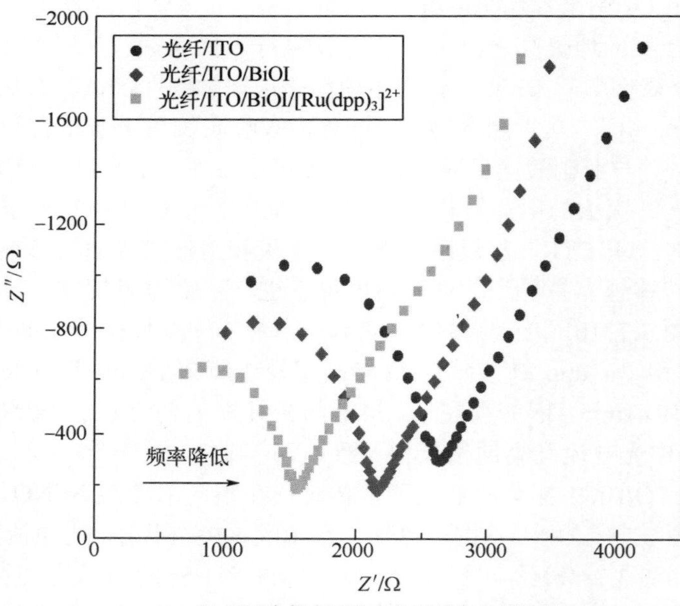

(b) 不同电极在开路电位下的奈奎斯特图

图 3.77　不同光纤探头的电化学性能

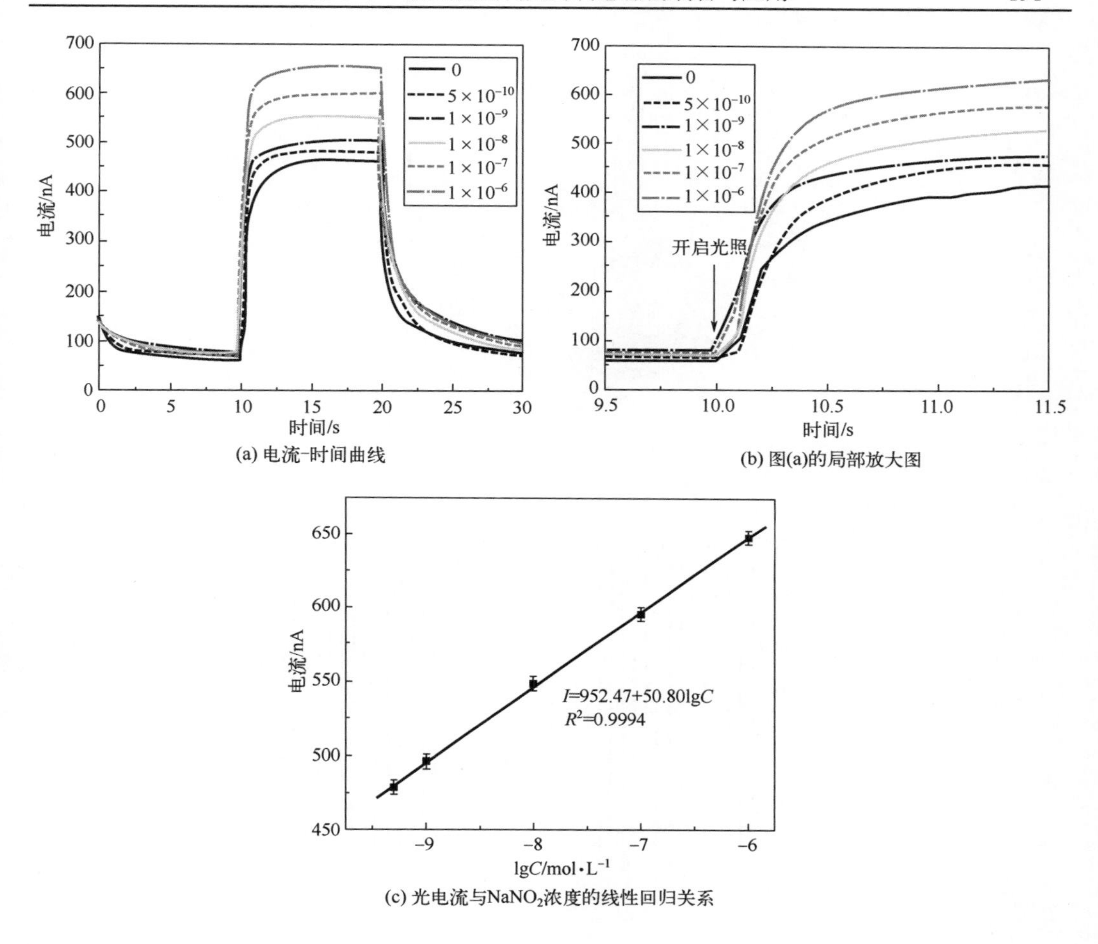

(a) 电流-时间曲线

(b) 图(a)的局部放大图

(c) 光电流与$NaNO_2$浓度的线性回归关系

图 3.78　光纤/ITO/BiOI 探头对不同浓度 $NaNO_2$ 的光电流响应

本节提出的传感器的选择性和稳定性展示在图 3.79 中。在空白样品中依次加入待测物 100 倍浓度的 SO_3^{2-}、HCO_3^-、CH_3COO^-和 $H_2PO_4^-$四种阴离子。最后，加入待测物 NO_2^-。每次加入阴离子后，测量 3 次光电流，结果如图 3.79(a)所示。每组测量得到的 3 个光电流几乎相同，说明这些阴离子对传感器的稳定性无明显影响。更重要的是，即使加入了浓度为 100 倍的 4 种干扰离子，光电流也仅仅从空白样品的 443nA 增加到 503nA。相反，加入 1 倍浓度的 NO_2^-可使光电流显著地增加至 612nA，表明该传感器对 NO_2^-具有选择性。此外，图 3.79(b)给出了传感器在光源交替开启或关闭的 20 个周期内的电流-时间曲线，根据实验结果，20 个周期内的光电流波动小于 5%，证明提出的传感器具有较好的稳定性。

表 3.3 列出了部分已报道的电化学或光电化学亚硝酸盐传感器。与之相比，本节提出的传感器具有更低的检出限。这是由于集成结构显著地提高了工作电极在单位

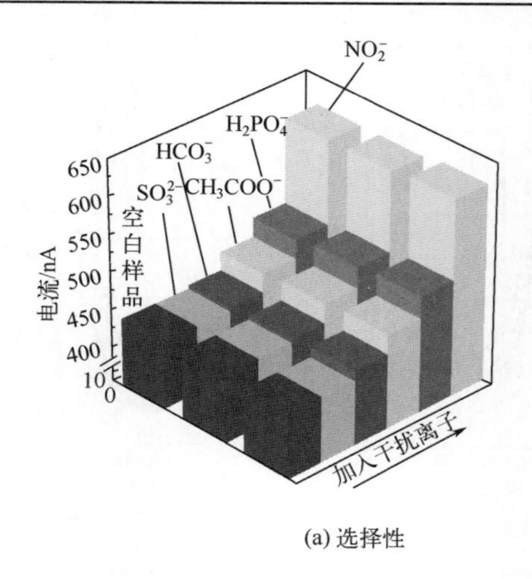

(a) 选择性

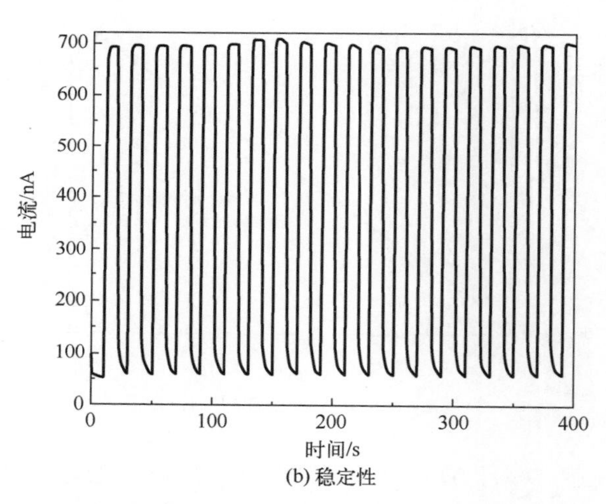

(b) 稳定性

图 3.79　传感器的选择性和稳定性

面积上的检测灵敏度。这对于避免大空间光路、简化器件、减少测试样品消耗量具有重要的意义。同时，凭借光纤的灵活性和较强的抗空间光干扰能力，这种新型传感器还可以应用于狭小空间等特殊环境中。基于这些优点，所提出的集成光电化学传感探头在全光纤集成器件、环境检测、临床测试和各种生化分析等领域具有巨大的潜力。

表 3.3　本节提出的传感器与已报道的各种电化学或光电化学亚硝酸盐传感器的比较研究

方法	电极/光电极	线性范围/μM	检出限/μM	参考文献
电化学	Au NPs*/MoS_2/石墨烯	5～5000	1	[86]
	Pd/石墨烯/GCE*	0.3～50.7	0.0071	[87]

续表

方法	电极/光电极	线性范围/μM	检出限/μM	参考文献
电化学	Ag NS*/GCE	0.1～8	0.0031	[88]
	Cu/MWCNT*/RGO*/GCE	0.1～75	20	[89]
	LIG*/f-MWCNT*-Au NPs	10～140	0.9	[90]
光电化学	TiO_2P25/SPCS*	2.2～220	1.3	[91]
	$BiVO_4$/FTO*	2.5～100	1.5	[92]
	光纤/ITO/BiOI	0.001～1	0.0005	本节

注：NPs 为纳米颗粒；GCE 为玻碳电极；NS 为纳米球；MWCNT 为功能化多壁碳纳米管；f-MWCNT 为功能化多壁碳纳米管；RGO 为还原氧化石墨烯；LIG 为激光诱导石墨烯；SPCS 为丝网印刷碳基底；FTO 为掺氟氧化锡。

3.5.3　基于 ITO 修饰的光催化微电极生物及离子传感探头

本节主要介绍基于 ITO 修饰的微电极传感探头。光纤通过与 ITO 薄膜相结合形成微电极，用于在线检测水溶液中的低浓度 H_2O_2。利用 ITO 兼具导电和光传输的能力，光纤可以作为工作电极参与电化学系统中的电化学发光(electrochemiluminescence，ECL)反应，ECL 反应产生的光信号可以低损耗地耦合到光纤中。

光纤-ITO 电极通过磁控溅射法制备，ITO 薄膜的厚度约为 80nm，线电阻约为 3.3kΩ，长度为 1cm。通过测量线电阻来估计沉积在光纤上的 ITO 的电阻率，则 ITO 的电阻率约为 $16.59\times10^{-4}\ \Omega\cdot cm$，电导率约为 603S/cm。

系统装置如图 3.80 所示，光纤-ITO 电极与三电极电解池连接，并通过导线与电化学分析仪连接，形成工作电极(working electrode, WE)。同时，铂片被用作对电极(counter electrode, CE)，银/氯化银(饱和氯化钾)被用作参比电极(reference electrode, RE)，ECL 产生的光信号由光电倍增管放大后被光子计数器收集。

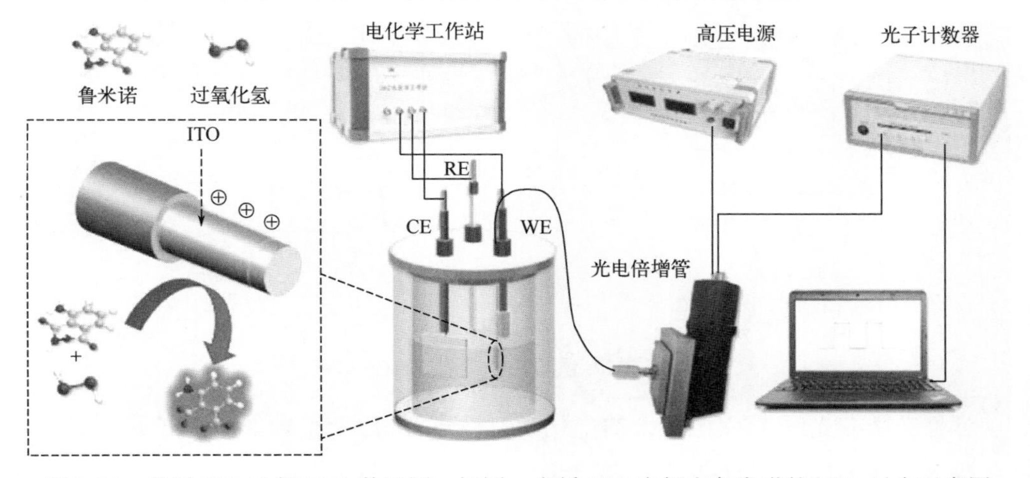

图 3.80　光纤-ITO 电极 ECL 装置图，插图：光纤-ITO 电极上鲁米诺的 ECL 反应示意图

首先，研究了 ECL 强度、氧化电流和电极电位之间的关系，如图 3.81 所示。

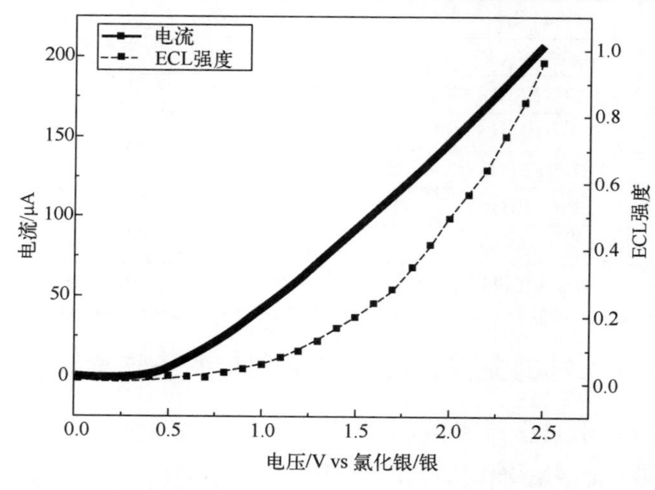

图 3.81　扫描电压为 0～2.5V 时的 ECL 强度曲线和电压-安培曲线

从图 3.82(a)中可以看出，通过定期施加电位，动态响应曲线在所有电位下都拥有良好的稳定性，光纤-ITO 电极具有良好的可重复性。在器件的响应时间方面，上升和下降时间都在 2s 左右，如图 3.82(b)所示，光信号和电信号可以完成同步传输。对于峰值函数进行拟合显示，如图 3.83 所示，当 pH 为 11.5 时 ECL 强度达到最大。图 3.84 展示了不同鲁米诺浓度的 ECL 强度，最佳浓度为 0.01M。

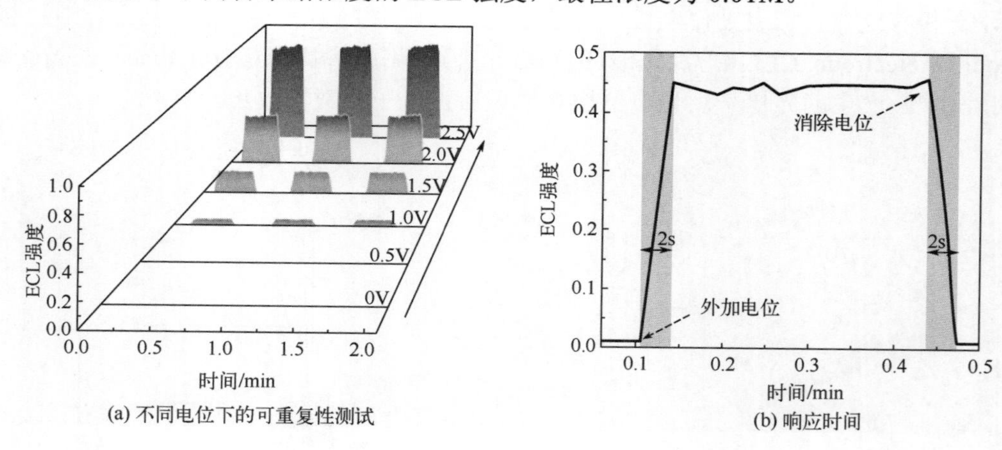

图 3.82　ECL 系统的重复性与响应时间

对鲁米诺在光纤-ITO 电极上的电化学特性进行研究，得到如图 3.85 所示的循环伏安曲线。在最佳 pH(11.5)下，光纤电极上的氧化电流随着 H_2O_2 浓度的降低而减小。在只有鲁米诺存在的情况下，氧化电流的增加出现在 0.4～0.5V。当在电极上施

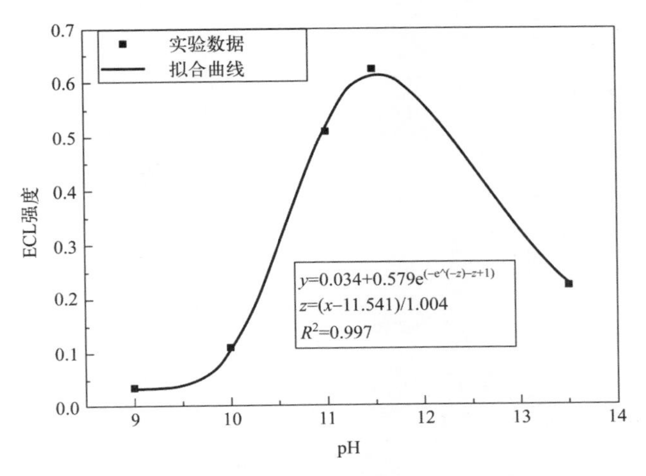

图 3.83　pH 对光纤-ITO 电极 ECL 的影响

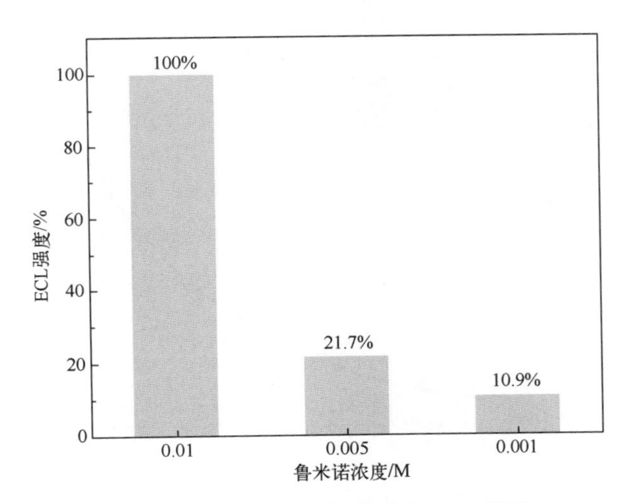

图 3.84　不同浓度的鲁米诺的 ECL 强度

加正电位时，在电极附近会产生少量的氧自由基，参与鲁米诺的氧化反应。随着溶液中 H_2O_2 的加入，由 H_2O_2 分解产生的氧自由基在氧化中起主要作用。工作电极也加速了 H_2O_2 的分解，在循环伏安法曲线上表现出向左移动的趋势。这表明 H_2O_2 的加入降低了鲁米诺的氧化电位，促进了鲁米诺的 ECL。

ECL 强度和 H_2O_2 浓度之间的相关性见图 3.86。光纤-ITO 电极拥有实时检测低浓度 H_2O_2 的能力，在 10^{-5}～10^{-2}M 曲线是非线性的，光纤 ECL 系统的检出限为 10^{-5}M。该光纤-ITO 电极拥有高度集成的结构，使整个 ECL 过程更加直观，简化了实验装置，提高了检测效率。由于光纤的集成结构和灵活性，该电极在远程或空间受限的微环境中具有很大的应用潜力。

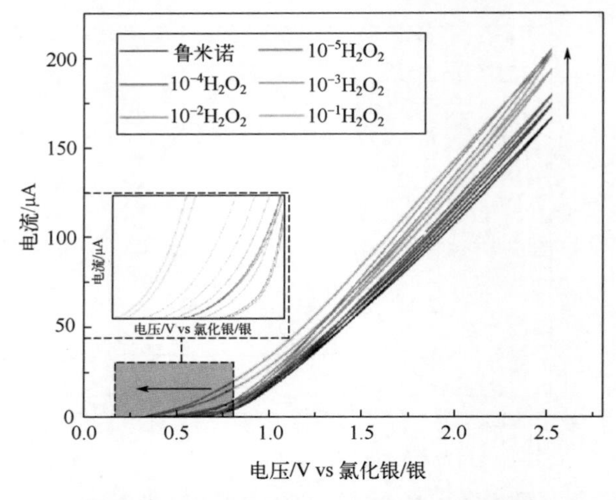

图 3.85　光导纤维-ITO 电极上鲁米诺的循环伏安曲线(见彩图)

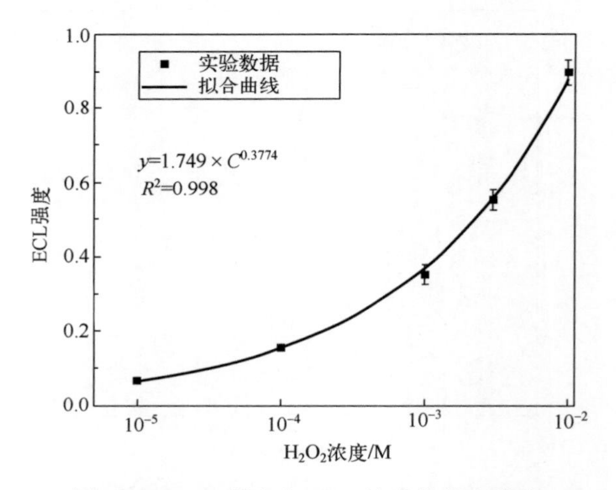

图 3.86　ECL 强度和 H_2O_2 浓度的拟合曲线

参 考 文 献

[1] Lee B, Roh S, Park J. Current status of micro-and nano-structured optical fiber sensors. Optical Fiber Technology, 2009, 15(3): 209-221.

[2] Dos Santos D M, Correa D S, Medeiros E S, et al. Advances in functional polymer nanofibers: From spinning fabrication techniques to recent biomedical applications. ACS Applied Materials and Interfaces, 2020, 12(41): 45673-45701.

[3] Dang H, Chen M, Li J, et al. Sensing performance improvement of resonating sensors based on

knotting micro/nanofibers: A review. Measurement, 2021, 170: 108706.

[4] Hakeem I Y, Amin M, Abdelsalam B A, et al. Effects of nano-silica and micro-steel fiber on the engineering properties of ultra-high performance concrete. Structural Engineering and Mechanics, 2022, 82(3): 295-312.

[5] Ma S, Wang Z, Zhu Y, et al. Micro/nanofiber fabrication technologies for wearable sensors: A review. Journal of Micromechanics and Microengineering, 2022, 32(6): 064002.

[6] Wang Z, Wu T, Wang Z, et al. Designer patterned functional fibers via direct imprinting in thermal drawing. Nature Communications, 2020, 11(1): 3842.

[7] Zhai S, Karahan H E, Wei L, et al. Hydrothermal assembly of micro-nano-integrated core-sheath carbon fibers for high-performance all-carbon micro-supercapacitors. Energy Storage Materials, 2017, 9: 221-228.

[8] Hao X, Liu X, Kuang C, et al. Far-field super-resolution imaging using near-field illumination by micro-fiber. Applied Physics Letters, 2013, 102(1): 013104.

[9] Pulido C, Esteban O. Multiple fluorescence sensing with side-pumped tapered polymer fiber. Sensors and Actuators B: Chemical, 2011, 157(2): 560-564.

[10] Zheltikov A. Nanoscale nonlinear optics in photonic-crystal fibres. Journal of Optics A: Pure and Applied Optics, 2006, 8(4): S47.

[11] Liu G, Li K. Micro/nano optical fibers for label-free detection of abrin with high sensitivity. Sensors and Actuators B: Chemical, 2015, 215: 146-151.

[12] Zhang C, Li Z, Yang W, et al. Assessment of metals pollution on agricultural soil surrounding a lead-zinc mining area in the karst region of Guangxi, China. Bulletin of Environmental Contamination and Toxicology, 2013, 90(6): 736-741.

[13] Zheng Y, Li Q, Wang C, et al. Enhanced turn-on fluorescence detection of aqueous lead ions with size-shrinkable hydrogels. ACS Omega, 2021, 6(18): 11897-11901.

[14] Zhong G, Liu J, Liu X. A fast colourimetric assay for lead detection using label-free gold nanoparticles (AuNPs). Micromachines, 2015, 6(4): 462-472.

[15] Narin I, Soylak M. The uses of 1-(2-pyridylazo) 2-naphtol (PAN) impregnated Ambersorb 563resin on the solid phase extraction of traces heavy metal ions and their determinations by atomic absorption spectrometry. Talanta, 2003, 60(1): 215-221.

[16] Ozawa A, Yamamoto M, Tanabe T, et al. Black phosphorus synthesized by solvothermal reaction from red phosphorus and its catalytic activity for water splitting. Journal of Materials Chemistry A, 2020, 8(15): 7368-7376.

[17] Dhara P, Kumar R, Binetti L, et al. Optical fiber-based heavy metal detection using the localized surface plasmon resonance technique. IEEE Sensors Journal, 2019, 19(19): 8720-8726.

[18] Yulianti I, Putra N M D, Akmalia N, et al. Study of chitosan layer-based fabry perot

interferometer optical fiber sensor properties for detection of Pb^{2+}, Hg^{2+} and Ni^{2+}. Journal of Physics: Conference Series, Semarang, 2019: 012079.

[19] Du J, Cipot-Wechsler J, Lobez J M, et al. Periodic mesoporous organosilica films: Key components of fiber-optic-based heavy-metal Sensors. Small, 2010, 6(11): 1168-1172.

[20] Yildirim N, Long F, He M, et al. A portable DNAzyme-based optical biosensor for highly sensitive and selective detection of lead (Ⅱ) in water sample. Talanta, 2014, 129: 617-622.

[21] Ji W B, Yap S H K, Panwar N, et al. Detection of low-concentration heavy metal ions using optical microfiber sensor. Sensors and Actuators B: Chemical, 2016, 237: 142-149.

[22] Han S, Zhou X, Tang Y, et al. Practical, highly sensitive, and regenerable evanescent-wave biosensor for detection of Hg^{2+} and Pb^{2+} in water. Biosensors and Bioelectronics, 2016, 80: 265-272.

[23] Uyar T, Nur Y, Hacaloglu J, et al. Electrospinning of functional poly (methyl methacrylate) nanofibers containing cyclodextrin-menthol inclusion complexes. Nanotechnology, 2009, 20(12): 125703.

[24] Shenoy S L, Bates W D, Frisch H L, et al. Role of chain entanglements on fiber formation during electrospinning of polymer solutions: Good solvent, non-specific polymer-polymer interaction limit. Polymer, 2005, 46(10): 3372-3384.

[25] Demir M M, Gulgun M A, Menceloglu Y Z, et al. Palladium nanoparticles by electrospinning from poly (acrylonitrile-co-acrylic acid)-$PdCl_2$ solutions. Relations between preparation conditions, particle size, and catalytic activity. Macromolecules, 2004, 37(5): 1787-1792.

[26] Ji L, Zhang X. Fabrication of porous carbon nanofibers and their application as anode materials for rechargeable lithium-ion batteries. Nanotechnology, 2009, 20(15): 155705.

[27] Law M, Sirbuly D J, Johnson J C, et al. Nanoribbon waveguides for subwavelength photonics integration. Science, 2004, 305(5688): 1269-1273.

[28] Li L, Yang X, Yuan L, et al. Electrospinning of poly (methyl methacrylate) (PMMA) for optical waveguide. Sensor Letters, 2012, 10(7): 1544-1547.

[29] Saraidarov T, Reisfeld R, Kazes M, et al. Blue laser dye spectroscopic properties in solgel inorganic-organic hybrid films. Optics Letters, 2006, 31(3): 356-358.

[30] Huyang G, Canning J, Aslund M L, et al. Porphyrin-doped solgel-lined structured optical fibers for local and remote sensing. Optics Letters, 2011, 36(11): 1975-1977.

[31] Innocenzi P. Infrared spectroscopy of sol-gel derived silica-based films: A spectra-microstructure overview. Journal of Non-Crystalline Solids, 2003, 316(2/3): 309-319.

[32] Yang X, Li L, Yuan L, et al. Submicrometer organic silica gel fiber for oxygen sensing. Optics Letters, 2011, 36(2/3): 4656-4658.

[33] Li Y, Tong L. Mach-Zehnder interferometers assembled with optical microfibers or nanofibers. Optics Letters, 2008, 33(4): 303-305.

[34] Chu C S, Lo Y L. A plastic optical fiber sensor for the dual sensing of temperature and oxygen. IEEE Photonics Technology Letters, 2007, 20(1): 63-65.

[35] Yang X H, Wang L L. Fluorescence pH probe based on microstructured polymer optical fiber. Optics Express, 2007, 15(25): 16478-16483.

[36] Lee B H, Kim Y H, Park K S, et al. Interferometric fiber optic sensors. Sensors, 2012, 12(3): 2467-2486.

[37] Dandridge A, Tveten A B. Phase compensation in interferometric fiber-optic sensors. Optics Letters, 1982, 7(6): 279-281.

[38] Krohn D A, MacDougall T, Mendez A. Fiber Optic Sensors: Fundamentals and Applications. Bellingham: SPIE Press, 2014.

[39] Yang X H, Yuan T T, Yang J, et al. In-fiber integrated chemiluminiscence online optical fiber sensor. Optics Letters, 2013, 38(17): 3433-3436.

[40] Zhang X P, Peng W, Zhang Y. Fiber fabry-perot interferometer with controllable temperature sensitivity. Optics Letters, 2015, 40(23): 5658-5661.

[41] Tian Z, Yam S, Loock H. Refractive index sensor based on an abrupt taper Michelson interferometer in a single-mode fiber. Optical Letters, 2008, 33(10): 1105-1107.

[42] Zhang Q, Xue C, Yuan Y, et al. Fiber surface modification technology for fiber-optic localized surface plasmon resonance biosensors. Sensors, 2012, 12(3): 2729-2741.

[43] Bai T, Cheng X. Preparation and characterization of Lanthanum-based thin films on sulfonated self-assembled monolayer of 3-mercaptopropyl trimethoxysilane. Thin Solid Films, 2006, 515(4): 2262-2267.

[44] Nagrath S, Sequist L V, Maheswaran S, et al. Isolation of rare circulating tumour cells in cancer patients by microchip technology, Nature, 2007, 450(7173): 1235-1239.

[45] 李林, 肖循. 光的全反射中逝波的研究. 武汉科技学院学报, 2007, 19(12): 37-39.

[46] 陈军. 光学电磁理论. 北京: 科学出版社, 2005.

[47] Ermatov T, Noskov R E, Machnev A A, et al. Multispectral sensing of biological liquids with hollow-core microstructrued optical fibers. Light Science and Applications, 2020, 9(1): 173.

[48] Hanf S, Keiner R, Yan D, et al. Fiber-enhanced Raman multigas spectroscopy: A versatile tool for environmental gas sensing and breath analysis. Analytical Chemistry, 2014, 86(11): 5278-5285.

[49] Yang F, Gyger F, Thévenaz L. Intense brillouin amplification in gas using hollow-core waveguides. Nature Photonics, 2020, 14(11): 700-708.

[50] Wang J, Chen Q, Jin Y, et al. Surface enhanced Raman scattering-based lateral flow immunosensor for sensitive detection of aflatoxin M1in urine. Analytica Chimica Acta, 2020, 1128: 184-192.

[51] Hwang M J, Jang A S, Lim D K. Comparative study of fluorescence and surface-enhanced Raman scattering with magnetic microparticle-based assay for target bacterial DNA detection. Sensors and Actuators B: Chemical, 2021, 329: 129134.

[52] Sun B, Jiang X, Wang H, et al. Surface-enhancement Raman scattering sensing strategy for discriminating trace mercuric ion（Ⅱ）from real water samples in sensitive, specific, recyclable, and reproducible manners. Analytical Chemistry, 2015, 87(2): 1250-1256.

[53] Sommerfeld A N. Propagation of waves in wireless telegraphy. Annals of Physics, 1909, 28: 665-737.

[54] Cullen D C, Brown R G W, Lowe C R. Detection of immuno-complex formation via surface plasmon resonance on gold-coated diffraction gratings. Biosensors, 1987, 3(4): 211-225.

[55] Tripathi S M, Kumar A, Marin E, et al. Side-polished optical fiber grating-based refractive index sensors utilizing the pure surface plasmon polariton. Journal of Lightwave Technology, 2008, 26(13): 1980-1985.

[56] Wijeratne E M K, Gunaherath G M K B, Chapla V M, et al. Oxaspirol B with p97 inhibitory activity and other oxaspirols from Lecythophora sp. FL1375and FL1031, endolichenic fungi inhabiting Parmotrema tinctorum and Cladonia evansii. Journal of Natural Products, 2016, 79(2): 340-352.

[57] Gal J F. A short note on the history of chromatography at the University of Tartu, Estonia. Chromatographia, 2010, 72: 203-204.

[58] Yang X H, Zheng Y, Luo S Z, et al. Microfluidic in-fiber oxygen sensor derivates from a capillary optical fiber with a ring-shaped waveguide. Sensors and Actuators B-Chemical, 2013, 182: 571-575.

[59] Liu Z H, Wei Y, Zhang Y, et al. Twin-core fiber SPR sensor. Optics Letters, 2015, 40(12): 2826-2829.

[60] Jorgenson J W, Lukacs K D. Free-zone electrophoresis in glass capillaries. Clinical Chemistry, 1981, 27(9): 1551-1553.

[61] Tagliaro F, Smith F P. Forensic capillary electrophoresis. Trends in Analytical Chemistry, 1996, 15(10): 513-525.

[62] Wang G L, Xu J J, Chen H Y. Progress in the studies of photoelectrochemical sensors. Science in China Series B: Chemistry, 2009, 52(11): 1789.

[63] Zhang Z X, Zhao C Z. Progress of photoelectrochemical analysis and sensors. Chinese Journal of Analytical Chemistry, 2013, 41(3): 436.

[64] Gill R, Zayats M, Willner I. Semiconductor quantum dots for bioanalysis. Angewandte Chemie International Edition, 2008, 47(40): 7602-7625.

[65] Hafeman D G, Parce J, Mcconnell H M. Light-addressable potentiometric sensor for biochemical systems. Science, 1988, 240(4856): 1182-1185.

[66] Li M J, Zheng Y N, Liang W B, et al. An ultrasensitive “on-off-on” photoelectrochemical aptasensor based on signal amplification of a fullerene/CdTe quantum dots sensitized structure and efficient quenching by manganese porphyrin. Chemical Communications, 2016, 52(52): 8138-8141.

[67] Liu F, Zhang Y, Yu J H, et al. Application of ZnO/graphene and S6 aptamers for sensitive photoelectrochemical detection of SK-BR-3breast cancer cells based on a disposable indium tin oxide device. Biosensors and Bioelectronics, 2014, 51: 413-420.

[68] Zhang X R, Li S G, Jin X, et al. Aptamer based photoelectrochemical cytosensor with layer-by-layer assembly of CdSe semiconductor nanoparticles as photoelectrochemically active species. Biosensors and Bioelectronics, 2011, 26(8): 3674-3678.

[69] Hisatomi T, Kubota J, Domen K. Recent advances in semiconductors for photocatalytic and photoelectrochemical water splitting. Chemical Society Reviews, 2014, 43(22): 7520-7535.

[70] Xu H, Chen R F, Sun Q, et al. Recent progress in metal-organic complexes for optoelectronic applications. Chemical Society Reviews, 2014, 43(10): 3259-3302.

[71] Cakiroglu B, Ozacar M. A self-powered photoelectrochemical biosensor for H_2O_2, and xanthine oxidase activity based on enhanced chemiluminescence resonance energy transfer through slow light effect in inverse opal TiO_2. Biosensors and Bioelectronics, 2019, 141: 111385.

[72] Hou T, Xu N N, Wang W X, et al. Truly immobilization-free diffusivity-mediated photoelectrochemical biosensing strategy for facile and highly sensitive MicroRNA assay. Analytical Chemistry, 2018, 90(15): 9591-9597.

[73] Okamoto A, Kamei T, Tanaka K, et al. Photostimulated hole transport through a DNA duplex immobilized on a gold electrode. Journal of the American Chemical Society, 2004, 126(45): 14732-14733.

[74] Zhu L B, Lu L, Wang H Y, et al. Enhanced organic-inorganic heterojunction of polypyrrole@Bi_2WO_6: fabrication and application for sensitive photoelectrochemical immunoassay of creatine kinase-MB. Biosensors and Bioelectronics, 2019, 140: 111349.

[75] Ostroverkhova O. Organic optoelectronic materials: Mechanisms and applications. Chemical Reviews, 2016, 116(22): 13279-13412.

[76] Li S G, Zhu W, Xue Y C, et al. Construction of photoelectrochemical thrombin aptasensor via assembling multilayer of graphene-CdS nanocomposites. Biosensors and Bioelectronics, 2015, 64: 611-617.

[77] Zhao K, Yan X Q, Gu Y S, et al. Self-powered photoelectrochemical biosensor based on CdS/RGO/ZnO nanowire array heterostructure. Small, 2016, 12(2): 245-251.

[78] Liu Y X, Ma H M, Zhang Y, et al. Visible light photoelectrochemical aptasensor for adenosine detection based on CdS/PPy/g-C_3N_4 nanocomposites. Biosensors and Bioelectronics, 2016, 86: 439-445.

[79] Chen D C, Xie G Z, Cai X Y, et al. Fluorescent organic planar pn heterojunction light-emitting diodes with simplified structure, extremely low driving voltage, and high efficiency. Advanced Materials, 2016, 28(2): 239-244.

[80] Li R Y, Tu W W, Wang H S, et al. Near-infrared light excited and localized surface plasmon resonance-enhanced photoelectrochemical biosensing platform for cell analysis. Analytical Chemistry, 2018, 90(15): 9403-9409.

[81] Song K M, Cho M, Jo H, et al. Gold nanoparticle-based colorimetric detection of kanamycin using a DNA aptamer. Analytical Biochemistry, 2011, 415(2): 175-181.

[82] Paoli M D, Nogueira A F, Machado D A. All-polymeric electrochromic and photoelectrochemical devices: New advances. Electrochimica Acta, 2001, 46(26/27): 4243-4249.

[83] Kim K, Lee S H, Choi D S, et al. Photoactive bismuth vanadate structure for light-triggered dissociation of Alzheimer's β-amyloid aggregates. Advanced Functional Materials, 2018, 28(41): 1802813.

[84] Wang J, Zhang Y, Capuano C B, et al. Ultralow charge-transfer resistance with ultralow Pt loading for hydrogen evolution and oxidation using Ru@Pt core-shell nanocatalysts. Scientific Reports, 2015, 5(1): 12220.

[85] Siroma Z, Sato T, Takeuchi T, et al. AC impedance analysis of ionic and electronic conductivities in electrode mixture layers for an all-solid-state lithium-ion battery. Journal of Power Sources, 2016, 316: 215-223.

[86] Han Y, Zhang R, Dong C, et al. Sensitive electrochemical sensor for nitrite ions based on rose-like AuNPs/MoS_2/graphene composite. Biosensors and Bioelectronics, 2019, 142: 111529.

[87] Yang J, Yang H, Li S, et al. Microwave-assisted synthesis graphite-supported Pd nanoparticles for detection of nitrite. Sensors and Actuators B-Chemical, 2015, 220: 652-658.

[88] Shivakumar M, Nagashree K L, Manjappa S, et al. Electrochemical detection of nitrite using glassy carbon electrode modified with silver nanospheres (AgNS) obtained by green synthesis using pre-hydrolysed liquor. Electroanalysis, 2017, 29(5): 1434-1442.

[89] Bagheri H, Hajian A, Rezaei M, et al. Composite of Cu metal nanoparticles-multiwall carbon nanotubes-reduced graphene oxide as a novel and high performance platform of the electrochemical sensor for simultaneous determination of nitrite and nitrate. Journal of Hazardous Materials, 2017, 324: 762-772.

[90] Nasraoui S, Al-Hamry A, Teixeira P R, et al. Electrochemical sensor for nitrite detection in water samples using flexible laser-induced graphene electrodes functionalized by CNT decorated by Au nanoparticles. Journal of Electroanalytical Chemistry, 2021, 880: 114893.

[91] Mokhtar B, Kandiel T A, Ahmed A Y, et al. New application for TiO_2P25 photocatalyst: A case study of photoelectrochemical sensing of nitrite ions. Chemosphere, 2021, 268: 128847.

[92] Ribeiro F W P, Moraes F C, Pereira E C, et al. New application for the $BiVO_4$ photoanode: A photoelectroanalytical sensor for nitrite. Electrochemistry Communications, 2015, 61: 1-4.

第 4 章　光纤调制器的制备方法

光调制器件在通信网络等方面具有重要的研究价值，以光纤为基础设计制备光调制器件很好地突破了当前的技术瓶颈：体积大、系统复杂、插入损耗大、制作成本高等。此外，光纤调制器件还具有高弯曲韧性、高机械强度等优点。这些特点为光纤调制器件的小型化和功能集成化提供了平台。本章从基于毛细管光纤、基于悬挂芯光纤、基于其他结构的光纤调制器件的基本原理、结构及其制备与研究等方面来介绍该领域的研究进展。

4.1　基于毛细管光纤的集成式光调制

4.1.1　集成式毛细管光纤调制基本原理

在长距离高速光通信系统中，光调制器作为一种关键集成光学器件被广泛地应用。将调制信号传递到载波光波上，使载波光波的参数随调制信号变化而改变，实现输出光信号的相位、频率、强度等状态发生规律性变化的技术称为光调制技术，实现这种调制效果的功能装置称为光调制器，其在光学信息处理系统、光互联和光通信网络中发挥着重要的作用。随着光纤网络的发展与普及，对紧凑、快速和高效的光调制器性能要求越来越高。以光纤为基础的纤维集成甚至是全光纤的光调制结构被提出，这种类型的光纤器件结合新兴的光功能材料被用于制备光纤调制器。由于光纤调制器具有体积小、系统简单、成本低廉等优点，所以其得到了广泛的应用。光纤调制器的主要工作就是实现光信号转换，一般要求器件具有较大的带宽，好的稳定性能、较低的损耗和高的调制效率等。在光纤中传输的光信号经过调制介质后，其输出的振幅、波长、频率、强度、相位、偏振态等状态发生改变，因而成为被调制的光信号，再经过光纤传输到光电器件、解调器后获得调制信号参量，在整个过程中，光纤作为媒介起到传输光和调制光的作用。

由于集成式光纤调制器具有光强操控简单和低插入损耗，以及传输损耗低、频带宽、稳定性好等优势，所以被应用在多个领域，如电光调制系统、马赫-曾德尔干涉系统、波分复用系统等。通常集成式光纤调制器的调制机理可以分为两种类型，第一种调制机理是通过端部分离、倾斜偏差、光纤的横向偏移等物理方法中断光路[1-4]；第二种调制机理是将吸收或者反射材料插入光路构成调制介质，如液晶和 DCH-Ru 聚合物[5,6]，这类材料的可调谐特性具有很高的应用价值，大量新型调制器被研发出来，如基于声光、电光、全光、热光等特性的光调制器。

集成式光纤声光调制器由声光介质和压电换能器组成，在声波的作用下引起折射率变化，通过光调制、光移频等方式控制激光束的强度变化。集成式光纤电光调制器通过改变电压或者电场，使调制结构中的介质折射率发生变化，即通过电光效应来实现光调制。集成式光纤热光调制器通过吸收和非辐射弛豫来加热掺杂光纤，使用激光对其纤芯进行加热，通过改变介质折射率来实现调制。

毛细管光纤(capillary optical fiber, COF)的波导层为环形，中间具有空气孔道结构。根据环形波导层的位置不同，可以将毛细管光纤大体分为三类：内壁波导型毛细管光纤、壁中波导型毛细管光纤和外壁波导型毛细管光纤。毛细管光纤具有理想的色散可控、无限波长单模传输、空心导光、超低损耗等特殊色散和非线性效应特性，在高性能光传输领域得到了广泛的研究。

4.1.2　液晶填充的毛细管光纤调制结构

本节对液晶填充的毛细管光纤调制结构进行介绍，图 4.1 为所使用的 COF 截面图。该光纤具有管状结构，内部为空气通道，外径为 125μm，内径为 48μm。该 COF 有一个管状芯，芯层厚度约为 7μm，包层为 31.5μm。

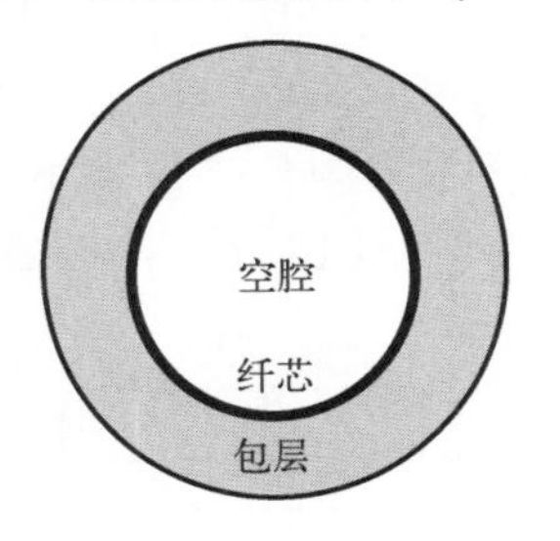

(a) COF截面示意图

(b) COF截面显微图像

图 4.1　COF 横截面图

在上述 COF 的通道中填充液晶(liquid crystal, LC)并进行光调制，液晶分子(4-丙基-4-戊基苯基酯苯甲酸)的化学结构如图 4.2 所示，在 25℃下，其折射率为 1.543，将该液晶引入调制系统。在系统中，LC 柱的长度为 1.5cm，填充量为 2.71×10^{-2}nL。使用焊接机熔融管状结构的区域，以封装 LC 并防止其流动。填充有 LC 的 COF 采用 ITO 作为电极，电场通过信号发生器(0～10V，80Hz)产生，外加磁场的强度由变压器调节，并用电压表监测。相应的实时传输损耗通过追踪 632.8nm 波长的激光获得，输出光强度由光谱分析仪检测。

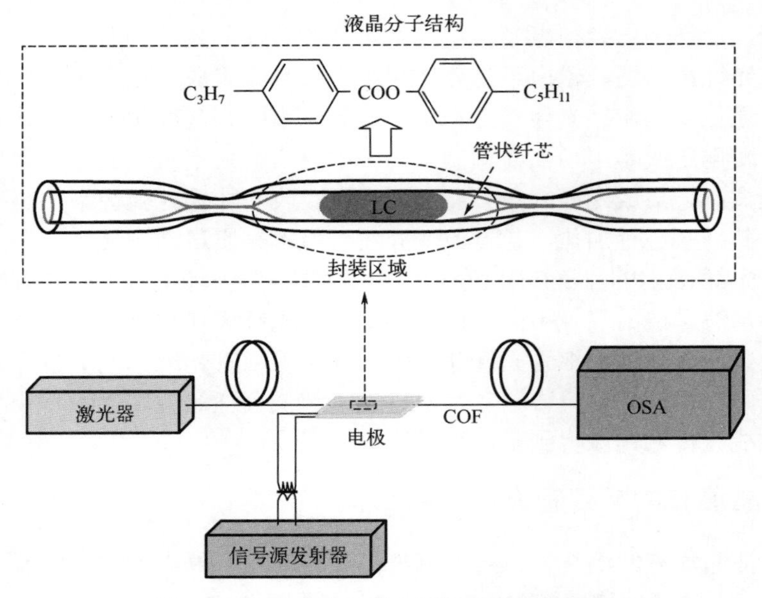

图 4.2　集成式毛细管光纤调制器的装置图

研究中所使用的 LC 材料为向列型。通常，向列型 LC 的排列取决于 LC-容器界面的相互作用。在普通的二氧化硅毛细管中，向列指向倾向于沿着毛细管的轴线排列，且其指向可以通过外加电场重新进行排列。在本书中，当施加电压时，向列指向沿着所施加电场的方向排列，如图 4.3 所示，这是向列型 LC 的固有特性。

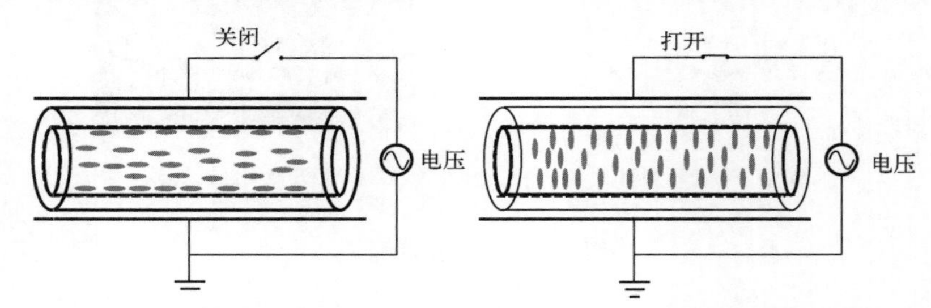

图 4.3　电场作用下 LC 分子在管状纤芯附近排列方向的示意图

图 4.4 显示了在室温(18℃)下，施加了不同的电场强度(50V、100V 和 200V，频率为 80Hz)下的调制深度。当施加电场时，管芯中的光强度明显下降。由于整个 LC 柱的有效调制，场强增加可以引起更高的调制深度。在调制深度为 50 的情况下，检测到的数值约为 23%(1.7dB)、39%(2.1dB)和 50%(3.0dB)。当场强继续上升时，对调制深度没有进一步的影响。这种高调制深度应归因于 LC 和特殊的纤芯之间的充分接触，当电场开启和关闭时，LC 重新排列，管芯中的光强度可以根据排列的不同而变化。

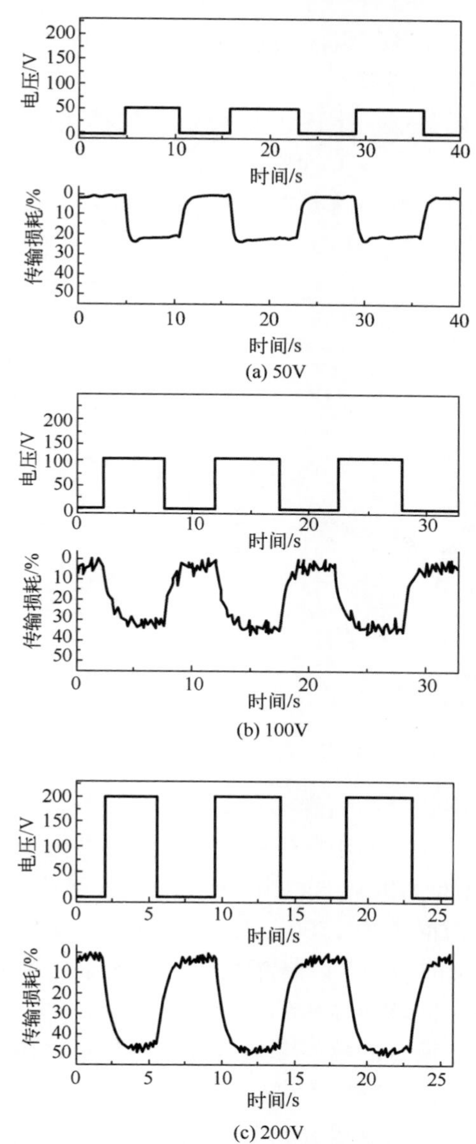

图 4.4　18℃时，在不同调制电压下，光纤内集成调制器的实时调制特性

光纤中 LC 的化学结构对调制深度同样有重要的影响。在 100V 相同电场强度下，对 4-氰基-4′-戊基二苯基(5CB)和苯甲酸-4-丁基-4-氰基-3-氟苯基酯这两种 LC 同样进行了研究，以上两种 LC 的化学结构如图 4.5(a)所示。图 4.5(b)为 100V 下填充 5CB 的光纤集成调制器的实时调制特性的化学特性。5CB 的调制深度十分明显。然而，另一个 LC，4-丁基-4-氰基-3-氟苯基酯被填充到纤维中，没有观察到明显的调制深度。以上结果说明，当施加相同的电压时，不同的 LC 呈现不同的效果。

典型的 LC 分子由两个苯环系统组成，并由一个连接基团连接。上述 LC 中苯环的取代基团决定了它们的不同黏弹性，在电场的作用下，有些 LC 呈现出强烈的滞后效应，有些则是周而复始的[7]。对于记忆效应，有的反应缓慢，有的能迅速地对变化做出反应[8]。介电各向异性越低，阈值电压越高。因此，在其结构中具有不同基团的 LC 结构显示不同的介电各向异性，这决定了 LC 分子在电场作用下与管芯的相互作用[9,10]。

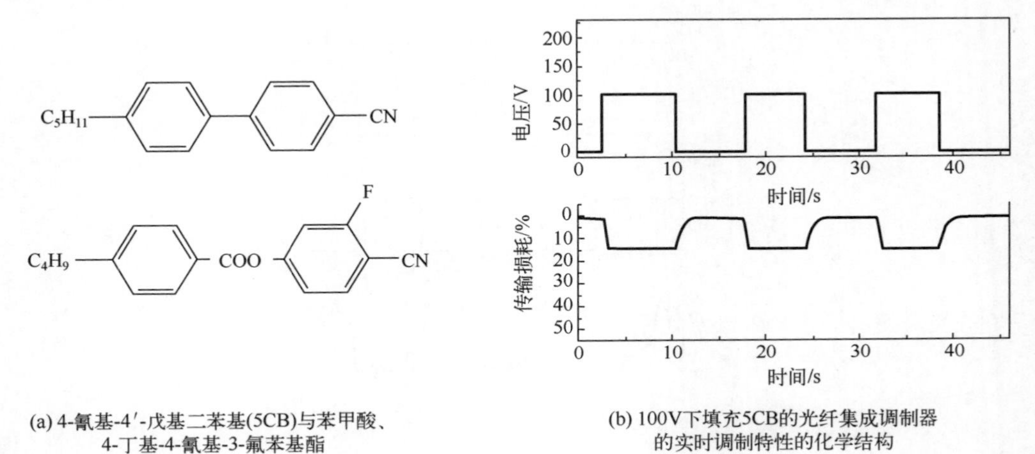

(a) 4-氰基-4′-戊基二苯基(5CB)与苯甲酸、4-丁基-4-氰基-3-氟苯基酯

(b) 100V下填充5CB的光纤集成调制器的实时调制特性的化学结构

图 4.5　其他 LC 的化学结构与调制特性

为了研究调节器在不同电场强度下的动态响应特性，图 4.6 为填充了 4-丙基-4-戊基苯基酯苯甲酸的光纤在不同电压下的响应时间和恢复时间。可以发现响应时间约为 750ms (50V)、2250ms (100V) 和 3750ms (200V)，响应时间按照达到饱和调制深度的 95%计算，而恢复时间约为 1500ms (50V)、3000ms (100V) 和 4500ms (200V)。从结果中发现，随着场强的增加，调制深度也随之增加。为了达到更好的调制性能，需要更多的时间来进行方向转换并达到稳定状态。

此外，温度也会影响设备的反应，随着温度的增加，响应时间趋于减少。填充了 4-丙基-4-戊基苯基酯苯甲酸的光纤在不同温度下的响应结果如图 4.7 所示。温度变化可能会影响黏度、介电常数和 LC 的弹性常数。由于低温下，LC 变得黏稠，分子运动需要更多的能量，在相同的电压影响下，它比室温下更难旋转。更高的温度可以降低 LC 的黏性并扩大电场的引导作用。但由于 LC 的黏度不能无限地减少，反应时间和恢复时间在 1.6s 时趋于饱和。

本节介绍的工作成功地将微量的 LC 集成到特殊设计的 COF 中，并获得了可调控调制深度的滤波器。结果表明，在管状芯中的 LC 可以极大地影响 632.8nm 的光在外部电场下的传播。当电压为 200V 时，饱和调制深度可以达到 50%。该系统的响应时间和恢复时间都低于 5s。此外，该调制器在实验中显示出良好的稳定性和可重复性。这些结果表明，该装置在光纤内集成系统中具有巨大的潜力。在光纤内集成光开关、光逻辑信号处理和电传感器光纤滤波器方面具有很大的潜力。

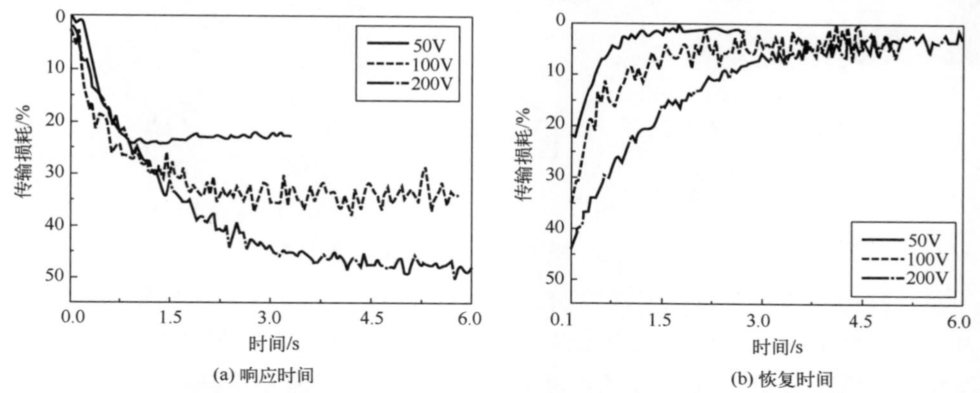

图 4.6　填充了 4-丙基-4 -戊基苯基酯苯甲酸的光纤在不同电压下的响应时间和恢复时间曲线

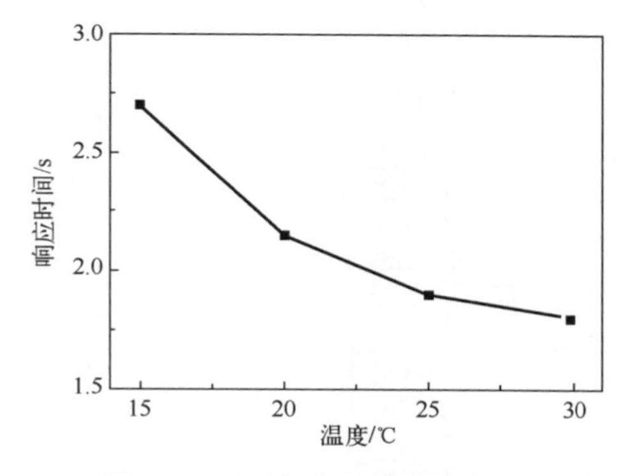

图 4.7　不同温度下的响应时间

4.1.3　磁流体填充的毛细管光纤调制结构

本节介绍一种基于磁流体的新型光纤集成调制器，其结构如图 4.8(a)所示。该调制器主体采用具有管状结构的毛细管光纤，其长度为 8cm，由内部空气通道、圆形波导层和包层组成。毛细管光纤的外径为 125μm，内径为 48μm。在空气通道中填充微量的 Fe_3O_4 磁流体并将其作为光衰减材料，用以对环形波导中的光进行调制。Fe_3O_4 磁流体的液柱长度为 12mm。从氦氖激光器发射的波长为 632.8nm 的光通过多模光纤经由熔融和拉锥技术耦合到毛细管光纤中。用光谱分析仪检测输出光的强度。通过电磁铁产生外加磁场，磁场的强度由电磁铁的电压调节，并由特斯拉计监测。通过监测波长为 632.8nm 的单波长光，实时记录了该调制器的传输损耗。Fe_3O_4 磁流体与钕磁铁(NdFeB)之间的磁力如图 4.8(b)所示。

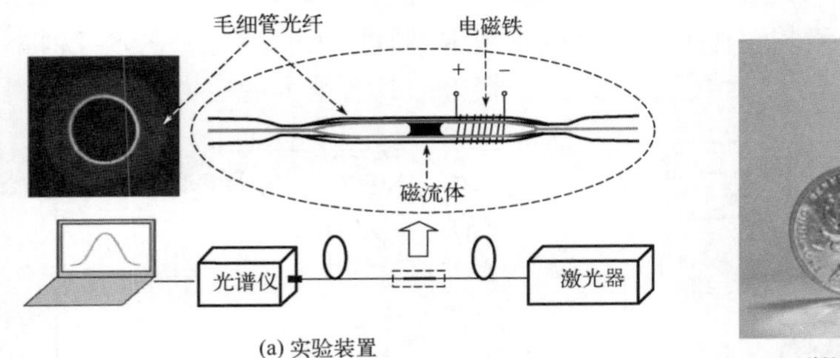

(a) 实验装置

(b) Fe_3O_4磁流体与钕磁铁(NdFeB)磁体之间的磁力

图 4.8　基于磁流体的毛细管光纤调制器

在室温(25℃)下，调制器在不同磁场强度(40Oe、200Oe 和 440Oe)下的调制深度及传输损耗如图 4.9 所示。由图 4.9 可知，当施加磁场时，磁场强度越大，调制深度越大。当磁场为 40Oe、200Oe 和 440Oe 时，分别检测到 43%、65%和 70%的调制深度。这种高的调制深度可以归因于，在开启和关闭磁场时倏逝场导致的毛细管

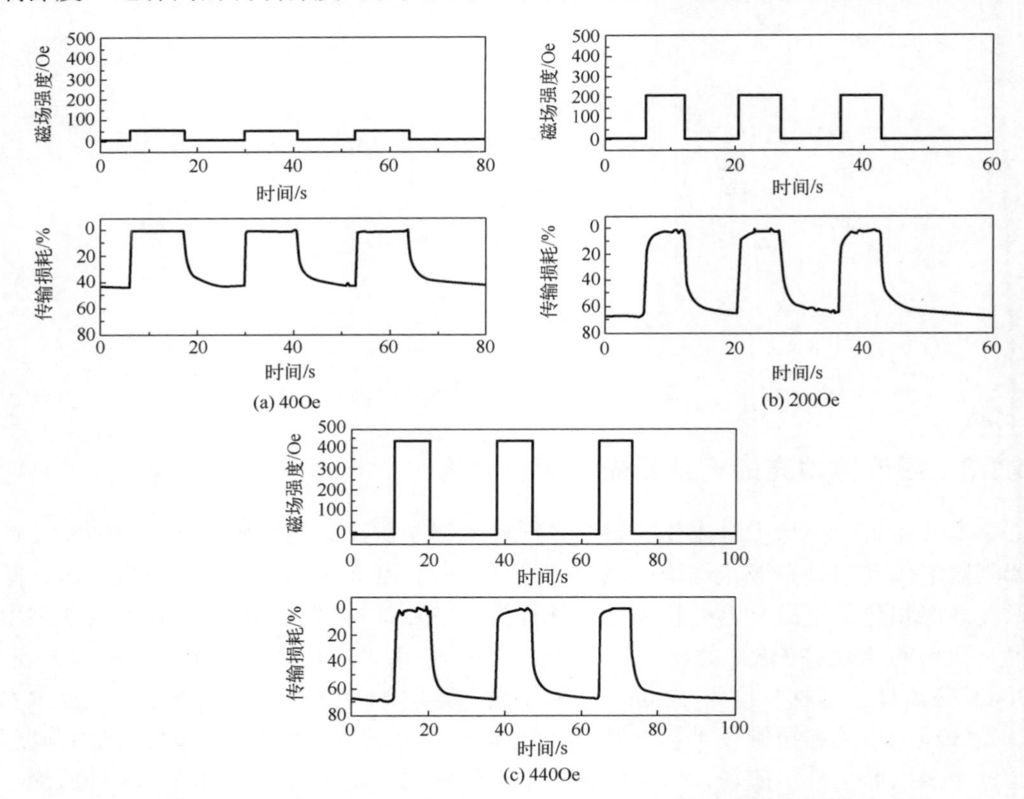

图 4.9　磁流体基毛细管调制器在 25℃不同磁场强度下的实时调制特性

光纤中的磁流体光吸收差异。在该装置中，磁场的方向与光纤平行。当磁场开启时，所有的磁性纳米颗粒都会在外加磁力的作用下朝电磁铁移动。磁性纳米颗粒聚集会导致毛细管光纤中磁流体的长度缩短。导致磁流体与毛细管光纤的倏逝场之间的接触面积明显减小，使得圆形波导层中更少的光被衰减。在外加磁场的情况下，磁性颗粒会沿着磁力线方向聚集成一维形状[11]，这也会减小磁流体与毛细管光纤的倏逝场之间的接触面积，并使光的衰减降低。相反，当磁场关闭时，磁场在扩散运动下会恢复到原来的分布状态，衰减又会增加。

在 40Oe 磁场强度下，不同温度时光通过调制器的情况显示在图 4.10 中。结果表明，调制深度随着温度的升高而增加。当温度为 25℃、40℃、60℃和 80℃时，调制深度分别为 44%、53%、64%和 67%。温度升高后，调制深度增大的原因与液柱的膨胀有关。众所周知，随着温度的升高，纤维中的液柱和空气都有膨胀的趋势，然而液体很难被空气压缩。因此，液柱的长度将增加，这个延伸的液柱为纳米颗粒提供了更广阔的自由空间。最后，在磁场开启时，随着温度的升高，磁流体的体积压缩率和光吸收的差异也会提高。虽然较高的温度会导致较高的传输损耗，但调制器在 80℃时显示出不稳定性。

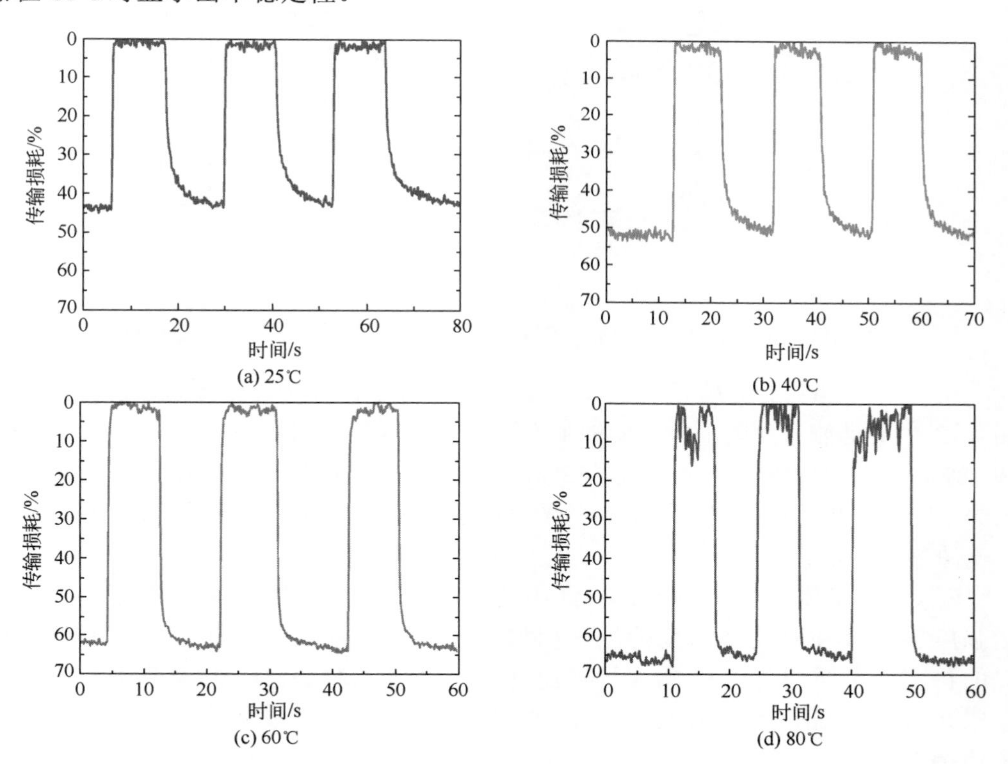

图 4.10　在磁场强度为 40Oe 的情况下，调制器不同温度时的实时调制特性

另外，在不同温度下，调制器的响应时间几乎相同，约为 500ms。并且响应时间比每个温度对应的恢复时间短得多。恢复时间显示在图 4.11 中，在 25℃、40℃、60℃和 80℃时分别为 14800ms、7800ms、5700ms 和 4500ms。在相同温度下，响应时间和恢复时间的差异是由磁场开启和关闭时磁场驱动力的不同导致的。当施加磁场时，Fe_3O_4 纳米粒子在外加磁力的作用下立即移动。但当磁场关闭时，纳米粒子只能通过相对缓慢的自由扩散过程恢复。此外，随着温度的升高，布朗运动更加剧烈，因此，纳米粒子的扩散速度更快，恢复时间更短。另外，由于交变磁场的使用，可能会产生微弱的热效应，从而影响磁流体的温度。然而，通常当磁场变化 1T 时，材料的温度只会变化 0.5～2℃。在本节中，磁场强度不大于 500Oe。因此，温度变化不会超过 0.15℃。由于该装置不是一个隔热系统，这种磁热效应应该不会对该装置的响应产生明显的影响。

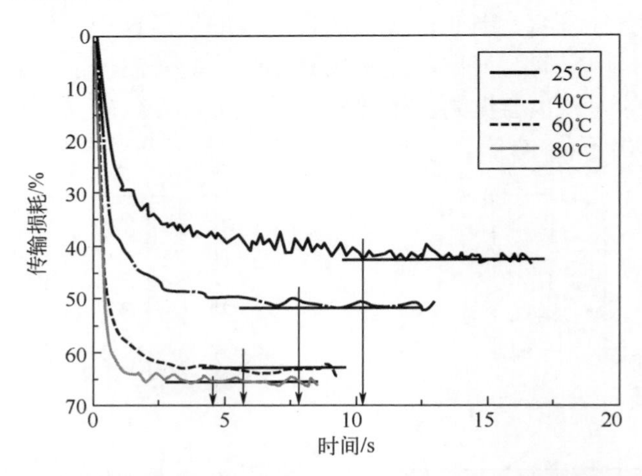

图 4.11　在磁场强度为 40Oe 的情况下，调制器不同温度时的恢复时间

在 25℃、40Oe 磁场下，注入 4 种不同浓度磁流体的调制器调制深度显示在图 4.12 中。调制深度随着浓度的增加而增加。当磁流体浓度为 4.2%、6.8%、9.3%和 12%时，调制深度分别为 44%、53%、65%和 75%。结果表明，磁流体浓度越高，对光的吸收作用越强。但当磁流体的浓度超过 12%时，由于流动性明显降低，磁流体无法进入毛细管光纤。

Fe_3O_4 磁流体对光在毛细管光纤中的传输有很大的影响。调制深度随外加磁场强度、温度和磁流体浓度的增加而增大。此外，该调制器在实验中表现出良好的稳定性和重复性。因此，将磁流体与毛细管光纤相结合，构成了可调谐的集成光纤调制器。还可以根据这一特点构建其他光纤集成器件，如光开关和磁场传感器等。

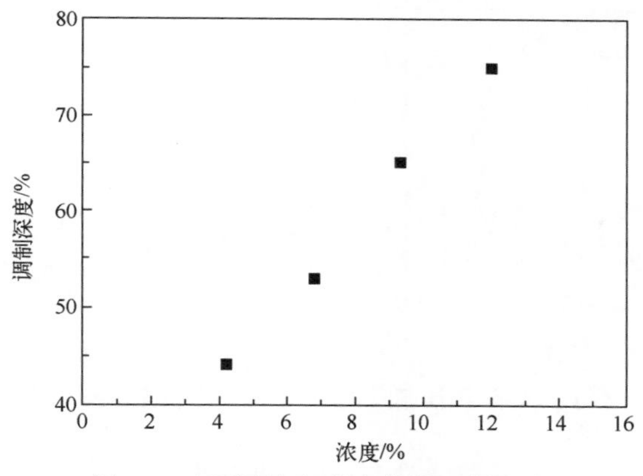

图 4.12　不同浓度磁流体的调制深度

4.2　基于悬挂芯光纤调制器的研究

4.2.1　悬挂芯光纤调制原理

单悬挂芯及对称式双悬挂芯光纤截面图如图 4.13 所示，悬挂芯光纤为一种中空结构光纤，在环形包层的内壁上悬挂着一根或多根纤芯，且纤芯的形状可以为圆形、椭圆等，纤芯外部同样也存在着内包层，图中 D_1、D_2、D_3 分别为悬挂芯光纤的纤芯直径、光纤内径与光纤外径，由于悬挂芯光纤的中空结构特征，所以光纤内部的空腔可以作为微流通道，且光能够在光纤的纤芯进行传播。

相比于传统光纤，悬挂芯光纤内部的微孔道结构对气体、溶液等具有空间约束性，同时兼具高比表面积及高柔韧度。其内腔结构可以作为独立的传感区，内壁修饰上敏感化学物质，可以在传输微流样品(液体或气体)的同时进行传感，可最大限度地减少样品采集量并且实现在线监测，这种结构为传感器的制作提供了方便，可以用于研制高精度传感器。

关于悬挂芯光纤的调制原理，在此以图 4.13 中给出的两种结构为例进行介绍。

单悬挂芯光纤调制原理：单悬挂芯光纤通常利用其中空特性来将其中的微孔通道结构注入液体、气体及磁流体等物质，通过外加电压、磁场等方式进行调制。在外加条件作用下，光纤内表面的倏逝场会产生衰减，从而通过该调制光纤的光信号强度会受到明显的影响。

双悬挂芯光纤调制原理：双悬挂芯光纤调制器件通常通过计算两个纤芯内光信号所产生的光程差来进行设计，其中，构建马赫-曾德尔干涉仪是一个典型方法，下面介绍其原理。

双悬挂芯光纤马赫-曾德尔干涉仪的透射干涉光强度可以表示如下：

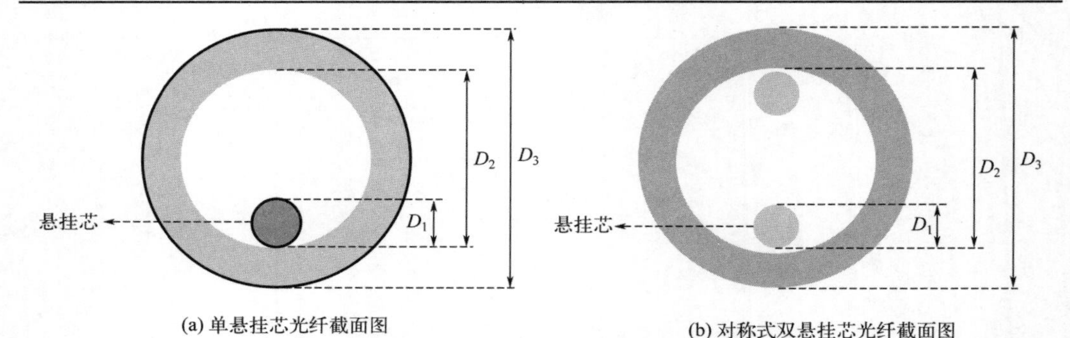

(a) 单悬挂芯光纤截面图　(b) 对称式双悬挂芯光纤截面图

图 4.13　单悬挂芯及对称式双悬挂芯光纤截面图

$$I_T = I_c + I_s + 2\sqrt{I_c I_s}\cos(\Delta\varphi) \tag{4.1}$$

式中，I_c 与 I_s 分别为包层纤芯和悬挂纤芯中的光强；$\Delta\varphi$ 为相位差，定义如下：

$$\Delta\varphi = \frac{2\pi}{\lambda}\Delta_n L \tag{4.2}$$

式中，传播光的波长用 λ 表示。Δ_n 是两个干涉臂之间的有效折射率之差。通过调制干涉臂的有效折射率差可以实现透射光的相位调制。

基于以上两种悬挂芯光纤调制原理的两种实例应用将在 4.2.2 节及 4.2.3 节中进行具体介绍。

4.2.2　基于双芯悬挂芯光纤的光热效应的集成式光调制结构

本节主要介绍双芯悬挂芯光纤的光热效应的集成式光相位调制器，其结构图如图 4.14 所示。该相位调制器由光纤马赫-曾德尔干涉仪及灌注在悬挂芯光纤内部的

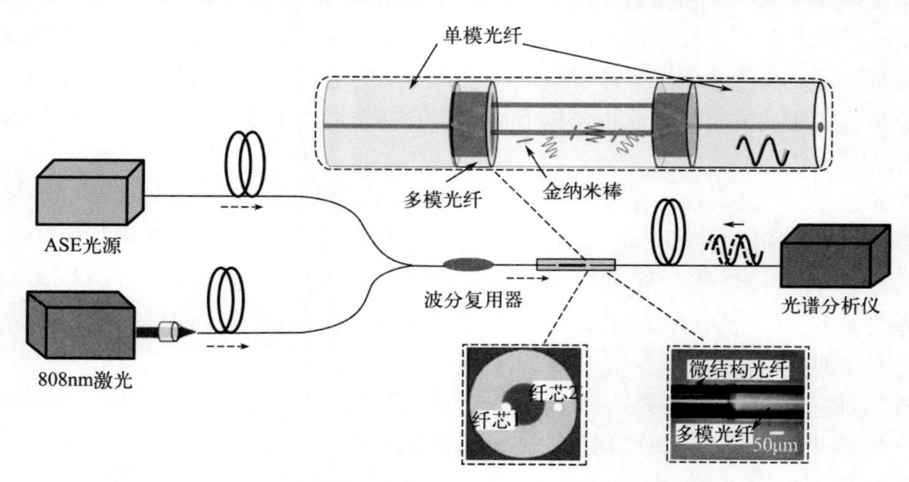

图 4.14　基于双芯悬挂芯光纤的光热效应的光相位调制器结构图

金纳米棒组成，其中，光纤马赫-曾德尔干涉仪由长度为 15cm 的双芯悬挂芯光纤、两段长度为 1mm 的多模光纤，以及单模光纤构成。在整个光路系统中，多模光纤起到了类似耦合器的作用，实现信号光分束及合束。双芯悬挂芯光纤被用来作为马赫-曾德尔干涉仪的两条干涉臂。双芯悬挂芯中空光纤结构如图 4.14 所示，两纤芯直径为 8μm，光纤外径为 125μm，与单模光纤可以实现良好的焊接。

该调制结构是基于光热效应实现的，采用金纳米棒作为光热调制介质。金纳米棒作为一种纳米级光热转换材料，对近红外光表现出高效的电偶极子吸收，并呈现出高效的光热效应。本节通过将金纳米棒的表面等离子体激元的共振效应激发热量作为纳米级加热器，实现对悬挂芯周围的局部加热，以实现相位调制。具体原理已经在 4.2.1 节中进行了叙述，此处不再赘述。操作时，将金纳米棒分散在折射率匹配液中，并将其灌注到双芯悬挂芯光纤孔道中。近红外光通过悬挂芯的倏逝场与光纤孔道内微流体的相互作用，实现对悬挂芯附近的微观区域加热，在热光作用下，悬挂芯的有效折射率被改变，经过该装置信号光的相位被调制。

图 4.15(a)展示了在近红外激光泵浦作用下，信号光的相位移动量；图 4.15(b)展示了相位移动量与泵浦光强度的线性关系。结果表明填充金纳米棒后，基于双芯悬挂芯光纤光热效应的集成式光相位调制结构可以实现良好的光调控，获得−37.5pm/mW 的光谱位移效率。通过进一步优化结构或切换到具有更高光热转换效率的材料，可以实现低泵浦光要求和长寿命的相位调制器。

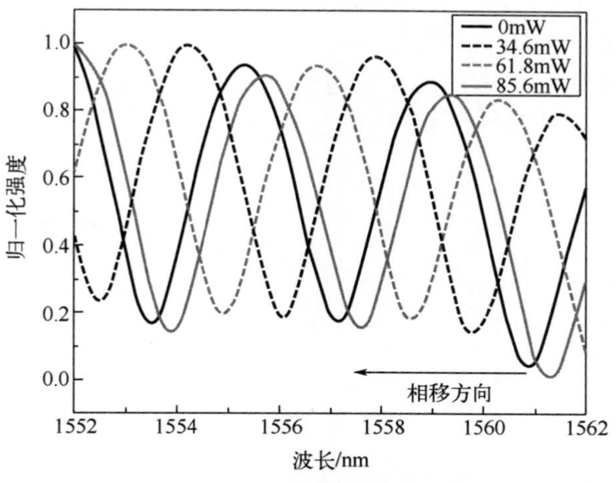

(a) 干涉光谱相位随光功率的变化

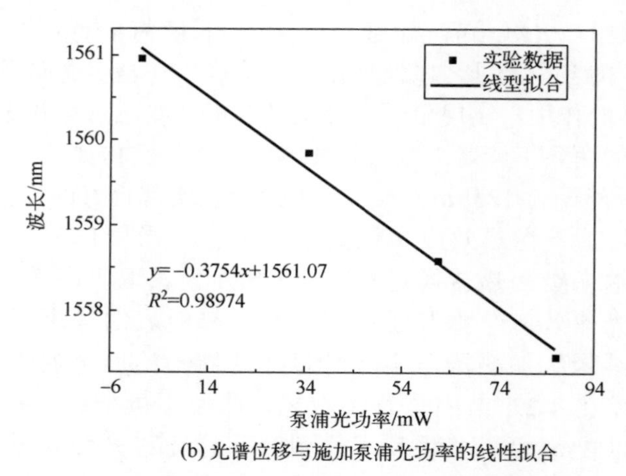

(b) 光谱位移与施加泵浦光功率的线性拟合

图 4.15　干涉光谱与泵浦光功率之间的关系

全光纤相移器件在 1550nm 处的响应时间和恢复时间如图 4.16 所示。该基于悬挂芯光纤的光热相位调制器在开启与关闭时的响应时间分别约为 4s 和 6s。这一动态响应时间主要取决于金纳米粒子分散液的传热率，在给定传热系数的情况下，液体的体积起决定性作用。全光纤相移器件采用空心光纤结构，其中所填充的液体体积约为几十纳升，若进一步优化光纤结构，则减小空气孔体积，有望进一步缩短响应时间。

光周期性地打开和关闭时全光纤移相器的恢复性和可逆性如图 4.17 所示。结果显示，当周期性施加近红外泵浦激光时，信号光的输出强度也同样呈现周期性变化。同时，输出功率的响应是完全可逆和可再现的，这意味着 HTCF 中金纳米粒子的光热特性在被泵浦光周期性激发后保持稳定。借助双芯悬挂芯光纤将纳米材料封闭在光纤内部，为制备性能稳定的全光纤调制器提供了良好的解决方案。

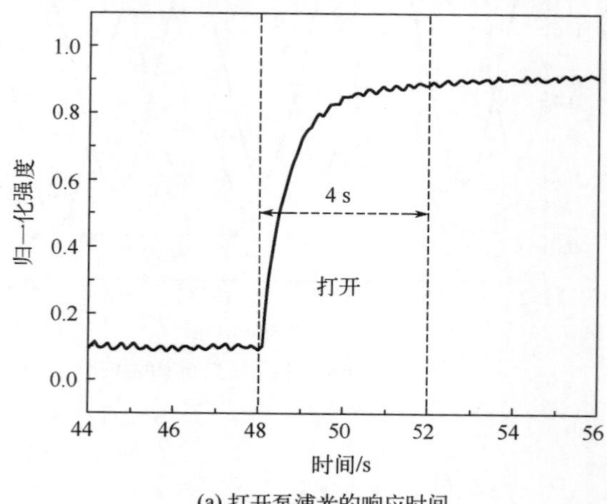

(a) 打开泵浦光的响应时间

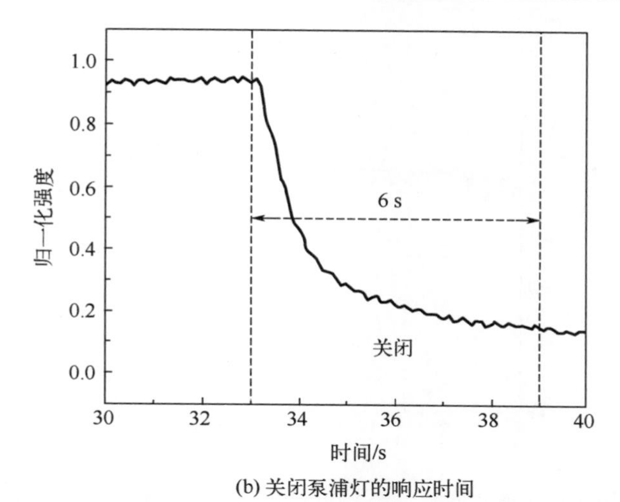

(b) 关闭泵浦灯的响应时间

图 4.16　全光纤相移器件在 1550nm 处的响应时间和恢复时间

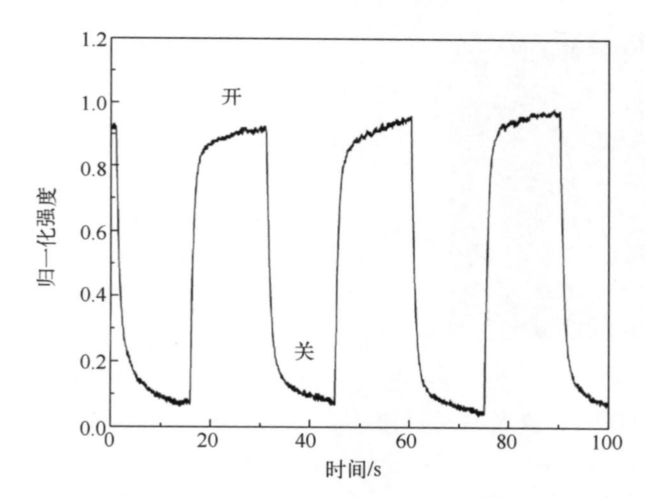

图 4.17　光周期性地打开和关闭时全光纤移相器的恢复性和可逆性

施加泵浦光时 1550nm 信号光的稳定性测试结果如图 4.18 所示，当激发光功率设定为 35mW 时，实时监测 1550nm 信号光强度。在 30s 内，信号光强度波动约为 5%。这种波动可能是由光纤设备与周围环境之间的热交换引起的。

4.2.3　基于悬挂芯光纤的强度型调制结构

本节主要介绍一种基于悬挂芯光纤的强度型调制结构。调制器的基本元件是一根中空且内部带有悬挂纤芯的光纤，其截面图如图 4.19 所示，光纤的外径为 125μm，内径为 72μm，纤芯直径为 12μm。

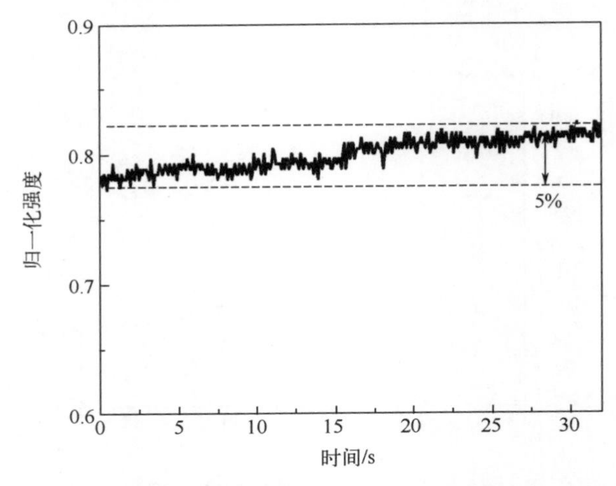

图 4.18　施加泵浦光时 1550nm 信号光的稳定性测试结果

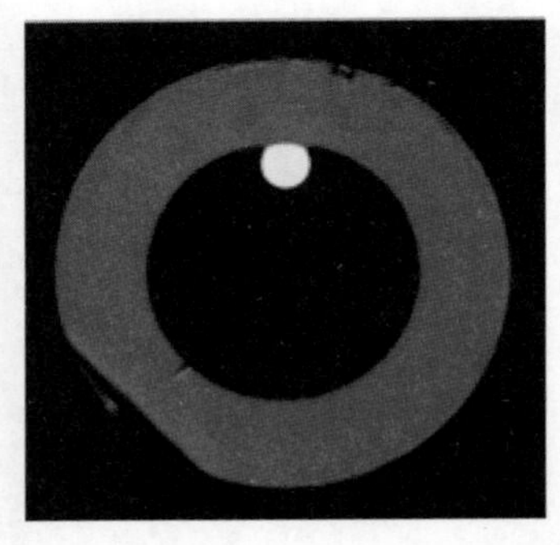

图 4.19　带有悬挂芯的中空光纤横截面图

基于悬挂芯中空光纤的集成光纤调制器的实验装置如图 4.20 所示。波长为 632.8nm 的光从 He-Ne 激光器发出，耦合到多模光纤中。利用熔融拉锥技术将来自多模光纤的光耦合到具有悬挂芯的光纤中。在将中空光纤与多模光纤融合并逐渐变细之前，微量的磁流体($2.0\times10^{-2}\mu L$，29.2%)被吸收到中空光纤中。磁流体柱位于悬挂芯的中空光纤的中间，以避免在熔合和塌缩过程中在耦合点处气化。使用光纤光谱仪(光谱分析仪)检测输出光的强度。磁场是通过磁芯直径为 10mm 的电磁铁产生的。电磁铁与空心光纤中的磁流体部分之间的距离为 3mm。考虑到光纤在磁场中的位置对称性，悬挂纤芯被调整到朝向电磁铁的方向。传输损耗的相应实时变化通过 632.8nm 的单波长进行跟踪记录。

当施加磁场时，通过调制器的光强明显地受到影响。图 4.21 显示了调制器在不同磁场强度下的调制特性。当施加磁场时，这些明显的传输损耗应该归因于光通过倏逝场的衰减。在悬挂芯中空结构的光纤中，包层是磁性流体。磁性流体的折射率取决于浓度和磁场强度。在相同浓度下，包层取决于 Fe_3O_4 纳米粒子的分布。当施加外部磁场时，磁性流体中的单领域颗粒会聚集形成链。团聚增加了磁流体在倏逝场中的 n_{clad} 值，并减小了 n_{clad} 和 n_{core} 之间的差异，更多的光在磁性流体中传播并衰减，其效率取决于顺磁性 Fe_3O_4 纳米粒子的团聚程度。图 4.21(b)中的传输损耗定义为$[(I_0-I_H)/I_0]\times100\%$，其中，$I_0$ 和 I_H 分别是图 4.21(a)中零下的透射强度和场强 H。

随着磁场强度的增加，通过纤芯的光强明显减少。调制器的调制深度(传输损耗)随着施加的磁场强度而增加。当磁场强度为 245Oe 时，传输损耗为 24%。当 H 值增加到 489 时，相应的传输损耗达到 43%(饱和调制深度)。传输损耗对磁流体的响应是完全可逆的，并且具有很强的重现性。

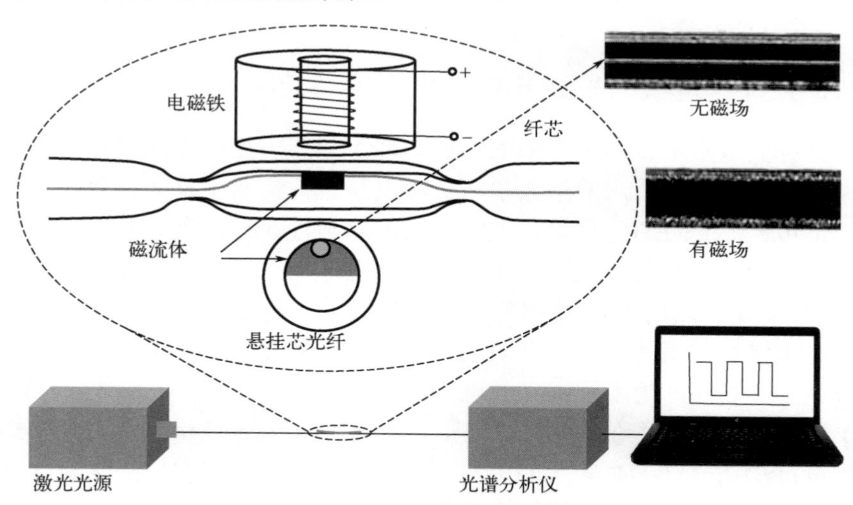

图 4.20　基于悬挂芯中空光纤的集成光纤调制器的实验装置

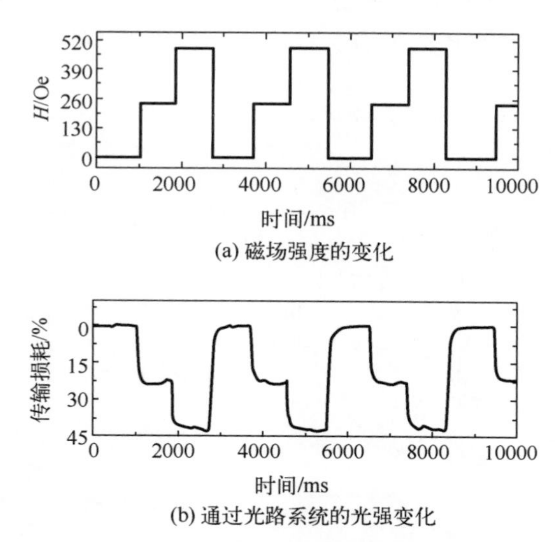

图 4.21　不同磁场强度下调制器的调制特性

调制器在开启磁场不同阶段的 100ms 内响应达到满量程的 90%，并在磁场消失后 120ms 内恢复。在悬挂芯光纤内集成封装功能材料，实现了调制深度可调的强度型光纤调制器。为所有光纤调制深度可调调制器的发展提供了重要信息，而且通过封装其他功能化的磁传感器，为其他一些集成器件，如光开关、光纤滤波器和磁性传感器提供了新的可能性。

4.3　基于其他结构的光纤调制结构研究

4.3.1　基于 ITO 沉积的光纤 F-P 腔电光调制结构

ITO 具有低电阻率、高折射率的特点，ITO 涂层可以作为功能材料沉积在光纤 F-P 腔内用作电光调制。水的泡克尔斯效应很早就被提了出来，该效应基于双电层(electric double layer, EDL)理论，电极表面的电学性质可以诱导氧原子的取向，从而导致水分子的排列取向发生改变。EDL 中水分子的空间分布发生变化，导致水的有效 RI 发生变化。利用 ITO 的物理特性、集成导电和传光能力，沉积了 ITO 的光纤可以作为电极参与水的泡克尔斯效应。施加电压的变化使 EDL 产生不同的变化，进而导致光纤 F-P 腔产生不同程度的电光调制。

ITO 光纤 F-P 腔通过磁控溅射法制备，得到厚度约为 110nm 的 ITO 薄膜。通过万用表测量沉积在光纤 F-P 腔上的 ITO 薄膜的电阻约为 5.1kΩ。实验装置如图 4.22 所示。3dB 耦合器一端为 F-P 腔传感探头，另一端分别连接光束放大 ASE 和 OSA。直流电源的两个电极用导线分别与光纤 F-P 腔传感探头和水相连。测试时，光信号由 ASE 发出，经光纤由 F-P 腔反射，再由光纤传输到 OSA。在不同电压下，记录干涉谱的相位调制。

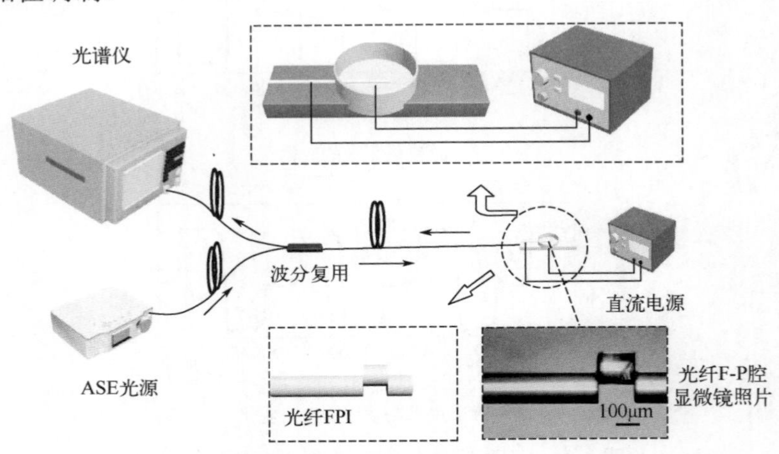

图 4.22　光纤 F-P 腔调制装置图

装置在不同折射率溶液中的干涉光谱变化如图 4.23(a)所示。随着折射率的增加，光纤 F-P 腔的干涉光谱向长波方向偏移，最大偏移 6.9nm。ITO 光纤 F-P 腔折射率灵敏度拟合图如图 4.23(b)所示，其折射率灵敏度约为 965.46nm/RIU，相移与折射率变化呈良好的线性关系。

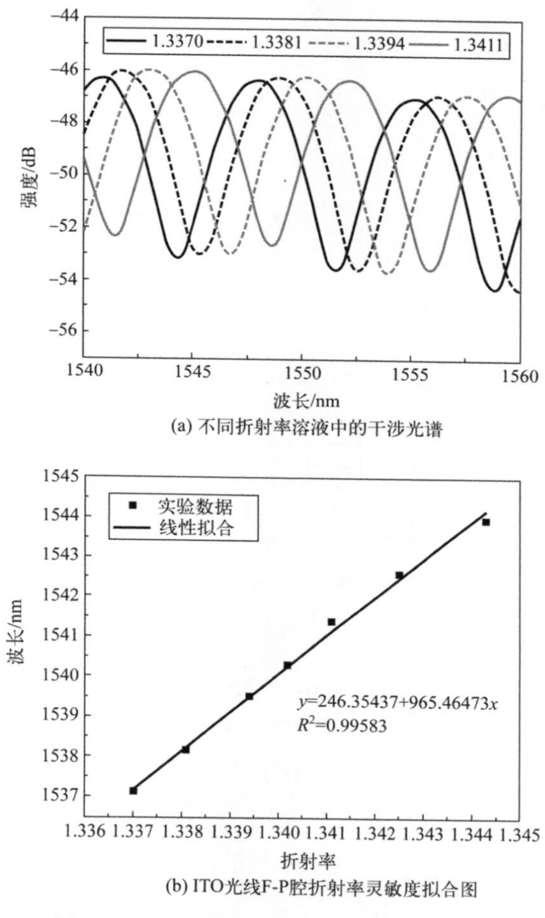

(a) 不同折射率溶液中的干涉光谱

(b) ITO光线F-P腔折射率灵敏度拟合图

图 4.23　装置在不同折射率下的响应

施加从 0～0.8V 的不同电压来监测干涉光谱，当器件连接电源负极时，不同电压下的光谱位移如图 4.24 所示。从图中可以看出，随着电压的增加光谱明显地右移，当电压施加到 0.8V 时，干涉光谱最大位移为 0.485nm。当器件连接电源负极时电压强度和相移的拟合其呈现出良好的指数关系。

当 ITO 光纤 F-P 腔连接电源正极时其调制光谱位移如图 4.25(a)所示，光谱被调制向短波方向。当电压为 0.7V 时，干涉光谱最大位移为 0.155nm。当器件连接电源负极时，电压强度和相移的拟合关系如图 4.25(b)所示，呈现出良好的指数关系，并且相关系数 R^2 达到 0.9894，测试结果良好。

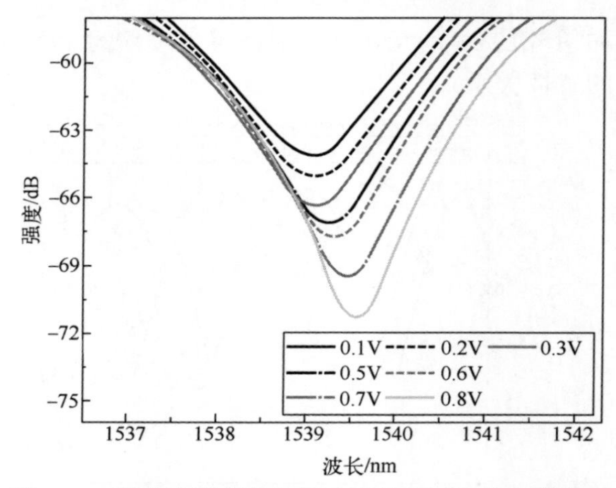

图 4.24　器件连接电源负极时不同电压下的光谱移动

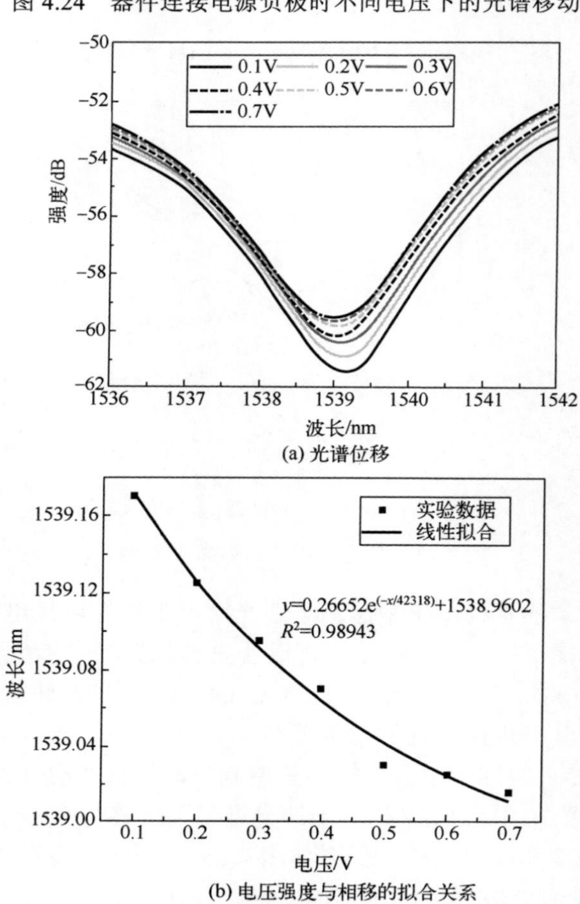

图 4.25　器件连接电源正极时不同电压下的响应

电源周期性地打开关闭时 ITO 光纤 F-P 腔的重复性和稳定性如图 4.26 所示，记录了 1545nm 处 0～0.8V 两种不同电压之间的实时输出强度。器件在 1545nm 处的光强表现出明显的周期性变化，可重复性良好。器件单个周期的响应时间和恢复时间如图 4.27 所示，其响应上升沿和下降沿时间分别为 3.3s 和 3.6s。对于 ITO 光纤 F-P 腔而言，响应时间的上升沿和下降沿可能是由双电层中水分子的重新分布而导致的，在未来的工作中可以通过改进涂层工艺来减少响应时间。该光纤 F-P 腔调制器提供了一个高度集成的结构，使整个电光调制过程更加便捷直观，简化了实验装置，降低了调制成本。由于光纤的集成结构和灵活性，该光电调制器在狭小空间、微通道等的微环境中具有很大的应用潜力。

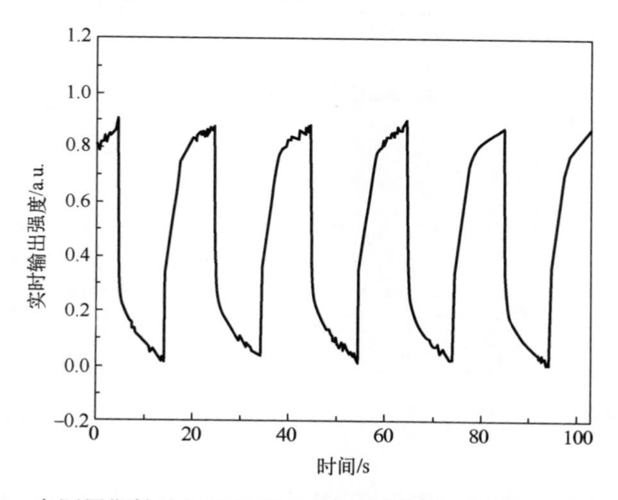

图 4.26　电源周期性地打开关闭时 ITO 光纤 F-P 腔的重复性和稳定性

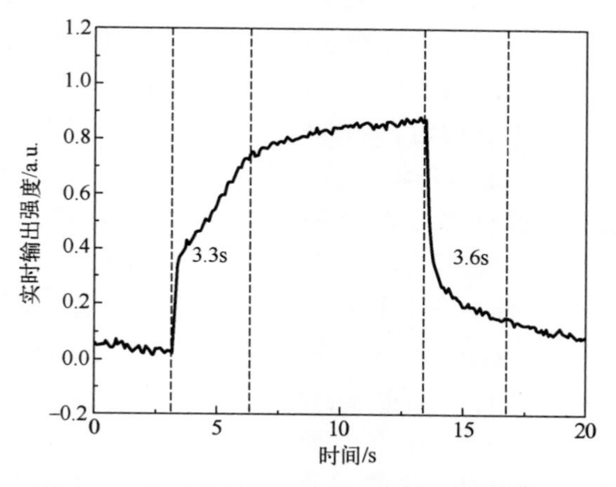

图 4.27　器件单个周期的响应时间和恢复时间

4.3.2 基于微纳光纤的光热调制结构

金纳米棒(Au nanorods, Au NRs)作为一种典型的等离激元平台，在 800nm<λ<1μm 的光谱范围内对近红外(near-infrared, NIR)光表现出高效的光热响应，产生这种响应是由于表面等离子体激元具有较大的电偶极吸收。本节介绍一种基于 Au NRs 光热效应的微纳光纤调制器件，其装置图如图 4.28 所示。在锥形微纳光纤的锥形区域放置 Au NRs，其中，微纳光纤的锥区直径为 8μm。近红外光通过倏逝场激发 Au NRs 的光热效应，释放热量。光热过程改变了光纤周围的折射率，导致输出端的干涉图样发生光谱偏移。

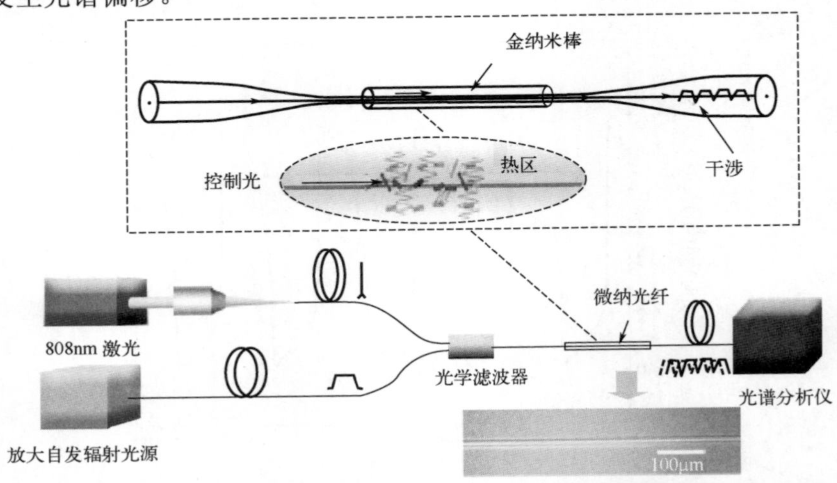

图 4.28 锥形光纤周围 Au NRs 的光热效应示意图及全光纤相移器和开关装置图

在室温下，将裸光纤放入不同折射率的 NaCl 溶液中来测量其 RI 敏感性。在 1.3328～1.3352 内，裸光纤的干涉光谱位移为 18.3nm，如图 4.29 所示，其 RI 灵敏度约为 2316nm/RIU。研究中使用的 Au NRs 短径为(4.0±0.2)nm，长度为 60nm，如图 4.30(a)所示，Au NRs 形貌均匀，Au NRs 分散液的吸收光谱和泵浦激光光谱图如图 4.30(b)所示。将 Au NRs 分散液封装在内径为 1.5mm 的玻璃毛细管中，长度约为 30mm。将裸露的微纳光纤浸入 Au NRs 分散液中，Au NRs 分散液均匀地包围微纳光纤，如图 4.28 的顶部插图所示。

图 4.31 为 Au NRs 在激发光作用下，不同时间的热像辐射图。使用激光束直接照射 Au NRs 分散液，所使用的激光束光斑直径约为 3mm，在 6s 内观察到温度从 25.6℃大幅升高到 28.1℃，可以证实 Au NRs 具有光热效应。

图 4.32 是基于金纳米棒光热效应的微纳光纤调制器件输出光谱位移图。在图 4.32(a)中，显示了不同功率的泵浦光对 ASE 信号的影响。图中的黑色曲线显示了没有泵浦光的原始光谱。当信号在光纤锥区内传播时，激发高阶包层模，从而对基模产生干扰。

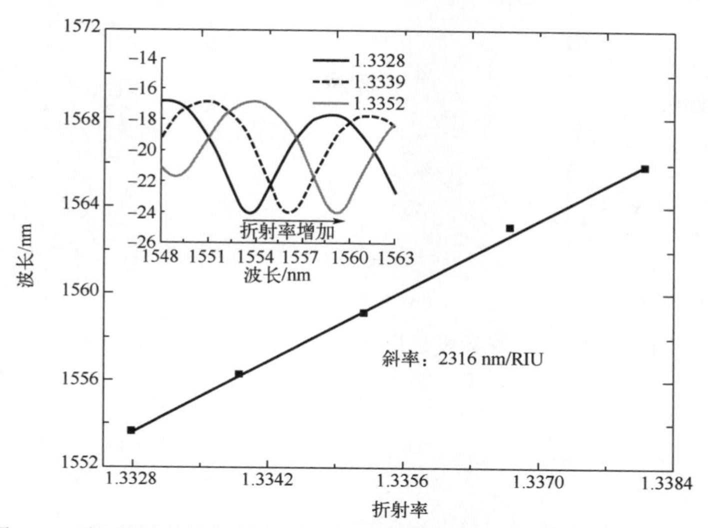

图 4.29　裸光纤干涉仪的折射率响应度图及 OSA 测量的光谱偏移图

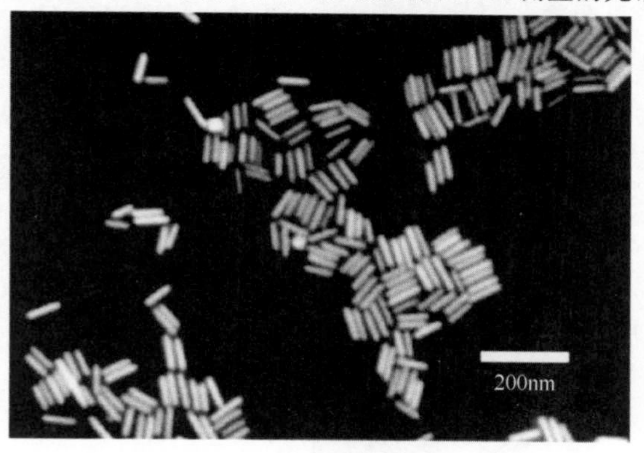

(a) Au NRs的SEM图

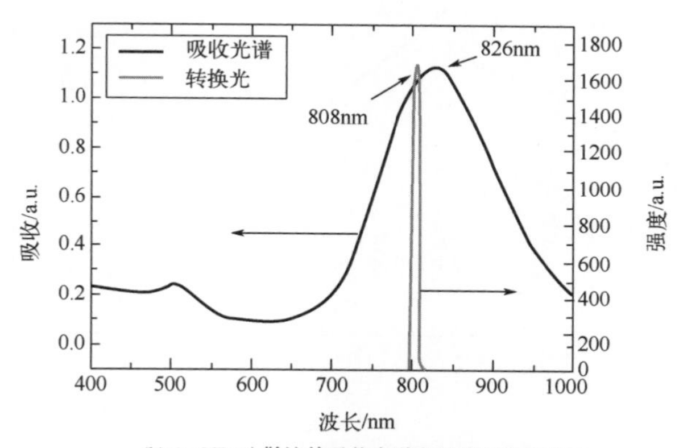

(b) Au NRs分散液的吸收光谱和泵浦激光光谱图

图 4.30　Au NRs 表征结果

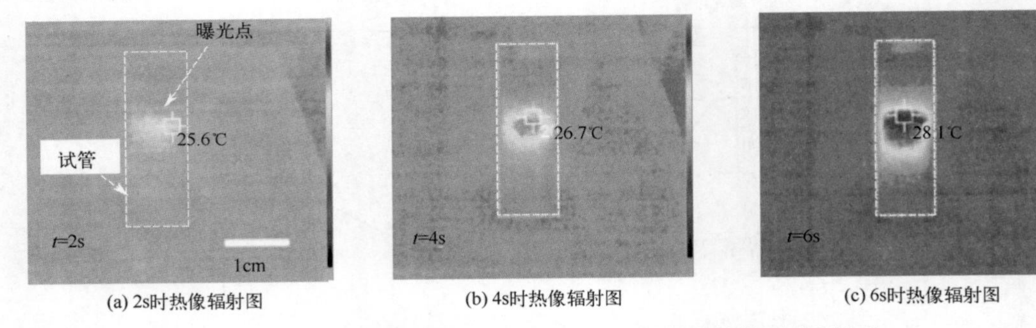

(a) 2s时热像辐射图　(b) 4s时热像辐射图　(c) 6s时热像辐射图

图 4.31　Au NRs 在激发光作用下，不同时间的热像图(见彩图)

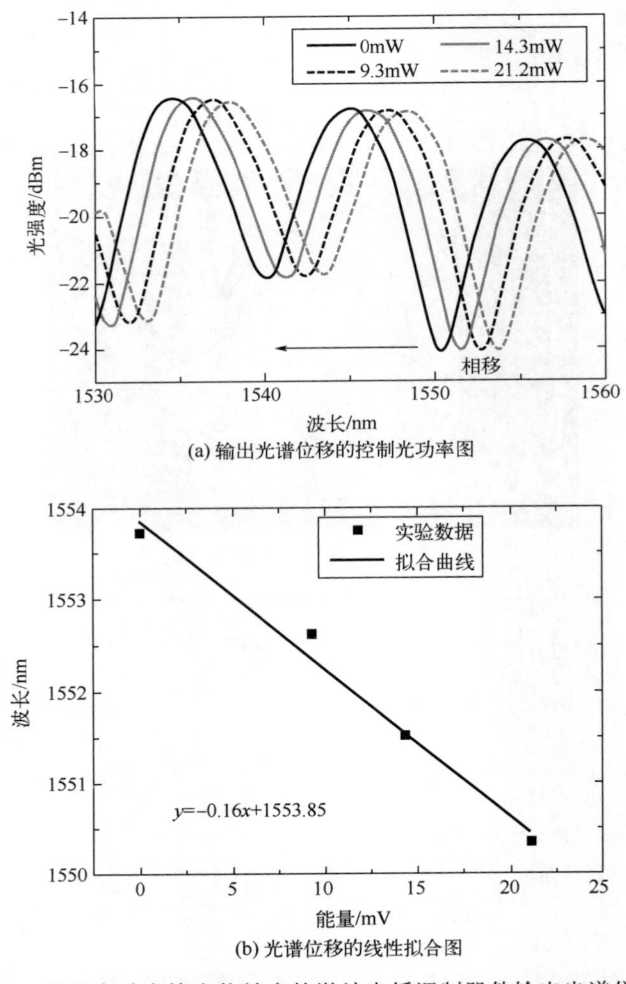

(a) 输出光谱位移的控制光功率图

(b) 光谱位移的线性拟合图

图 4.32　基于金纳米棒光热效应的微纳光纤调制器件输出光谱位移图

从曲线上测得 FSR 范围为 10nm，当 λ=1550nm 时，附近的消光比为 7.1dB。锥形光纤的输出光强为

$$I_T = I_{co} + I_{cl} + 2\sqrt{I_{co} I_{cl}} \cos(\Delta\varphi) \tag{4.3}$$

$$\Delta\varphi = \frac{2\pi}{\lambda} \Delta_n L \tag{4.4}$$

这里，I_{co} 与 I_{cl} 分别为纤芯和包层中的光强；$\Delta\varphi$ 是相位差，它受 n_{co} 和 n_{cl} 之间 Δn 的有效折射率差的影响。将 λ=808nm 的控制激光功率从 0 变化到 21.2mW，得到 3.3nm 的光谱漂移。如图 4.32(b)所示，光谱移动呈线性关系，斜率显示光谱移动效率为 0.16nm/mW。

图 4.33 测量了不同光功率水平下的光强，在干涉图样的半个周期内，选择了 1548nm、1549nm 和 1550nm 三个相邻波长。随着控制光功率的增大，所选波长处的归一化光强单调下降。定义传输消光比为 $E_x = [(I_0 - I_p)/I_0] \times 100\%$，其中，$I_0$ 与 I_p 分别为控制光功率为 0 和 p 的光强。如图 4.33 中插图所示，当光谱移动半个周期时，理想消光比可达 81%。但是，当控制光功率增加到 21.2mW 以上时，输入光纤端面出现了损伤，利用尾纤进行改善，优化干涉仪的 RI 灵敏度，降低 FSR，使得消光比达到 100%。

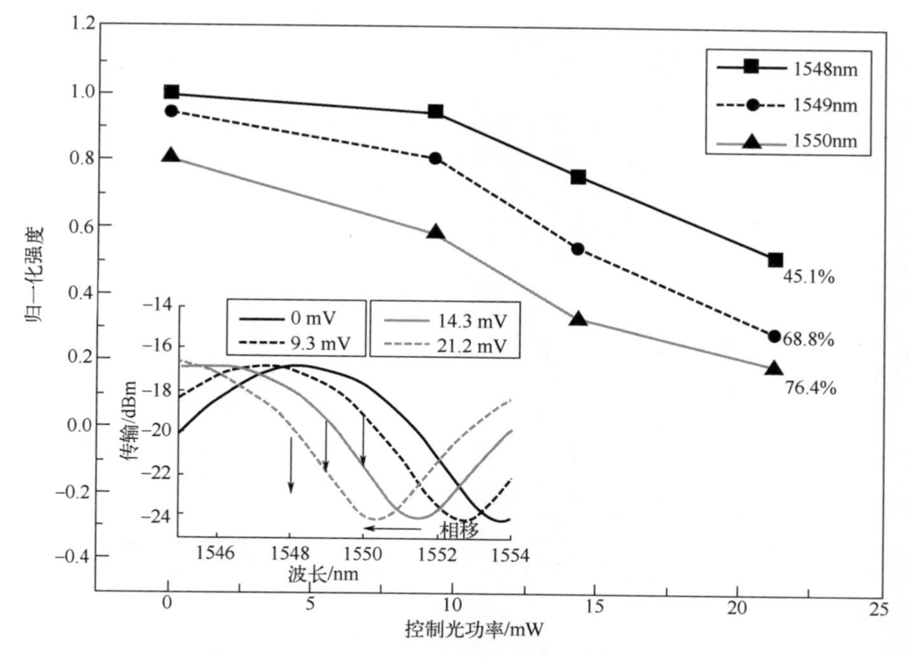

图 4.33　输出光强作为控制光功率的不同波长的函数图及信号在干扰模式的位置图

图 4.34 显示了该器件的动态特性，如图 4.34(a)所示，当开启泵浦光时，响应时间为 20s，如图 4.34(b)所示，当关闭泵浦光时，响应时间为 19s。由此可见，该器件的响应时间与 Au NRs 分散液的传热速率有关。对于给定的传热系数，传热速率与液体的体积有关，可以通过减小液体体积，实现更快的响应。对于光纤器件，液体的体积可以降低到纳米级，对于这种微量的液体，传热将立即达到平衡。

监测 λ=1550nm 处信号光强的实时变化，将功率为 9.3mW 的控制光调制成方形脉冲，结果如图 4.35 所示。在 8min 的时间内，器件表现出完全可逆和重复性的特性，充分地体现了 Au NRs 在分散液中的强光热特性。

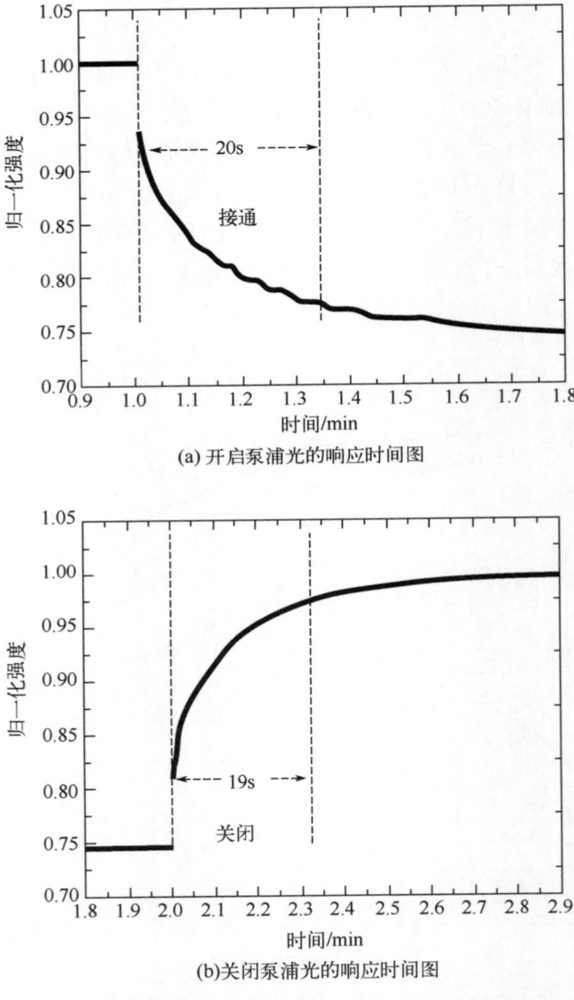

(a) 开启泵浦光的响应时间图

(b)关闭泵浦光的响应时间图

图 4.34　开启与关闭泵浦光响应时间图

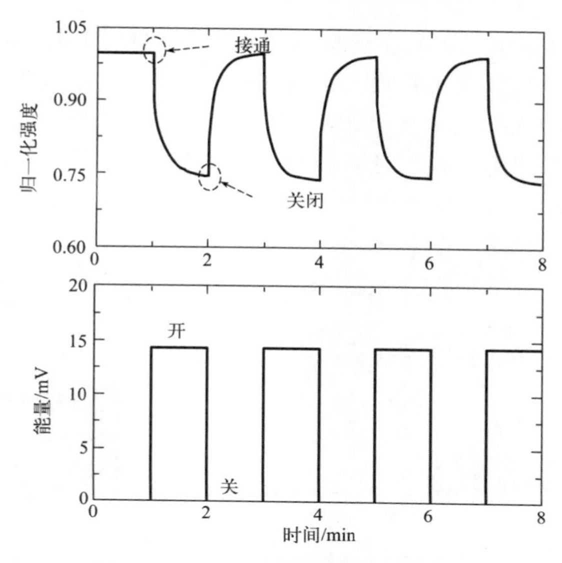

图 4.35　设备可逆性和重复性结果

4.3.3　基于 ITO 沉积的微纳光纤集成式电光调制结构

本节主要介绍一种基于 ITO 沉积的微纳光纤电光调制结构，其调制原理为泡克尔斯效应。随着电化学研究的不断深入，电极与电解质界面的研究取得了极大的进展，根据报道，在电极与水的界面之间存在 EDL 和空间电荷层(space charge layer，SCL)。在 EDL 中，电极表面的电特性可以诱导水分子的氧原子取向，从而导致水分子的排列取向发生改变。在外电场的作用下，EDL 中水分子的空间分布发生变化，导致水的有效折射率发生变化。图 4.36 为 ITO 薄膜包覆微纳光纤的调制器结构示意图。

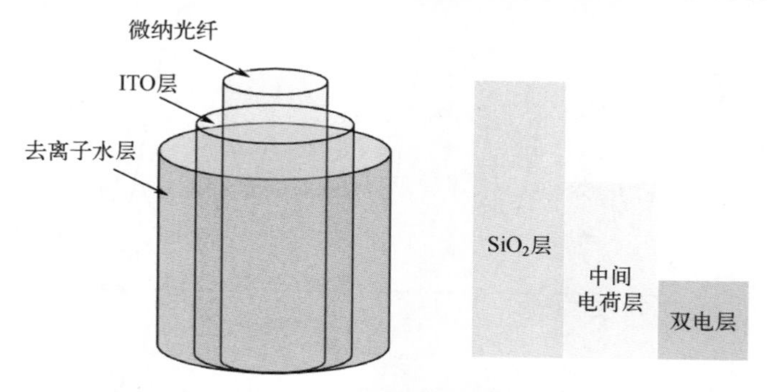

图 4.36　ITO 薄膜包覆微纳光纤的调制器结构示意图

基于 ITO 沉积的微纳光纤集成式电光调制结构如图 4.37 所示。其中，非绝热微纳光纤通过熔融火焰拉伸法制备。通过射频溅射将 ITO 沉积在微纳光纤的上表面作为表面电极，长度为 5cm。图 4.37 的插图为沉积有 ITO 的微纳光纤的 SEM 结果图，通过射频溅射获得的 ITO 薄膜厚度约为 35nm，溅射 ITO 造成的损耗小于 0.3dB。沉积有 ITO 薄膜的微纳光纤固定在 PMMA 凹槽中，将去离子水注入 PMMA 凹槽中并浸没微纳光纤，在微纳光纤和水之间施加直流电场。

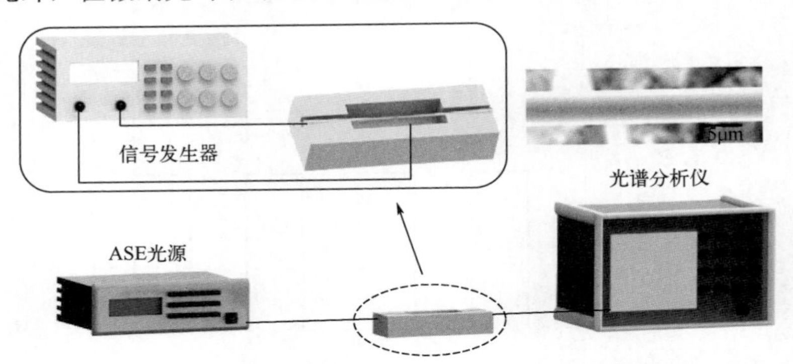

图 4.37　基于 ITO 沉积的微纳光纤集成式电光调制结构

设电流方向从 ITO 到去离子水的方向为正，施加不同功率正电压于该光调制器，相位移动量随电压改变量如图 4.38 所示。随着施加到器件上的电压增加，干涉光谱被调制到长波长方向。实验结果显示，光谱偏移的最大量约为 4.3nm，干涉光谱的衬比度也随着 1.3V 正电压的应用增加到约 4.5dB。

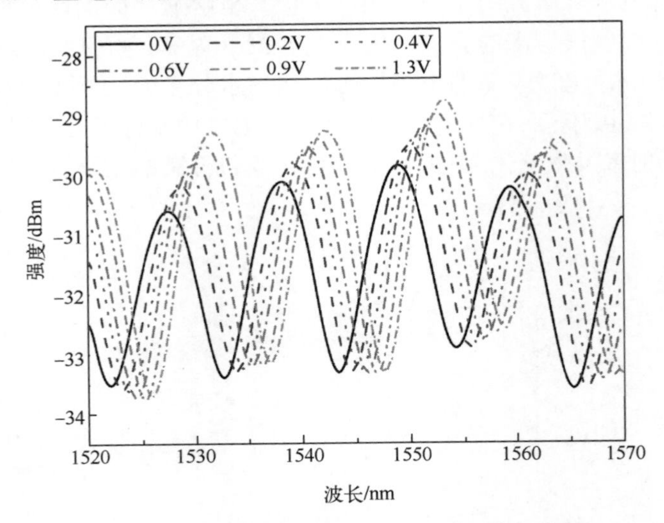

图 4.38　器件在不同正电压下的光谱位移

对正电压强度和相移的相关性进行拟合，结果如图 4.39 所示，注意到拟合曲线不呈线性。根据泡克尔斯效应(线性电光效应)，电压强度和光谱位移应该呈线性关系。造成这种现象的原因可能是多方面的。一方面，去离子水和 ITO 之间的电子转移引起非线性变化。尽管实验条件受到严格的限制，但去离子水仍会掺杂气体，使水呈现出一些作为导体的特性。当在水和 ITO 电极之间的界面上施加电压时，电子将在 ITO 薄膜和去离子水之间的界面上转移。另一方面，ITO 膜在微纳光纤周围表面的不对称分布和 ITO 膜的表面粗糙度导致 EDL 中的折射率变化仅发生在微纳光纤的上表面。因此，微纳光纤横截面的折射率变化呈现非线性变化。在两个因素的共同作用下，相移量呈现非线性变化。通过控制去离子水中的气体含量，并在微纳纤维表面均匀涂覆 ITO 电极，有望消除所提出的光调制器的影响因素，通过改变电压强度实现光谱漂移的线性控制。

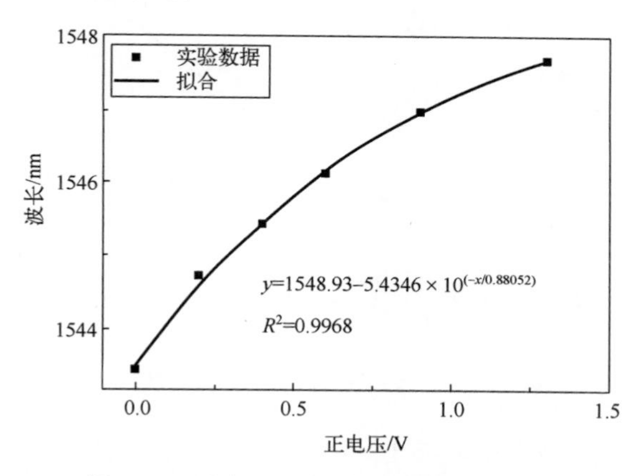

图 4.39　波长漂移与施加正电压的关系

向器件施加负电压，结果如图 4.40 所示，光谱被调制到短波长，干涉光谱的衬比度降低。负电压强度和相移的相关性也呈现非线性关系，如图 4.41 所示。相应地，

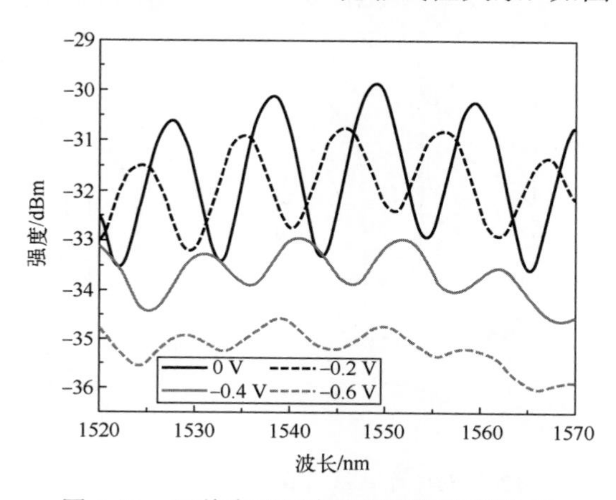

图 4.40　器件在不同负电压下的光谱位移

信号光强度出现显著下降，在 1550nm 处的最大消光比为 4.87dB。造成这种现象的原因是 SCL 中电子的积累导致 ITO 对近红外光的吸收增加。当外加电压的方向发生变化时，水分子的取向发生变化，导致 RI 向相反的变化。可以看出，施加相同量的正负电压，相移是不同的。这是由于 EDL 中不同方向电压下水分子的不同取向造成的。当施加的电极电荷从正电荷变为负电荷时，界面水分子的平均分子方向从氧向下变为氧向上。

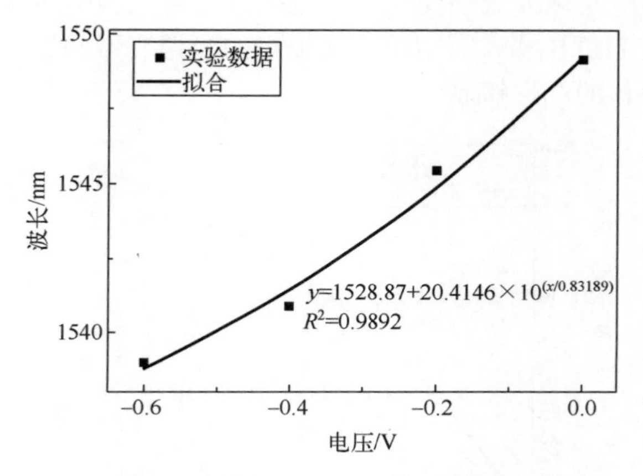

图 4.41　波长漂移与施加负电压的关系

光调制器的动态响应如图 4.42 所示。当电源周期性开关时，动态响应曲线表现出良好的稳定性。就器件的响应时间而言，上升时间与下降时间分别为 2.2s 和 2.3s，如图 4.43 所示。对于该类型的光调制器，响应时间的上升沿和下降沿可能由微纳光纤周围水分子的排列时间引起。

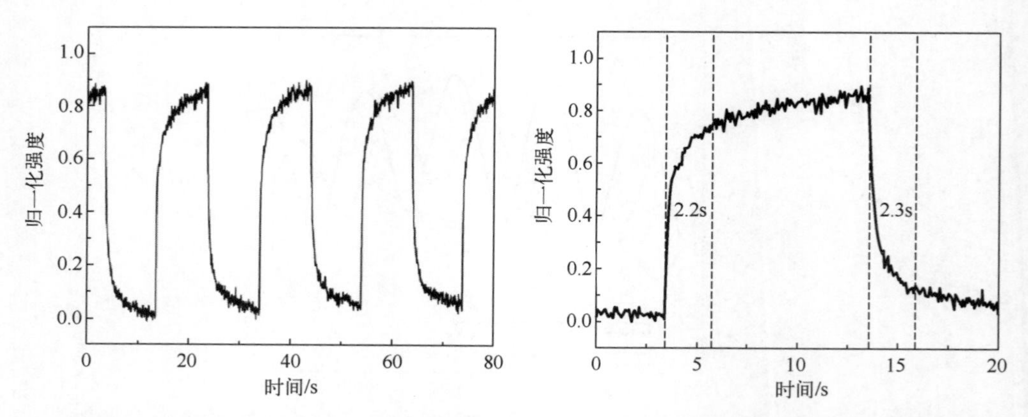

图 4.42　电源周期性开关时器件的动态响应　　图 4.43　电源周期性开启和关闭时设备的响应时间

参 考 文 献

[1] Benner A, Presby H M, Amitay N. Low-reflectivity in-line variable attenuator utilizing optical fiber tapers. Journal of Lightwave Technology, 1990, 8(1): 7-10.

[2] Sumriddetchkajorn S, Riza N A. Fault-tolerant three-port fiber-optic attenuator using small tilt micromirror device. Optics Communications, 2002, 205(1-3): 77-86.

[3] Riza N A, Sumriddetchkajorn S. Digitally controlled fault-tolerant multiwave-length programmable fiber-optic attenuator using a two-dimensional digital micromirror device. Optics Letters, 1999, 24(5): 282-284.

[4] Liu A Q, Zhang X M, Lu C, et al. Optical and mechanical models for a variable optical attenuator using a micromirror drawbridge. Journal of Micromechanics and Micro engineering, 2003, 13(3): 400-411.

[5] Hirabayashi K, Wada M, Amano C. Optical-fiber variable-attenuator arrays using polymer-network liquid crystal. IEEE Photonics Technology Letters, 2001, 13(5): 487-489.

[6] Zhang J D, Yu H A, Wu X G, et al. Towards the improvement of attenuation range and response time of electrochromic polymer-based variable optical attenuators. Optical Materials, 2004, 27(2): 265-268.

[7] Buckingham A D, Ceasar G P, Dunn M B. The addition of optically active compounds to nematic liquid crystals. Chemical Physics Letters, 1969, 3(7): 540-541.

[8] Jain S C, Rout D K. Electro-optic response of polymer dispersed liquid-crystal films. Journal of Applied Physics, 1991, 70(11): 6988-6992.

[9] Ishikawa H, Toda A, Okada H, et al. Relationship between order parameter and physical constants in fluorinated liquid crystals. Liquid Crystals, 1997, 22(6): 743-747.

[10] Li J, Hu M, Li J, et al. Highly fluorinated liquid crystals with wide nematic phase interval and good solubility. Liquid Crystals, 2014, 41(12): 1783-1790.

[11] Dong B, Cui Y, Yang H, et al. The preparation and magnetic properties of $GdxBiY_2$-xFe_5O_{12} nanoparticles. Materials Letters, 2006, 60(17/18): 2094-2097.

彩　　图

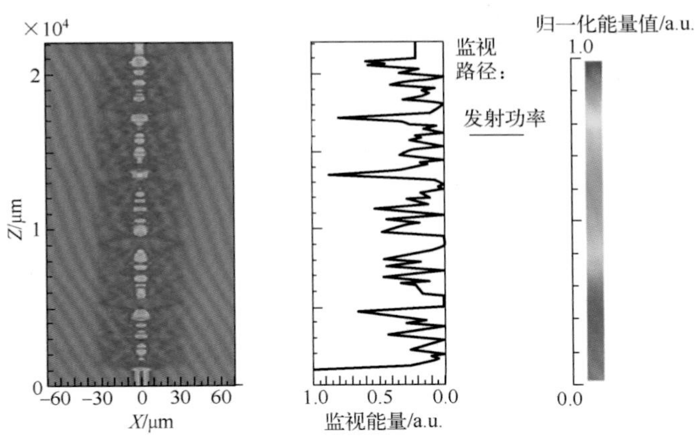

图 1. 14　MMF 长度为 2cm 时结构内光能量仿真图

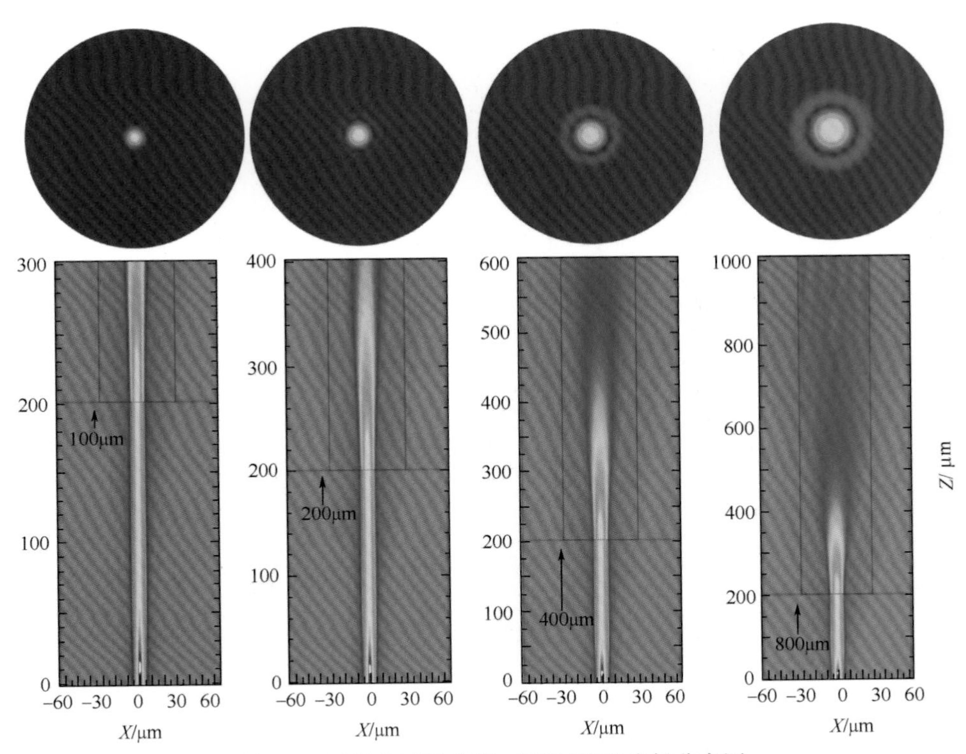

图 2. 8　不同长度的单模-多模结构的光场分布图

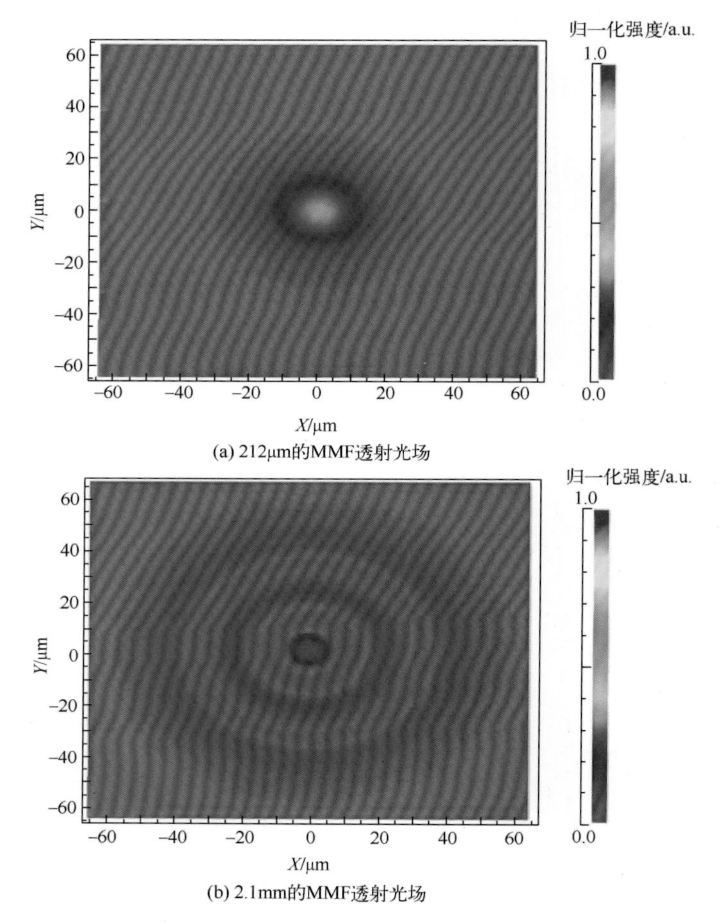

(a) 212μm的MMF透射光场

(b) 2.1mm的MMF透射光场

图 2.10　两种不同长度的 MMF 的传输光场截面分布

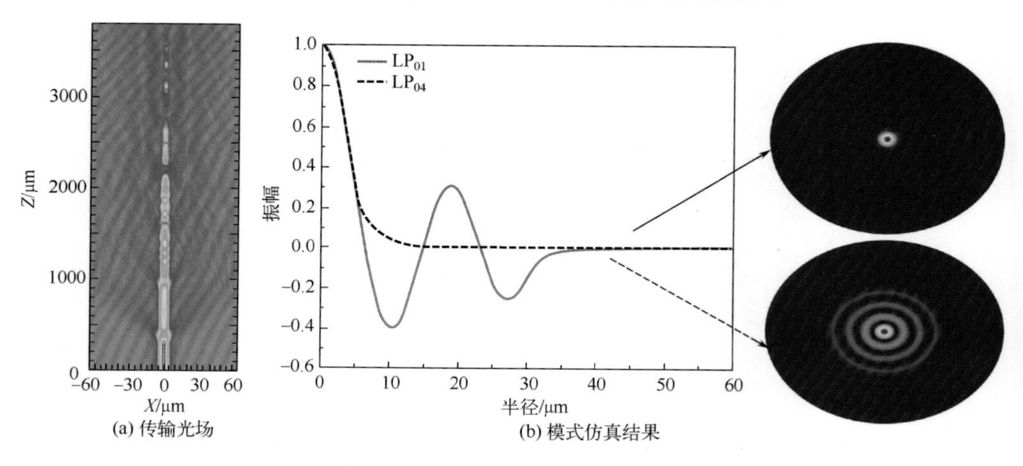

(a) 传输光场

(b) 模式仿真结果

图 2.16　组合式 LPFG 的仿真结果

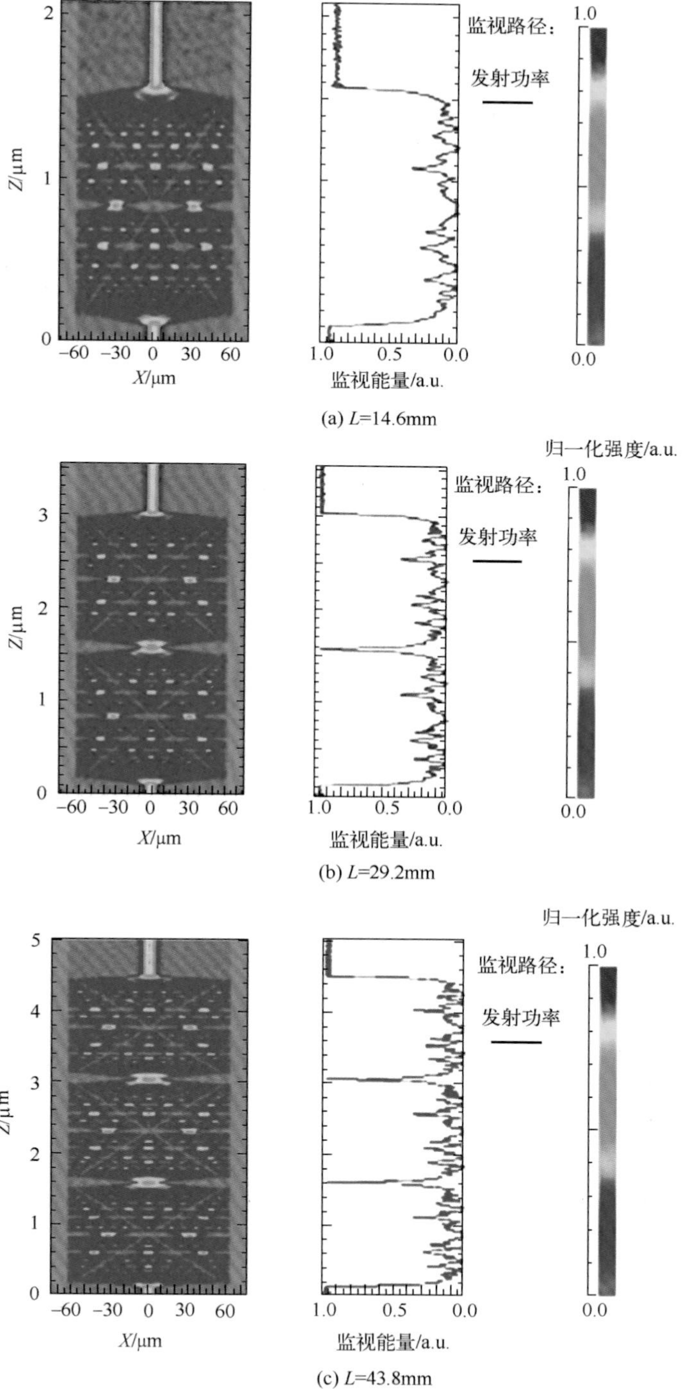

(a) L=14.6mm

(b) L=29.2mm

(c) L=43.8mm

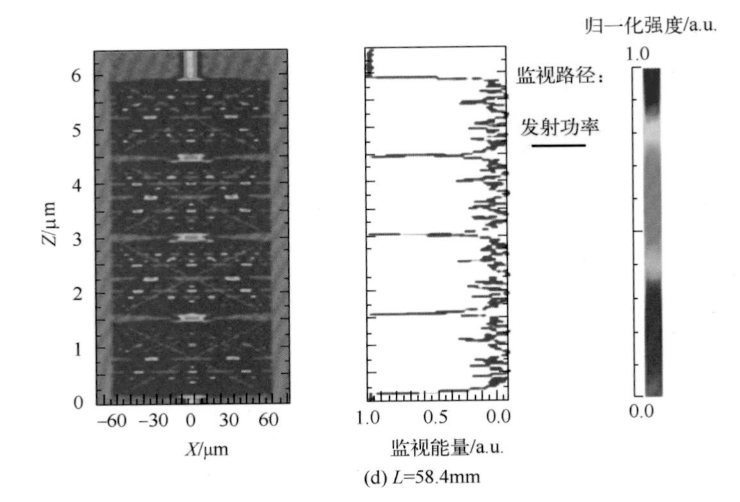

(d) L=58.4mm

图 2.19　不同长度 NCF 对应的光场能量分布图

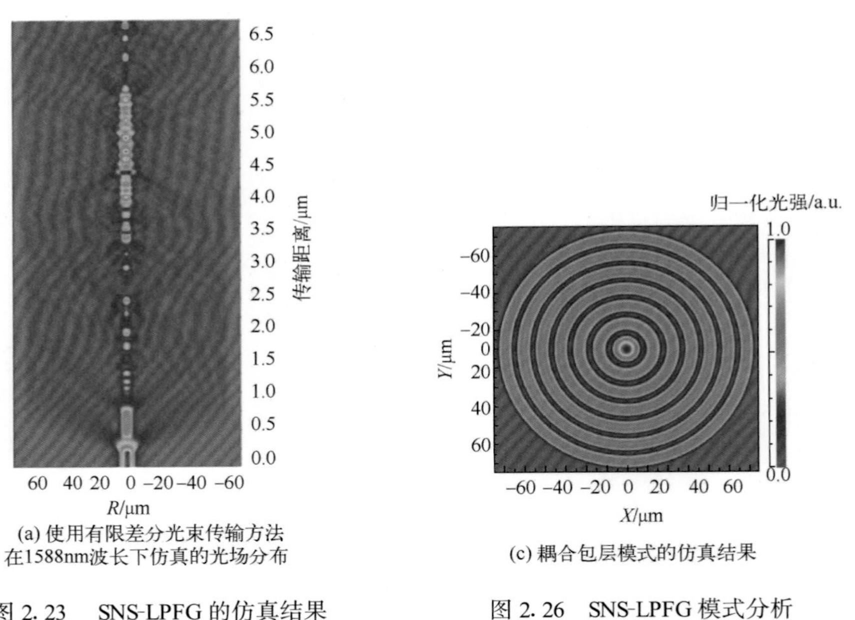

(a) 使用有限差分光束传输方法在1588nm波长下仿真的光场分布

图 2.23　SNS-LPFG 的仿真结果

(c) 耦合包层模式的仿真结果

图 2.26　SNS-LPFG 模式分析

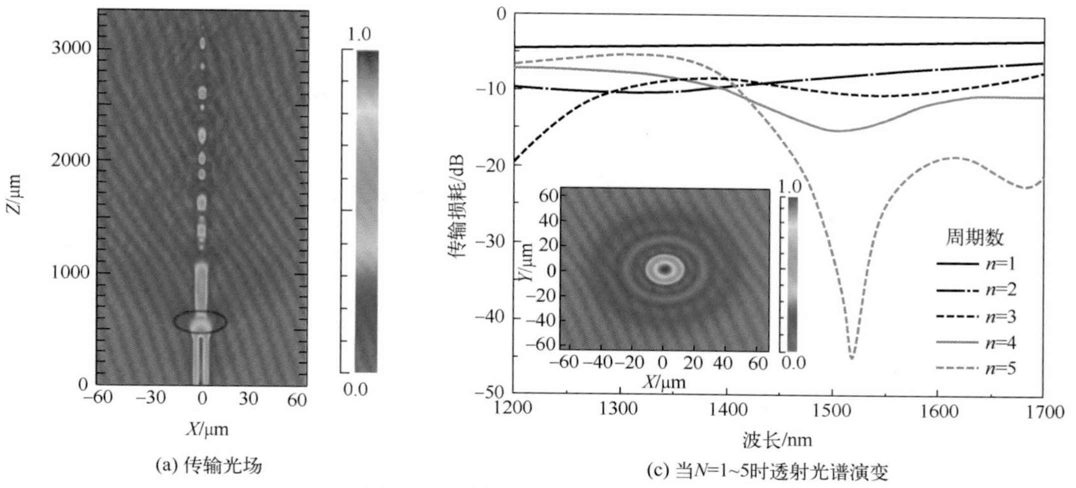

(a) 传输光场　　(c) 当N=1~5时透射光谱演变

图 2.29　波长为 1525nm 时的仿真

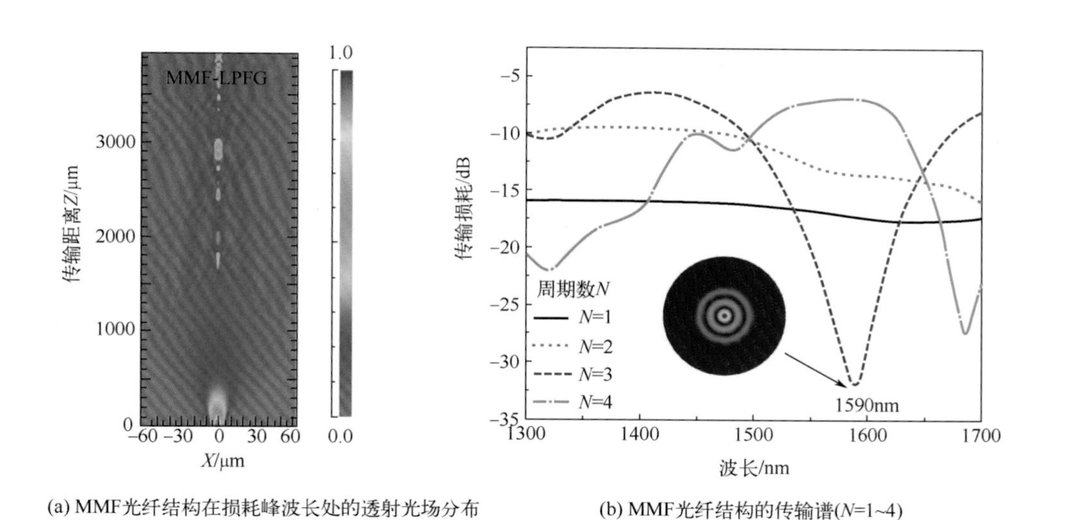

(a) MMF光纤结构在损耗峰波长处的透射光场分布　　(b) MMF光纤结构的传输谱(N=1~4)

图 2.32　仿真结果

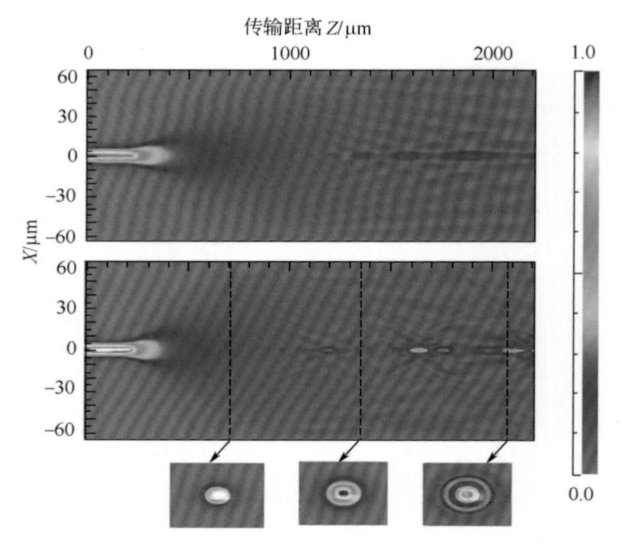

(a) SNS与MMF-SNS光纤结构在衰减波长沿z轴的透射光场和横截面光场分布

图 2.35　SNS 和 MMF-SNS 光纤结构的仿真结果

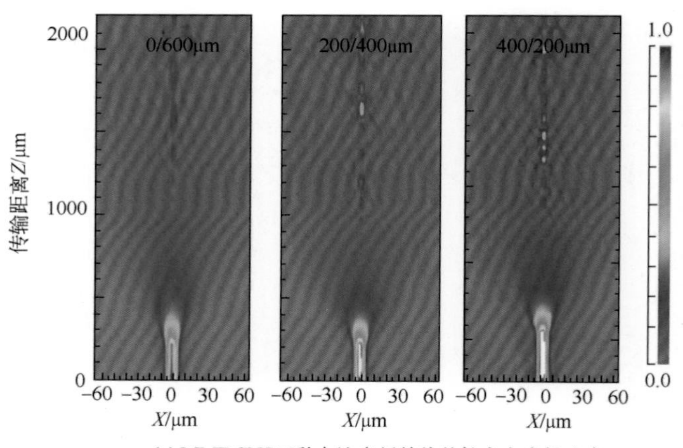

(a) MMF-SNS三种占比光纤结构传输方向光场分布

图 2.36　MMF-SNS 仿真结果

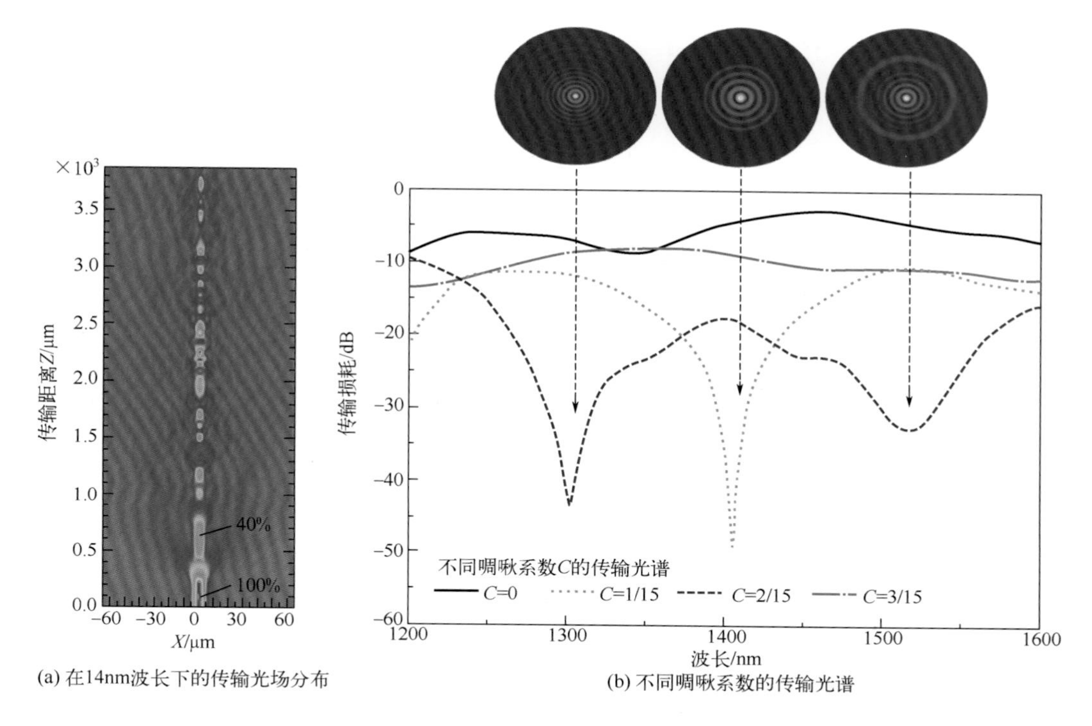

(a) 在14nm波长下的传输光场分布

(b) 不同啁啾系数的传输光谱

图 2.38　ME-CLPFG 的仿真结果

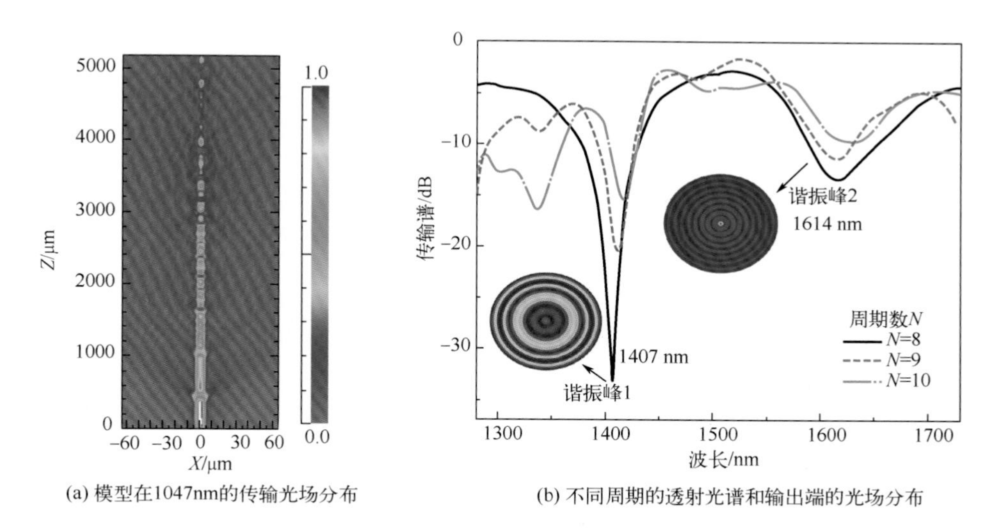

(a) 模型在1047nm的传输光场分布

(b) 不同周期的透射光谱和输出端的光场分布

图 2.56　传输光谱分布

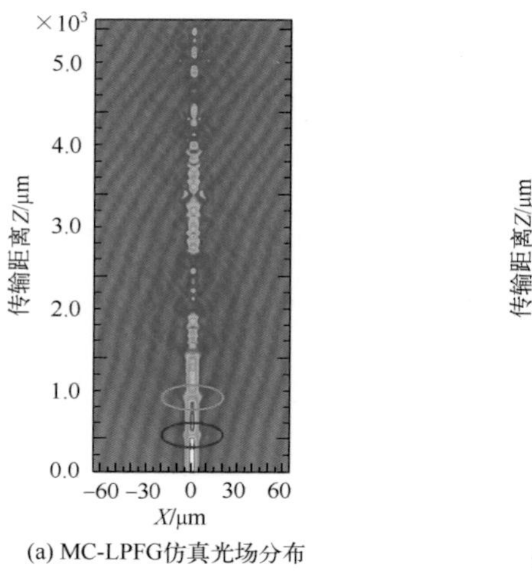

(a) MC-LPFG仿真光场分布

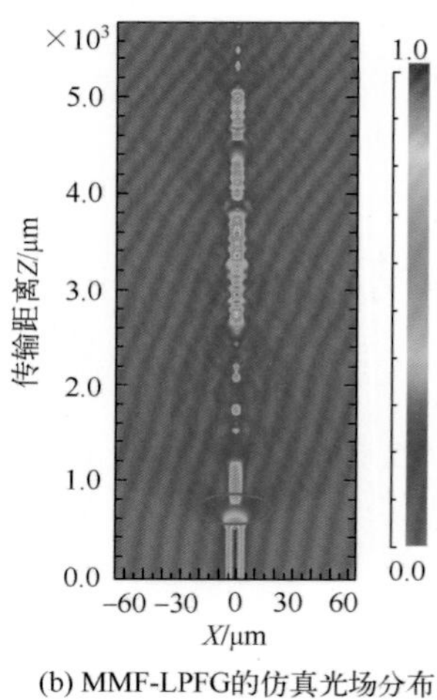

(b) MMF-LPFG的仿真光场分布

图 2.64 啁啾与均匀的组合式长周期光纤光栅仿真

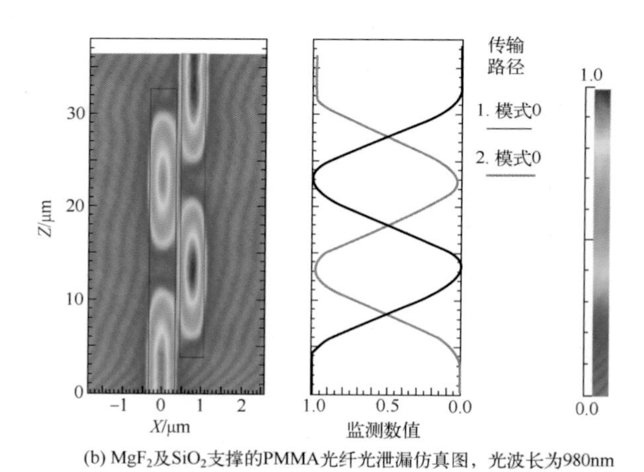

(b) MgF_2及SiO_2支撑的PMMA光纤光泄漏仿真图，光波长为980nm

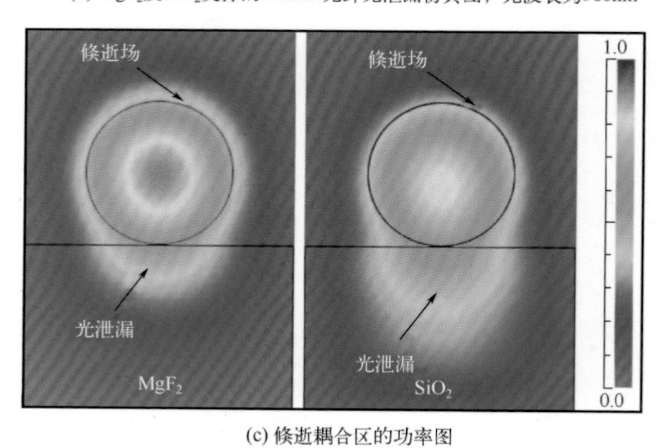

(c) 倏逝耦合区的功率图

图 3.16 PMMA 光纤光学特性相关仿真图

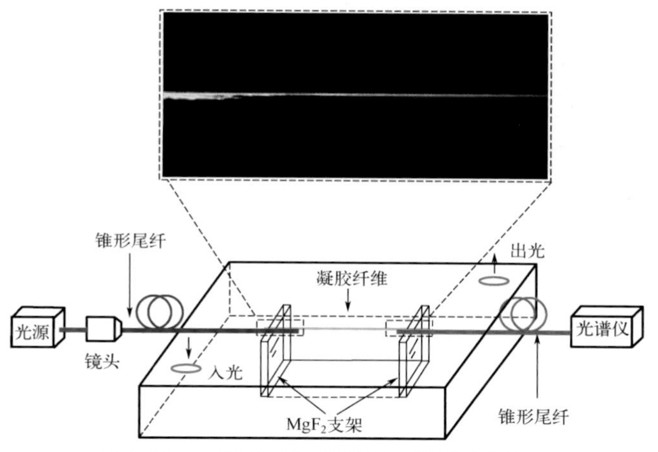

图 3. 20　氧气传感的装置图，插图为耦合区

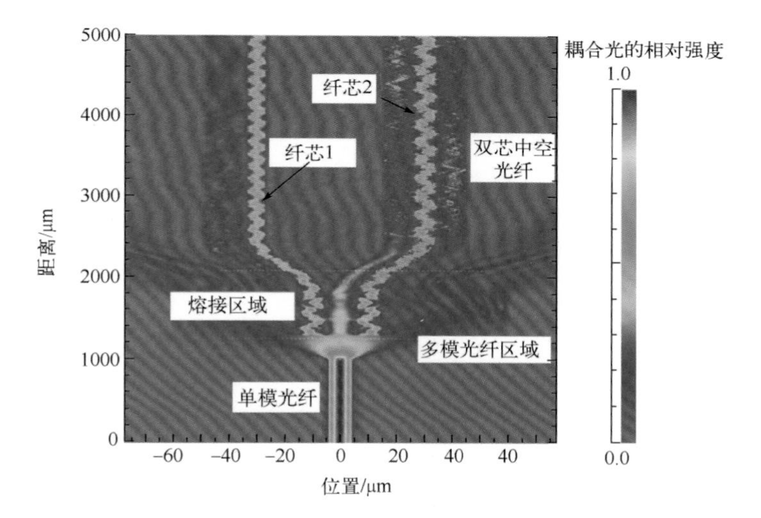

图 3. 33　沿输入 SMF-MMF-HTCF 组件的光束传输仿真图

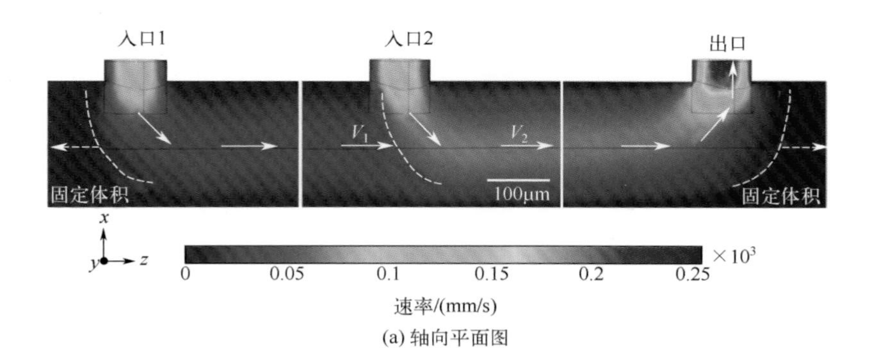

(a) 轴向平面图

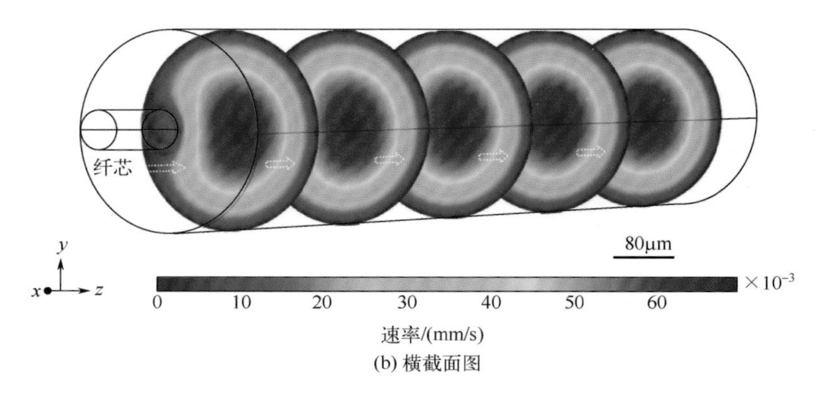

(b) 横截面图

图 3.51　光纤中流速的仿真结果

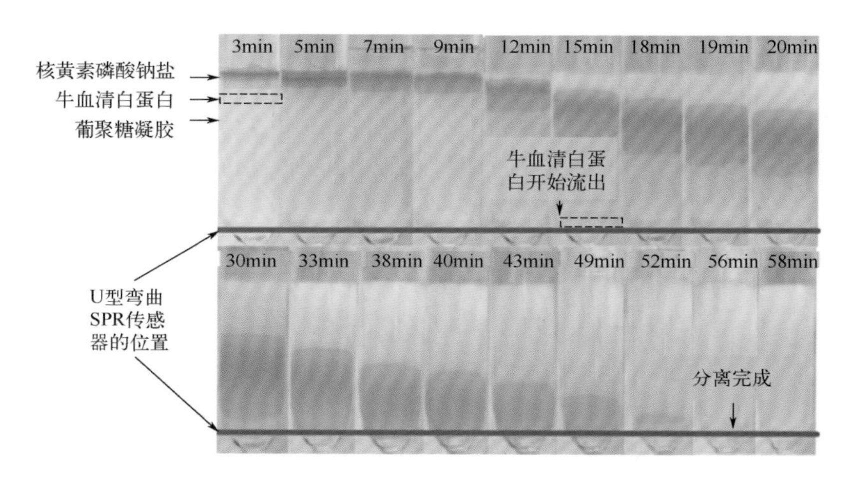

图 3.60　分析物的分离和动态在线检测过程图像

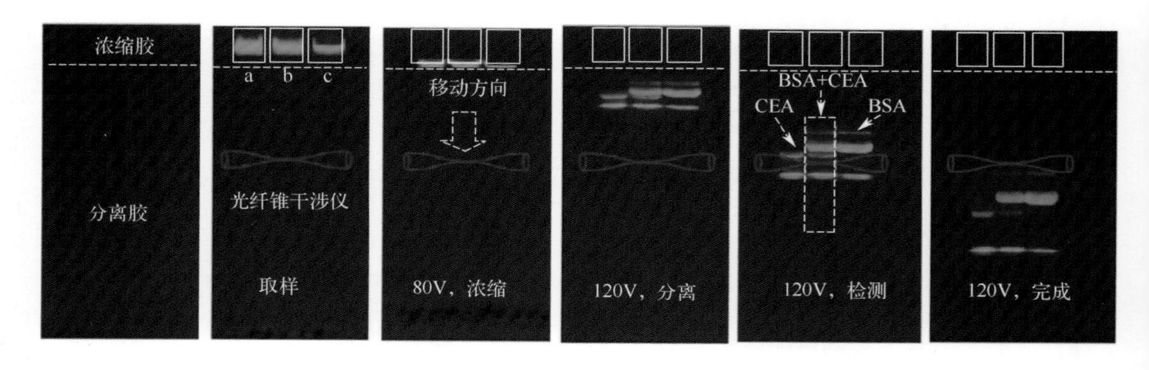

图 3.65　电泳分离凝胶中蛋白质的分离和动态在线检测过程的图像

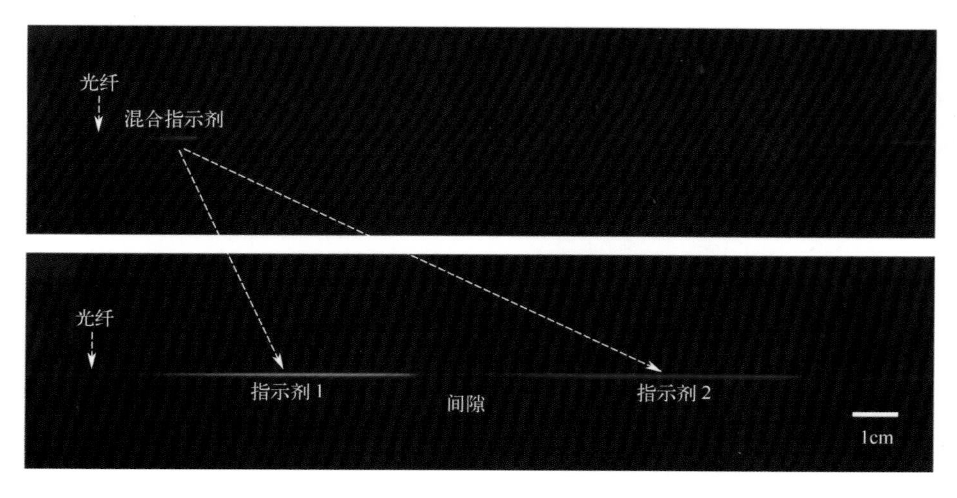

图 3.70　两种指示剂在中空悬挂芯光纤内的电泳分离过程

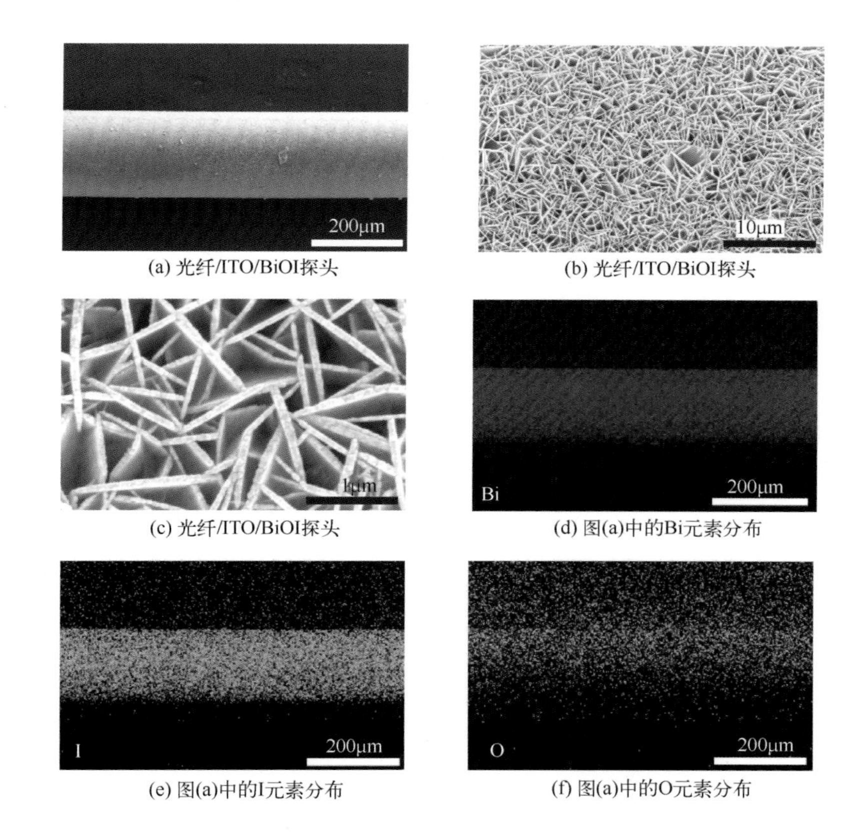

(a) 光纤/ITO/BiOI探头　(b) 光纤/ITO/BiOI探头

(c) 光纤/ITO/BiOI探头　(d) 图(a)中的Bi元素分布

(e) 图(a)中的I元素分布　(f) 图(a)中的O元素分布

图 3.74　SEM 图像和 EDS 元素映射图像

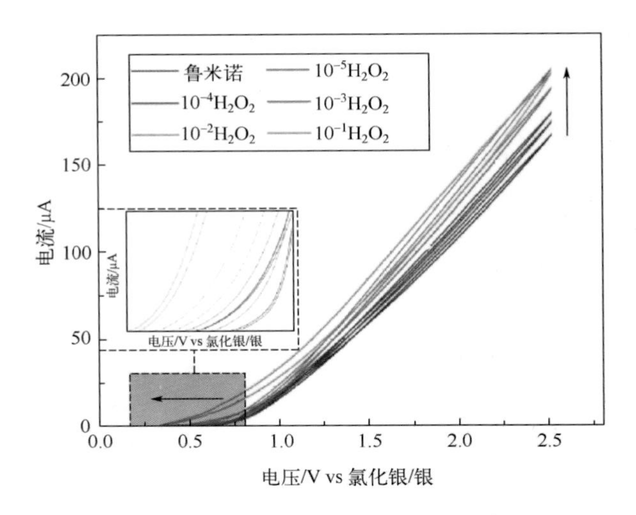

图 3.85　光导纤维-ITO电极上鲁米诺的循环伏安曲线

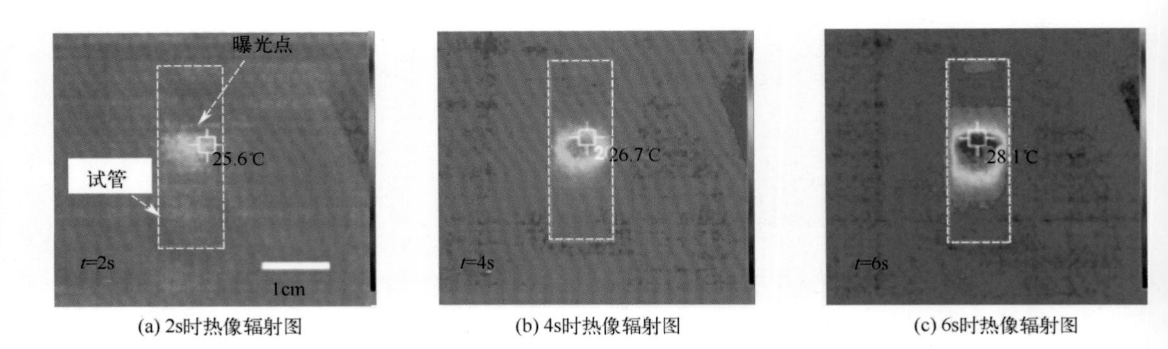

(a) 2s时热像辐射图　(b) 4s时热像辐射图　(c) 6s时热像辐射图

图 4.31　Au NRs 在激发光作用下，不同时间的热像图